이 책을 검토해 주신 선생님

서울

민영진 피큐브학원
박정훈 CMS목동
이철웅 CMS목동고등부
장윤선 분석수학선두학원

경기

강태희 유쾌한수학과학
김준완 동탄뉴파인특목관
민완식 민완식수학학원
박윤미 오엠지수학
손명국 오산스파르타학원
이건도 아론에듀학원
이동민 ILS학원
이영주 파란수학
이재홍 신영동수학학원
이화진 매드매쓰학원
전홍지 대세수학학원
지태근 J프라임학원
최문채 문산열린학원
최태식 수원천천이룸

전북

성영재 성영재수학전문학원
엄명섭 엄쌤수학전문학원
유광길 길수학고등전문학원
최승호 SMT아카데미
홍희경 파로수학학원

경남

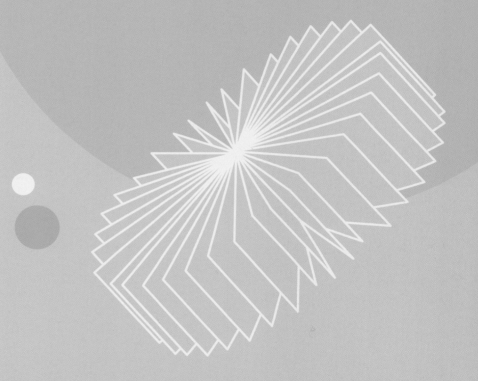

김상진 유니크수학전문학원
박신애 수과람학원
신승홍 수소문학원
이유진 (주)카이아카데미
이현주 즐거운수학교습소

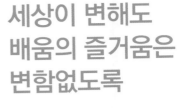

개념+유형

개념편 확률과 통계

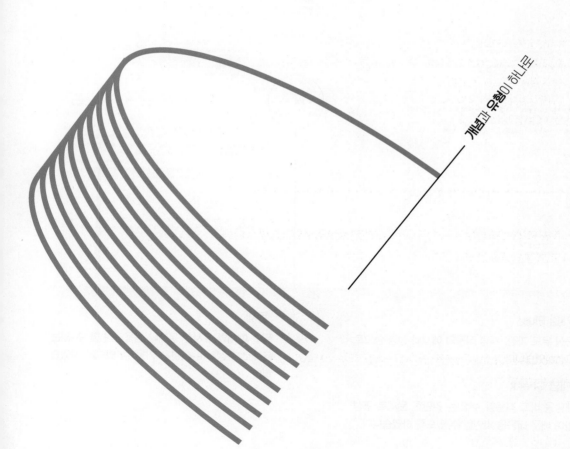

개념과 유형이 하나로

STRUCTURE 구성과 특징

개념편 개념을 완벽하게 이해할 수 있습니다!

개념 정리
한 번에 학습할 수 있는 효과적인 분량으로 구성하여 중요한 개념을 보다 쉽게 이해할 수 있도록 하였습니다.

필수 예제
시험에 출제되는 꼭 필요한 문제를 풀이 방법과 함께 제시하여 학교 내신에 대비할 수 있도록 하였습니다.

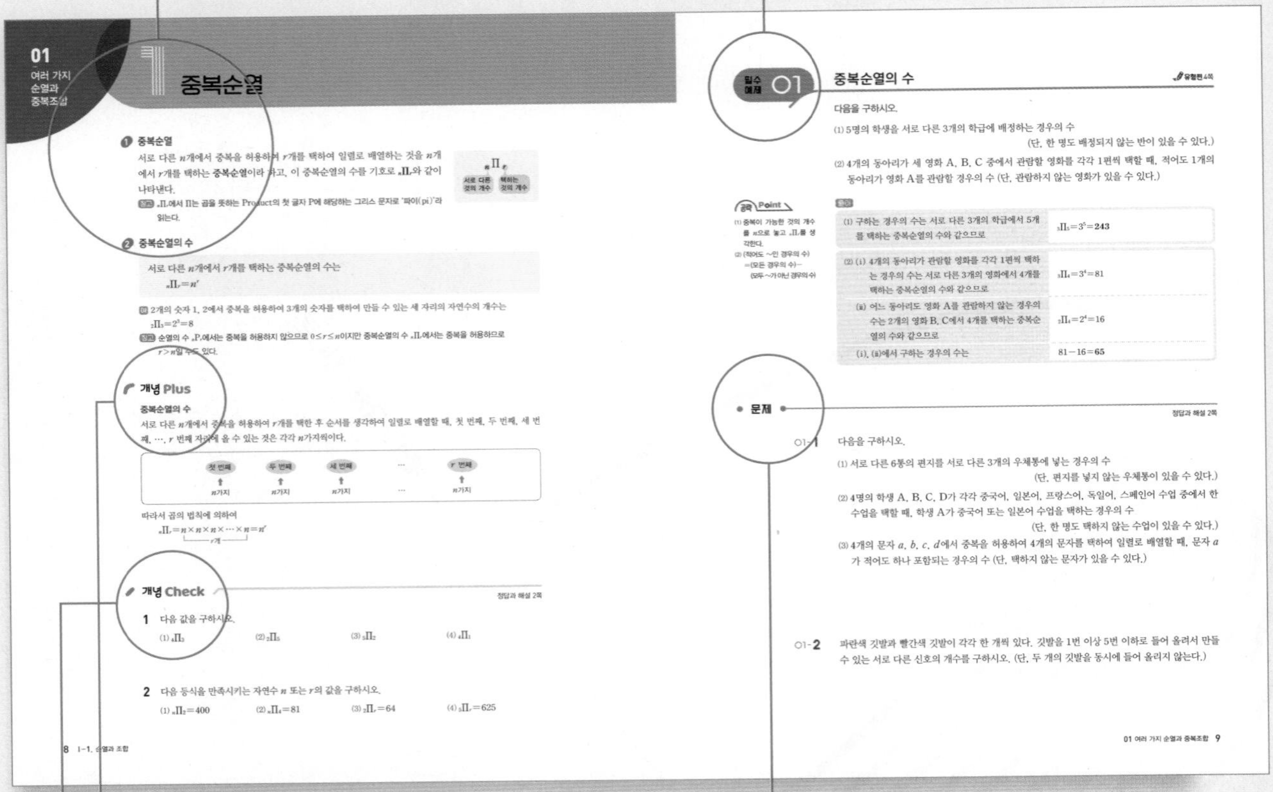

개념 Plus
공식 유도 과정, 개념 적용의 예시와 설명 등으로 구성하였습니다.

개념 Check
개념을 바로 적용할 수 있는 간단한 문제로 구성하여 배운 내용을 확인할 수 있도록 하였습니다.

문제
필수 예제와 유사한 문제나 응용하여 풀 수 있는 문제로 구성하여 실력을 키울 수 있도록 하였습니다.

개념과 유형이 하나로

개념+유형

유형편 실전 문제를 유형별로 풀어볼 수 있습니다!

연습문제

각 소단원을 정리할 수 있는 기본 문제와 실력 문제로 구성하였습니다.

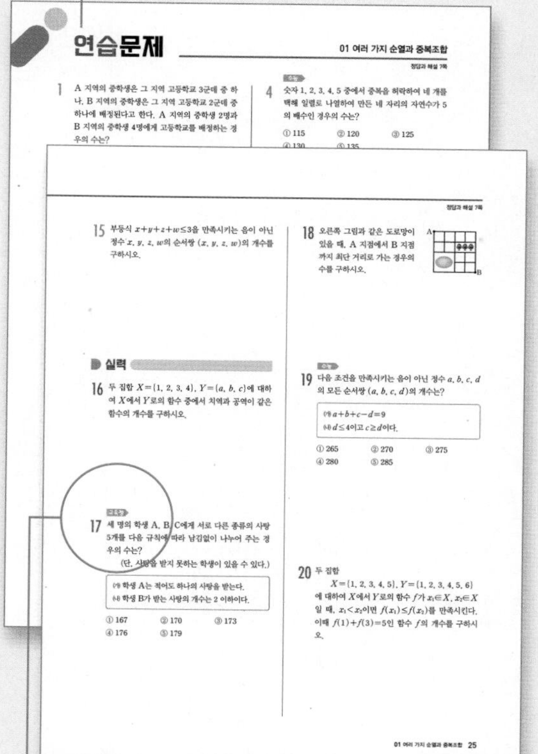

수능, 평가원, 교육청

수능, 평가원, 교육청 기출 문제로 수능에 대한 감각을 익힐 수 있도록 하였습니다.

유형별 문제

개념편의 필수 예제를 보충하고 더 많은 유형의 문제를 풀어볼 수 있습니다.

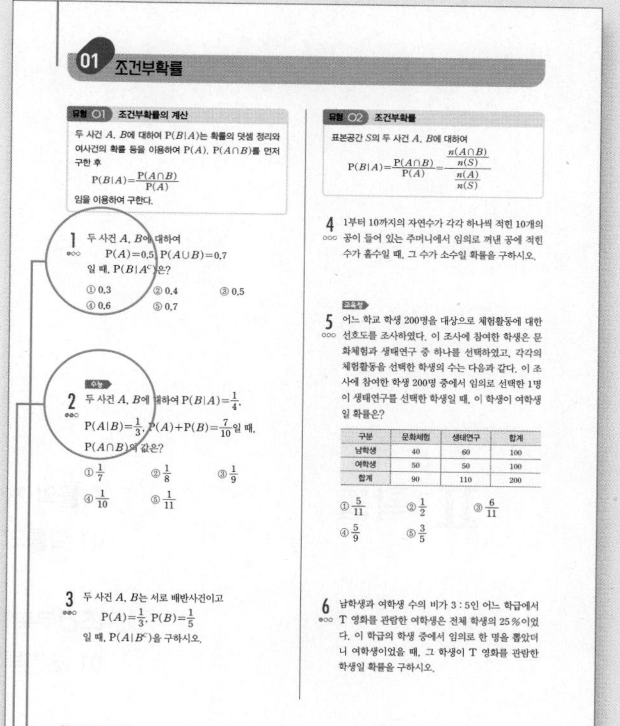

난도

문항마다 ○○○, ●○○, ●●○, ●●● 의 4단계로 난도를 표시하였습니다.

수능, 평가원, 교육청

수능, 평가원, 교육청 기출 문제로 수능에 대한 감각을 익힐 수 있도록 하였습니다.

CONTENTS 차례

Ⅰ. 경우의 수

1 순열과 조합

01 여러 가지 순열과 중복조합 8

02 이항정리 26

Ⅱ. 확률

1 확률의 개념과 활용

01 확률의 개념과 활용 38

2 조건부확률

01 조건부확률 56

Ⅲ. 통계

1 확률분포
01 이산확률변수와 이항분포 76
02 연속확률변수와 정규분포 97

2 통계적 추정
01 통계적 추정 116

개념과 유형이 하나로!

가장 효과적인 수학 공부 방법을 제시합니다.

Ⅰ. 경우의 수

1 순열과 조합

01 여러 가지 순열과 중복조합

02 이항정리

1 중복순열

❶ 중복순열

서로 다른 n개에서 중복을 허용하여 r개를 택하여 일렬로 배열하는 것을 n개에서 r개를 택하는 **중복순열**이라 하고, 이 중복순열의 수를 기호로 ${}_n\Pi_r$와 같이 나타낸다.

${}_n\Pi_r$ — n: 서로 다른 것의 개수, r: 택하는 것의 개수

참고 ${}_n\Pi_r$에서 Π는 곱을 뜻하는 Product의 첫 글자 P에 해당하는 그리스 문자로 '파이(pi)'라 읽는다.

❷ 중복순열의 수

서로 다른 n개에서 r개를 택하는 중복순열의 수는

$${}_n\Pi_r = n^r$$

예 2개의 숫자 1, 2에서 중복을 허용하여 3개의 숫자를 택하여 만들 수 있는 세 자리의 자연수의 개수는
${}_2\Pi_3 = 2^3 = 8$

참고 순열의 수 ${}_nP_r$에서는 중복을 허용하지 않으므로 $0 \le r \le n$이지만 중복순열의 수 ${}_n\Pi_r$에서는 중복을 허용하므로 $r > n$일 수도 있다.

개념 Plus

중복순열의 수

서로 다른 n개에서 중복을 허용하여 r개를 택한 후 순서를 생각하여 일렬로 배열할 때, 첫 번째, 두 번째, 세 번째, …, r 번째 자리에 올 수 있는 것은 각각 n가지씩이다.

첫 번째	두 번째	세 번째	…	r 번째
↑	↑	↑		↑
n가지	n가지	n가지	…	n가지

따라서 곱의 법칙에 의하여

$${}_n\Pi_r = \underbrace{n \times n \times n \times \cdots \times n}_{r\text{개}} = n^r$$

개념 Check

정답과 해설 2쪽

1 다음 값을 구하시오.

(1) ${}_4\Pi_3$　(2) ${}_2\Pi_5$　(3) ${}_5\Pi_2$　(4) ${}_4\Pi_1$

2 다음 등식을 만족시키는 자연수 n 또는 r의 값을 구하시오.

(1) ${}_n\Pi_2 = 400$　(2) ${}_n\Pi_4 = 81$　(3) ${}_2\Pi_r = 64$　(4) ${}_5\Pi_r = 625$

필수 예제 01 중복순열의 수

유형편 4쪽

다음을 구하시오.

(1) 5명의 학생을 서로 다른 3개의 학급에 배정하는 경우의 수 (단, 한 명도 배정되지 않는 반이 있을 수 있다.)

(2) 4개의 동아리가 세 영화 A, B, C 중에서 관람할 영화를 각각 1편씩 택할 때, 적어도 1개의 동아리가 영화 A를 관람할 경우의 수 (단, 관람하지 않는 영화가 있을 수 있다.)

공략 Point

(1) 중복이 가능한 것의 개수를 n으로 놓고 ${}_n\Pi_r$를 생각한다.

(2) (적어도 ~인 경우의 수) =(모든 경우의 수)−(모두 ~가 아닌 경우의 수)

풀이

(1) 구하는 경우의 수는 서로 다른 3개의 학급에서 5개를 택하는 중복순열의 수와 같으므로	${}_3\Pi_5=3^5=\mathbf{243}$
(2) (i) 4개의 동아리가 관람할 영화를 각각 1편씩 택하는 경우의 수는 서로 다른 3개의 영화에서 4개를 택하는 중복순열의 수와 같으므로	${}_3\Pi_4=3^4=81$
(ii) 어느 동아리도 영화 A를 관람하지 않는 경우의 수는 2개의 영화 B, C에서 4개를 택하는 중복순열의 수와 같으므로	${}_2\Pi_4=2^4=16$
(i), (ii)에서 구하는 경우의 수는	$81-16=\mathbf{65}$

문제

정답과 해설 2쪽

01-1 다음을 구하시오.

(1) 서로 다른 6통의 편지를 서로 다른 3개의 우체통에 넣는 경우의 수 (단, 편지를 넣지 않는 우체통이 있을 수 있다.)

(2) 4명의 학생 A, B, C, D가 각각 중국어, 일본어, 프랑스어, 독일어, 스페인어 수업 중에서 한 수업을 택할 때, 학생 A가 중국어 또는 일본어 수업을 택하는 경우의 수 (단, 한 명도 택하지 않는 수업이 있을 수 있다.)

(3) 4개의 문자 a, b, c, d에서 중복을 허용하여 4개의 문자를 택하여 일렬로 배열할 때, 문자 a가 적어도 하나 포함되는 경우의 수 (단, 택하지 않는 문자가 있을 수 있다.)

01-2 파란색 깃발과 빨간색 깃발이 각각 한 개씩 있다. 깃발을 1번 이상 5번 이하로 들어 올려서 만들 수 있는 서로 다른 신호의 개수를 구하시오. (단, 두 개의 깃발을 동시에 들어 올리지 않는다.)

필수 예제 02 중복순열 - 자연수의 개수

유형편 5쪽

다섯 개의 숫자 0, 1, 2, 3, 4로 중복을 허용하여 만들 수 있는 네 자리의 자연수에 대하여 다음을 구하시오.

(1) 네 자리의 자연수의 개수　　　　(2) 3200보다 큰 자연수의 개수

공략 Point

(1) 맨 앞자리에는 0이 올 수 없음에 유의한다.
(2) 기준이 되는 숫자가 포함되는지를 반드시 확인한다.

풀이

(1) 천의 자리에는 0이 올 수 없으므로 천의 자리에 올 수 있는 숫자의 개수는	4	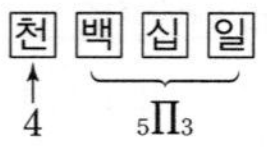
백의 자리, 십의 자리, 일의 자리에 5개의 숫자 중에서 중복을 허용하여 3개를 택하여 배열하는 경우의 수는	${}_5\Pi_3=5^3=125$	
따라서 구하는 자연수의 개수는	$4\times125=$**500**	

(2) (i) 32□□, 33□□, 34□□ 꼴의 자연수 각각의 경우에 대하여 십의 자리, 일의 자리에 5개의 숫자 중에서 중복을 허용하여 2개를 택하여 배열하는 경우의 수는	$3\times{}_5\Pi_2=3\times5^2=75$	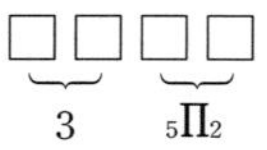
그런데 3200이 만들어지는 경우는 제외해야 하므로 이 경우의 수는	$75-1=74$	
(ii) 4□□□ 꼴의 자연수 백의 자리, 십의 자리, 일의 자리에 5개의 숫자 중에서 중복을 허용하여 3개를 택하여 배열하면 되므로 그 경우의 수는	${}_5\Pi_3=5^3=125$	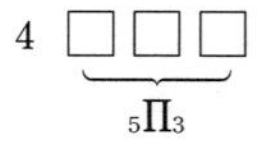
(i), (ii)에서 구하는 자연수의 개수는	$74+125=$**199**	

문제

정답과 해설 2쪽

02-1 여섯 개의 숫자 0, 1, 2, 3, 4, 5로 중복을 허용하여 만들 수 있는 네 자리의 자연수에 대하여 다음을 구하시오.

(1) 짝수의 개수　　　　(2) 3000보다 큰 자연수의 개수

02-2 세 개의 숫자 1, 2, 3으로 중복을 허용하여 만들 수 있는 다섯 자리의 자연수 중에서 만의 자리의 숫자와 일의 자리의 숫자의 합이 4인 자연수의 개수를 구하시오.

필수 예제 03 중복순열 - 함수의 개수

유형편 6쪽

두 집합 $X=\{a, b, c\}$, $Y=\{1, 2, 3, 4\}$에 대하여 다음을 구하시오.

(1) X에서 Y로의 함수의 개수

(2) X에서 Y로의 일대일함수의 개수

(3) X에서 Y로의 함수 f 중에서 $f(a)=2$인 함수의 개수

공략 Point

두 집합 X, Y의 원소의 개수가 각각 m, n일 때

- X에서 Y로의 함수의 개수 ➡ ${}_n\Pi_m=n^m$
- X에서 Y로의 일대일함수의 개수 ➡ ${}_nP_m$ (단, $n\geq m$)

풀이

(1) 집합 Y의 원소 1, 2, 3, 4의 4개에서 중복을 허용하여 3개를 택하여 집합 X의 원소 a, b, c에 대응시키면 되므로 구하는 함수의 개수는 ${}_4\Pi_3=4^3=\mathbf{64}$

(2) 집합 Y의 원소 1, 2, 3, 4의 4개에서 서로 다른 3개를 택하여 집합 X의 원소 a, b, c에 대응시키면 되므로 구하는 일대일함수의 개수는 ${}_4P_3=4\times3\times2=\mathbf{24}$

(3) $f(a)=2$로 정해졌으므로 집합 Y의 원소 1, 2, 3, 4의 4개에서 중복을 허용하여 2개를 택하여 집합 X의 나머지 원소 b, c에 대응시키면 된다. 따라서 구하는 함수의 개수는 ${}_4\Pi_2=4^2=\mathbf{16}$

문제

정답과 해설 3쪽

03-1 두 집합 $X=\{1, 2, 3\}$, $Y=\{a, b, c, d, e\}$에 대하여 다음을 구하시오.

(1) X에서 Y로의 함수의 개수

(2) X에서 Y로의 일대일함수의 개수

(3) X에서 Y로의 함수 f 중에서 $f(3)=d$인 함수의 개수

03-2 집합 $X=\{1, 2, 3, 4\}$에 대하여 X에서 X로의 함수 f 중에서 $f(1)\neq1$인 함수의 개수를 구하시오.

03-3 두 집합 $X=\{1, 2, 3, 4, 5, 6\}$, $Y=\{-1, 0, 1\}$에 대하여 X에서 Y로의 함수 f 중에서 $f(2)+f(4)=0$인 함수의 개수를 구하시오.

2 같은 것이 있는 순열

❶ 같은 것이 있는 순열의 수

n개 중에서 같은 것이 각각 p개, q개, $\cdots$, r개씩 있을 때, n개를 일렬로 배열하는 순열의 수는
$\dfrac{n!}{p!\times q!\times\cdots\times r!}$ (단, $p+q+\cdots+r=n$)

예 3개의 문자 a, a, b를 일렬로 배열하는 경우의 수는 $\dfrac{3!}{2!\times 1!}=3$

참고 서로 다른 n개를 일렬로 배열할 때, 특정한 r개를 정해진 순서대로 배열하는 경우의 수는 이 특정한 r개를 같은 것으로 생각하여 구한다. 예를 들어 3개의 문자 a, b, c를 일렬로 배열할 때, a는 b보다 앞에 오게 배열하려면 a, b를 모두 x로 바꾸어 생각하여 x, x, c를 일렬로 배열한 후 첫 번째 x는 a로, 두 번째 x는 b로 바꾸면 된다.

❷ 최단 거리로 가는 경우의 수

오른쪽 그림과 같은 도로망의 A 지점에서 B 지점까지 최단 거리로 가려면 오른쪽으로 p칸, 위쪽으로 q칸 가야 하므로 최단 거리로 가는 경우의 수는
$\dfrac{(p+q)!}{p!\times q!}$

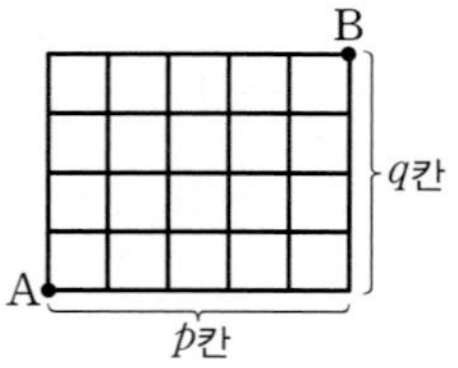

개념 Plus

같은 것이 있는 순열의 수

5개의 문자 a, a, a, b, b를 일렬로 배열할 때, 3개의 a는 a_1, a_2, a_3으로, 2개의 b는 b_1, b_2로 구별하여 5개의 문자를 일렬로 배열하는 경우의 수는 ${}_5\mathrm{P}_5=5!$
그런데 이 $5!$가지 중에서 번호의 구별이 없다면 다음과 같이 $(3!\times 2!)$가지는 모두 $aaabb$와 같다.

$a_1a_2a_3b_1b_2$	$a_1a_2a_3b_2b_1$	$a_1a_3a_2b_1b_2$	$a_1a_3a_2b_2b_1$		
$a_2a_1a_3b_1b_2$	$a_2a_1a_3b_2b_1$	$a_2a_3a_1b_1b_2$	$a_2a_3a_1b_2b_1$	➡	$aaabb$
$a_3a_1a_2b_1b_2$	$a_3a_1a_2b_2b_1$	$a_3a_2a_1b_1b_2$	$a_3a_2a_1b_2b_1$		

이와 같이 생각하면 5개의 문자 a, a, a, b, b를 일렬로 배열하는 순열의 수는 $\dfrac{5!}{3!\times 2!}=10$
일반적으로 n개 중에서 같은 것이 각각 p개, q개, $\cdots$, r개씩 있을 때, n개를 일렬로 배열하는 순열의 수는
$\dfrac{n!}{p!\times q!\times\cdots\times r!}$ (단, $p+q+\cdots+r=n$)

최단 거리로 가는 경우의 수

오른쪽 그림과 같은 도로망의 A 지점에서 B 지점까지 최단 거리로 갈 때, 오른쪽으로 한 칸 가는 것을 a, 위쪽으로 한 칸 가는 것을 b로 나타내면 최단 거리로 가는 것은 4개의 a와 3개의 b를 일렬로 배열하는 것과 같다. 예를 들어 $aababab$는 오른쪽 그림에서 색선으로 표시된 경로와 같다.

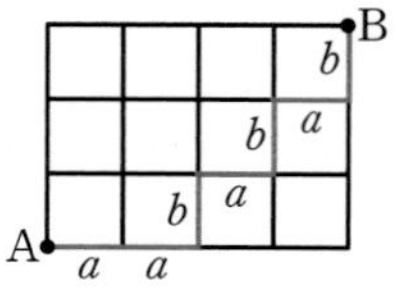

따라서 A 지점에서 B 지점까지 최단 거리로 가는 경우의 수는 $\dfrac{(4+3)!}{4!\times 3!}=35$

필수예제 04 같은 것이 있는 순열의 수

유형편 7쪽

essence에 있는 7개의 문자를 일렬로 배열할 때, 다음을 구하시오.

(1) 일렬로 배열하는 모든 경우의 수
(2) 양 끝에 s가 오게 배열하는 경우의 수
(3) 3개의 e끼리 서로 이웃하게 배열하는 경우의 수
(4) n이 c보다 앞에 오게 배열하는 경우의 수

공략 Point

(1) n개 중에서 같은 것이 p개, q개 있는 순열의 수는 $\frac{n!}{p!\times q!}$

(2) 자리가 정해진 문자는 고정시키고 나머지 문자를 배열하는 순열의 수를 구한다.

(3) 서로 이웃하는 문자를 한 묶음으로 생각하여 순열의 수를 구한다.

(4) 순서가 정해진 문자를 같은 문자로 바꾸어 생각하여 순열의 수를 구한다.

풀이

(1) 7개의 문자 e, s, s, e, n, c, e를 일렬로 배열하는 경우의 수는
$\frac{7!}{3!\times 2!}=\mathbf{420}$ (e가 3개, s가 2개)

(2) 양 끝에 s를 고정시키고 그 사이에 e, e, n, c, e의 5개의 문자를 배열하면 되므로 구하는 경우의 수는
$\frac{5!}{3!}=\mathbf{20}$ (e가 3개)
s□□□□□s

(3) 3개의 e를 한 묶음으로 생각하여 나머지 문자 s, s, n, c와 함께 일렬로 배열하면 되므로 구하는 경우의 수는
$\frac{5!}{2!}=\mathbf{60}$ (s가 2개)

(4) n, c를 모두 X로 바꾸어 생각하여 e, s, s, e, X, X, e의 7개의 문자를 일렬로 배열한 후 첫 번째 X는 n으로, 두 번째 X는 c로 바꾸면 되므로 구하는 경우의 수는
$\frac{7!}{3!\times 2!\times 2!}=\mathbf{210}$ (e가 3개, s가 2개, X가 2개)

문제

정답과 해설 3쪽

04-1 college에 있는 7개의 문자를 일렬로 배열할 때, 다음을 구하시오.

(1) 일렬로 배열하는 모든 경우의 수
(2) 양 끝에 l이 오게 배열하는 경우의 수
(3) e끼리 서로 이웃하게 배열하는 경우의 수
(4) c가 o보다 앞에 오게 배열하는 경우의 수

04-2 happiness에 있는 9개의 문자를 일렬로 배열할 때, 모음끼리 서로 이웃하게 배열하는 경우의 수를 구하시오.

04-3 diligent에 있는 8개의 문자를 일렬로 배열할 때, 자음은 알파벳 순서대로 배열하는 경우의 수를 구하시오.

필수 예제 05

같은 것이 있는 순열 – 자연수의 개수

유형편 8쪽

다음을 구하시오.

(1) 여섯 개의 숫자 0, 1, 1, 1, 2, 2를 모두 사용하여 만들 수 있는 여섯 자리의 자연수의 개수

(2) 다섯 개의 숫자 1, 1, 2, 2, 2에서 4개의 숫자를 택하여 만들 수 있는 네 자리의 자연수의 개수

공략 Point

(1) 맨 앞자리에는 0이 올 수 없음에 유의한다.

(2) 일부 숫자만 사용하는 경우 택할 수 있는 숫자의 쌍을 먼저 구하여 본다.

풀이

(1) (i) 1□□□□□ 꼴의 자연수 나머지 자리에 0, 1, 1, 2, 2의 5개의 숫자를 배열하면 되므로 그 경우의 수는	$\frac{5!}{2!\times 2!}=30$
(ii) 2□□□□□ 꼴의 자연수 나머지 자리에 0, 1, 1, 1, 2의 5개의 숫자를 배열하면 되므로 그 경우의 수는	$\frac{5!}{3!}=20$
(i), (ii)에서 구하는 자연수의 개수는	$30+20=$**50**

(2) 1, 1, 2, 2, 2에서 4개의 숫자를 택하는 경우는	(1, 1, 2, 2) 또는 (1, 2, 2, 2)
(i) 1, 1, 2, 2를 일렬로 배열하여 만들 수 있는 자연수의 개수는	$\frac{4!}{2!\times 2!}=6$
(ii) 1, 2, 2, 2를 일렬로 배열하여 만들 수 있는 자연수의 개수는	$\frac{4!}{3!}=4$
(i), (ii)에서 구하는 자연수의 개수는	$6+4=$**10**

문제

정답과 해설 3쪽

05-1 다음을 구하시오.

(1) 일곱 개의 숫자 0, 0, 1, 1, 2, 2, 2를 모두 사용하여 만들 수 있는 일곱 자리의 자연수의 개수

(2) 다섯 개의 숫자 2, 2, 2, 3, 3에서 3개의 숫자를 택하여 만들 수 있는 세 자리의 자연수의 개수

05-2 여섯 개의 숫자 0, 1, 1, 2, 2, 3을 모두 사용하여 만들 수 있는 여섯 자리의 자연수 중에서 짝수의 개수를 구하시오.

필수 예제 06 최단 거리로 가는 경우의 수

유형편 8쪽

오른쪽 그림과 같은 도로망이 있을 때, 다음을 구하시오.

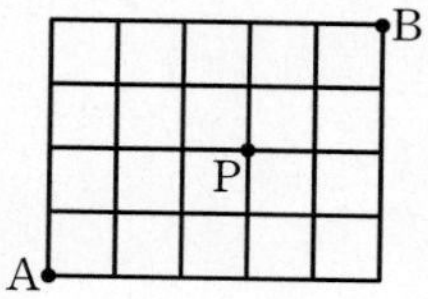

(1) A 지점에서 B 지점까지 최단 거리로 가는 경우의 수

(2) A 지점에서 P 지점을 거쳐 B 지점까지 최단 거리로 가는 경우의 수

(3) A 지점에서 P 지점을 거치지 않고 B 지점까지 최단 거리로 가는 경우의 수

공략 Point

오른쪽으로 p칸, 위쪽으로 q칸 가야 하는 도로망에서 최단 거리로 가는 경우의 수는

$$\frac{(p+q)!}{p!\times q!}$$

풀이

(1) 오른쪽으로 5칸, 위쪽으로 4칸 가야 하므로 구하는 경우의 수는	$\frac{9!}{5!\times 4!}=\mathbf{126}$
(2) A 지점에서 P 지점까지는 오른쪽으로 3칸, 위쪽으로 2칸 가야 하므로 그 경우의 수는	$\frac{5!}{3!\times 2!}=10$
P 지점에서 B 지점까지는 오른쪽으로 2칸, 위쪽으로 2칸 가야 하므로 그 경우의 수는	$\frac{4!}{2!\times 2!}=6$
따라서 구하는 경우의 수는	$10\times 6=\mathbf{60}$
(3) 구하는 경우의 수는 A 지점에서 B 지점까지 최단 거리로 가는 경우의 수에서 A 지점에서 P 지점을 거쳐 B 지점까지 최단 거리로 가는 경우의 수를 뺀 것과 같으므로	$126-60=\mathbf{66}$

문제

정답과 해설 4쪽

06-1 오른쪽 그림과 같은 도로망이 있을 때, 다음을 구하시오.

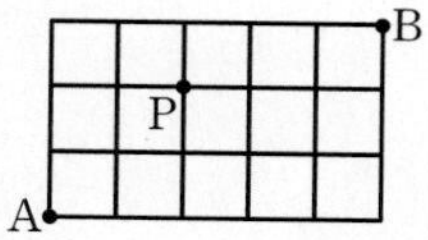

(1) A 지점에서 B 지점까지 최단 거리로 가는 경우의 수

(2) A 지점에서 P 지점을 거쳐 B 지점까지 최단 거리로 가는 경우의 수

(3) A 지점에서 P 지점을 거치지 않고 B 지점까지 최단 거리로 가는 경우의 수

06-2 오른쪽 그림과 같은 도로망이 있다. A 지점에서 X 지점은 거치지 않고 Y 지점은 거쳐 B 지점까지 최단 거리로 가는 경우의 수를 구하시오.

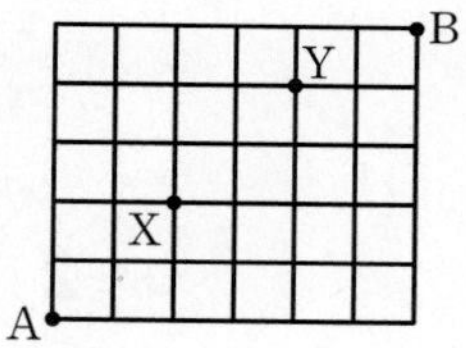

UP 필수 예제 07

최단 거리로 가는 경우의 수 - 장애물이 있는 경우

유형편 9쪽

오른쪽 그림과 같은 도로망이 있을 때, A 지점에서 B 지점까지 최단 거리로 가는 경우의 수를 구하시오.

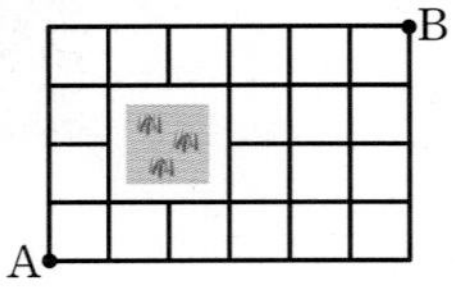

공략 Point

장애물이 있는 경우에는 반드시 거쳐야 하지만 중복하여 지나지 않는 지점들을 잡아 각각 경우의 수를 구한다.

풀이

오른쪽 그림과 같이 네 지점 P, Q, R, S를 잡으면 P, Q, R, S 중에서 어느 한 지점은 반드시 거치지만 두 지점 이상을 동시에 거쳐 최단 거리로 가는 경우는 없으므로 A 지점에서 B 지점까지 최단 거리로 가는 경우는

A → P → B
또는 A → Q → B
또는 A → R → B
또는 A → S → B

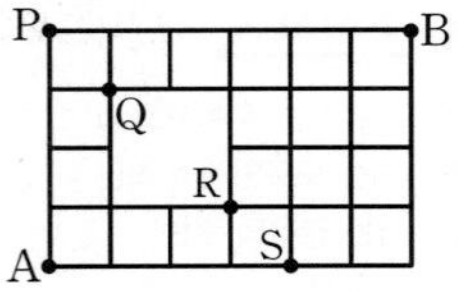

(i) A → P → B로 가는 경우의 수는	$1\times1=1$
(ii) A → Q → B로 가는 경우의 수는	$\frac{4!}{1!\times3!}\times\frac{6!}{5!\times1!}=4\times6=24$
(iii) A → R → B로 가는 경우의 수는	$\frac{4!}{3!\times1!}\times\frac{6!}{3!\times3!}=4\times20=80$
(iv) A → S → B로 가는 경우의 수는	$1\times\frac{6!}{2!\times4!}=15$
(i)~(iv)에서 구하는 경우의 수는	$1+24+80+15=$**120**

다른 풀이

오른쪽 그림과 같이 지나갈 수 없는 길을 점선으로 연결하여 그 교점을 C라 하면 구하는 경우의 수는 A → B로 가는 경우의 수에서 A → C → B로 가는 경우의 수를 뺀 것과 같으므로

$$\frac{10!}{6!\times4!}-\frac{4!}{2!\times2!}\times\frac{6!}{4!\times2!}=210-6\times15=\mathbf{120}$$

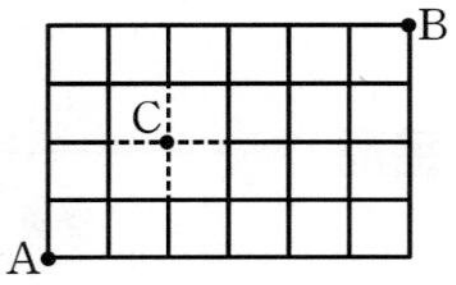

문제

정답과 해설 4쪽

07-1 오른쪽 그림과 같은 도로망이 있을 때, A 지점에서 B 지점까지 최단 거리로 가는 경우의 수를 구하시오.

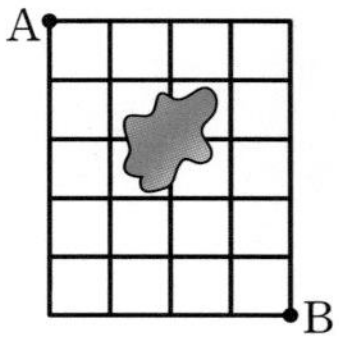

07-2 오른쪽 그림과 같은 도로망이 있을 때, A 지점에서 B 지점까지 최단 거리로 가는 경우의 수를 구하시오.

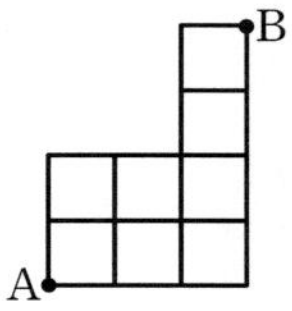

3 중복조합

❶ 중복조합

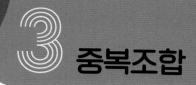

서로 다른 n개에서 중복을 허용하여 r개를 택하는 조합을 **중복조합**이라 하고, 이 중복조합의 수를 기호로 $_n\mathbf{H}_r$와 같이 나타낸다.

참고 $_n\mathrm{H}_r$에서 H는 같은 종류를 뜻하는 Homogeneous의 첫 글자이다.

$_n\mathrm{H}_r$
서로 다른 것의 개수 (n)
택하는 것의 개수 (r)

❷ 중복조합의 수

서로 다른 n개에서 r개를 택하는 중복조합의 수는

$$_n\mathrm{H}_r = {}_{n+r-1}\mathrm{C}_r$$

예 3개의 문자 a, b, c에서 중복을 허용하여 4개의 문자를 택하는 경우의 수는

$$_3\mathrm{H}_4 = {}_{3+4-1}\mathrm{C}_4 = {}_6\mathrm{C}_4 = {}_6\mathrm{C}_2 = \frac{6\times5}{2\times1} = 15$$

참고
- 서로 다른 n개에서 r개를 택하는 조합의 수는
  $$_n\mathrm{C}_r = \frac{_n\mathrm{P}_r}{r!} = \frac{n!}{r!(n-r)!} \text{ (단, } 0\le r\le n)$$
- 서로 다른 n개에서 r개를 택하는 것은 서로 다른 n개에서 택하지 않고 남아 있을 $n-r$개를 택하는 것과 같으므로
  $$_n\mathrm{C}_r = {}_n\mathrm{C}_{n-r} \text{ (단, } 0\le r\le n)$$
- 조합의 수 $_n\mathrm{C}_r$에서는 중복을 허용하지 않으므로 $0\le r\le n$이지만 중복조합의 수 $_n\mathrm{H}_r$에서는 중복을 허용하므로 $r>n$일 수도 있다.

개념 Plus

중복조합의 수

3개의 문자 a, b, c에서 중복을 허용하여 4개의 문자를 택하는 경우는 다음과 같이 15가지이다.

$aaaa$	$aaab$	$aaac$	$aabb$	$aabc$
$aacc$	$abbb$	$abbc$	$abcc$	$accc$
$bbbb$	$bbbc$	$bbcc$	$bccc$	$cccc$

이때 위의 각 경우에 대하여 문자를 ○로 나타내고 서로 다른 문자의 경계에는 ▮를 사용하여 구분하기로 하면 다음과 같이 나타낼 수 있다.

○○○○▮▮	○○○▮○▮	○○○▮▮○	○○▮○○▮	○○▮○▮○
○○▮▮○○	○▮○○○▮	○▮○○▮○	○▮○▮○○	○▮▮○○○
▮○○○○▮	▮○○○▮○	▮○○▮○○	▮○▮○○○	▮▮○○○○

따라서 3개의 문자 a, b, c에서 중복을 허용하여 4개의 문자를 택하는 중복조합의 수 $_3\mathrm{H}_4$는 4개의 ○와 2개의 ▮를 일렬로 배열하는 경우의 수 $\dfrac{6!}{4!\times2!}$과 같다.

└ 같은 것이 있는 순열의 수

일반적으로 서로 다른 n개에서 r개를 택하는 중복조합의 수 $_n\mathrm{H}_r$는 r개의 ○와 $(n-1)$개의 ▮를 일렬로 배열하는 경우의 수와 같고 이는 $\{r+(n-1)\}$개의 자리에서 ○를 놓을 r개의 자리를 택하는 조합의 수와도 같으므로

$$_n\mathrm{H}_r = \frac{\{r+(n-1)\}!}{r!\times(n-1)!} = {}_{n+r-1}\mathrm{C}_r$$

└ r개의 ●와 $(n-1)$개의 ▮로 이루어진 같은 것이 있는 순열의 수

순열, 중복순열, 조합, 중복조합의 비교

순열, 중복순열, 조합, 중복조합을 비교하면 다음 표와 같다.

	순서	중복	기호
순열	생각한다.	허용하지 않는다.	${}_n\mathrm{P}_r$
중복순열	생각한다.	허용한다.	${}_n\Pi_r$
조합	생각하지 않는다.	허용하지 않는다.	${}_n\mathrm{C}_r$
중복조합	생각하지 않는다.	허용한다.	${}_n\mathrm{H}_r$

3개의 문자 a, b, c에서 2개의 문자를 택하는 경우를 비교해 보자.

(1) 순열: 순서를 생각하고 서로 다른 2개의 문자를 택하는 경우

➡ ab, ac, ba, bc, ca, cb ➡ ${}_3\mathrm{P}_2=6$(가지)

(2) 중복순열: 순서를 생각하고 중복을 허용하여 2개의 문자를 택하는 경우

➡ aa, ab, ac, ba, bb, bc, ca, cb, cc ➡ ${}_3\Pi_2=9$(가지)

(3) 조합: 순서를 생각하지 않고 서로 다른 2개의 문자를 택하는 경우

➡ (a, b), (a, c), (b, c) ➡ ${}_3\mathrm{C}_2=3$(가지)

(4) 중복조합: 순서를 생각하지 않고 중복을 허용하여 2개의 문자를 택하는 경우

➡ (a, a), (a, b), (a, c), (b, b), (b, c), (c, c) ➡ ${}_3\mathrm{H}_2=6$(가지)

개념 Check

정답과 해설 5쪽

1 다음 값을 구하시오.

(1) ${}_4\mathrm{H}_3$ (2) ${}_2\mathrm{H}_4$ (3) ${}_5\mathrm{H}_1$ (4) ${}_5\mathrm{H}_5$

2 다음 등식을 만족시키는 자연수 n 또는 r의 값을 구하시오.

(1) ${}_7\mathrm{H}_3={}_n\mathrm{C}_3$ (2) ${}_3\mathrm{H}_4={}_n\mathrm{C}_4$ (3) ${}_6\mathrm{H}_r={}_8\mathrm{C}_3$ (4) ${}_4\mathrm{H}_r={}_9\mathrm{C}_3$

3 4개의 문자 a, b, c, d에 대하여 다음을 구하시오.

(1) 서로 다른 3개의 문자를 택하여 일렬로 배열하는 경우의 수

(2) 중복을 허용하여 3개의 문자를 택하여 일렬로 배열하는 경우의 수

(3) 순서를 생각하지 않고 서로 다른 3개의 문자를 택하는 경우의 수

(4) 순서를 생각하지 않고 중복을 허용하여 3개의 문자를 택하는 경우의 수

필수 예제 08 중복조합의 수

유형편 9쪽

세 학생 A, B, C에게 같은 종류의 과자 6개를 나누어 주려고 할 때, 다음을 구하시오.

(1) 과자 6개를 나누어 주는 경우의 수 (단, 과자를 받지 못하는 학생이 있을 수 있다.)
(2) 각 학생이 과자를 적어도 한 개씩은 받게 나누어 주는 경우의 수

공략 Point

(1) 중복이 가능한 것의 개수를 n으로 놓고 ${}_{n}\mathrm{H}_{r}$를 생각한다.
(2) 적어도 한 개씩 받도록 나누어 주는 경우의 수는 한 개씩 먼저 나누어 주고 남은 것을 나누어 주는 경우의 수와 같다.

풀이

(1) 구하는 경우의 수는 서로 다른 3개에서 6개를 택하는 중복조합의 수와 같으므로

$${}_{3}\mathrm{H}_{6}={}_{8}\mathrm{C}_{6}={}_{8}\mathrm{C}_{2}=\frac{8\times7}{2\times1}=\mathbf{28}$$

(2) 3명의 학생에게 과자를 한 개씩 먼저 나누어 주고 남은 과자 3개를 3명의 학생에게 나누어 주면 된다.
따라서 구하는 경우의 수는 서로 다른 3개에서 3개를 택하는 중복조합의 수와 같으므로

$${}_{3}\mathrm{H}_{3}={}_{5}\mathrm{C}_{3}={}_{5}\mathrm{C}_{2}=\frac{5\times4}{2\times1}=\mathbf{10}$$

문제

정답과 해설 5쪽

08-1 꽃집에서 빨간 장미, 노란 장미, 분홍 장미 중에서 8송이의 장미를 사려고 할 때, 다음을 구하시오. (단, 색이 같은 장미는 서로 구별하지 않는다.)

(1) 8송이의 장미를 사는 경우의 수 (단, 사지 않는 색깔의 장미가 있을 수 있다.)
(2) 각 색깔의 장미를 적어도 한 송이씩은 사는 경우의 수

08-2 4명의 후보가 출마한 선거에서 9명의 유권자가 한 명의 후보에게 각각 무기명으로 투표하는 경우의 수를 구하시오. (단, 기권이나 무효표는 없다.)

08-3 13개의 바둑돌을 4개의 바둑통 A, B, C, D에 나누어 담으려고 한다. A에는 3개 이상, B에는 2개 이상의 바둑돌이 들어가도록 바둑돌을 나누어 담는 경우의 수를 구하시오.
(단, 바둑돌은 서로 구별하지 않고, 빈 바둑통이 있을 수 있다.)

필수 예제 09

중복조합 - 전개식에서 항의 개수

유형편 10쪽

$(x+y+z)^6$의 전개식에서 서로 다른 항의 개수를 구하시오.

공략 Point

$(x_1+x_2+\cdots+x_m)^n$의 전개식에서 서로 다른 항의 개수는 m개의 문자에서 n개를 택하는 중복조합의 수와 같으므로 ${}_m\mathrm{H}_n$

풀이

$(x+y+z)^6$에서	$(x+y+z)(x+y+z)\times\cdots\times(x+y+z)$
따라서 $(x+y+z)^6$의 전개식에서 각 항은 3개의 문자 x, y, z에서 중복을 허용하여 6개를 택하여 곱한 것이므로 구하는 항의 개수는	${}_3\mathrm{H}_6={}_8\mathrm{C}_6={}_8\mathrm{C}_2=\dfrac{8\times7}{2\times1}=\mathbf{28}$

문제

정답과 해설 5쪽

09-1 $(x+y+z+w)^{10}$의 전개식에서 서로 다른 항의 개수를 구하시오.

09-2 $(x+y)^3(a+b+c)^5$의 전개식에서 서로 다른 항의 개수를 구하시오.

09-3 $(x+y+z)^{14}$의 전개식에서 x를 포함하지 않는 서로 다른 항의 개수를 구하시오.

09-4 $(x+y+z)^n$의 전개식에서 서로 다른 항의 개수가 66일 때, 자연수 n의 값을 구하시오.

필수 예제 10 중복조합 - 방정식의 해의 개수

유형편 11쪽

방정식 $x+y+z=7$에 대하여 다음을 구하시오.

(1) x, y, z가 모두 음이 아닌 정수인 해의 개수

(2) x, y, z가 모두 자연수인 해의 개수

공략 Point

방정식 $x_1+x_2+\cdots+x_n=r$ (n, r는 자연수)에서

(1) 음이 아닌 정수인 해의 개수
➡ 서로 다른 n개에서 r개를 택하는 중복조합의 수와 같으므로 ${}_n\mathrm{H}_r$

(2) 자연수인 해의 개수
➡ 서로 다른 n개에서 $(r-n)$개를 택하는 중복조합의 수와 같으므로 ${}_n\mathrm{H}_{r-n}$ (단, $n\le r$)

풀이

(1) 방정식 $x+y+z=7$의 한 해 $x=3$, $y=2$, $z=2$를 3개의 x, 2개의 y, 2개의 z와 같이 생각하면 구하는 해의 개수는 3개의 문자 x, y, z에서 7개를 택하는 중복조합의 수와 같으므로	${}_3\mathrm{H}_7={}_9\mathrm{C}_7={}_9\mathrm{C}_2=\frac{9\times8}{2\times1}=\mathbf{36}$
(2) $x-1=a$, $y-1=b$, $z-1=c$라 하면	$x=a+1$, $y=b+1$, $z=c+1$
이를 방정식 $x+y+z=7$에 대입하면	$(a+1)+(b+1)+(c+1)=7$ $\therefore a+b+c=4$ (단, a, b, c는 음이 아닌 정수) x, y, z를 먼저 한 개씩 택하고 나머지 4개를 택하는 것으로 볼 수 있다.
따라서 구하는 해의 개수는 방정식 $a+b+c=4$의 음이 아닌 정수인 해의 개수, 즉 3개의 문자 a, b, c에서 4개를 택하는 중복조합의 수와 같으므로	${}_3\mathrm{H}_4={}_6\mathrm{C}_4={}_6\mathrm{C}_2=\frac{6\times5}{2\times1}=\mathbf{15}$

문제

정답과 해설 6쪽

10-1 방정식 $x+y+z+w=9$에 대하여 다음을 구하시오.

(1) x, y, z, w가 모두 음이 아닌 정수인 해의 개수

(2) x, y, z, w가 모두 자연수인 해의 개수

10-2 x, y, z가 $x\ge-1$, $y\ge-1$, $z\ge-1$인 정수일 때, 방정식 $x+y+z=9$를 만족시키는 해의 개수를 구하시오.

UP 필수 예제 11

중복조합 - 함수의 개수

유형편 11쪽

두 집합 $X=\{1, 2, 3\}$, $Y=\{1, 2, 3, 4, 5\}$에 대하여 다음 조건을 만족시키는 함수 $f: X \longrightarrow Y$의 개수를 구하시오. (단, $i\in X$, $j\in X$)

(1) $i\neq j$이면 $f(i)\neq f(j)$　　(2) $i<j$이면 $f(i)<f(j)$　　(3) $i<j$이면 $f(i)\leq f(j)$

공략 Point

함수 $f: X \longrightarrow Y$에 대하여
$X=\{1, 2, 3, \cdots, r\}$,
$Y=\{1, 2, 3, \cdots, n\}$
이고, $i\in X$, $j\in X$일 때
(1) $i\neq j$이면 $f(i)\neq f(j)$인 함수, 즉 일대일함수의 개수는
$_n\mathrm{P}_r$ (단, $0\leq r\leq n$)
(2) $i<j$이면 $f(i)<f(j)$인 함수의 개수는
$_n\mathrm{C}_r$ (단, $0\leq r\leq n$)
(3) $i<j$이면 $f(i)\leq f(j)$인 함수의 개수는
$_n\mathrm{H}_r$

풀이

(1) 주어진 조건을 만족시키는 함수는 일대일함수

따라서 집합 Y의 원소 1, 2, 3, 4, 5에서 서로 다른 3개를 택하여 집합 X의 원소 1, 2, 3에 대응시키면 되므로 구하는 함수의 개수는 $_5\mathrm{P}_3=\mathbf{60}$

(2) 주어진 조건에 의하여 $f(1)<f(2)<f(3)$

따라서 집합 Y의 원소 1, 2, 3, 4, 5에서 서로 다른 3개를 택하여 작은 수부터 차례대로 집합 X의 원소 1, 2, 3에 대응시키면 되므로 구하는 함수의 개수는 $_5\mathrm{C}_3={}_5\mathrm{C}_2=\frac{5\times4}{2\times1}=\mathbf{10}$

(3) 주어진 조건에 의하여 $f(1)\leq f(2)\leq f(3)$

따라서 집합 Y의 원소 1, 2, 3, 4, 5에서 중복을 허용하여 3개를 택하여 작거나 같은 수부터 차례대로 집합 X의 원소 1, 2, 3에 대응시키면 되므로 구하는 함수의 개수는 $_5\mathrm{H}_3={}_7\mathrm{C}_3=\frac{7\times6\times5}{3\times2\times1}=\mathbf{35}$

문제

정답과 해설 6쪽

11-1 두 집합 $X=\{1, 2, 3, 4\}$, $Y=\{1, 2, 3, 4, 5, 6, 7\}$에 대하여 다음 조건을 만족시키는 함수 $f: X \longrightarrow Y$의 개수를 구하시오. (단, $i\in X$, $j\in X$)

(1) $i\neq j$이면 $f(i)\neq f(j)$　　(2) $i<j$이면 $f(i)<f(j)$　　(3) $i<j$이면 $f(i)\leq f(j)$

11-2 두 집합 $X=\{1, 2, 3, 4\}$, $Y=\{1, 2, 3, 4, 5, 6, 7, 8\}$에 대하여 X에서 Y로의 함수 f 중에서 $x_1<x_2$이면 $f(x_1)\leq f(x_2)$이고, $f(3)=6$인 함수의 개수를 구하시오. (단, $x_1\in X$, $x_2\in X$)

연습문제

정답과 해설 7쪽

1 A 지역의 중학생은 그 지역 고등학교 3군데 중 하나, B 지역의 중학생은 그 지역 고등학교 2군데 중 하나에 배정된다고 한다. A 지역의 중학생 2명과 B 지역의 중학생 4명에게 고등학교를 배정하는 경우의 수는?

① 9 ② 18 ③ 36
④ 72 ⑤ 144

2 두 기호 •와 −를 일렬로 배열하여 신호를 만들려고 한다. 이 기호들을 n개 사용하여 만들 수 있는 서로 다른 신호가 200개 이상이 되도록 하는 n의 최솟값을 구하시오.

교육청

3 서로 다른 공 6개를 남김없이 세 주머니 A, B, C에 나누어 넣을 때, 주머니 A에 넣은 공의 개수가 3이 되도록 나누어 넣는 경우의 수는?
(단, 공을 넣지 않는 주머니가 있을 수 있다.)

① 120 ② 130 ③ 140
④ 150 ⑤ 160

수능

4 숫자 1, 2, 3, 4, 5 중에서 중복을 허락하여 네 개를 택해 일렬로 나열하여 만든 네 자리의 자연수가 5의 배수인 경우의 수는?

① 115 ② 120 ③ 125
④ 130 ⑤ 135

5 네 개의 숫자 0, 1, 2, 3으로 중복을 허용하여 만들 수 있는 세 자리의 자연수 중에서 숫자 1을 반드시 포함하는 자연수의 개수를 구하시오.

6 두 집합 $X=\{1, 2, 3, 4, 5\}$, $Y=\{0, 1, 2, 3\}$에 대하여 X에서 Y로의 함수 f 중에서 $f(2)=0$, $f(3)\neq0$인 함수의 개수를 구하시오.

7 wednesday에 있는 9개의 문자를 일렬로 배열할 때, w, n, s, y는 이 순서대로 배열하는 경우의 수는?

① 120 ② 720 ③ 2520
④ 3024 ⑤ 3780

평가원

8 세 문자 a, b, c 중에서 중복을 허락하여 4개를 택해 일렬로 나열할 때, 문자 a가 두 번 이상 나오는 경우의 수를 구하시오.

9 일곱 개의 숫자 1, 1, 2, 2, 2, 3, 3에서 4개의 숫자를 택하여 만들 수 있는 네 자리의 자연수 중에서 3의 배수의 개수는?

① 14 ② 16 ③ 18
④ 20 ⑤ 22

교육청

10 그림과 같이 직사각형 모양으로 연결된 도로망이 있다. 이 도로망을 따라 A 지점에서 출발하여 P 지점을 지나 B 지점까지 최단 거리로 가는 경우의 수를 구하시오.

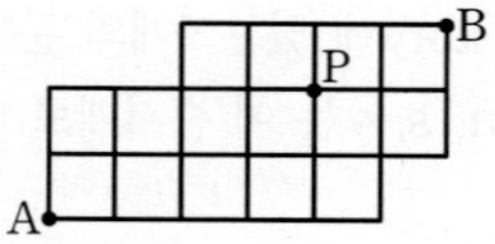

11 등식 ${}_{10-r}\mathrm{H}_{r+1}={}_{11-2r}\mathrm{H}_{2r}$를 만족시키는 자연수 r의 값을 구하시오. (단, $r>1$)

12 서로 다른 4개의 소수에서 중복을 허용하여 12개를 택한 후 모두 곱하여 만들 수 있는 서로 다른 자연수의 개수는?

① 105 ② 455 ③ 990
④ 1365 ⑤ 1820

13 파란색 카드 1장, 빨간색 카드 4장, 노란색 카드 4장, 초록색 카드 4장 중에서 4장의 카드를 택하는 경우의 수를 구하시오.
(단, 같은 색의 카드는 서로 구별하지 않는다.)

14 $(a+b+c+d)^8$의 전개식에서 a를 포함하는 서로 다른 항의 개수는?

① 105 ② 110 ③ 115
④ 120 ⑤ 125

15 부등식 $x+y+z+w\leq 3$을 만족시키는 음이 아닌 정수 x, y, z, w의 순서쌍 (x, y, z, w)의 개수를 구하시오.

실력

16 두 집합 $X=\{1, 2, 3, 4\}$, $Y=\{a, b, c\}$에 대하여 X에서 Y로의 함수 중에서 치역과 공역이 같은 함수의 개수를 구하시오.

교육청

17 세 명의 학생 A, B, C에게 서로 다른 종류의 사탕 5개를 다음 규칙에 따라 남김없이 나누어 주는 경우의 수는?
(단, 사탕을 받지 못하는 학생이 있을 수 있다.)

> (가) 학생 A는 적어도 하나의 사탕을 받는다.
> (나) 학생 B가 받는 사탕의 개수는 2 이하이다.

① 167 ② 170 ③ 173
④ 176 ⑤ 179

18 오른쪽 그림과 같은 도로망이 있을 때, A 지점에서 B 지점까지 최단 거리로 가는 경우의 수를 구하시오.

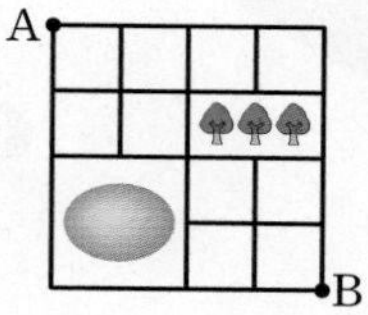

수능

19 다음 조건을 만족시키는 음이 아닌 정수 a, b, c, d의 모든 순서쌍 (a, b, c, d)의 개수는?

> (가) $a+b+c-d=9$
> (나) $d\leq 4$이고 $c\geq d$이다.

① 265 ② 270 ③ 275
④ 280 ⑤ 285

20 두 집합
$X=\{1, 2, 3, 4, 5\}$, $Y=\{1, 2, 3, 4, 5, 6\}$
에 대하여 X에서 Y로의 함수 f가 $x_1\in X$, $x_2\in X$일 때, $x_1<x_2$이면 $f(x_1)\leq f(x_2)$를 만족시킨다. 이때 $f(1)+f(3)=5$인 함수 f의 개수를 구하시오.

이항정리

❶ 이항정리

n이 자연수일 때, $(a+b)^n$의 전개식은

$$(a+b)^n={}_nC_0a^n+{}_nC_1a^{n-1}b^1+\cdots+{}_nC_ra^{n-r}b^r+\cdots+{}_nC_nb^n$$

으로 나타낼 수 있고, 이를 **이항정리**라 한다. 이 전개식에서 각 항의 계수 ${}_nC_0$, ${}_nC_1$, $\cdots$, ${}_nC_r$, $\cdots$, ${}_nC_n$을 **이항계수**라 하고, ${}_nC_ra^{n-r}b^r$을 $(a+b)^n$의 전개식의 일반항이라 한다.

예 $(a+2b)^4={}_4C_0a^4+{}_4C_1a^3(2b)+{}_4C_2a^2(2b)^2+{}_4C_3a(2b)^3+{}_4C_4(2b)^4$
$=a^4+8a^3b+24a^2b^2+32ab^3+16b^4$

참고 • $a^0=1$, $b^0=1$로 정한다. (단, $a\neq0$, $b\neq0$)
• ${}_nC_r={}_nC_{n-r}$이므로 $a^{n-r}b^r$의 계수와 a^rb^{n-r}의 계수는 서로 같다.

개념 Plus

이항정리

$(a+b)^3$을 전개하면 $(a+b)^3=(a+b)(a+b)(a+b)=a^3+3a^2b+3ab^2+b^3$

이때 전개식의 각 항의 계수를 조합을 이용하여 생각해 보면 다음과 같다.

	$(a+b)$	$(a+b)$	$(a+b)$	
a^3의 계수	a	a	a	➡ a를 3개, b를 0개 택하는 경우의 수: ${}_3C_0=1$
a^2b의 계수	a	a	b	➡ a를 2개, b를 1개 택하는 경우의 수: ${}_3C_1=3$
	a	b	a	
	b	a	a	
ab^2의 계수	a	b	b	➡ a를 1개, b를 2개 택하는 경우의 수: ${}_3C_2=3$
	b	a	b	
	b	b	a	
b^3의 계수	b	b	b	➡ a를 0개, b를 3개 택하는 경우의 수: ${}_3C_3=1$

일반적으로 $(a+b)^n$의 전개식에서 $a^{n-r}b^r$항은 n개의 $(a+b)$ 중에서 r개의 $(a+b)$에서는 b를 택하고 나머지에서는 a를 택하여 곱한 것이므로 그 계수는 조합의 수 ${}_nC_r$와 같다. 즉,

$$(a+b)^n=\overbrace{\underbrace{(a+b)\cdots(a+b)}_{(n-r)\text{개의 } a}\underbrace{(a+b)\cdots(a+b)}_{r\text{개의 } b}}^{n\text{개}} \Rightarrow {}_nC_ra^{n-r}b^r$$

따라서 자연수 n에 대하여 $(a+b)^n$의 전개식은 다음과 같이 나타낼 수 있다.

$$(a+b)^n={}_nC_0a^n+{}_nC_1a^{n-1}b^1+{}_nC_2a^{n-2}b^2+\cdots+{}_nC_ra^{n-r}b^r+\cdots+{}_nC_nb^n$$

개념 Check

정답과 해설 10쪽

1 이항정리를 이용하여 다음 식을 전개하시오.

(1) $(2x+y)^3$

(2) $(x-1)^5$

필수 예제 01 $(a+b)^n$의 전개식

유형편 12쪽

다음을 구하시오.

(1) $(2x+y^2)^4$의 전개식에서 x^3y^2의 계수

(2) $\left(3x^3+\frac{1}{x}\right)^5$의 전개식에서 x^3의 계수

공략 Point

$(a+b)^n$의 전개식의 일반항은 ${}_nC_r a^{n-r}b^r$임을 이용한다.

풀이

(1) $(2x+y^2)^4$의 전개식의 일반항은	${}_4C_r(2x)^{4-r}(y^2)^r={}_4C_r 2^{4-r}x^{4-r}y^{2r}$
x^3y^2항은 $4-r=3$, $2r=2$일 때이므로	$r=1$
따라서 구하는 x^3y^2의 계수는	${}_4C_1 2^3=4\times 8=\mathbf{32}$

(2) $\left(3x^3+\frac{1}{x}\right)^5$의 전개식의 일반항은	${}_5C_r(3x^3)^{5-r}\left(\frac{1}{x}\right)^r={}_5C_r 3^{5-r}\frac{x^{15-3r}}{x^r}$
x^3항은 $15-3r-r=3$일 때이므로	$r=3$
따라서 구하는 x^3의 계수는	${}_5C_3 3^2=10\times 9=\mathbf{90}$

문제

정답과 해설 10쪽

01-1 다음을 구하시오.

(1) $(2x-y)^6$의 전개식에서 x^2y^4의 계수

(2) $\left(x^2+\frac{5}{x}\right)^5$의 전개식에서 x^4의 계수

01-2 $(2x+a)^6$의 전개식에서 x^2의 계수와 x^4의 계수가 같을 때, 양수 a의 값을 구하시오.

01-3 $\left(ax-\frac{1}{x}\right)^4$의 전개식에서 x^2의 계수가 32일 때, 실수 a의 값을 구하시오.

필수 예제 02 $(a+b)^p(c+d)^q$의 전개식

유형편 12쪽

다음을 구하시오.

(1) $(2+x^2)^2(1+2x)^5$의 전개식에서 x^2의 계수

(2) $(3+x^2)\left(x+\dfrac{1}{x}\right)^4$의 전개식에서 상수항

공략 Point

(1) $(a+b)^p(c+d)^q$의 전개식의 일반항은 $(a+b)^p$의 전개식의 일반항과 $(c+d)^q$의 전개식의 일반항을 곱한 것이다.

(2) $(a+b)(c+d)^q$ $=a(c+d)^q+b(c+d)^q$ 임을 이용한다.

풀이

(1) $(2+x^2)^2$의 전개식의 일반항은	${}_2C_r 2^{2-r}(x^2)^r={}_2C_r 2^{2-r}x^{2r}$
$(1+2x)^5$의 전개식의 일반항은	${}_5C_s(2x)^s={}_5C_s 2^s x^s$
따라서 $(2+x^2)^2(1+2x)^5$의 전개식의 일반항은	${}_2C_r 2^{2-r}x^{2r}\times{}_5C_s 2^s x^s$ $={}_2C_r\times{}_5C_s 2^{2-r+s}x^{2r+s}$ ...... ㉠
x^2항은 $2r+s=2$ (r, s는 $0\le r\le 2$, $0\le s\le 5$인 정수)일 때이므로	$r=0$, $s=2$ 또는 $r=1$, $s=0$
(i) $r=0$, $s=2$일 때, ㉠에서	${}_2C_0\times{}_5C_2 2^4x^2=160x^2$
(ii) $r=1$, $s=0$일 때, ㉠에서	${}_2C_1\times{}_5C_0 2^1x^2=4x^2$
(i), (ii)에서 구하는 x^2의 계수는	$160+4=$**164**

(2) $\left(x+\dfrac{1}{x}\right)^4$의 전개식의 일반항은	${}_4C_r x^{4-r}\left(\dfrac{1}{x}\right)^r={}_4C_r\dfrac{x^{4-r}}{x^r}$ ...... ㉠
$(3+x^2)\left(x+\dfrac{1}{x}\right)^4=3\left(x+\dfrac{1}{x}\right)^4+x^2\left(x+\dfrac{1}{x}\right)^4$이므로 전개식에서 상수항이 나오는 경우는	(i) 3과 ㉠의 상수항의 곱 (ii) x^2과 ㉠의 $\dfrac{1}{x^2}$항의 곱
(i) ㉠의 상수항은 $4-r=r$, 즉 $r=2$일 때이므로	${}_4C_2=6$
(ii) ㉠의 $\dfrac{1}{x^2}$항은 $r-(4-r)=2$, 즉 $r=3$일 때이므로	${}_4C_3\dfrac{1}{x^2}=\dfrac{4}{x^2}$
(i), (ii)에서 구하는 상수항은	$3\times 6+x^2\times\dfrac{4}{x^2}=$**22**

문제

정답과 해설 11쪽

02-1 다음을 구하시오.

(1) $(x+1)^3(x-2)^4$의 전개식에서 x의 계수

(2) $(x^2-x)\left(x-\dfrac{1}{x}\right)^5$의 전개식에서 x^2의 계수

02-2 $(1+x)^4(x^3+a)^2$의 전개식에서 x^6의 계수가 -23일 때, 상수 a의 값을 구하시오.

2 이항계수의 성질

❶ 파스칼의 삼각형

$n=1,\ 2,\ 3,\ 4,\ \cdots$일 때, $(a+b)^n$의 전개식

$$(a+b)^n={}_n\mathrm{C}_0a^n+{}_n\mathrm{C}_1a^{n-1}b+{}_n\mathrm{C}_2a^{n-2}b^2+\cdots+{}_n\mathrm{C}_nb^n$$

에서 각 항의 이항계수를 다음과 같이 삼각형 모양으로 나타낼 수 있다.

	1		1
$(a+b)^1$	${}_1\mathrm{C}_0\quad {}_1\mathrm{C}_1$		$1\quad 1$
$(a+b)^2$	${}_2\mathrm{C}_0\quad {}_2\mathrm{C}_1\quad {}_2\mathrm{C}_2$	➡	$1\quad 2\quad 1$
$(a+b)^3$	${}_3\mathrm{C}_0\quad {}_3\mathrm{C}_1\quad {}_3\mathrm{C}_2\quad {}_3\mathrm{C}_3$		$1\quad 3\quad 3\quad 1$
$(a+b)^4$	${}_4\mathrm{C}_0\quad {}_4\mathrm{C}_1\quad {}_4\mathrm{C}_2\quad {}_4\mathrm{C}_3\quad {}_4\mathrm{C}_4$		$1\quad 4\quad 6\quad 4\quad 1$
⋮	⋮		⋮

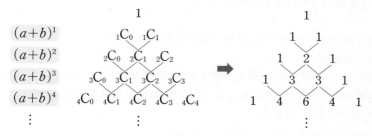

이와 같은 이항계수의 배열을 **파스칼의 삼각형**이라 한다.

파스칼의 삼각형에서는 다음과 같은 조합의 성질을 확인할 수 있다.

(1) 각 행의 양 끝에 있는 수는 모두 1이다.

➡ ${}_n\mathrm{C}_0=1,\ {}_n\mathrm{C}_n=1$

(2) 각 행의 수의 배열이 좌우 대칭이다.

➡ ${}_n\mathrm{C}_r={}_n\mathrm{C}_{n-r}$

(3) 각 행에서 이웃하는 두 수의 합은 그 다음 행에서 두 수의 중앙에 있는 수와 같다.

➡ ${}_{n-1}\mathrm{C}_{r-1}+{}_{n-1}\mathrm{C}_r={}_n\mathrm{C}_r$

${}_{n-1}\mathrm{C}_{r-1}\quad {}_{n-1}\mathrm{C}_r$

${}_n\mathrm{C}_r$

❷ 이항계수의 성질

이항정리를 이용하여 $(1+x)^n$을 전개하면

$$(1+x)^n={}_n\mathrm{C}_0+{}_n\mathrm{C}_1x+{}_n\mathrm{C}_2x^2+\cdots+{}_n\mathrm{C}_nx^n$$

이를 이용하면 다음과 같은 이항계수의 성질을 얻을 수 있다.

(1) ${}_n\mathrm{C}_0+{}_n\mathrm{C}_1+{}_n\mathrm{C}_2+\cdots+{}_n\mathrm{C}_n=2^n$

(2) ${}_n\mathrm{C}_0-{}_n\mathrm{C}_1+{}_n\mathrm{C}_2-\cdots+(-1)^n{}_n\mathrm{C}_n=0$

(3) n이 1보다 큰 홀수일 때,

${}_n\mathrm{C}_0+{}_n\mathrm{C}_2+{}_n\mathrm{C}_4+\cdots+{}_n\mathrm{C}_{n-1}={}_n\mathrm{C}_1+{}_n\mathrm{C}_3+{}_n\mathrm{C}_5+\cdots+{}_n\mathrm{C}_n=2^{n-1}$

(4) n이 짝수일 때,

${}_n\mathrm{C}_0+{}_n\mathrm{C}_2+{}_n\mathrm{C}_4+\cdots+{}_n\mathrm{C}_n={}_n\mathrm{C}_1+{}_n\mathrm{C}_3+{}_n\mathrm{C}_5+\cdots+{}_n\mathrm{C}_{n-1}=2^{n-1}$

예 (1) ${}_9\mathrm{C}_0+{}_9\mathrm{C}_1+{}_9\mathrm{C}_2+\cdots+{}_9\mathrm{C}_9=2^9=512$

(2) ${}_9\mathrm{C}_0-{}_9\mathrm{C}_1+{}_9\mathrm{C}_2-\cdots-{}_9\mathrm{C}_9=0$

(3) ${}_9\mathrm{C}_0+{}_9\mathrm{C}_2+{}_9\mathrm{C}_4+{}_9\mathrm{C}_6+{}_9\mathrm{C}_8={}_9\mathrm{C}_1+{}_9\mathrm{C}_3+{}_9\mathrm{C}_5+{}_9\mathrm{C}_7+{}_9\mathrm{C}_9=2^{9-1}=2^8=256$

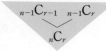

(4) ${}_8\mathrm{C}_0+{}_8\mathrm{C}_2+{}_8\mathrm{C}_4+{}_8\mathrm{C}_6+{}_8\mathrm{C}_8={}_8\mathrm{C}_1+{}_8\mathrm{C}_3+{}_8\mathrm{C}_5+{}_8\mathrm{C}_7=2^{8-1}=2^7=128$

개념 Plus

파스칼의 삼각형으로 알 수 있는 여러 가지 성질

(1) 각 행의 수의 합

파스칼의 삼각형에서 각 행의 수를 모두 더하면

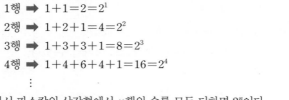

1행 ➡ $1+1=2=2^1$

2행 ➡ $1+2+1=4=2^2$

3행 ➡ $1+3+3+1=8=2^3$

4행 ➡ $1+4+6+4+1=16=2^4$

⋮

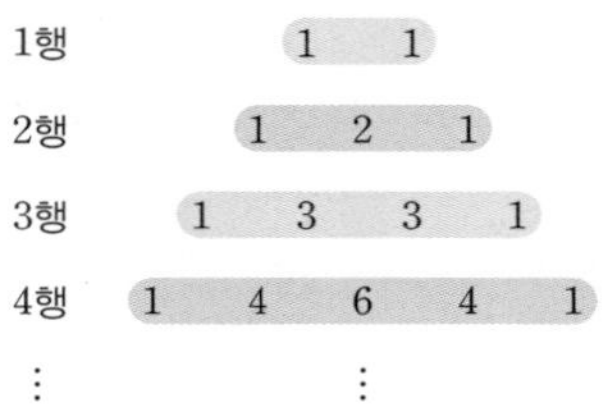

따라서 파스칼의 삼각형에서 n행의 수를 모두 더하면 2^n이다.

(2) 하키 스틱 패턴

오른쪽 그림과 같이 파스칼의 삼각형에서 3행의 첫 번째 수인 1부터 오른쪽 아래의 대각선 방향으로 1, 4, 10, 20을 더한 값은 그 다음 행의 왼쪽 수인 35와 같다. 즉,

$1+4+10+20=35$

마찬가지로 4행의 마지막 수인 1부터 왼쪽 아래의 대각선 방향으로 1, 5, 15를 더한 값은 그 다음 행의 오른쪽 수인 21과 같다. 즉,

$1+5+15=21$

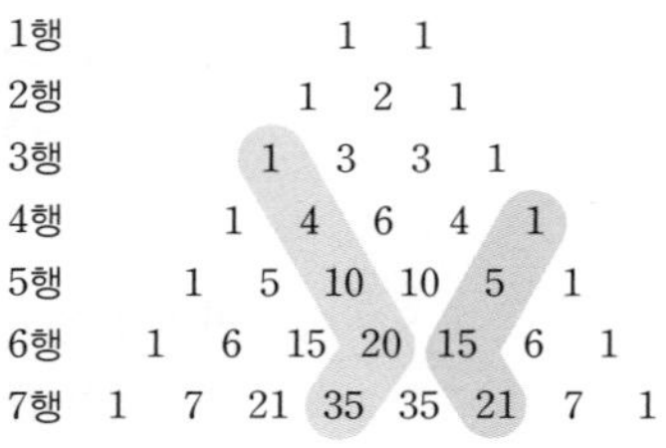

이와 같이 파스칼의 삼각형에서 각 행의 첫 번째 수인 1부터 시작하여 오른쪽 아래의 대각선 방향으로 더한 값은 마지막 수 다음 행의 왼쪽 수와 같고, 각 행의 마지막 수인 1부터 시작하여 왼쪽 아래의 대각선 방향으로 더한 값은 마지막 수 다음 행의 오른쪽 수와 같다.

이를 패턴의 모양이 하키 스틱처럼 보인다고 하여 '하키 스틱 패턴'이라 한다.

이항계수의 성질의 증명

$(1+x)^n={}_nC_0+{}_nC_1x+{}_nC_2x^2+\cdots+{}_nC_nx^n$ …… ㉠

(1) ㉠의 양변에 $x=1$을 대입하면 $(1+1)^n={}_nC_0+{}_nC_1+{}_nC_2+\cdots+{}_nC_n$

$\therefore {}_nC_0+{}_nC_1+{}_nC_2+\cdots+{}_nC_n=2^n$ …… ㉡

(2) ㉠의 양변에 $x=-1$을 대입하면 $(1-1)^n={}_nC_0-{}_nC_1+{}_nC_2-\cdots+(-1)^n{}_nC_n$

$\therefore {}_nC_0-{}_nC_1+{}_nC_2-\cdots+(-1)^n{}_nC_n=0$ …… ㉢

(3) n이 1보다 큰 홀수일 때,

㉡+㉢을 하면 $2({}_nC_0+{}_nC_2+{}_nC_4+\cdots+{}_nC_{n-1})=2^n$　$\therefore {}_nC_0+{}_nC_2+{}_nC_4+\cdots+{}_nC_{n-1}=2^{n-1}$

㉡−㉢을 하면 $2({}_nC_1+{}_nC_3+{}_nC_5+\cdots+{}_nC_n)=2^n$　$\therefore {}_nC_1+{}_nC_3+{}_nC_5+\cdots+{}_nC_n=2^{n-1}$

(4) n이 짝수일 때, (3)과 같은 방법으로 하면

${}_nC_0+{}_nC_2+{}_nC_4+\cdots+{}_nC_n={}_nC_1+{}_nC_3+{}_nC_5+\cdots+{}_nC_{n-1}=2^{n-1}$

개념 Check

정답과 해설 11쪽

1 오른쪽과 같은 파스칼의 삼각형을 이용하여 식을 전개하려고 한다. □ 안에 알맞은 수를 써넣고, 다음 식을 전개하시오.

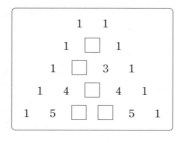

(1) $(x+y)^4$

(2) $(a+b)^5$

				1		1				
			1		□		1			
		1		□		3		1		
	1		4		□		4		1	
1		5		□		□		5		1

이항계수의 합

유형편 13쪽

오른쪽과 같은 파스칼의 삼각형에서

$${}_{2}C_{0}+{}_{3}C_{1}+{}_{4}C_{2}+\cdots+{}_{10}C_{8}$$

의 값과 같은 것은?

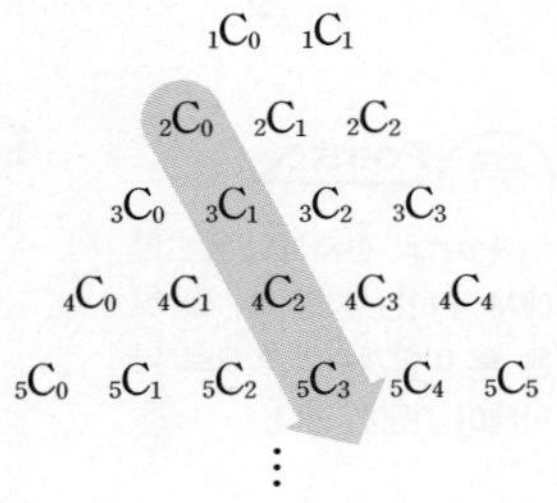

① ${}_{10}C_{6}$　② ${}_{10}C_{7}$　③ ${}_{11}C_{6}$　④ ${}_{11}C_{7}$　⑤ ${}_{11}C_{8}$

공략 Point

${}_{n-1}C_{r-1}+{}_{n-1}C_{r}={}_{n}C_{r}$임을 이용하여 식을 간단히 한다.

풀이

${}_{2}C_{0}={}_{3}C_{0}$이므로	${}_{2}C_{0}+{}_{3}C_{1}+{}_{4}C_{2}+\cdots+{}_{10}C_{8}$ $=\underline{{}_{3}C_{0}+{}_{3}C_{1}}+{}_{4}C_{2}+\cdots+{}_{10}C_{8}$
${}_{n-1}C_{r-1}+{}_{n-1}C_{r}={}_{n}C_{r}$이므로	$=\underline{{}_{4}C_{1}+{}_{4}C_{2}}+\cdots+{}_{10}C_{8}$ $={}_{5}C_{2}+\cdots+{}_{10}C_{8}$ ⋮ $=\underline{{}_{10}C_{7}+{}_{10}C_{8}}$ $={}_{11}C_{8}$
따라서 주어진 식의 값과 같은 것은	⑤

문제

정답과 해설 12쪽

03-1 오른쪽과 같은 파스칼의 삼각형에서

$${}_{2}C_{2}+{}_{3}C_{2}+{}_{4}C_{2}+\cdots+{}_{10}C_{2}$$

의 값과 같은 것은?

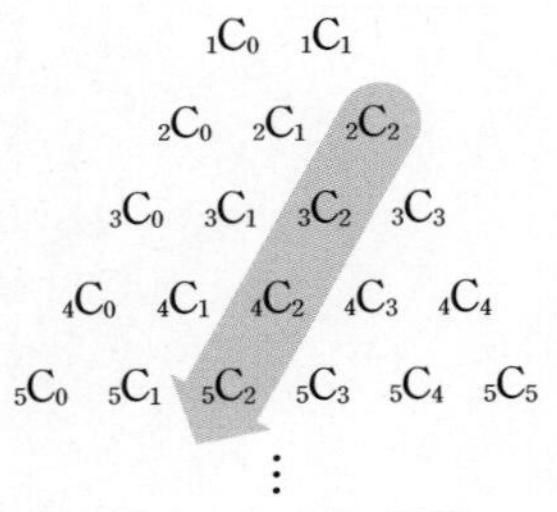

① ${}_{10}C_{3}$　② ${}_{10}C_{4}$　③ ${}_{11}C_{2}$　④ ${}_{11}C_{3}$　⑤ ${}_{11}C_{4}$

03-2 다음 식의 값을 구하시오.

(1) ${}_{2}C_{0}+{}_{3}C_{1}+{}_{4}C_{2}+{}_{5}C_{3}+{}_{6}C_{4}$

(2) ${}_{3}C_{3}+{}_{4}C_{3}+{}_{5}C_{3}+{}_{6}C_{3}+{}_{7}C_{3}$

필수 예제 04 이항계수의 합 - 전개식에서 계수의 합

유형편 13쪽

$(1+x)+(1+x)^2+(1+x)^3+\cdots+(1+x)^{12}$의 전개식에서 x^6의 계수를 구하시오.

공략 Point

$(a+b)^n$의 전개식의 일반항에서 구하는 항의 계수를 찾은 후 이항계수의 합으로 나타내어 간단히 한다.

풀이

$(1+x)^n$의 전개식의 일반항은	${}_nC_rx^r$
x^6항은 $(1+x)^6$의 전개식에서부터 나오므로 $(1+x)^6$의 전개식에서 x^6의 계수는	${}_6C_6$
$(1+x)^7$의 전개식에서 x^6의 계수는 ⋮	${}_7C_6$ ⋮
$(1+x)^{12}$의 전개식에서 x^6의 계수는	${}_{12}C_6$
따라서 구하는 x^6의 계수는	${}_6C_6+{}_7C_6+{}_8C_6+{}_9C_6+{}_{10}C_6+{}_{11}C_6+{}_{12}C_6$ $={}_7C_7+{}_7C_6+{}_8C_6+{}_9C_6+{}_{10}C_6+{}_{11}C_6+{}_{12}C_6$ $={}_8C_7+{}_8C_6+{}_9C_6+{}_{10}C_6+{}_{11}C_6+{}_{12}C_6$ $={}_9C_7+{}_9C_6+{}_{10}C_6+{}_{11}C_6+{}_{12}C_6$ ⋮ $={}_{12}C_7+{}_{12}C_6$ $={}_{13}C_7={}_{13}C_6=\mathbf{1716}$

공략 Point

첫째항이 a, 공비가 r인 등비수열의 첫째항부터 제n항까지의 합은

$\frac{a(r^n-1)}{r-1}$

다른 풀이 대수를 학습한 학생은 등비수열의 합을 이용하여 다음과 같이 풀 수 있습니다.

주어진 식은 첫째항이 $1+x$, 공비가 $1+x$인 등비수열의 첫째항부터 제12항까지의 합이므로	$(1+x)+(1+x)^2+(1+x)^3+\cdots+(1+x)^{12}$ $=\frac{(1+x)\{(1+x)^{12}-1\}}{(1+x)-1}=\frac{(1+x)^{13}-(1+x)}{x}$
전개식에서 x^6의 계수는	$(1+x)^{13}$의 전개식에서 x^7의 계수와 같다.
$(1+x)^{13}$의 전개식의 일반항은	${}_{13}C_rx^r$
따라서 구하는 x^6의 계수는	${}_{13}C_7={}_{13}C_6=\mathbf{1716}$

문제

정답과 해설 12쪽

04-1 다음 중 $(1+x)+(1+x)^2+(1+x)^3+\cdots+(1+x)^7$의 전개식에서 x^2의 계수와 같은 것은?

① ${}_7C_2$ ② ${}_7C_3$ ③ ${}_8C_2$ ④ ${}_8C_3$ ⑤ ${}_9C_2$

04-2 $x(1+x^2)+x(1+x^2)^2+x(1+x^2)^3+\cdots+x(1+x^2)^9$의 전개식에서 x^7의 계수를 구하시오.

필수 예제 05 이항계수의 성질

유형편 14쪽

다음을 구하시오.

(1) $1000<{}_{n}C_1+{}_{n}C_2+\cdots+{}_{n}C_n<2000$을 만족시키는 자연수 n의 값

(2) ${}_{20}C_1-{}_{20}C_2+{}_{20}C_3-{}_{20}C_4+\cdots+{}_{20}C_{19}$의 값

공략 Point

(1) ${}_{n}C_0+{}_{n}C_1+{}_{n}C_2+\cdots+{}_{n}C_n=2^n$ 임을 이용한다.

(2) ${}_{n}C_0-{}_{n}C_1+{}_{n}C_2-\cdots+(-1)^n{}_{n}C_n=0$ 임을 이용한다.

풀이

(1) ${}_{n}C_0+{}_{n}C_1+{}_{n}C_2+\cdots+{}_{n}C_n=2^n$이므로	${}_{n}C_1+{}_{n}C_2+\cdots+{}_{n}C_n=2^n-{}_{n}C_0$ $=2^n-1$
$1000<{}_{n}C_1+{}_{n}C_2+\cdots+{}_{n}C_n<2000$에서	$1000<2^n-1<2000$ $\therefore 1001<2^n<2001$
$2^9=512,\ 2^{10}=1024,\ 2^{11}=2048$이므로	$n=\mathbf{10}$
(2) ${}_{n}C_0-{}_{n}C_1+{}_{n}C_2-\cdots+(-1)^n{}_{n}C_n=0$이므로	${}_{20}C_0-{}_{20}C_1+{}_{20}C_2-\cdots-{}_{20}C_{19}+{}_{20}C_{20}=0$ ${}_{20}C_0-({}_{20}C_1-{}_{20}C_2+\cdots+{}_{20}C_{19})+{}_{20}C_{20}=0$
따라서 구하는 값은	${}_{20}C_1-{}_{20}C_2+\cdots+{}_{20}C_{19}={}_{20}C_0+{}_{20}C_{20}$ $=1+1=\mathbf{2}$

문제

정답과 해설 12쪽

05-1 다음을 구하시오.

(1) $200<{}_{n}C_1+{}_{n}C_2+\cdots+{}_{n}C_n<300$을 만족시키는 자연수 n의 값

(2) ${}_{30}C_1-{}_{30}C_2+{}_{30}C_3-{}_{30}C_4+\cdots+{}_{30}C_{29}-{}_{30}C_{30}$의 값

05-2 ${}_{n}C_1+{}_{n}C_2+{}_{n}C_3+\cdots+{}_{n}C_{n-1}=510$을 만족시키는 자연수 n의 값을 구하시오.

05-3 $\dfrac{{}_{16}C_0+{}_{16}C_2+{}_{16}C_4+\cdots+{}_{16}C_{16}}{{}_{9}C_0+{}_{9}C_1+{}_{9}C_2+{}_{9}C_3+{}_{9}C_4}=2^n$을 만족시키는 자연수 n의 값을 구하시오.

UP 필수 예제 06

$(1+x)^n$의 전개식의 활용

유형편 14쪽

다음을 구하시오.

(1) ${}_{20}C_0+2{}_{20}C_1+2^2{}_{20}C_2+\cdots+2^{20}{}_{20}C_{20}$의 값

(2) 31^{31}을 900으로 나누었을 때의 나머지

공략 Point

$(1+x)^n$의 전개식의 x, n에 알맞은 수를 대입하여 적절한 식을 유도한다.

풀이

$(1+x)^n$의 전개식은	$(1+x)^n={}_nC_0+{}_nC_1x+{}_nC_2x^2+\cdots+{}_nC_nx^n$ ...... ㉠
(1) ㉠의 양변에 $x=2$, $n=20$을 대입하면	$(1+2)^{20}={}_{20}C_0+2{}_{20}C_1+2^2{}_{20}C_2+\cdots+2^{20}{}_{20}C_{20}$ $\therefore {}_{20}C_0+2{}_{20}C_1+2^2{}_{20}C_2+\cdots+2^{20}{}_{20}C_{20}=\mathbf{3^{20}}$
(2) ㉠의 양변에 $x=30$, $n=31$을 대입하면	$(1+30)^{31}={}_{31}C_0+30{}_{31}C_1+30^2{}_{31}C_2+\cdots+30^{31}{}_{31}C_{31}$
이때 $30^2{}_{31}C_2+\cdots+30^{31}{}_{31}C_{31}$은 900으로 나누어떨어지므로	$31^{31}={}_{31}C_0+30{}_{31}C_1+30^2{}_{31}C_2+\cdots+30^{31}{}_{31}C_{31}$ $=1+30\times31+30^2({}_{31}C_2+\cdots+30^{29}{}_{31}C_{31})$ $=31+900+900({}_{31}C_2+\cdots+30^{29}{}_{31}C_{31})$ $=31+900(1+{}_{31}C_2+\cdots+30^{29}{}_{31}C_{31})$
따라서 구하는 나머지는	**31**

문제

정답과 해설 13쪽

06-1 다음을 구하시오.

(1) ${}_{10}C_0+3{}_{10}C_1+3^2{}_{10}C_2+\cdots+3^{10}{}_{10}C_{10}$의 값

(2) 21^{21}을 400으로 나누었을 때의 나머지

06-2 $f(x)={}_{10}C_x4^{10-x}$ $(x=0, 1, 2, \cdots, 10)$일 때, $f(1)+f(2)+\cdots+f(10)$의 값은?

① 2^{10} ② 4^{10} ③ $4^{10}-2^{10}$
④ $5^{10}-1$ ⑤ $5^{10}-4^{10}$

정답과 해설 13쪽

수능

1 $\left(x+\dfrac{3}{x^2}\right)^5$의 전개식에서 x^2의 계수를 구하시오.

2 $(1+2x)^n$의 전개식에서 x^4의 계수가 80일 때, x^3의 계수를 구하시오. (단, n은 자연수)

3 $(1+5x)^2(1-x)^5$의 전개식에서 x^2의 계수는?

① -25　② -15　③ 25
④ 50　⑤ 85

4 보기에서 식을 전개하였을 때, 상수항이 존재하는 것만을 있는 대로 고르시오.

보기
ㄱ. $\left(x+\dfrac{1}{x^2}\right)^{10}$
ㄴ. $(1+x)\left(x^2+\dfrac{4}{x}\right)^{10}$
ㄷ. $\left(1+\dfrac{1}{x}\right)\left(x^2-\dfrac{1}{x}\right)^8$

평가원

5 $\left(x^2-\dfrac{1}{x}\right)\left(x+\dfrac{a}{x^2}\right)^4$의 전개식에서 x^3의 계수가 7일 때, 상수 a의 값은?

① 1　② 2　③ 3
④ 4　⑤ 5

6 다음과 같은 파스칼의 삼각형에서 색칠한 부분에 있는 모든 수의 합을 구하시오.

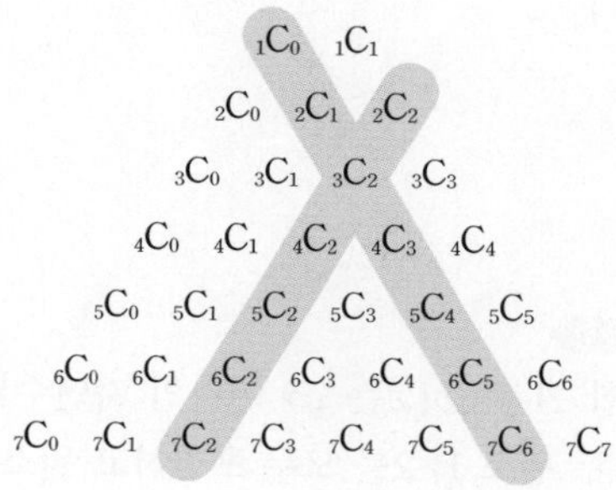

${}_1C_0$ ${}_1C_1$
${}_2C_0$ ${}_2C_1$ ${}_2C_2$
${}_3C_0$ ${}_3C_1$ ${}_3C_2$ ${}_3C_3$
${}_4C_0$ ${}_4C_1$ ${}_4C_2$ ${}_4C_3$ ${}_4C_4$
${}_5C_0$ ${}_5C_1$ ${}_5C_2$ ${}_5C_3$ ${}_5C_4$ ${}_5C_5$
${}_6C_0$ ${}_6C_1$ ${}_6C_2$ ${}_6C_3$ ${}_6C_4$ ${}_6C_5$ ${}_6C_6$
${}_7C_0$ ${}_7C_1$ ${}_7C_2$ ${}_7C_3$ ${}_7C_4$ ${}_7C_5$ ${}_7C_6$ ${}_7C_7$

7 다음 중 ${}_{100}C_{40}+{}_{99}C_{39}+{}_{98}C_{38}+{}_{97}C_{37}+{}_{96}C_{36}+{}_{96}C_{35}$의 값과 같은 것은?

① ${}_{100}C_{41}$　② ${}_{100}C_{42}$　③ ${}_{101}C_{39}$
④ ${}_{101}C_{40}$　⑤ ${}_{101}C_{41}$

정답과 해설 15쪽

8 $(1+x)+(1+x)^2+(1+x)^3+\cdots+(1+x)^8$의 전개식에서 x^4의 계수를 구하시오.

9 보기에서 옳은 것만을 있는 대로 고르시오.

보기

ㄱ. ${}_{50}C_1-{}_{50}C_2+{}_{50}C_3-\cdots+{}_{50}C_{49}-{}_{50}C_{50}=0$

ㄴ. ${}_{13}C_1+{}_{13}C_3+{}_{13}C_5+\cdots+{}_{13}C_{13}=2^{12}$

ㄷ. ${}_{30}C_2+{}_{30}C_4+{}_{30}C_6+\cdots+{}_{30}C_{30}=2^{29}$

교육청

10 집합 $A=\{x\,|\,x$는 25 이하의 자연수$\}$의 부분집합 중 두 원소 1, 2를 모두 포함하고 원소의 개수가 홀수인 부분집합의 개수는?

① 2^{18} ② 2^{19} ③ 2^{20}
④ 2^{21} ⑤ 2^{22}

11 $A={}_{10}C_0+4\,{}_{10}C_1+4^2\,{}_{10}C_2+\cdots+4^{10}\,{}_{10}C_{10}$,
$B={}_{10}C_0-6\,{}_{10}C_1+6^2\,{}_{10}C_2-\cdots+6^{10}\,{}_{10}C_{10}$에 대하여 $A-B$의 값을 구하시오.

실력

12 $(1+x)^4+\dfrac{(1+x)^5}{x}+\dfrac{(1+x)^6}{x^2}+\dfrac{(1+x)^7}{x^3}$의 전개식에서 x의 계수를 구하시오.

13 $14^{20}+16^{20}$을 225로 나누었을 때의 나머지는?

① 1 ② 2 ③ 3
④ 4 ⑤ 5

14 11^{11}의 백의 자리, 십의 자리, 일의 자리의 숫자를 각각 a, b, c라 할 때, $a+b+c$의 값은?

① 8 ② 9 ③ 10
④ 11 ⑤ 12

Ⅱ. 확률

1 확률의 개념과 활용

01 확률의 개념과 활용

시행과 사건

❶ 시행과 사건

(1) 같은 조건에서 여러 번 반복할 수 있고 그 결과가 우연에 의하여 결정되는 실험이나 관찰을 **시행**이라 한다.

(2) 어떤 시행에서 일어날 수 있는 모든 결과의 집합을 표본공간이라 하고, 표본공간의 부분집합을 **사건**이라 한다. 또 원소 한 개로 이루어진 사건을 근원사건이라 한다.

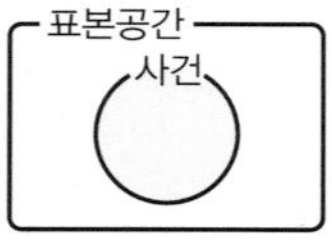

(3) 어떤 시행에서 반드시 일어나는 사건을 전사건이라 하며 표본공간 자신의 집합이 된다. 또 절대로 일어나지 않는 사건을 공사건이라 하고, 기호로 $\varnothing$과 같이 나타낸다.

예 한 개의 주사위를 던지는 시행에서 표본공간은 $\{1, 2, 3, 4, 5, 6\}$이고, 근원사건은 $\{1\}$, $\{2\}$, $\{3\}$, $\{4\}$, $\{5\}$, $\{6\}$이다.
또 자연수의 눈이 나오는 사건은 전사건, 7 이상의 눈이 나오는 사건은 공사건이다.

참고 표본공간(sample space)은 일반적으로 S로 나타낸다. 이때 표본공간은 공집합이 아닌 경우만 생각한다.

❷ 배반사건과 여사건

표본공간 S의 두 사건 A, B에 대하여

(1) 합사건
사건 A 또는 사건 B가 일어나는 사건을 A와 B의 합사건이라 하고, 기호로 $A\cup B$와 같이 나타낸다.

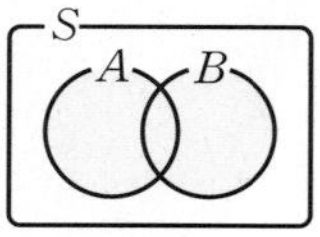

(2) 곱사건
사건 A와 사건 B가 동시에 일어나는 사건을 A와 B의 곱사건이라 하고, 기호로 $A\cap B$와 같이 나타낸다.

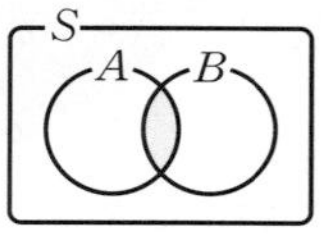

(3) 배반사건
사건 A와 사건 B가 동시에 일어나지 않을 때, 즉 $A\cap B=\varnothing$일 때, A와 B는 서로 배반이라 하고, 두 사건을 서로 **배반사건**이라 한다.

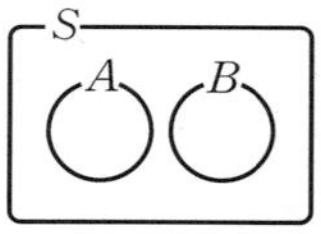

(4) 여사건
사건 A에 대하여 A가 일어나지 않는 사건을 A의 **여사건**이라 하고, 기호로 A^C과 같이 나타낸다.

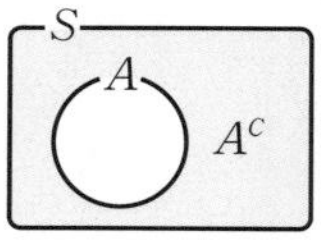

예 한 개의 주사위를 던지는 시행에서 홀수의 눈이 나오는 사건을 A, 짝수의 눈이 나오는 사건을 B라 하면 $A=\{1, 3, 5\}$, $B=\{2, 4, 6\}$이고, $A\cap B=\varnothing$이므로 두 사건 A, B는 서로 배반사건이다.
또 A의 여사건은 B이고, B의 여사건은 A이다.

참고 $A\cap A^C=\varnothing$이므로 사건 A와 그 여사건 A^C은 서로 배반사건이다.

주의 두 사건 A, B가 서로 배반사건일 때, A가 반드시 B의 여사건인 것은 아니다.

개념 Check

정답과 해설 16쪽

1 1부터 5까지의 자연수 중에서 임의로 하나를 택할 때, 다음을 구하시오.

(1) 표본공간 S (2) 3의 약수를 택하는 사건 A

필수 예제 01 배반사건

유형편 16쪽

한 개의 주사위를 던지는 시행에서 소수의 눈이 나오는 사건을 A라 할 때, 사건 A와 서로 배반인 사건의 개수를 구하시오.

공략 Point

사건 A와 서로 배반인 사건은 여사건인 A^C의 부분집합이다.

풀이

표본공간을 S라 하면	$S=\{1, 2, 3, 4, 5, 6\}$
소수의 눈이 나오는 사건 A는	$A=\{2, 3, 5\}$
사건 A의 여사건 A^C은	$A^C=\{1, 4, 6\}$
사건 A와 서로 배반인 사건은 A^C의 부분집합이고, A^C의 원소가 3개이므로 구하는 사건의 개수는	$2^3=8$

문제

정답과 해설 16쪽

01-1 1부터 20까지의 자연수가 각각 하나씩 적힌 20장의 카드에서 임의로 한 장의 카드를 뽑을 때, 뽑은 카드에 적힌 수가 8의 배수인 사건을 A, 홀수인 사건을 B, 18의 약수인 사건을 C라 하자. 보기에서 서로 배반사건인 것만을 있는 대로 고르시오.

보기

ㄱ. A와 B ㄴ. A와 C ㄷ. B와 C

01-2 한 개의 동전을 2번 던지는 시행에서 2번 모두 같은 면이 나오는 사건을 A라 할 때, 사건 A와 서로 배반인 사건의 개수를 구하시오.

01-3 표본공간 $S=\{1, 2, 3, 4, 5, 6, 7, 8, 9, 10\}$에 대하여 두 사건 A, B가

$A=\{2, 4, 6, 8\}$, $B=\{1, 3, 4, 6, 7\}$

일 때, 표본공간 S의 사건 중에서 A, B와 모두 배반인 사건의 개수를 구하시오.

2 확률의 개념과 기본 성질

❶ 확률

어떤 시행에서 사건 A가 일어날 가능성을 수로 나타낸 것을 사건 A가 일어날 확률이라 하고, 기호로 $\mathbf{P}(\boldsymbol{A})$와 같이 나타낸다.

참고 $\mathrm{P}(A)$에서 P는 확률을 뜻하는 Probability의 첫 글자이다.

❷ 수학적 확률

어떤 시행의 표본공간 S가 유한개의 근원사건으로 이루어져 있고, 각 근원사건이 일어날 가능성이 모두 같을 때, 사건 A가 일어날 확률 $\mathrm{P}(A)$는 다음과 같다.

$$\mathrm{P}(A)=\frac{(\text{사건 } A\text{의 원소의 개수})}{(\text{표본공간 } S\text{의 원소의 개수})}=\frac{n(A)}{n(S)}$$

이 확률을 사건 A가 일어날 **수학적 확률**이라 한다.

예 한 개의 주사위를 던지는 시행에서 표본공간을 S라 하고, 3 이상의 눈이 나오는 사건을 A라 하면

$S=\{1, 2, 3, 4, 5, 6\}$, $A=\{3, 4, 5, 6\}$

따라서 사건 A가 일어날 확률은 $\mathrm{P}(A)=\frac{n(A)}{n(S)}=\frac{4}{6}=\frac{2}{3}$

❸ 통계적 확률

어떤 시행을 n번 반복하여 사건 A가 일어난 횟수를 r_n이라 할 때, n을 한없이 크게 함에 따라 상대도수 $\frac{r_n}{n}$이 일정한 값 p에 가까워지면 이 값 p를 사건 A의 **통계적 확률**이라 한다.

통계적 확률을 구할 때, 실제로는 n을 한없이 크게 할 수 없으므로 n이 충분히 클 때의 상대도수 $\frac{r_n}{n}$을 통계적 확률로 사용한다.

예 한 개의 윷짝을 500번 던졌더니 평평한 면이 275번 나왔다. 이때 이 윷짝을 한 번 던져서 평평한 면이 나올 통계적 확률은 $\frac{275}{500}=0.55$

참고 어떤 사건 A가 일어날 수학적 확률이 p일 때, 시행 횟수 n을 충분히 크게 하면 사건 A가 일어나는 상대도수 $\frac{r_n}{n}$은 수학적 확률 p에 가까워진다는 사실이 알려져 있다.

❹ 확률의 기본 성질

표본공간이 S인 어떤 시행에서 확률의 기본 성질은 다음과 같다.

(1) 임의의 사건 A에 대하여 $0\le\mathrm{P}(A)\le1$
(2) 반드시 일어나는 사건 S에 대하여 $\mathrm{P}(S)=1$ ◀ 전사건의 확률
(3) 절대로 일어나지 않는 사건 $\varnothing$에 대하여 $\mathrm{P}(\varnothing)=0$ ◀ 공사건의 확률

예 한 개의 주사위를 던지는 시행에서

- 6 이하의 눈이 나오는 사건을 A라 하면 $A=\{1, 2, 3, 4, 5, 6\}$ $\therefore \mathrm{P}(A)=1$
- 7의 눈이 나오는 사건을 B라 하면 $B=\varnothing$ $\therefore \mathrm{P}(B)=0$

개념 Plus

수학적 확률과 통계적 확률

수학적 확률은 어떤 시행에서 각 근원사건이 일어날 가능성이 모두 같다고 가정하고 정의한 확률이다. 그러나 자연 현상이나 사회 현상 중에는 일어날 가능성이 서로 같지 않은 경우가 있으므로 시행을 여러 번 반복함으로써 얻어지는 상대도수를 통하여 그 사건이 일어날 확률을 정의한다.

예를 들어 윷짝은 두 면의 모양이 다르므로 윷짝을 한 번 던질 때 각 면이 나올 가능성이 같다고 할 수 없다. 한 개의 윷짝을 여러 번 던지는 시행을 반복하였을 때, 평평한 면이 나온 횟수에 대한 상대도수를 표와 그래프로 나타내면 다음과 같다.

던진 횟수	200	400	600	800	1000
평평한 면이 나온 횟수	110	248	348	488	600
상대도수	0.55	0.62	0.58	0.61	0.6

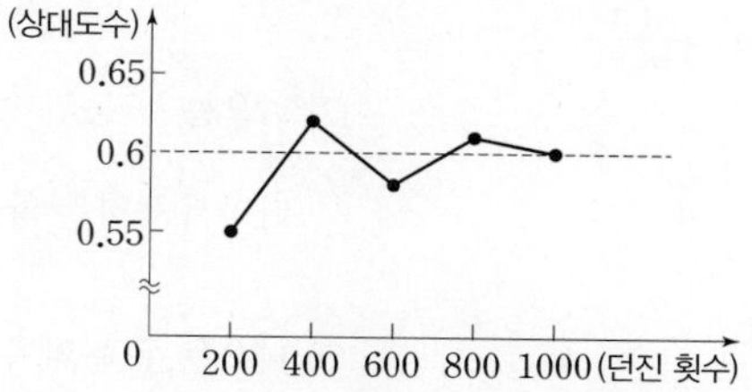

여기서 던진 횟수가 커질수록 상대도수는 일정한 값 0.6에 가까워짐을 알 수 있다. 즉, 한 개의 윷짝을 한 번 던질 때, 평평한 면이 나올 통계적 확률은 0.6이라 할 수 있다.

일반적으로 시행 횟수가 충분히 클 때, 통계적 확률은 수학적 확률에 가까워진다.

따라서 수학적 확률을 구하기 어려운 경우에는 통계적 확률을 사용한다.

확률의 기본 성질

(1) 표본공간 S의 임의의 사건 A는 S의 부분집합이므로

$$0\le n(A)\le n(S)$$

각 변을 $n(S)$로 나누면 $0\le\frac{n(A)}{n(S)}\le1$ $\quad\therefore 0\le \mathrm{P}(A)\le1$

(2) 반드시 일어나는 사건, 즉 표본공간 S에 대하여 $\mathrm{P}(S)=\frac{n(S)}{n(S)}=1$

(3) 절대로 일어나지 않는 사건, 즉 공사건 $\varnothing$에 대하여 $\mathrm{P}(\varnothing)=\frac{n(\varnothing)}{n(S)}=0$ ◀ $n(\varnothing)=0$

개념 Check

정답과 해설 16쪽

1 다음을 구하시오.

(1) 서로 다른 두 개의 주사위를 동시에 던지는 시행에서 서로 같은 수의 눈이 나올 확률

(2) 어느 장난감 공장에서 생산하는 장난감은 1000개당 5개꼴로 불량품이 나온다고 한다. 이 공장에서 생산된 장난감에 대하여 품질 검사를 할 때, 불량품일 확률

2 흰 공 3개와 검은 공 5개가 들어 있는 상자에서 임의로 한 개의 공을 꺼낼 때, 다음을 구하시오.

(1) 흰 공이 나올 확률

(2) 흰 공 또는 검은 공이 나올 확률

(3) 노란 공이 나올 확률

필수 예제 02 수학적 확률

유형편 16쪽

서로 다른 두 개의 주사위를 동시에 던질 때, 다음을 구하시오.

(1) 나오는 두 눈의 수의 합이 8일 확률
(2) 나오는 두 눈의 수의 곱이 홀수일 확률

공략 Point

표본공간 S에서 사건 A가 일어날 수학적 확률 $\mathrm{P}(A)$는

$$\mathrm{P}(A)=\frac{n(A)}{n(S)}$$

풀이

서로 다른 두 개의 주사위를 동시에 던질 때, 나오는 모든 경우의 수는	$6\times6=36$
(1) 나오는 두 눈의 수의 합이 8인 경우는	$(2, 6)$, $(3, 5)$, $(4, 4)$, $(5, 3)$, $(6, 2)$의 5가지
따라서 구하는 확률은	$\boldsymbol{\frac{5}{36}}$
(2) 나오는 두 눈의 수의 곱이 홀수인 경우는	$(1, 1)$, $(1, 3)$, $(1, 5)$, $(3, 1)$, $(3, 3)$, $(3, 5)$, $(5, 1)$, $(5, 3)$, $(5, 5)$의 9가지
따라서 구하는 확률은	$\frac{9}{36}=\boldsymbol{\frac{1}{4}}$

다른 풀이

(2) 나오는 두 눈의 수의 곱이 홀수이려면 두 눈의 수가 모두 홀수이어야 하므로 구하는 확률은	$\frac{3\times3}{6\times6}=\boldsymbol{\frac{1}{4}}$

문제

정답과 해설 16쪽

02-1 서로 다른 두 개의 주사위를 동시에 던질 때, 다음을 구하시오.

(1) 나오는 두 눈의 수의 차가 3일 확률
(2) 나오는 두 눈의 수의 곱이 5의 배수일 확률

02-2 집합 $A=\{1, 2, 3, 4\}$의 부분집합 중에서 임의로 하나를 택할 때, 원소 3이 포함되어 있을 확률을 구하시오.

02-3 서로 다른 두 개의 주사위 A, B를 동시에 던져서 나오는 눈의 수를 각각 a, b라 할 때, 이차방정식 $x^2-ax+2b=0$이 서로 다른 두 실근을 가질 확률을 구하시오.

필수 예제 03 순열을 이용하는 확률

유형편 17쪽

다음을 구하시오.

(1) A, B를 포함한 5명이 일렬로 설 때, A와 B가 서로 이웃하게 설 확률

(2) 다섯 개의 숫자 1, 2, 3, 4, 5로 중복을 허용하여 만들 수 있는 세 자리의 자연수 중에서 임의로 하나를 택할 때, 그 수가 홀수일 확률

(3) merry에 있는 5개의 문자를 일렬로 배열할 때, m과 y가 양 끝에 올 확률

공략 Point

순서대로 배열하는 경우의 확률을 구할 때에는 먼저 순열, 중복순열, 같은 것이 있는 순열을 이용하여 경우의 수를 구한다.

풀이

(1) 5명이 일렬로 서는 경우의 수는	$5!$
A와 B를 한 묶음으로 생각하여 나머지 3명과 함께 일렬로 서는 경우의 수는	$4!$
A와 B의 자리를 바꾸는 경우의 수는	$2!$
따라서 구하는 확률은	$\frac{4!\times 2!}{5!}=\mathbf{\frac{2}{5}}$

(2) 다섯 개의 숫자 1, 2, 3, 4, 5로 중복을 허용하여 만들 수 있는 세 자리의 자연수의 개수는	${}_5\Pi_3=5^3$
일의 자리에 올 수 있는 숫자는 1, 3, 5의 3가지이므로 홀수의 개수는	${}_5\Pi_2\times 3=5^2\times 3$
따라서 구하는 확률은	$\frac{5^2\times 3}{5^3}=\mathbf{\frac{3}{5}}$

(3) m, e, r, r, y를 일렬로 배열하는 경우의 수는	$\frac{5!}{2!}=60$
양 끝에 m, y를 고정시키고 그 사이에 나머지 문자 e, r, r를 배열하는 경우의 수는	$\frac{3!}{2!}=3$
m과 y의 자리를 바꾸는 경우의 수는	$2!=2$
따라서 구하는 확률은	$\frac{3\times 2}{60}=\mathbf{\frac{1}{10}}$

문제

정답과 해설 17쪽

03-1 다음을 구하시오.

(1) A, B, C를 포함한 6명이 일렬로 설 때, A, B, C가 모두 서로 이웃하게 설 확률

(2) 다섯 개의 숫자 0, 1, 2, 3, 4로 중복을 허용하여 만들 수 있는 다섯 자리의 자연수 중에서 임의로 하나를 택할 때, 그 수가 4의 배수일 확률

(3) ambition에 있는 8개의 문자를 일렬로 배열할 때, a와 o가 양 끝에 올 확률

필수 예제 04 조합을 이용하는 확률

유형편 19쪽

다음을 구하시오.

(1) 배구공 3개, 농구공 4개, 축구공 5개가 들어 있는 통에서 임의로 3개의 공을 동시에 꺼낼 때, 농구공이 2개 나올 확률

(2) 사과, 배, 오렌지 중에서 중복을 허용하여 임의로 5개의 과일을 골라 과일 세트를 만들려고 할 때, 과일 세트에 사과가 적어도 1개 포함될 확률

공략 Point

순서를 생각하지 않고 택하는 경우의 확률을 구할 때에는 먼저 조합, 중복조합을 이용하여 경우의 수를 구한다.

풀이

(1) 12개의 공 중에서 3개를 꺼내는 경우의 수는	${}_{12}C_3=220$
농구공 4개 중에서 2개를 꺼내고, 배구공과 축구공 8개 중에서 1개를 꺼내는 경우의 수는	${}_4C_2\times{}_8C_1=6\times8=48$
따라서 구하는 확률은	$\frac{48}{220}=\mathbf{\frac{12}{55}}$

(2) 사과, 배, 오렌지 중에서 중복을 허용하여 임의로 5개의 과일을 고르는 경우의 수는	${}_3H_5={}_7C_5={}_7C_2=21$
사과가 적어도 1개 포함되어야 하므로 사과를 1개 고른 후, 세 종류의 과일에서 중복을 허용하여 나머지 4개의 과일을 고르는 경우의 수는	${}_3H_4={}_6C_4={}_6C_2=15$
따라서 구하는 확률은	$\frac{15}{21}=\mathbf{\frac{5}{7}}$

문제

정답과 해설 17쪽

04-1 다음을 구하시오.

(1) 포도맛 사탕 3개, 딸기맛 사탕 2개, 복숭아맛 사탕 5개가 들어 있는 주머니에서 임의로 4개의 사탕을 동시에 꺼낼 때, 포도맛 사탕이 2개, 딸기맛 사탕이 2개 나올 확률

(2) 네 종류의 볼펜 A, B, C, D 중에서 중복을 허용하여 임의로 4개의 볼펜을 골라 볼펜 세트를 구성할 때, 볼펜 세트에 볼펜 A, B가 각각 적어도 1개씩 포함될 확률

04-2 방정식 $x+y+z=10$을 만족시키는 음이 아닌 정수 x, y, z의 순서쌍 (x, y, z) 중에서 임의로 하나를 택할 때, $x=2$일 확률을 구하시오.

04-3 빨간 구슬과 검은 구슬을 합하여 6개의 구슬이 들어 있는 주머니에서 임의로 2개의 구슬을 동시에 꺼낼 때, 모두 빨간 구슬이 나올 확률은 $\frac{2}{5}$이다. 이때 주머니에 들어 있는 빨간 구슬의 개수를 구하시오.

필수 예제 05 통계적 확률

유형편 20쪽

흰 공과 검은 공을 합하여 11개의 공이 들어 있는 주머니가 있다. 이 주머니에서 임의로 2개의 공을 동시에 꺼내어 색을 확인하고 다시 넣는 시행을 여러 번 반복하였더니 11번에 2번꼴로 2개가 모두 흰 공이었다. 이때 이 주머니에 흰 공은 몇 개가 들어 있다고 볼 수 있는지 구하시오.

공략 Point

사건 A가 n번에 r번꼴로 일어날 때, A가 일어날 통계적 확률은 $\frac{r}{n}$이다.

풀이

주머니에 들어 있는 흰 공의 개수를 n이라 하면 11개의 공 중에서 2개를 꺼낼 때, 모두 흰 공일 확률은	$\frac{{}_{n}C_{2}}{{}_{11}C_{2}}=\frac{n(n-1)}{110}$ …… ㉠
이 시행에서 11번에 2번꼴로 모두 흰 공을 꺼냈으므로 통계적 확률은	$\frac{2}{11}$ …… ㉡
㉠, ㉡에서	$\frac{n(n-1)}{110}=\frac{2}{11}$, $n(n-1)=20=5\times4$ $\therefore n=5$ ($\because$ n은 자연수)
따라서 주머니에 들어 있다고 볼 수 있는 흰 공의 개수는	**5**

문제

정답과 해설 18쪽

05-1 어느 고등학교에서 휴대 전화를 사용하는 학생 400명이 이용하고 있는 통신사는 오른쪽 표와 같다. 이 학생 중에서 임의로 택한 한 학생이 B 통신사를 이용하고 있을 확률을 구하시오.

통신사	A	B	C	D
이용자(명)	130	105	85	80

05-2 어느 고등학교 학생 200명의 수면 시간은 오른쪽 표와 같다. 이 학생 중에서 임의로 택한 한 학생의 수면 시간이 7시간 이상 9시간 미만일 확률을 구하시오.

수면 시간(시간)	학생(명)
3이상 ~ 4미만	16
4 ~ 5	32
5 ~ 6	60
6 ~ 7	48
7 ~ 8	24
8 ~ 9	20
합계	200

05-3 당첨 제비를 포함한 10개의 제비가 들어 있는 주머니가 있다. 이 주머니에서 임의로 2개의 제비를 동시에 꺼내어 당첨 제비인지를 확인하고 다시 넣는 시행을 여러 번 반복하였더니 3번에 1번꼴로 2개가 모두 당첨 제비였다. 이때 이 주머니에 당첨 제비는 몇 개가 들어 있다고 볼 수 있는지 구하시오.

plus 특강

기하적 확률

연속적인 변량을 크기로 갖는 표본공간의 영역 S에서 각각의 점을 택할 가능성이 같은 정도로 기대될 때,

> 영역 S에 포함되어 있는 영역 A에 대하여 영역 S에서 임의로 택한 점이 영역 A에 포함될 확률 $\mathrm{P}(A)$는
>
> $$\mathrm{P}(A)=\frac{(\text{영역 } A\text{의 크기})}{(\text{영역 } S\text{의 크기})}$$

이 확률을 기하적 확률이라 한다.

오른쪽 그림과 같이 수직선 위에 네 점 A, B, C, D에 대하여 선분 AB 위의 임의의 점 하나를 택할 때, 그 점이 선분 CD 위에 있을 확률에 대하여 생각해 보자.

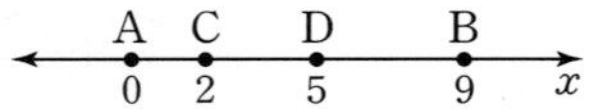

표본공간은 선분 AB 위에 있는 모든 점에 대응하는 실수의 집합이므로 표본공간을 S라 하면

$$S=\{x\,|\,0\le x\le 9\}$$

임의의 점이 선분 CD 위에 있는 사건을 A라 하면

$$A=\{x\,|\,2\le x\le 5\}$$

이때 수학적 확률을 이용하여 확률을 구하기 위해서는 $n(S)$와 $n(A)$를 각각 구해야 하는데 두 집합 S, A 모두 무수히 많은 수로 이루어져 있으므로 원소의 개수를 셀 수 없다.

따라서 $n(S)$와 $n(A)$ 대신 각각의 집합이 나타내는 길이를 이용하면 구하는 확률 $\mathrm{P}(A)$는

$$\mathrm{P}(A)=\frac{(\text{선분 CD의 길이})}{(\text{선분 AB의 길이})}=\frac{3}{9}=\frac{1}{3}$$

이와 같이 길이, 넓이, 부피, 시간 등 경우의 수가 무수히 많아서 그 수를 셀 수 없는 경우의 확률을 구할 때에는 기하적 확률을 이용한다.

예 오른쪽 그림과 같이 반지름의 길이가 각각 2, 3, 4이고 중심이 같은 세 원으로 이루어진 과녁에 화살을 쏠 때, 화살이 색칠한 부분에 맞을 확률을 구하시오.
(단, 화살은 경계선에 맞지 않고 과녁을 벗어나지 않는다.)

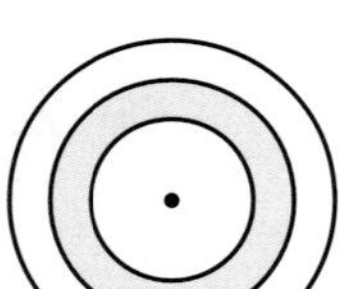

풀이 작은 원부터 세 원의 넓이는 차례대로

4π, 9π, 16π

이때 색칠한 부분의 넓이는

$9\pi-4\pi=5\pi$

따라서 화살이 색칠한 부분에 맞을 확률은

$$\frac{(\text{색칠한 부분의 넓이})}{(\text{과녁 전체의 넓이})}=\frac{5\pi}{16\pi}=\frac{5}{16}$$

3 확률의 덧셈 정리

❶ 확률의 덧셈 정리

표본공간 S의 두 사건 A, B에 대하여 A 또는 B가 일어날 확률은

$$\mathrm{P}(A\cup B)=\mathrm{P}(A)+\mathrm{P}(B)-\mathrm{P}(A\cap B)$$

특히 두 사건 A, B가 서로 배반사건이면 ◀ $A\cap B=\varnothing$

$$\mathrm{P}(A\cup B)=\mathrm{P}(A)+\mathrm{P}(B)$$

예 두 사건 A, B에 대하여 $\mathrm{P}(A)=\frac{1}{4}$, $\mathrm{P}(B)=\frac{5}{8}$, $\mathrm{P}(A\cap B)=\frac{1}{8}$일 때,

$$\mathrm{P}(A\cup B)=\mathrm{P}(A)+\mathrm{P}(B)-\mathrm{P}(A\cap B)=\frac{1}{4}+\frac{5}{8}-\frac{1}{8}=\frac{3}{4}$$

❷ 여사건의 확률

표본공간 S의 사건 A에 대하여 여사건 A^C의 확률은

$$\mathrm{P}(A^C)=1-\mathrm{P}(A)$$

예 사건 A에 대하여 $\mathrm{P}(A)=\frac{1}{4}$일 때, $\mathrm{P}(A^C)=1-\mathrm{P}(A)=1-\frac{1}{4}=\frac{3}{4}$

개념 Plus

확률의 덧셈 정리

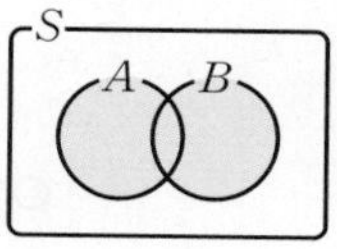

표본공간 S의 두 사건 A, B에 대하여

$$n(A\cup B)=n(A)+n(B)-n(A\cap B)$$

양변을 $n(S)$로 나누면

$$\frac{n(A\cup B)}{n(S)}=\frac{n(A)}{n(S)}+\frac{n(B)}{n(S)}-\frac{n(A\cap B)}{n(S)}$$

따라서 사건 A 또는 사건 B가 일어날 확률은

$$\mathrm{P}(A\cup B)=\mathrm{P}(A)+\mathrm{P}(B)-\mathrm{P}(A\cap B)$$

특히 두 사건 A, B가 서로 배반사건이면 $A\cap B=\varnothing$, 즉 $\mathrm{P}(A\cap B)=0$이므로

$$\mathrm{P}(A\cup B)=\mathrm{P}(A)+\mathrm{P}(B)$$

여사건의 확률

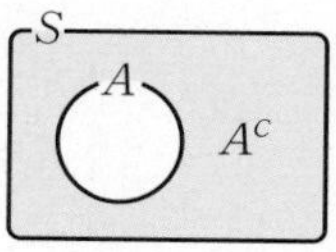

표본공간 S의 사건 A에 대하여 두 사건 A, A^C은 서로 배반사건이므로 확률의 덧셈 정리에 의하여

$$\mathrm{P}(A\cup A^C)=\mathrm{P}(A)+\mathrm{P}(A^C)$$

이때 $\mathrm{P}(A\cup A^C)=\mathrm{P}(S)=1$이므로

$$1=\mathrm{P}(A)+\mathrm{P}(A^C) \qquad \therefore \mathrm{P}(A^C)=1-\mathrm{P}(A)$$

여사건의 확률과 확률의 덧셈 정리

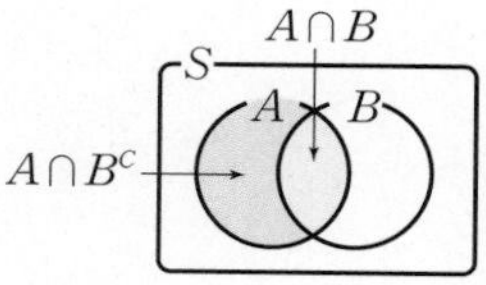

두 사건 A, B에 대하여 $A\cap B^C=A-B=A-(A\cap B)$이므로

$$\mathrm{P}(A\cap B^C)=\mathrm{P}(A)-\mathrm{P}(A\cap B)$$

$$\therefore \mathrm{P}(A\cap B)=\mathrm{P}(A)-\mathrm{P}(A\cap B^C)$$

필수 예제 06 확률의 계산 - 확률의 덧셈 정리와 여사건의 확률

유형편 22쪽

두 사건 A, B에 대하여 $\mathrm{P}(A)=\frac{3}{10}$, $\mathrm{P}(B)=\frac{1}{2}$, $\mathrm{P}(A^C\cap B^C)=\frac{3}{10}$일 때, $\mathrm{P}(A\cap B)$를 구하시오.

공략 Point

- $\mathrm{P}(A\cup B)=\mathrm{P}(A)+\mathrm{P}(B)-\mathrm{P}(A\cap B)$
- $\mathrm{P}(A^C)=1-\mathrm{P}(A)$

풀이

$A^C\cap B^C=(A\cup B)^C$이므로	$\mathrm{P}(A^C\cap B^C)=\mathrm{P}((A\cup B)^C)=\frac{3}{10}$
이때 여사건의 확률에 의하여	$1-\mathrm{P}(A\cup B)=\frac{3}{10}$ $\quad\therefore \mathrm{P}(A\cup B)=\frac{7}{10}$
따라서 확률의 덧셈 정리에 의하여	$\mathrm{P}(A\cup B)=\mathrm{P}(A)+\mathrm{P}(B)-\mathrm{P}(A\cap B)$ $\frac{7}{10}=\frac{3}{10}+\frac{1}{2}-\mathrm{P}(A\cap B)$ $\therefore \mathrm{P}(A\cap B)=\mathbf{\frac{1}{10}}$

문제

정답과 해설 18쪽

06-1 두 사건 A, B는 서로 배반사건이고 $\mathrm{P}(A\cup B)=\frac{3}{4}$, $\mathrm{P}(A)=2\mathrm{P}(B)$일 때, $\mathrm{P}(B)$를 구하시오.

06-2 두 사건 A, B에 대하여 $\mathrm{P}(B^C)=\frac{7}{10}$, $\mathrm{P}(A\cap B)=\frac{1}{20}$, $\mathrm{P}(A\cup B)=\frac{9}{20}$일 때, $\mathrm{P}(A)$를 구하시오.

06-3 두 사건 A, B에 대하여 $\mathrm{P}(A^C)=\frac{1}{2}$, $\mathrm{P}(B)=\frac{5}{12}$, $\mathrm{P}(A\cup B)=\frac{3}{4}$일 때, $\mathrm{P}(A^C\cup B^C)$을 구하시오.

필수 예제 07 확률의 덧셈 정리 - 배반사건이 아닌 경우

유형편 22쪽

1부터 20까지의 자연수가 각각 하나씩 적힌 20장의 카드가 들어 있는 상자에서 임의로 한 장의 카드를 꺼낼 때, 카드에 적힌 수가 3의 배수 또는 4의 배수일 확률을 구하시오.

공략 Point

서로 배반이 아닌 두 사건 A, B에 대하여 A 또는 B가 일어날 확률은
$\mathrm{P}(A\cup B)=\mathrm{P}(A)+\mathrm{P}(B)-\mathrm{P}(A\cap B)$
임을 이용하여 구한다.

풀이

3의 배수가 적힌 카드를 꺼내는 사건을 A, 4의 배수가 적힌 카드를 꺼내는 사건을 B라 하면	$\mathrm{P}(A)=\frac{6}{20}$, $\mathrm{P}(B)=\frac{5}{20}$
$A\cap B$는 3과 4의 공배수, 즉 12의 배수가 적힌 카드를 꺼내는 사건이므로	$\mathrm{P}(A\cap B)=\frac{1}{20}$
따라서 구하는 확률은	$\mathrm{P}(A\cup B)=\mathrm{P}(A)+\mathrm{P}(B)-\mathrm{P}(A\cap B)=\frac{6}{20}+\frac{5}{20}-\frac{1}{20}=\mathbf{\frac{1}{2}}$

문제

정답과 해설 18쪽

07-1 어느 문화 센터의 전체 수강자 중에서 요리 강좌를 듣는 사람은 전체의 $\frac{2}{3}$, 미술 강좌를 듣는 사람은 전체의 $\frac{1}{2}$, 요리 강좌와 미술 강좌를 모두 듣는 사람은 전체의 $\frac{1}{4}$이다. 이 문화 센터의 수강자 중에서 임의로 한 명을 택할 때, 요리 강좌 또는 미술 강좌를 듣는 사람일 확률을 구하시오.

07-2 한 개의 주사위를 던질 때, 나오는 눈의 수가 6의 약수 또는 짝수일 확률을 구하시오.

07-3 네 개의 숫자 0, 1, 4, 5를 모두 사용하여 만들 수 있는 네 자리의 자연수 중에서 임의로 하나를 택할 때, 그 수가 홀수 또는 5의 배수일 확률을 구하시오.

필수 예제 08 확률의 덧셈 정리 - 배반사건인 경우

유형편 23쪽

흰 공 4개와 검은 공 5개가 들어 있는 상자에서 임의로 2개의 공을 동시에 꺼낼 때, 모두 같은 색의 공이 나올 확률을 구하시오.

공략 Point

서로 배반인 두 사건 A, B에 대하여 A 또는 B가 일어날 확률은 $P(A\cup B)=P(A)+P(B)$임을 이용하여 구한다.

풀이

모두 같은 색의 공이 나오는 경우는	모두 흰 공 또는 모두 검은 공이 나오는 경우이다.
모두 흰 공이 나오는 사건을 A, 모두 검은 공이 나오는 사건을 B라 하면	$P(A)=\frac{_4C_2}{_9C_2}=\frac{6}{36}$ $P(B)=\frac{_5C_2}{_9C_2}=\frac{10}{36}$
두 사건 A, B는 서로 배반사건이므로 구하는 확률은	$P(A\cup B)=P(A)+P(B)$ $=\frac{6}{36}+\frac{10}{36}=\mathbf{\frac{4}{9}}$

문제

정답과 해설 19쪽

08-1 1부터 10까지의 자연수가 각각 하나씩 적힌 10개의 공이 들어 있는 주머니에서 임의로 2개의 공을 동시에 꺼낼 때, 공에 적힌 두 수의 합이 짝수일 확률을 구하시오.

08-2 tension에 있는 7개의 문자를 일렬로 배열할 때, 맨 앞에 t 또는 n이 올 확률을 구하시오.

08-3 1학년 학생 5명과 2학년 학생 6명 중에서 임의로 4명의 학생을 동시에 뽑을 때, 1학년 학생이 2학년 학생보다 많이 뽑힐 확률을 구하시오.

필수 예제 09 여사건의 확률

유형편 23쪽

다음을 구하시오.

(1) 1부터 7까지의 자연수가 각각 하나씩 적힌 7개의 공이 들어 있는 상자에서 임의로 2개의 공을 동시에 꺼낼 때, 꺼낸 공에 적힌 두 수의 곱이 6의 배수가 아닐 확률

(2) 흰 양말 4켤레와 빨간 양말 3켤레가 들어 있는 서랍에서 임의로 3켤레의 양말을 동시에 꺼낼 때, 적어도 한 켤레가 빨간 양말일 확률

공략 Point

'적어도', '아닌', '이상', '이하' 등의 조건이 있을 때, 여사건의 확률

$P(A^C)=1-P(A)$

를 이용하면 더 편리한 경우가 있다.

풀이

(1) 꺼낸 공에 적힌 두 수의 곱이 6의 배수가 아닌 사건을 A라 하면 A^C은 두 수의 곱이 6의 배수인 사건이다.

두 수의 곱이 6의 배수인 경우는	(1, 6), (2, 3), (2, 6), (3, 4), (3, 6), (4, 6), (5, 6), (6, 7)의 8가지
즉, 여사건의 확률은	$P(A^C)=\frac{8}{{}_7C_2}=\frac{8}{21}$
따라서 구하는 확률은	$P(A)=1-P(A^C)=1-\frac{8}{21}=\mathbf{\frac{13}{21}}$

(2) 적어도 한 켤레가 빨간 양말인 사건을 A라 하면 A^C은 3켤레가 모두 흰 양말인 사건이므로	$P(A^C)=\frac{{}_4C_3}{{}_7C_3}=\frac{4}{35}$
따라서 구하는 확률은	$P(A)=1-P(A^C)=1-\frac{4}{35}=\mathbf{\frac{31}{35}}$

문제

정답과 해설 20쪽

09-1 다음을 구하시오.

(1) 서로 다른 두 개의 주사위를 동시에 던질 때, 나오는 두 눈의 수의 곱이 10의 배수가 아닐 확률

(2) 당첨 제비 3개를 포함한 10개의 제비 중에서 임의로 2개의 제비를 동시에 뽑을 때, 적어도 한 개가 당첨 제비일 확률

09-2 다섯 개의 숫자 1, 2, 3, 4, 5에서 서로 다른 4개를 택하여 만들 수 있는 네 자리의 자연수 중에서 임의로 하나를 택할 때, 그 수가 1300 이상일 확률을 구하시오.

09-3 n명의 남학생과 10명의 여학생 중에서 임의로 2명의 대표를 뽑을 때, 여학생이 1명 이하로 뽑힐 확률은 $\frac{5}{8}$이다. 이때 n의 값을 구하시오.

연습문제

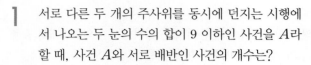

1 서로 다른 두 개의 주사위를 동시에 던지는 시행에서 나오는 두 눈의 수의 합이 9 이하인 사건을 A라 할 때, 사건 A와 서로 배반인 사건의 개수는?

① 3 ② 6 ③ 32
④ 64 ⑤ 128

2 한 개의 주사위를 2번 던져서 나오는 눈의 수를 차례대로 a, b라 할 때, 두 직선 $ax+6y-1=0$, $x+by-3=0$이 서로 평행할 확률을 구하시오.

수능

3 문자 A, B, C, D, E가 하나씩 적혀 있는 5장의 카드와 숫자 1, 2, 3, 4가 하나씩 적혀 있는 4장의 카드가 있다. 이 9장의 카드를 모두 한 번씩 사용하여 일렬로 임의로 나열할 때, 문자 A가 적혀 있는 카드의 바로 양옆에 각각 숫자가 적혀 있는 카드가 놓일 확률은?

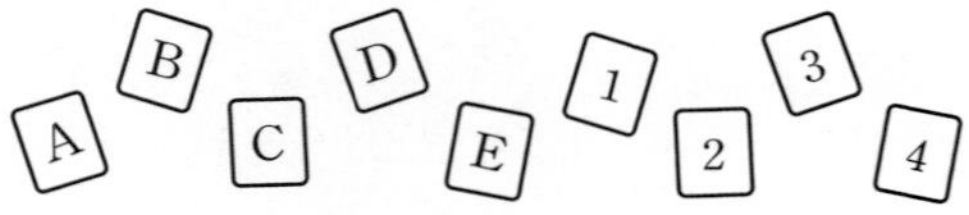

① $\frac{5}{12}$ ② $\frac{1}{3}$ ③ $\frac{1}{4}$
④ $\frac{1}{6}$ ⑤ $\frac{1}{12}$

4 2개의 문자 a, b에서 중복을 허용하여 6개를 택하여 일렬로 배열할 때, a가 2번 나올 확률을 구하시오.

5 어느 학생이 학교에서 배운 과목을 당일에 바로 복습한다고 한다. 어느 날 국어, 수학, 영어, 한국사, 사회, 과학을 배우고, 복습할 순서를 임의로 정할 때, 수학을 국어와 영어보다 먼저 복습할 확률은?

① $\frac{1}{12}$ ② $\frac{1}{6}$ ③ $\frac{1}{4}$
④ $\frac{1}{3}$ ⑤ $\frac{1}{2}$

6 1부터 9까지의 자연수가 각각 하나씩 적힌 9개의 공이 들어 있는 상자에서 임의로 4개의 공을 동시에 꺼낼 때, 꺼낸 공에 적힌 수 중 가장 작은 수가 3이고 가장 큰 수가 8일 확률은?

① $\frac{1}{63}$ ② $\frac{1}{42}$ ③ $\frac{2}{63}$
④ $\frac{5}{126}$ ⑤ $\frac{1}{21}$

7 남자 6명, 여자 4명 중에서 임의로 남자 3명, 여자 2명을 뽑아서 일렬로 세울 때, 여자끼리 서로 이웃할 확률을 구하시오.

8 두 집합 $X=\{1, 2, 3, 4\}$, $Y=\{4, 5, 6, 7\}$에 대하여 X에서 Y로의 함수 f 중에서 임의로 하나를 택할 때, $i\neq j$이면 $f(i)\neq f(j)$인 함수일 확률을 a, $i<j$이면 $f(i)\leq f(j)$인 함수일 확률을 b라 하자. 이때 $a+b$의 값을 구하시오. (단, $i\in X$, $j\in X$)

9 흰 바둑돌과 검은 바둑돌을 합하여 8개의 바둑돌이 들어 있는 상자가 있다. 이 상자에서 임의로 3개의 바둑돌을 동시에 꺼내어 색을 확인하고 다시 넣는 시행을 여러 번 반복하였더니 14번에 1번꼴로 3개가 모두 흰 바둑돌이었다. 이때 이 상자에 흰 바둑돌은 몇 개가 들어 있다고 볼 수 있는가?

① 2개 ② 3개 ③ 4개
④ 5개 ⑤ 6개

10 표본공간 S의 두 사건 A, B에 대하여 보기에서 항상 옳은 것만을 있는 대로 고른 것은?

보기
ㄱ. $0\leq \mathrm{P}(A\cup B)\leq 1$
ㄴ. $A\cup B=S$이면 $\mathrm{P}(A)+\mathrm{P}(B)=1$이다.
ㄷ. $\mathrm{P}(A)+\mathrm{P}(B)=1$이면 두 사건 A, B는 서로 배반사건이다.

① ㄱ ② ㄷ ③ ㄱ, ㄴ
④ ㄴ, ㄷ ⑤ ㄱ, ㄴ, ㄷ

11 두 사건 A, B에 대하여 $\mathrm{P}(A)=\frac{1}{3}$, $\mathrm{P}(A^C\cup B)=\frac{13}{15}$일 때, $\mathrm{P}(A\cap B)$를 구하시오.

수능

12 두 사건 A, B에 대하여 A와 B^C은 서로 배반사건이고

$$\mathrm{P}(A)=\frac{1}{3},\ \mathrm{P}(A^C\cap B)=\frac{1}{6}$$

일 때, $\mathrm{P}(B)$의 값은? (단, A^C은 A의 여사건이다.)

① $\frac{5}{12}$ ② $\frac{1}{2}$ ③ $\frac{7}{12}$
④ $\frac{2}{3}$ ⑤ $\frac{3}{4}$

13 member에 있는 6개의 문자를 일렬로 배열할 때, m끼리 서로 이웃하거나 e끼리 서로 이웃할 확률을 구하시오.

14 서로 다른 두 개의 주사위를 동시에 던질 때, 나오는 두 눈의 수의 합이 6이거나 차가 1일 확률을 구하시오.

15 오른쪽 그림과 같은 도로망이 있다. A 지점에서 B 지점까지 최단 거리로 갈 때, P 지점을 거치지 않고 갈 확률을 구하시오. (단, 각 경로를 택할 확률은 같다.)

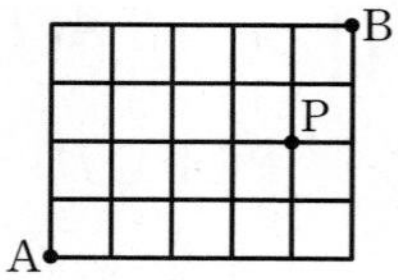

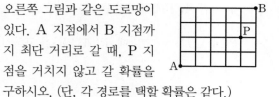

16 검정 볼펜 3개, 빨강 볼펜 5개, 파랑 볼펜 4개가 들어 있는 상자에서 임의로 3개의 볼펜을 동시에 꺼낼 때, 꺼낸 3개의 볼펜 중에서 적어도 한 개가 검정 볼펜일 확률을 구하시오.

평가원

17 다음 조건을 만족시키는 좌표평면 위의 점 $(a,\ b)$ 중에서 임의로 서로 다른 두 점을 선택할 때, 선택된 두 점 사이의 거리가 1보다 클 확률은?

> (가) a, b는 자연수이다.
> (나) $1 \le a \le 4$, $1 \le b \le 3$

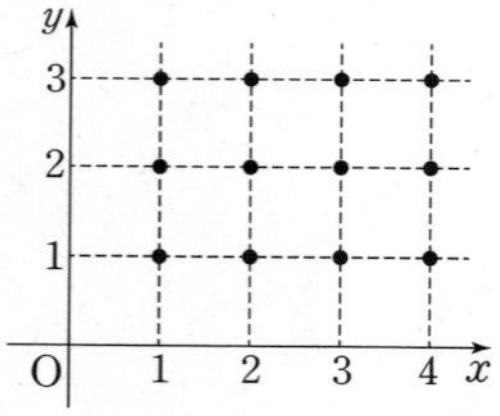

① $\frac{41}{66}$ ② $\frac{43}{66}$ ③ $\frac{15}{22}$
④ $\frac{47}{66}$ ⑤ $\frac{49}{66}$

실력

18 방정식 $x+y+z=8$을 만족시키는 음이 아닌 정수 x, y, z의 순서쌍 $(x,\ y,\ z)$ 중에서 임의로 하나를 택할 때, 택한 순서쌍이 $(x-y)(y-z)(z-x)=0$을 만족시킬 확률을 구하시오.

19 30 이하의 자연수 n에 대하여 x에 대한 이차방정식 $15x^2-8nx+n^2=0$이 정수인 해를 가질 확률을 구하시오.

20 두 사건 A, B에 대하여 $\mathrm{P}(A)=\frac{3}{4}$, $\mathrm{P}(B)=\frac{1}{3}$일 때, $\mathrm{P}(A\cap B)$의 최댓값을 M, 최솟값을 m이라 하자. 이때 $M+m$의 값을 구하시오.

21 1부터 100까지의 자연수가 각각 하나씩 적힌 100장의 카드 중에서 임의로 한 장의 카드를 뽑을 때, 카드에 적힌 수가 14와 서로소일 확률을 구하시오.

Ⅱ. 확률

2 조건부확률

01 조건부확률

조건부확률

❶ 조건부확률

두 사건 A, B에 대하여 확률이 0이 아닌 사건 A가 일어났다고 가정할 때, 사건 B가 일어날 확률을 사건 A가 일어났을 때의 사건 B의 **조건부확률**이라 하고, 기호로

$$\mathbf{P}(\boldsymbol{B}|\boldsymbol{A})$$

와 같이 나타낸다.

일반적으로 조건부확률은 다음과 같다.

> 사건 A가 일어났을 때의 사건 B의 조건부확률은
> $$\mathrm{P}(B|A)=\frac{\mathrm{P}(A\cap B)}{\mathrm{P}(A)} \text{ (단, } \mathrm{P}(A)>0\text{)}$$

예 어느 고등학교 학생 중에서 안경을 쓴 학생은 전체의 30%, 안경을 쓴 남학생은 전체의 15%이다. 이 고등학교 학생 중에서 임의로 한 명을 택하였더니 안경을 쓴 학생이었을 때, 그 학생이 남학생일 확률을 구해 보자.
안경을 쓴 학생을 택하는 사건을 A, 남학생을 택하는 사건을 B라 하면 구하는 확률은 사건 A가 일어났을 때의 사건 B의 조건부확률이므로
$$\mathrm{P}(B|A)=\frac{\mathrm{P}(A\cap B)}{\mathrm{P}(A)}=\frac{0.15}{0.3}=0.5$$

참고 사건 B가 일어났을 때의 사건 A의 조건부확률은 $\mathrm{P}(A|B)=\frac{\mathrm{P}(A\cap B)}{\mathrm{P}(B)}$이고 일반적으로 $\mathrm{P}(B|A)\neq\mathrm{P}(A|B)$이다.

❷ 확률의 곱셈 정리

두 사건 A, B가 동시에 일어날 확률을 다음과 같은 확률의 곱셈 정리를 이용하여 구할 수 있다.

> 두 사건 A, B에 대하여 $\mathrm{P}(A)>0$, $\mathrm{P}(B)>0$일 때,
> $$\mathrm{P}(A\cap B)=\mathrm{P}(A)\mathrm{P}(B|A)=\mathrm{P}(B)\mathrm{P}(A|B)$$

예 흰 공 5개와 검은 공 3개가 들어 있는 주머니에서 공을 임의로 한 개씩 2번 꺼낼 때, 모두 흰 공이 나올 확률을 구해 보자. (단, 꺼낸 공은 다시 넣지 않는다.)
첫 번째에 흰 공이 나오는 사건을 A, 두 번째에 흰 공이 나오는 사건을 B라 하면 구하는 확률은
$$\mathrm{P}(A\cap B)=\mathrm{P}(A)\underline{\mathrm{P}(B|A)}=\frac{5}{8}\times\frac{4}{7}=\frac{5}{14}$$
└ $\mathrm{P}(B|A)$는 첫 번째에 흰 공이 나왔을 때 두 번째에도 흰 공이 나올 확률을 의미한다.

개념 Plus

조건부확률

각 근원사건이 일어날 가능성이 모두 같은 표본공간 S의 두 사건 A, B에 대하여 사건 A가 일어났을 때의 사건 B의 조건부확률은 $\mathrm{P}(B|A)=\frac{n(A\cap B)}{n(A)}$이므로 우변의 분자와 분모를 각각 $n(S)$로 나누면

$$\mathrm{P}(B|A)=\frac{\frac{n(A\cap B)}{n(S)}}{\frac{n(A)}{n(S)}}=\frac{\mathrm{P}(A\cap B)}{\mathrm{P}(A)}$$

└ $\frac{n(A\cap B)}{n(A)}$는 사건 A를 새로운 표본공간으로 생각하고 A 안에서 $A\cap B$가 일어날 확률을 의미한다.

예를 들어 1학년, 2학년 학생 25명으로 구성된 어느 모임에서 학생의 성별은 오른쪽 표와 같다. 이 모임의 학생 중에서 임의로 한 명을 뽑았더니 남학생이었을 때, 그 학생이 1학년일 확률을 구해 보자.

(단위: 명)

	1학년	2학년	합계
남학생	6	7	13
여학생	8	4	12
합계	14	11	25

25명 중에서 한 명을 뽑는 사건을 S, 남학생을 뽑는 사건을 A, 1학년 학생을 뽑는 사건을 B라 하자.
뽑은 학생이 남학생이었을 때, 그 학생이 1학년일 확률은 $\mathrm{P}(B|A)$이고, 이때 $\mathrm{P}(B|A)$는 남학생 중에서 1학년인 학생의 비율과 같으므로

$$\mathrm{P}(B|A)=\frac{n(A\cap B)}{n(A)}=\frac{6}{13} \quad \cdots\cdots ㉠$$

또 $\mathrm{P}(A)=\frac{n(A)}{n(S)}=\frac{13}{25}$, $\mathrm{P}(A\cap B)=\frac{n(A\cap B)}{n(S)}=\frac{6}{25}$이므로

$$\frac{\mathrm{P}(A\cap B)}{\mathrm{P}(A)}=\frac{\frac{6}{25}}{\frac{13}{25}}=\frac{6}{13} \quad \cdots\cdots ㉡$$

따라서 ㉠, ㉡에서 $\mathrm{P}(B|A)=\frac{\mathrm{P}(A\cap B)}{\mathrm{P}(A)}$

$\mathrm{P}(A\cap B)$와 $\mathrm{P}(B|A)$의 비교

표본공간 S의 두 사건 A, B에 대하여 $n(S)=m$, $n(A)=a$, $n(A\cap B)=b$라 하자.

(1) $\mathrm{P}(A\cap B)$는 두 사건 A, B가 동시에 일어날 확률, 즉 표본공간 S에서 사건 $A\cap B$가 일어날 확률이므로

$$\mathrm{P}(A\cap B)=\frac{n(A\cap B)}{n(S)}=\frac{b}{m}$$

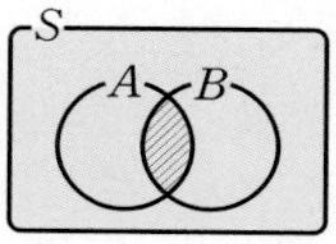

(2) $\mathrm{P}(B|A)$는 사건 A가 일어났을 때 사건 B가 일어날 확률, 즉 A를 새로운 표본공간으로 생각하였을 때 A에서 사건 $A\cap B$가 일어날 확률이므로

$$\mathrm{P}(B|A)=\frac{n(A\cap B)}{n(A)}=\frac{b}{a}$$

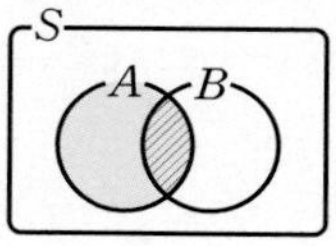

확률의 곱셈 정리

두 사건 A, B에 대하여 $\mathrm{P}(A)>0$일 때, $\mathrm{P}(B|A)=\frac{\mathrm{P}(A\cap B)}{\mathrm{P}(A)}$이므로 양변에 $\mathrm{P}(A)$를 곱하면

$$\mathrm{P}(A\cap B)=\mathrm{P}(A)\mathrm{P}(B|A)$$

마찬가지로 $\mathrm{P}(B)>0$일 때, $\mathrm{P}(A|B)=\frac{\mathrm{P}(A\cap B)}{\mathrm{P}(B)}$이므로 양변에 $\mathrm{P}(B)$를 곱하면

$$\mathrm{P}(A\cap B)=\mathrm{P}(B)\mathrm{P}(A|B)$$

개념 Check

정답과 해설 24쪽

1 두 사건 A, B에 대하여 $\mathrm{P}(A)=0.4$, $\mathrm{P}(B)=0.5$, $\mathrm{P}(A\cap B)=0.3$일 때, 다음을 구하시오.

(1) $\mathrm{P}(B|A)$

(2) $\mathrm{P}(A|B)$

2 두 사건 A, B에 대하여 $\mathrm{P}(A)=\frac{1}{3}$, $\mathrm{P}(B)=\frac{1}{4}$, $\mathrm{P}(B|A)=\frac{1}{2}$일 때, 다음을 구하시오.

(1) $\mathrm{P}(A\cap B)$

(2) $\mathrm{P}(A|B)$

필수 예제 01 조건부확률의 계산

유형편 26쪽

두 사건 A, B에 대하여 다음을 구하시오.

(1) $\mathrm{P}(A)=0.3$, $\mathrm{P}(B)=0.6$, $\mathrm{P}(A^C\cap B^C)=0.3$일 때, $\mathrm{P}(B|A)$

(2) $\mathrm{P}(A)=\frac{2}{5}$, $\mathrm{P}(A\cap B)=\frac{1}{20}$, $\mathrm{P}(A\cup B)=\frac{3}{5}$일 때, $\mathrm{P}(A^C|B^C)$

공략 Point

두 사건 A, B에 대하여

$\mathrm{P}(A|B)=\frac{\mathrm{P}(A\cap B)}{\mathrm{P}(B)}$

$\mathrm{P}(B|A)=\frac{\mathrm{P}(A\cap B)}{\mathrm{P}(A)}$

풀이

(1) $A^C\cap B^C=(A\cup B)^C$이므로 $\mathrm{P}(A^C\cap B^C)=0.3$에서	$\mathrm{P}((A\cup B)^C)=0.3$, $1-\mathrm{P}(A\cup B)=0.3$ $\therefore \mathrm{P}(A\cup B)=0.7$
$\mathrm{P}(A\cup B)=\mathrm{P}(A)+\mathrm{P}(B)-\mathrm{P}(A\cap B)$이므로	$0.7=0.3+0.6-\mathrm{P}(A\cap B)$ $\therefore \mathrm{P}(A\cap B)=0.2$
따라서 $\mathrm{P}(B\|A)$는	$\mathrm{P}(B\|A)=\frac{\mathrm{P}(A\cap B)}{\mathrm{P}(A)}=\frac{0.2}{0.3}=\mathbf{\frac{2}{3}}$

(2) $\mathrm{P}(A\cup B)=\mathrm{P}(A)+\mathrm{P}(B)-\mathrm{P}(A\cap B)$이므로	$\frac{3}{5}=\frac{2}{5}+\mathrm{P}(B)-\frac{1}{20}$ $\quad\therefore \mathrm{P}(B)=\frac{1}{4}$
$\mathrm{P}(B^C)=1-\mathrm{P}(B)$이므로	$\mathrm{P}(B^C)=1-\frac{1}{4}=\frac{3}{4}$
또 $A^C\cap B^C=(A\cup B)^C$이므로	$\mathrm{P}(A^C\cap B^C)=\mathrm{P}((A\cup B)^C)=1-\mathrm{P}(A\cup B)$ $=1-\frac{3}{5}=\frac{2}{5}$
따라서 $\mathrm{P}(A^C\|B^C)$은	$\mathrm{P}(A^C\|B^C)=\frac{\mathrm{P}(A^C\cap B^C)}{\mathrm{P}(B^C)}=\frac{\frac{2}{5}}{\frac{3}{4}}=\mathbf{\frac{8}{15}}$

문제

정답과 해설 24쪽

01-1 두 사건 A, B에 대하여 다음을 구하시오.

(1) $\mathrm{P}(A)=\frac{7}{10}$, $\mathrm{P}(B)=\frac{2}{5}$, $\mathrm{P}(A^C\cap B^C)=\frac{1}{5}$일 때, $\mathrm{P}(A|B)$

(2) $\mathrm{P}(A)=0.5$, $\mathrm{P}(A\cap B)=0.2$, $\mathrm{P}(A\cup B)=0.7$일 때, $\mathrm{P}(A|B^C)$

01-2 두 사건 A, B에 대하여 $\mathrm{P}(B)=\frac{1}{2}$, $\mathrm{P}(A\cup B)=\frac{4}{5}$, $\mathrm{P}(B|A)=\frac{1}{4}$일 때, $\mathrm{P}(A|B)$를 구하시오.

필수 예제 02 조건부확률

유형편 26쪽

어느 학교의 A, B 두 학급 학생 60명의 성별은 오른쪽 표와 같다. 두 학급의 학생 중에서 임의로 한 명을 뽑았더니 여학생이었을 때, 그 학생이 A 학급의 학생일 확률을 구하시오.

(단위: 명)

	남학생	여학생	합계
A 학급	21	14	35
B 학급	10	15	25
합계	31	29	60

공략 Point

조건부확률 $\mathrm{P}(B|A)$는 $\mathrm{P}(A)$, $\mathrm{P}(A\cap B)$를 구한 후

$$\mathrm{P}(B|A)=\frac{\mathrm{P}(A\cap B)}{\mathrm{P}(A)}$$

임을 이용하여 구한다.

풀이

여학생인 사건을 A, A 학급의 학생인 사건을 B라 하면 $\mathrm{P}(A)=\frac{29}{60}$, $\mathrm{P}(A\cap B)=\frac{14}{60}$

따라서 구하는 확률은 $\mathrm{P}(B|A)=\frac{\mathrm{P}(A\cap B)}{\mathrm{P}(A)}=\frac{\frac{14}{60}}{\frac{29}{60}}=\mathbf{\frac{14}{29}}$

다른 풀이

구하는 확률은 전체 여학생 중에서 A 학급의 여학생을 뽑을 확률과 같으므로 $\frac{(\text{A 학급의 여학생 수})}{(\text{전체 여학생 수})}=\mathbf{\frac{14}{29}}$

문제

정답과 해설 24쪽

02-1 어느 고등학교의 학생을 대상으로 혈액형을 조사하였더니 A형인 학생은 전체의 40 %이었고, A형인 여학생은 전체의 12 %이었다. 이 고등학교의 학생 중에서 임의로 한 명을 뽑았더니 A형이었을 때, 그 학생이 여학생일 확률을 구하시오.

02-2 어느 독서 토론회에서 2학년, 3학년 학생 30명을 대상으로 A, B 두 책 중에서 하나를 선택하여 읽게 하였을 때, 선택한 책은 오른쪽 표와 같다. 이 학생 중에서 임의로 한 명을 뽑았더니 2학년 학생이었을 때, 그 학생이 B 책을 선택한 학생일 확률을 구하시오.

(단위: 명)

	2학년	3학년	합계
A 책	6	4	10
B 책	8	12	20
합계	14	16	30

02-3 서로 다른 두 개의 주사위를 동시에 던져서 나온 두 눈의 수의 합이 8이었을 때, 그 두 눈의 수의 곱이 홀수일 확률을 구하시오.

필수 예제 03 확률의 곱셈 정리

유형편 27쪽

4장의 시사회 당첨권을 포함하여 10장의 경품권이 들어 있는 상자에서 갑, 을 두 사람이 이 순서대로 경품권을 임의로 한 장씩 뽑을 때, 갑과 을이 모두 시사회 당첨권을 뽑을 확률을 구하시오.

(단, 뽑은 경품권은 다시 넣지 않는다.)

공략 Point

전체 n개 중에서 X가 x개 있고 뽑은 것은 다시 넣지 않을 때, 첫 번째에 X를 뽑는 사건을 A, 두 번째에 X를 뽑는 사건을 B라 하면

$\mathrm{P}(A)=\frac{x}{n}$

$\mathrm{P}(B|A)=\frac{x-1}{n-1}$

풀이

갑, 을이 시사회 당첨권을 뽑는 사건을 각각 A, B라 하자.

갑이 시사회 당첨권을 뽑을 확률은	$\mathrm{P}(A)=\frac{4}{10}=\frac{2}{5}$ ◀ 10장의 경품권 중에서 당첨권은 4장
갑이 뽑은 경품권이 시사회 당첨권이었을 때, 을도 시사회 당첨권을 뽑을 확률은	$\mathrm{P}(B\|A)=\frac{3}{9}=\frac{1}{3}$ ◀ 남은 9장의 경품권 중에서 당첨권은 3장
따라서 구하는 확률은	$\mathrm{P}(A\cap B)=\mathrm{P}(A)\mathrm{P}(B\|A)=\frac{2}{5}\times\frac{1}{3}=\mathbf{\frac{2}{15}}$

문제

정답과 해설 25쪽

03-1 4개의 불량품을 포함하여 11개의 제품이 들어 있는 상자에서 제품을 임의로 한 개씩 2번 꺼낼 때, 모두 정상 제품을 꺼낼 확률을 구하시오. (단, 꺼낸 제품은 다시 넣지 않는다.)

03-2 어느 소모임의 20명의 회원 중에서 여자 회원은 12명이다. 이 소모임의 회원 중에서 임의로 대표, 부대표를 순서대로 각각 한 명씩 뽑을 때, 대표로 여자 회원, 부대표로 남자 회원을 뽑을 확률을 구하시오.

03-3 파란 구슬 n개와 빨간 구슬 6개가 들어 있는 주머니에서 구슬을 임의로 한 개씩 2번 꺼낼 때, 첫 번째는 파란 구슬, 두 번째는 빨간 구슬을 꺼낼 확률이 $\frac{1}{4}$이다. 파란 구슬이 빨간 구슬보다 많을 때, n의 값을 구하시오. (단, 꺼낸 구슬은 다시 넣지 않는다.)

필수 예제 04 확률의 곱셈 정리 - $\mathrm{P}(B)=\mathrm{P}(A\cap B)+\mathrm{P}(A^c\cap B)$

유형편 28쪽

흰 공 5개와 검은 공 4개가 들어 있는 주머니에서 갑, 을 두 사람이 이 순서대로 공을 임의로 한 개씩 꺼낼 때, 을이 검은 공을 꺼낼 확률을 구하시오. (단, 꺼낸 공은 다시 넣지 않는다.)

공략 Point

두 사건 A, B에 대하여 B가 일어날 확률은 A가 일어나고 B가 일어날 확률과 A가 일어나지 않고 B가 일어날 확률을 더하여 구한다. 즉,

$\mathrm{P}(B)=\mathrm{P}(A\cap B)+\mathrm{P}(A^c\cap B)$

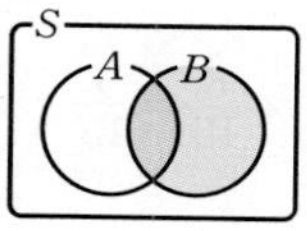

풀이

갑, 을이 검은 공을 꺼내는 사건을 각각 A, B라 하자.

(i) 갑이 검은 공을 꺼내고 을도 검은 공을 꺼낼 확률은	$\mathrm{P}(A\cap B)=\mathrm{P}(A)\mathrm{P}(B\mid A)=\frac{4}{9}\times\frac{3}{8}=\frac{1}{6}$
(ii) 갑이 흰 공을 꺼내고 을이 검은 공을 꺼낼 확률은	$\mathrm{P}(A^c\cap B)=\mathrm{P}(A^c)\mathrm{P}(B\mid A^c)=\frac{5}{9}\times\frac{4}{8}=\frac{5}{18}$
(i), (ii)에서 사건 $A\cap B$와 사건 $A^c\cap B$는 서로 배반사건이므로 구하는 확률은	$\mathrm{P}(B)=\mathrm{P}(A\cap B)+\mathrm{P}(A^c\cap B)=\frac{1}{6}+\frac{5}{18}=\mathbf{\frac{4}{9}}$

문제

정답과 해설 25쪽

04-1 어느 야구팀은 비가 오는 날 경기에서 이길 확률이 0.4이고, 비가 오지 않는 날 경기에서 이길 확률이 0.6이라 한다. 이번 주 토요일에 비가 올 확률이 0.3일 때, 이 팀이 이번 주 토요일에 경기에서 이길 확률을 구하시오.

04-2 3개의 당첨 제비를 포함하여 10개의 제비가 들어 있는 주머니에서 A, B 두 사람이 이 순서대로 제비를 임의로 한 개씩 뽑을 때, B가 당첨 제비를 뽑을 확률을 구하시오.

(단, 뽑은 제비는 다시 넣지 않는다.)

04-3 A 주머니에는 빨간 공 3개와 파란 공 5개가 들어 있고, B 주머니에는 빨간 공 3개와 파란 공 4개가 들어 있다. 두 주머니 중에서 하나를 임의로 택하여 2개의 공을 동시에 꺼낼 때, 2개 모두 파란 공을 꺼낼 확률을 구하시오.

필수 예제 05 조건부확률과 확률의 곱셈 정리

유형편 28쪽

A 주머니에는 흰 구슬 3개와 검은 구슬 4개가 들어 있고, B 주머니에는 흰 구슬 4개와 검은 구슬 2개가 들어 있다. 두 주머니 중에서 하나를 임의로 택하여 2개의 구슬을 동시에 꺼냈더니 흰 구슬 1개, 검은 구슬 1개가 나왔을 때, 택한 주머니가 A 주머니이었을 확률을 구하시오.

공략 Point

사건 B가 일어났을 때의 사건 A의 조건부확률은

$P(A|B)$
$=\frac{P(A\cap B)}{P(B)}$
$=\frac{P(A\cap B)}{P(A\cap B)+P(A^c\cap B)}$

풀이

A 주머니를 택하는 사건을 A, 흰 구슬 1개, 검은 구슬 1개를 꺼내는 사건을 B라 하자.

(i) A 주머니를 택하고 A 주머니에서 흰 구슬 1개, 검은 구슬 1개를 꺼낼 확률은	$P(A\cap B)=P(A)P(B\|A)$ $=\frac{1}{2}\times\frac{{}_3C_1\times{}_4C_1}{{}_7C_2}=\frac{1}{2}\times\frac{4}{7}=\frac{2}{7}$
(ii) B 주머니를 택하고 B 주머니에서 흰 구슬 1개, 검은 구슬 1개를 꺼낼 확률은	$P(A^c\cap B)=P(A^c)P(B\|A^c)$ $=\frac{1}{2}\times\frac{{}_4C_1\times{}_2C_1}{{}_6C_2}=\frac{1}{2}\times\frac{8}{15}=\frac{4}{15}$
(i), (ii)에서 흰 구슬 1개, 검은 구슬 1개를 꺼낼 확률은	$P(B)=P(A\cap B)+P(A^c\cap B)$ $=\frac{2}{7}+\frac{4}{15}=\frac{58}{105}$
따라서 구하는 확률은	$P(A\|B)=\frac{P(A\cap B)}{P(B)}=\frac{\frac{2}{7}}{\frac{58}{105}}=\mathbf{\frac{15}{29}}$

문제

정답과 해설 26쪽

05-1 어느 축구팀은 이번 시즌에 A 구장에서 전체 경기의 20 %를 치르는데, 이 축구팀의 A 구장에서의 승률은 70 %, 타 구장에서의 승률은 30 %이다. 이번 시즌의 한 경기에서 이 팀이 승리하였을 때, 그 경기를 한 곳이 A 구장이었을 확률을 구하시오.

05-2 꽃무늬 상자에는 흰 공 4개와 검은 공 5개가 들어 있고, 별무늬 상자에는 흰 공 3개와 검은 공 4개가 들어 있다. 두 상자 중에서 하나를 임의로 택하여 2개의 공을 동시에 꺼냈더니 2개 모두 흰 공이 나왔을 때, 택한 상자가 별무늬 상자이었을 확률을 구하시오.

2 사건의 독립과 종속

❶ 사건의 독립과 종속

(1) 독립

확률이 0이 아닌 두 사건 A, B에 대하여 A가 일어나는 것이 B가 일어날 확률에 영향을 주지 않을 때, 즉

$$\mathrm{P}(B|A)=\mathrm{P}(B|A^C)=\mathrm{P}(B) \text{ 또는 } \mathrm{P}(A|B)=\mathrm{P}(A|B^C)=\mathrm{P}(A)$$

일 때, 두 사건 A, B는 서로 **독립**이라 한다.

(2) 종속

두 사건 A, B가 서로 독립이 아닐 때 두 사건 A, B는 서로 **종속**이라 한다.

예 흰 공 3개와 검은 공 2개가 들어 있는 주머니에서 공을 임의로 한 개씩 2번 꺼낼 때, 첫 번째에 흰 공을 꺼내는 사건을 A, 두 번째에 흰 공을 꺼내는 사건을 B라 하자.

(1) 꺼낸 공을 다시 넣는 경우

두 번째에 흰 공을 꺼낼 확률은 첫 번째에 꺼낸 공의 색깔에 영향을 받지 않으므로

$\mathrm{P}(B|A)=\frac{3}{5}$, $\mathrm{P}(B|A^C)=\frac{3}{5}$, $\mathrm{P}(B)=\frac{3}{5}$

따라서 $\mathrm{P}(B|A)=\mathrm{P}(B|A^C)=\mathrm{P}(B)$이므로 두 사건 A, B는 서로 독립이다.

(2) 꺼낸 공을 다시 넣지 않는 경우

두 번째에 흰 공을 꺼낼 확률은 첫 번째에 꺼낸 공의 색깔에 영향을 받으므로

$\mathrm{P}(B|A)=\frac{2}{4}=\frac{1}{2}$, $\mathrm{P}(B|A^C)=\frac{3}{4}$

따라서 $\mathrm{P}(B|A)\neq\mathrm{P}(B|A^C)$이므로 두 사건 A, B는 서로 종속이다.

참고
- 두 사건 A, B가 서로 독립이면 A와 B^C, A^C과 B, A^C과 B^C도 각각 서로 독립이다.
- $\mathrm{P}(A)>0$, $\mathrm{P}(B)>0$인 두 사건 A, B가 서로 배반사건이면 A, B는 서로 종속이다. ◀ 대우도 성립

❷ 두 사건이 서로 독립일 조건

두 사건 A, B가 서로 독립이기 위한 필요충분조건은

$$\mathrm{P}(A\cap B)=\mathrm{P}(A)\mathrm{P}(B) \quad (\text{단, } \mathrm{P}(A)>0,\ \mathrm{P}(B)>0)$$

참고
- 두 사건 A, B가 서로 종속이기 위한 필요충분조건은 $\mathrm{P}(A\cap B)\neq\mathrm{P}(A)\mathrm{P}(B)$이다.
- 두 사건 A, B가 서로 독립이면 확률의 덧셈 정리에 의하여 $\mathrm{P}(A\cup B)=\mathrm{P}(A)+\mathrm{P}(B)-\mathrm{P}(A)\mathrm{P}(B)$

개념 Plus

두 사건이 서로 독립일 조건

$\mathrm{P}(A)>0$, $\mathrm{P}(B)>0$인 두 사건 A, B에 대하여 A, B가 서로 독립이면 $\mathrm{P}(B|A)=\mathrm{P}(B)$이므로 확률의 곱셈 정리에 의하여

$$\mathrm{P}(A\cap B)=\mathrm{P}(A)\mathrm{P}(B|A)=\mathrm{P}(A)\mathrm{P}(B)$$

역으로 $\mathrm{P}(A)>0$이고, $\mathrm{P}(A\cap B)=\mathrm{P}(A)\mathrm{P}(B)$이면

$$\mathrm{P}(B|A)=\frac{\mathrm{P}(A\cap B)}{\mathrm{P}(A)}=\frac{\mathrm{P}(A)\mathrm{P}(B)}{\mathrm{P}(A)}=\mathrm{P}(B)$$

이므로 두 사건 A, B는 서로 독립이다.

따라서 두 사건 A, B가 서로 독립이기 위한 필요충분조건은

$$\mathrm{P}(A\cap B)=\mathrm{P}(A)\mathrm{P}(B)$$

독립인 두 사건 A, B에 대하여 A와 B^C, A^C과 B, A^C과 B^C의 관계

두 사건 A, B가 서로 독립이므로 $\mathrm{P}(A\cap B)=\mathrm{P}(A)\mathrm{P}(B)$

(1) 두 사건 A, B^C에 대하여

$$\begin{aligned}\mathrm{P}(A\cap B^C)&=\mathrm{P}(A)-\mathrm{P}(A\cap B)=\mathrm{P}(A)-\mathrm{P}(A)\mathrm{P}(B)\\&=\mathrm{P}(A)\{1-\mathrm{P}(B)\}=\mathrm{P}(A)\mathrm{P}(B^C)\end{aligned}$$

따라서 두 사건 A, B^C은 서로 독립이다.

(2) 두 사건 A^C, B에 대하여

$$\begin{aligned}\mathrm{P}(A^C\cap B)&=\mathrm{P}(B)-\mathrm{P}(A\cap B)=\mathrm{P}(B)-\mathrm{P}(A)\mathrm{P}(B)\\&=\{1-\mathrm{P}(A)\}\mathrm{P}(B)=\mathrm{P}(A^C)\mathrm{P}(B)\end{aligned}$$

따라서 두 사건 A^C, B는 서로 독립이다.

(3) 두 사건 A^C, B^C에 대하여

$$\begin{aligned}\mathrm{P}(A^C\cap B^C)&=\mathrm{P}((A\cup B)^C)=1-\mathrm{P}(A\cup B)\\&=1-\{\mathrm{P}(A)+\mathrm{P}(B)-\mathrm{P}(A\cap B)\}\\&=1-\mathrm{P}(A)-\mathrm{P}(B)+\mathrm{P}(A)\mathrm{P}(B)\\&=\{1-\mathrm{P}(A)\}\{1-\mathrm{P}(B)\}=\mathrm{P}(A^C)\mathrm{P}(B^C)\end{aligned}$$

따라서 두 사건 A^C, B^C은 서로 독립이다.

배반사건과 독립인 사건의 관계

$\mathrm{P}(A)>0$, $\mathrm{P}(B)>0$인 두 사건 A, B에 대하여

(1) A, B가 서로 배반사건이면 $A\cap B=\varnothing$이므로 $\mathrm{P}(A\cap B)=0$

$$\therefore\ \mathrm{P}(A|B)=\frac{\mathrm{P}(A\cap B)}{\mathrm{P}(B)}=0\neq\mathrm{P}(A)$$

따라서 두 사건 A, B는 서로 종속이다.

즉, 두 사건이 서로 배반사건이면 두 사건은 동시에 일어나지 않으므로 한 사건이 일어나면 다른 사건은 일어날 수 없다. 따라서 두 사건이 서로 일어날 확률에 영향을 주므로 두 사건은 서로 종속이다.

(2) A, B가 서로 독립이면

$$\mathrm{P}(A|B)=\frac{\mathrm{P}(A\cap B)}{\mathrm{P}(B)}=\mathrm{P}(A)\neq0 \qquad \therefore\ \mathrm{P}(A\cap B)\neq0$$

따라서 두 사건 A, B는 서로 배반사건이 아니다.

즉, 두 사건이 서로 독립이면 한 사건이 일어나는 것이 다른 사건이 일어날 확률에 영향을 주지 않으므로 두 사건은 동시에 일어날 수 있다. 따라서 두 사건은 서로 배반사건이 아니다.

개념 Check

정답과 해설 26쪽

1 다음을 만족시키는 두 사건 A, B가 서로 독립인지 종속인지 말하시오.

(1) $\mathrm{P}(A)=0.2$, $\mathrm{P}(B)=0.5$, $\mathrm{P}(A\cap B)=0.15$

(2) $\mathrm{P}(A)=0.4$, $\mathrm{P}(B)=0.6$, $\mathrm{P}(A\cap B)=0.24$

2 두 사건 A, B가 서로 독립이고 $\mathrm{P}(A)=\frac{1}{3}$, $\mathrm{P}(B)=\frac{1}{2}$일 때, 다음을 구하시오.

(1) $\mathrm{P}(A|B)$ (2) $\mathrm{P}(B|A)$ (3) $\mathrm{P}(A\cap B)$

필수 예제 06 사건의 독립과 종속의 판정

유형편 29쪽

한 개의 주사위를 던져서 나오는 눈의 수가 짝수인 사건을 A, 3 이하인 사건을 B, 3의 배수인 사건을 C라 할 때, 다음 두 사건이 독립인지 종속인지 말하시오.

(1) A와 B　　(2) A와 C　　(3) B와 C

공략 Point

- $P(A\cap B)=P(A)P(B)$ ➡ 독립
- $P(A\cap B)\neq P(A)P(B)$ ➡ 종속

풀이

표본공간 S는 $S=\{1, 2, 3, 4, 5, 6\}$이므로	$A=\{2, 4, 6\}$, $B=\{1, 2, 3\}$, $C=\{3, 6\}$ $\therefore P(A)=\frac{1}{2}$, $P(B)=\frac{1}{2}$, $P(C)=\frac{1}{3}$
(1) $A\cap B$를 구하면	$A\cap B=\{2\}$　$\therefore P(A\cap B)=\frac{1}{6}$
$P(A)P(B)=\frac{1}{2}\times\frac{1}{2}=\frac{1}{4}$이므로	$P(A\cap B)\neq P(A)P(B)$ 따라서 A와 B는 서로 **종속**이다.
(2) $A\cap C$를 구하면	$A\cap C=\{6\}$　$\therefore P(A\cap C)=\frac{1}{6}$
$P(A)P(C)=\frac{1}{2}\times\frac{1}{3}=\frac{1}{6}$이므로	$P(A\cap C)=P(A)P(C)$ 따라서 A와 C는 서로 **독립**이다.
(3) $B\cap C$를 구하면	$B\cap C=\{3\}$　$\therefore P(B\cap C)=\frac{1}{6}$
$P(B)P(C)=\frac{1}{2}\times\frac{1}{3}=\frac{1}{6}$이므로	$P(B\cap C)=P(B)P(C)$ 따라서 B와 C는 서로 **독립**이다.

문제

정답과 해설 26쪽

06-1 1부터 30까지의 자연수가 각각 하나씩 적힌 30개의 공이 들어 있는 주머니에서 임의로 한 개의 공을 꺼낼 때, 꺼낸 공에 적힌 수가 홀수인 사건을 A, 소수인 사건을 B, 11부터 20까지의 자연수 중 하나인 사건을 C라 하자. 보기에서 서로 독립인 사건인 것만을 있는 대로 고르시오.

보기
ㄱ. A와 B　ㄴ. A와 C　ㄷ. A^C과 C^C　ㄹ. B^C과 C

06-2 표본공간 $S=\{x\,|\,x$는 12의 양의 약수$\}$에 대하여 보기에서 사건 $\{1, 2, 3, 4\}$와 서로 독립인 사건인 것만을 있는 대로 고르시오.

보기
ㄱ. $\{1, 4\}$　ㄴ. $\{3, 4, 12\}$　ㄷ. $\{1, 3, 6, 12\}$　ㄹ. $\{1, 2, 3, 4, 6\}$

필수 예제 07 독립인 사건의 확률의 계산

유형편 30쪽

두 사건 A, B가 서로 독립이고 $\mathrm{P}(B^C)=\frac{2}{3}$, $\mathrm{P}(A\cup B)=\frac{5}{9}$일 때, $\mathrm{P}(A\cap B)$를 구하시오.

공략 Point

두 사건 A, B가 서로 독립이면
$\mathrm{P}(A\cup B)=\mathrm{P}(A)+\mathrm{P}(B)-\mathrm{P}(A)\mathrm{P}(B)$

풀이

$\mathrm{P}(B^C)=\frac{2}{3}$에서	$\mathrm{P}(B)=1-\mathrm{P}(B^C)$ $=1-\frac{2}{3}=\frac{1}{3}$
두 사건 A, B가 서로 독립이므로 $\mathrm{P}(A\cup B)=\mathrm{P}(A)+\mathrm{P}(B)-\mathrm{P}(A\cap B)$에서	$\mathrm{P}(A\cup B)=\mathrm{P}(A)+\mathrm{P}(B)-\mathrm{P}(A)\mathrm{P}(B)$ $\frac{5}{9}=\mathrm{P}(A)+\frac{1}{3}-\frac{1}{3}\mathrm{P}(A)$ $\frac{2}{3}\mathrm{P}(A)=\frac{2}{9}$ $\quad\therefore \mathrm{P}(A)=\frac{1}{3}$
따라서 $\mathrm{P}(A\cap B)$를 구하면	$\mathrm{P}(A\cap B)=\mathrm{P}(A)\mathrm{P}(B)$ $=\frac{1}{3}\times\frac{1}{3}=\mathbf{\frac{1}{9}}$

문제

정답과 해설 27쪽

07-1 두 사건 A, B가 서로 독립이고 $\mathrm{P}(A|B)=\frac{1}{4}$, $\mathrm{P}(A\cup B)=\frac{5}{8}$일 때, $\mathrm{P}(B)$를 구하시오.

07-2 두 사건 A, B가 서로 독립이고 $\mathrm{P}(A\cap B^C)=\frac{1}{4}$, $\mathrm{P}(A^C\cap B^C)=\frac{1}{2}$일 때, $\mathrm{P}(A)$를 구하시오.

07-3 두 사건 A, B가 서로 독립이고 $\mathrm{P}(A)=\mathrm{P}(B|A)$, $\mathrm{P}(A\cup B)=\frac{7}{16}$일 때, $\mathrm{P}(A\cap B)$를 구하시오.

필수 예제 08 독립인 사건의 확률

유형편 30쪽

A, B 두 사람이 마라톤 대회에서 완주할 확률이 각각 0.8, 0.6이라 할 때, 다음을 구하시오.

(1) A, B 모두 완주할 확률

(2) A는 완주하고 B는 완주하지 못할 확률

(3) A, B 중에서 적어도 한 명은 완주할 확률

공략 Point

- 서로 독립인 두 사건 A, B가 동시에 일어날 확률은 $\mathrm{P}(A\cap B)=\mathrm{P}(A)\mathrm{P}(B)$
- 두 사건 A, B가 독립이면 A와 B^C, A^C과 B, A^C과 B^C도 독립이다.

풀이

A, B가 완주하는 사건을 각각 A, B라 하면	두 사건 A, B는 서로 독립이다.
(1) 구하는 확률은	$\mathrm{P}(A\cap B)=\mathrm{P}(A)\mathrm{P}(B)$ $=0.8\times0.6=\mathbf{0.48}$
(2) A는 완주하고 B는 완주하지 못하는 사건은 $A\cap B^C$이고 두 사건 A, B^C은 서로 독립이므로 구하는 확률은	$\mathrm{P}(A\cap B^C)=\mathrm{P}(A)\mathrm{P}(B^C)$ $=0.8\times(1-0.6)=\mathbf{0.32}$
(3) 적어도 한 명은 완주할 확률은	$1-$(모두 완주하지 못할 확률)
A, B가 모두 완주하지 못하는 사건은 $A^C\cap B^C$이고 두 사건 A^C, B^C은 서로 독립이므로	$\mathrm{P}(A^C\cap B^C)=\mathrm{P}(A^C)\mathrm{P}(B^C)$ $=(1-0.8)\times(1-0.6)=0.08$
따라서 구하는 확률은	$1-\mathrm{P}(A^C\cap B^C)=1-0.08=\mathbf{0.92}$

문제

정답과 해설 28쪽

08-1 두 양궁 선수 A, B의 10점 명중률은 각각 0.7, 0.5이다. 두 선수가 각각 한 번씩 활을 쏠 때, 다음을 구하시오.

(1) A, B 모두 10점에 명중시킬 확률

(2) A, B 중에서 한 선수만 10점에 명중시킬 확률

(3) A, B 중에서 적어도 한 선수는 10점에 명중시킬 확률

08-2 승부차기 성공률이 각각 $\frac{3}{4}$, p인 두 축구 선수 A, B가 한 번씩 승부차기를 할 때, 두 선수 중에서 A만 성공할 확률은 $\frac{1}{4}$이다. 이때 p의 값을 구하시오.

3 독립시행의 확률

① 독립시행

동전이나 주사위 등을 여러 번 던지는 경우와 같이 어떤 시행을 반복할 때, 각 시행에서 일어나는 사건이 서로 독립이면 이와 같은 시행을 **독립시행**이라 한다.

② 독립시행의 확률

어떤 시행에서 사건 A가 일어날 확률이 $p\,(0<p<1)$일 때, 이 시행을 n번 반복하는 독립시행에서 사건 A가 r번 일어날 확률은

$${}_{n}\mathrm{C}_{r}\,p^{r}(1-p)^{n-r} \text{ (단, } r=0,\ 1,\ 2,\ \cdots,\ n)$$

예 한 개의 동전을 던져서 뒷면이 나올 확률은 $\frac{1}{2}$이므로 한 개의 동전을 6번 던져서 뒷면이 2번 나올 확률은

$${}_{6}\mathrm{C}_{2}\left(\frac{1}{2}\right)^{2}\left(1-\frac{1}{2}\right)^{6-2}={}_{6}\mathrm{C}_{2}\left(\frac{1}{2}\right)^{2}\left(\frac{1}{2}\right)^{4}=\frac{15}{64}$$

개념 Plus

독립시행의 확률

한 개의 주사위를 3번 던질 때, 1의 눈이 2번 나올 확률을 구해 보자.

주사위를 3번 던질 때, 1의 눈이 2번 나오는 경우는 오른쪽 표와 같으므로 그 경우의 수는 ${}_{3}\mathrm{C}_{2}=3$

이때 각 시행은 서로 독립이고 한 번의 시행에서 1의 눈이 나올 확률은 $\frac{1}{6}$, 1 이외의 눈이 나올 확률은 $\frac{5}{6}$이므로 각 경우의 확률은 $\left(\frac{1}{6}\right)^{2}\left(\frac{5}{6}\right)^{1}$이다.

오른쪽 표의 1의 눈이 2번 나오는 3가지 경우의 사건은 서로 배반사건이므로 구하는 확률은 확률의 덧셈 정리에 의하여

$$\left(\frac{1}{6}\right)^{2}\left(\frac{5}{6}\right)^{1}+\left(\frac{1}{6}\right)^{2}\left(\frac{5}{6}\right)^{1}+\left(\frac{1}{6}\right)^{2}\left(\frac{5}{6}\right)^{1}={}_{3}\mathrm{C}_{2}\left(\frac{1}{6}\right)^{2}\left(\frac{5}{6}\right)^{1}$$

$$={}_{3}\mathrm{C}_{2}\left(\frac{1}{6}\right)^{2}\left(1-\frac{1}{6}\right)^{3-2}$$

일반적으로 한 개의 주사위를 n번 던져서 1의 눈이 r번 나올 확률은

$${}_{n}\mathrm{C}_{r}\left(\frac{1}{6}\right)^{r}\left(1-\frac{1}{6}\right)^{n-r} \text{ (단, } r=0,\ 1,\ 2,\ \cdots,\ n)$$

(○: 1의 눈, ×: 1 이외의 눈)

1회	2회	3회	확률
○	○	×	$\frac{1}{6}\times\frac{1}{6}\times\frac{5}{6}$
○	×	○	$\frac{1}{6}\times\frac{5}{6}\times\frac{1}{6}$
×	○	○	$\frac{5}{6}\times\frac{1}{6}\times\frac{1}{6}$

↓ ${}_{3}\mathrm{C}_{2}$ ↓ 각각 $\left(\frac{1}{6}\right)^{2}\left(\frac{5}{6}\right)^{1}$

개념 Check

정답과 해설 28쪽

1 다음을 구하시오.

(1) 한 개의 동전을 8번 던질 때, 앞면이 3번 나올 확률

(2) 한 개의 주사위를 5번 던질 때, 3의 배수의 눈이 3번 나올 확률

필수 예제 09 독립시행의 확률

유형편 31쪽

과녁에 명중시킬 확률이 $\frac{3}{4}$인 사격 선수가 4발을 쏠 때, 다음을 구하시오.

(1) 3발 이상 명중시킬 확률　　　　(2) 적어도 1발 명중시킬 확률

공략 Point

한 번의 시행에서 사건 A가 일어날 확률이 $p\,(0<p<1)$일 때, n번의 독립시행에서 사건 A가 r번 일어날 확률은

${}_n\mathrm{C}_r p^r(1-p)^{n-r}$

(단, $r=0, 1, 2, \cdots, n$)

풀이

(1) (i) 3발을 명중시킬 확률은	${}_4\mathrm{C}_3\left(\frac{3}{4}\right)^3\left(\frac{1}{4}\right)^1=\frac{27}{64}$
(ii) 4발을 명중시킬 확률은	${}_4\mathrm{C}_4\left(\frac{3}{4}\right)^4\left(\frac{1}{4}\right)^0=\frac{81}{256}$
(i), (ii)에서 구하는 확률은	$\frac{27}{64}+\frac{81}{256}=\mathbf{\frac{189}{256}}$

(2) 적어도 1발 명중시킬 확률은	$1-$(모두 명중시키지 못할 확률)
모두 명중시키지 못할 확률은	${}_4\mathrm{C}_0\left(\frac{3}{4}\right)^0\left(\frac{1}{4}\right)^4=\frac{1}{256}$
따라서 구하는 확률은	$1-\frac{1}{256}=\mathbf{\frac{255}{256}}$

문제

정답과 해설 28쪽

09-1 페널티 킥 성공률이 90 %인 축구 선수가 3번의 페널티 킥을 할 때, 다음을 구하시오.

(1) 2번 이상 성공할 확률　　　　(2) 적어도 1번 성공할 확률

09-2 퀴즈 5문제 중에서 4문제 이상을 맞히면 A 등급을 받는 게임이 있다. 각 문제를 맞힐 확률이 $\frac{2}{3}$인 학생이 이 게임에서 A 등급을 받을 확률을 구하시오.

09-3 프로 야구 한국 시리즈에 올라간 두 팀 A, B는 7번의 경기에서 먼저 4번을 이기면 우승을 한다. 매 경기마다 두 팀이 이길 확률이 각각 $\frac{1}{2}$일 때, 5번째 경기에서 A 팀이 우승할 확률을 구하시오. (단, 비기는 경기는 없다.)

필수 예제 10 독립시행의 확률 - 사건에 따라 시행 횟수가 다른 경우

유형편 32쪽

빨간 구슬 1개와 노란 구슬 3개가 들어 있는 주머니에서 임의로 한 개의 구슬을 꺼내어 빨간 구슬이 나오면 한 개의 동전을 4번 던지고, 노란 구슬이 나오면 한 개의 동전을 3번 던진다. 이때 동전의 앞면이 2번 나올 확률을 구하시오.

공략 Point

사건에 따라 시행 횟수가 달라지면 경우를 나누어 각각의 확률을 구한다.

풀이

주머니에서 빨간 구슬이 나올 확률은	$\frac{1}{4}$
주머니에서 노란 구슬이 나올 확률은	$\frac{3}{4}$
한 개의 동전을 던져서 앞면이 나올 확률은	$\frac{1}{2}$
(i) 주머니에서 빨간 구슬이 나오고 한 개의 동전을 4번 던져서 앞면이 2번 나올 확률은	$\frac{1}{4}\times{}_4C_2\left(\frac{1}{2}\right)^2\left(\frac{1}{2}\right)^2=\frac{1}{4}\times\frac{3}{8}=\frac{3}{32}$
(ii) 주머니에서 노란 구슬이 나오고 한 개의 동전을 3번 던져서 앞면이 2번 나올 확률은	$\frac{3}{4}\times{}_3C_2\left(\frac{1}{2}\right)^2\left(\frac{1}{2}\right)^1=\frac{3}{4}\times\frac{3}{8}=\frac{9}{32}$
(i), (ii)에서 구하는 확률은	$\frac{3}{32}+\frac{9}{32}=\mathbf{\frac{3}{8}}$

문제

정답과 해설 28쪽

10-1 한 개의 동전을 한 번 던져서 앞면이 나오면 한 개의 주사위를 2번 던지고, 뒷면이 나오면 한 개의 주사위를 3번 던진다. 이때 주사위의 1의 눈이 2번 나올 확률을 구하시오.

10-2 흰 공 3개와 검은 공 5개가 들어 있는 상자에서 임의로 2개의 공을 동시에 꺼내어 흰 공이 적어도 한 개 나오면 한 개의 주사위를 4번 던지고, 흰 공이 나오지 않으면 한 개의 주사위를 5번 던진다. 이때 주사위의 짝수의 눈이 3번 나올 확률을 구하시오.

UP 필수 예제 11

독립시행의 확률 - 사건이 일어나는 횟수를 구해야 하는 경우

유형편 32쪽

수직선 위의 원점에 점 P가 있다. 한 개의 주사위를 던져서 3의 배수의 눈이 나오면 점 P를 양의 방향으로 2만큼, 3의 배수가 아닌 눈이 나오면 음의 방향으로 1만큼 움직인다. 주사위를 5번 던질 때, 점 P가 4의 위치에 있을 확률을 구하시오.

공략 Point

방정식을 세워서 주어진 사건이 일어나는 횟수를 구한 후 독립시행의 확률을 이용한다.

풀이

한 개의 주사위를 던져서 3의 배수의 눈이 나올 확률은	$\frac{1}{3}$
주사위를 5번 던져서 3의 배수의 눈이 나오는 횟수를 x, 3의 배수가 아닌 눈이 나오는 횟수를 y라 하면	$x+y=5$ ······ ㉠
주사위를 5번 던져서 점 P가 4의 위치에 있으므로	$2x-y=4$ ······ ㉡
㉠, ㉡을 연립하여 풀면	$x=3,\ y=2$
따라서 구하는 확률은 주사위를 5번 던져서 3의 배수의 눈이 3번 나올 확률과 같으므로	${}_5C_3\left(\frac{1}{3}\right)^3\left(\frac{2}{3}\right)^2=\mathbf{\frac{40}{243}}$

문제

정답과 해설 29쪽

11-1 오른쪽 그림과 같이 한 변의 길이가 1인 정사각형 ABCD의 변을 따라 시계 반대 방향으로 움직이는 점 P가 있다. 한 개의 동전을 던져서 앞면이 나오면 2만큼, 뒷면이 나오면 1만큼 점 P를 움직인다. 동전을 3번 던질 때, 꼭짓점 A를 출발한 점 P가 다시 점 A로 돌아올 확률을 구하시오.

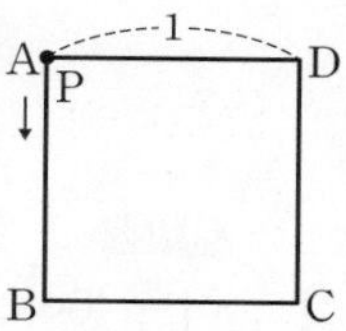

11-2 좌표평면 위의 원점에 점 P가 있다. 한 개의 동전을 던져서 앞면이 나오면 x축의 방향으로 2만큼, 뒷면이 나오면 y축의 방향으로 1만큼 움직인다. 동전을 5번 던질 때, 점 P가 점 (4, 3)에 도착할 확률을 구하시오.

연습문제

평가원

1 두 사건 A, B에 대하여

$$P(A \cup B)=1,\ P(A \cap B)=\frac{1}{4},$$
$$P(A|B)=P(B|A)$$

일 때, $P(A)$의 값은?

① $\frac{1}{2}$ ② $\frac{9}{16}$ ③ $\frac{5}{8}$
④ $\frac{11}{16}$ ⑤ $\frac{3}{4}$

2 두 사건 A, B에 대하여 $P(A)=\frac{1}{2}$, $P(B)=\frac{3}{5}$, $P(A|B)=\frac{1}{3}$일 때, $P(A|B^C)$을 구하시오.

평가원

3 어느 동아리의 학생 20명을 대상으로 진로활동 A와 진로활동 B에 대한 선호도를 조사하였다. 이 조사에 참여한 학생은 진로활동 A와 진로활동 B 중 하나를 선택하였고, 각각의 진로활동을 선택한 학생 수는 다음과 같다. 이 조사에 참여한 학생 20명 중에서 임의로 선택한 한 명이 진로활동 B를 선택한 학생일 때, 이 학생이 1학년일 확률은?

(단위: 명)

구분	진로활동 A	진로활동 B	합계
1학년	7	5	12
2학년	4	4	8
합계	11	9	20

① $\frac{1}{2}$ ② $\frac{5}{9}$ ③ $\frac{3}{5}$
④ $\frac{7}{11}$ ⑤ $\frac{2}{3}$

4 어느 학교의 3학년 학생은 300명이고, 안경을 쓴 남학생과 여학생은 각각 50명, 70명이다. 3학년 학생 중에서 임의로 택한 한 명이 안경을 쓰지 않은 학생일 때, 그 학생이 여학생일 확률은 $\frac{2}{5}$이다. 이때 3학년 남학생 수를 구하시오.

5 3개의 당첨 제비를 포함하여 9개의 제비가 들어 있는 주머니에서 A, B 두 사람이 이 순서대로 제비를 임의로 한 개씩 뽑을 때, 두 사람이 모두 당첨 제비를 뽑을 확률은?

(단, 뽑은 제비는 다시 넣지 않는다.)

① $\frac{1}{8}$ ② $\frac{1}{9}$ ③ $\frac{1}{10}$
④ $\frac{1}{11}$ ⑤ $\frac{1}{12}$

6 불량품인 마우스 5개를 포함하여 16개의 마우스 중에서 임의로 2개의 마우스를 차례대로 컴퓨터와 연결하여 검사할 때, 두 번째에 검사한 마우스가 불량품일 확률을 구하시오. (단, 한 번 검사한 마우스는 다시 검사하지 않는다.)

7 어느 거짓말 탐지기의 정확도는 85 %, 즉 참말을 참으로 판정할 확률과 거짓말을 거짓으로 판정할 확률이 모두 85 %이다. 거짓말을 할 확률이 0.2인 어떤 사람이 한 말에 대하여 거짓말 탐지기가 거짓으로 판정하였을 때, 실제로 그 사람이 참말을 하였을 확률은?

① $\frac{6}{29}$ ② $\frac{8}{29}$ ③ $\frac{10}{29}$
④ $\frac{12}{29}$ ⑤ $\frac{14}{29}$

8 A, B 두 회사의 USB 메모리에서 오류가 발생할 확률이 각각 5 %, x %라 한다. A 회사의 USB 메모리 20개, B 회사의 USB 메모리 30개의 총 50개 중에서 임의로 한 개를 택하여 조사하였더니 오류가 발생하였을 때, 그것이 A 회사의 제품일 확률이 $\frac{5}{14}$이다. 이때 x의 값을 구하시오.

수능

9 한 개의 주사위를 한 번 던진다. 홀수의 눈이 나오는 사건을 A, 6 이하의 자연수 m에 대하여 m의 약수의 눈이 나오는 사건을 B라 하자. 두 사건 A와 B가 서로 독립이 되도록 하는 모든 m의 값의 합을 구하시오.

10 두 사건 A, B에 대하여 보기에서 옳은 것만을 있는 대로 고르시오.

(단, $0<\mathrm{P}(A)<1$, $0<\mathrm{P}(B)<1$)

보기

ㄱ. A, B가 서로 배반사건이면 두 사건 A, B는 서로 독립이다.

ㄴ. A, B가 서로 배반사건이면 $\mathrm{P}(A|B)=\mathrm{P}(B|A)$이다.

ㄷ. 두 사건 A, B가 서로 독립이면 $\{1-\mathrm{P}(A)\}\{1-\mathrm{P}(B)\}=1-\mathrm{P}(A\cup B)$이다.

수능

11 두 사건 A, B는 서로 독립이고

$$\mathrm{P}(A\cap B)=\frac{1}{4},\ \mathrm{P}(A^C)=2\mathrm{P}(A)$$

일 때, $\mathrm{P}(B)$의 값은? (단, A^C은 A의 여사건이다.)

① $\frac{3}{8}$ ② $\frac{1}{2}$ ③ $\frac{5}{8}$
④ $\frac{3}{4}$ ⑤ $\frac{7}{8}$

12 A, B 두 사람은 탁구 시합에서 두 경기를 연속하여 이기는 사람이 우승하는 게임을 하고 있다. 매 경기마다 A가 B를 이길 확률이 $\frac{2}{5}$일 때, 4번째 경기에서 A가 우승할 확률을 구하시오.

(단, 비기는 경기는 없다.)

연습문제

정답과 해설 31쪽

13 슬이가 태권도 경기에서 이길 확률은 $\frac{4}{5}$이다. 3경기를 하여 2경기 이상을 이기면 트로피를 수여하는 대회에서 슬이가 트로피를 받지 못할 확률을 구하시오.

수능

14 한 개의 주사위를 5번 던질 때 홀수의 눈이 나오는 횟수를 a라 하고, 한 개의 동전을 4번 던질 때 앞면이 나오는 횟수를 b라 하자. $a-b$의 값이 3일 확률을 $\frac{q}{p}$라 할 때, $p+q$의 값을 구하시오.

(단, p와 q는 서로소인 자연수이다.)

실력

15 A 주머니에는 흰 구슬 2개와 검은 구슬 3개가 들어 있고, B 주머니에는 흰 구슬 3개와 검은 구슬 4개가 들어 있다. A 주머니에서 임의로 2개의 구슬을 동시에 꺼내어 B 주머니에 넣은 후 B 주머니에서 임의로 한 개의 구슬을 꺼낼 때, 흰 구슬이 나올 확률을 구하시오.

16 서윤이는 어느 한 장소에 들렀다가 떠날 때, $\frac{1}{4}$의 확률로 우산을 잃어버린다. 어느 날 우산을 들고 나와 학교, 도서관, 편의점을 차례대로 방문하고 집으로 돌아왔을 때, 우산을 잃어버린 것을 알았다. 도서관에서 우산을 잃어버렸을 확률을 구하시오.

(단, 이동하는 동안에는 우산을 잃어버리지 않는다.)

교육청

17 주머니에 1, 2, 3, 4의 숫자가 하나씩 적혀 있는 4개의 공이 들어 있다. 이 주머니에서 임의로 2개의 공을 동시에 꺼낼 때, 꺼낸 공에 적혀 있는 숫자의 합이 소수이면 1개의 동전을 2번 던지고, 소수가 아니면 1개의 동전을 3번 던진다. 동전의 앞면이 2번 나왔을 때, 꺼낸 2개의 공에 적혀 있는 숫자의 합이 소수일 확률은?

① $\frac{2}{7}$ ② $\frac{5}{14}$ ③ $\frac{3}{7}$

④ $\frac{1}{2}$ ⑤ $\frac{4}{7}$

18 오른쪽 그림과 같이 한 변의 길이가 1인 정육각형의 한 꼭짓점을 출발하여 변을 따라 시계 반대 방향으로 움직이는 점 P가 있다. 각 면에 숫자 1, 1, 1, 1, 3, 3이 각각 하나씩 적힌 정육면체를 던져서 나온 수만큼 점 P를 움직인다. 정육면체를 6번 던질 때, 점 P가 처음 출발한 위치로 다시 돌아올 확률을 구하시오.

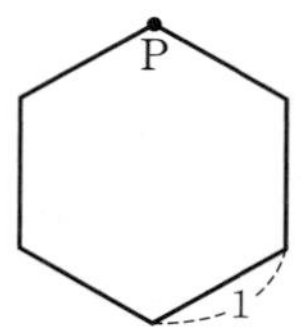

Ⅲ. 통계

1 확률분포

01 이산확률변수와 이항분포

02 연속확률변수와 정규분포

이산확률변수와 확률질량함수

❶ 확률변수와 확률분포

(1) 확률변수

어떤 시행에서 표본공간의 각 원소에 하나의 실수가 대응되는 함수를 **확률변수**라 한다.

이때 확률변수 X가 어떤 값 x를 가질 확률을 기호로 $\mathbf{P(X=x)}$와 같이 나타낸다.

(2) 확률분포

확률변수 X가 갖는 값과 이 값을 가질 확률의 대응 관계를 X의 **확률분포**라 한다.

예 한 개의 동전을 2번 던지는 시행에서 앞면을 H, 뒷면을 T로 나타내면 표본공간 S는

$S=\{\text{HH, HT, TH, TT}\}$

이때 동전의 앞면이 나오는 횟수를 X라 하면

HH $\longrightarrow$ 2, HT $\longrightarrow$ 1, TH $\longrightarrow$ 1, TT $\longrightarrow$ 0

과 같이 대응되므로 X는 확률변수이다.

또 $\mathrm{P}(X=x)$는 이 시행에서 동전의 앞면이 x번 나올 확률이므로

$\mathrm{P}(X=0)=\frac{1}{4}$, $\mathrm{P}(X=1)=\frac{2}{4}=\frac{1}{2}$, $\mathrm{P}(X=2)=\frac{1}{4}$

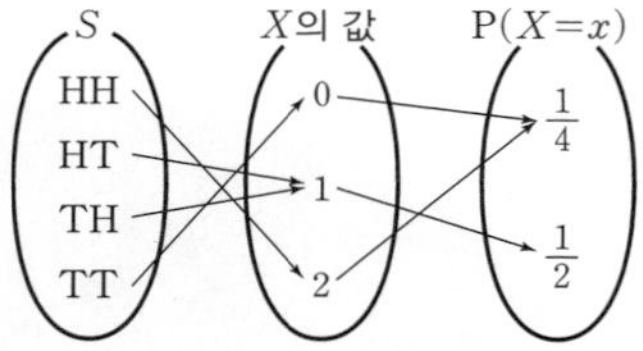

참고 • 확률변수는 표본공간을 정의역으로 하고 실수 전체의 집합을 공역으로 하는 함수이지만 여러 가지 값을 갖는 변수의 역할도 하므로 확률변수라 부른다.
• 일반적으로 확률변수는 대문자 X, Y, Z, …로 나타내고, 확률변수가 갖는 값은 소문자 x, y, z, …로 나타낸다.

❷ 이산확률변수와 확률질량함수

(1) 이산확률변수

확률변수가 갖는 값이 유한개이거나 무한히 많더라도 자연수와 같이 셀 수 있을 때, 이 확률변수를 **이산확률변수**라 한다.

(2) 확률질량함수

이산확률변수 X가 갖는 모든 값 x_1, x_2, x_3, $\cdots$, x_n에 각 값을 가질 확률 p_1, p_2, p_3, $\cdots$, p_n이 대응되는 함수

$$\mathrm{P}(X=x_i)=p_i\ (i=1,\ 2,\ 3,\ \cdots,\ n)$$

를 이산확률변수 X의 확률질량함수라 한다.

이때 이산확률변수 X의 확률분포를 표와 그래프로 나타내면 각각 다음과 같다.

X	x_1	x_2	x_3	$\cdots$	x_n	합계
$\mathrm{P}(X=x_i)$	p_1	p_2	p_3	$\cdots$	p_n	1

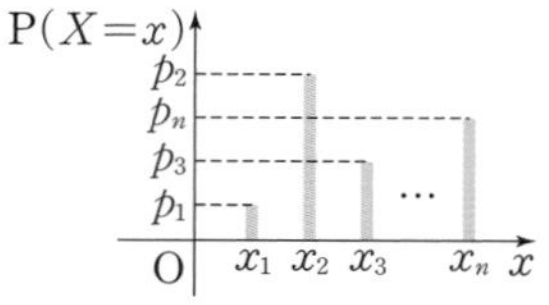

예 한 개의 주사위를 2번 던지는 시행에서 1의 눈이 나오는 횟수를 확률변수 X라 하면 X가 갖는 값은 0, 1, 2이므로 X는 이산확률변수이다.

이때 주사위를 던지는 시행은 독립시행이므로 확률변수 X의 확률질량함수는

$\mathrm{P}(X=x)={}_2\mathrm{C}_x\left(\frac{1}{6}\right)^x\left(\frac{5}{6}\right)^{2-x}\ (x=0,\ 1,\ 2)$

참고 이산확률변수 X가 갖는 값은 자연수처럼 무한히 많을 수 있지만 여기서는 유한한 경우만 다룬다.

③ 확률질량함수의 성질

이산확률변수 X가 갖는 모든 값이 x_1, x_2, x_3, $\cdots$, x_n이고 확률질량함수가 $\mathrm{P}(X=x_i)=p_i$ $(i=1, 2, 3, \cdots, n)$일 때, 확률의 기본 성질에 의하여 다음이 성립한다.

(1) $0 \le p_i \le 1$ ◀ 확률은 0에서 1까지의 값을 갖는다.

(2) $p_1+p_2+p_3+\cdots+p_n=1$ ◀ 확률의 총합은 1이다.

(3) $\mathrm{P}(x_i \le X \le x_j)=p_i+p_{i+1}+p_{i+2}+\cdots+p_j$ (단, $i \le j$, $j=1, 2, 3, \cdots, n$)

참고 • 확률변수 X가 x_i 이상 x_j 이하의 값을 가질 확률을 $\mathrm{P}(x_i \le X \le x_j)$와 같이 나타낸다.
• $\mathrm{P}(X=x_i$ 또는 $X=x_j)=\mathrm{P}(X=x_i)+\mathrm{P}(X=x_j)=p_i+p_j$ (단, $i \ne j$)

예 확률변수 X의 확률분포를 표로 나타내면 오른쪽과 같을 때

X	1	2	3	합계
$\mathrm{P}(X=x)$	$\frac{1}{2}$	$\frac{1}{4}$	$\frac{1}{4}$	1

(1) $0 \le \mathrm{P}(X=1) \le 1$, $0 \le \mathrm{P}(X=2) \le 1$, $0 \le \mathrm{P}(X=3) \le 1$

(2) $\mathrm{P}(X=1)+\mathrm{P}(X=2)+\mathrm{P}(X=3)=1$

(3) $\mathrm{P}(1 \le X \le 2)=\mathrm{P}(X=1)+\mathrm{P}(X=2)=\frac{1}{2}+\frac{1}{4}=\frac{3}{4}$

개념 Check

정답과 해설 33쪽

1 보기에서 이산확률변수인 것만을 있는 대로 고르시오.

보기
ㄱ. 어느 미술관의 하루 입장객 수
ㄴ. 한 개의 동전을 100번 던져서 뒷면이 나온 횟수
ㄷ. 어느 공장에서 생산된 건전지의 수명
ㄹ. 객관식 30문제의 답을 임의로 적을 때, 맞힌 문제의 수

2 한 개의 주사위를 2번 던지는 시행에서 소수의 눈이 나오는 횟수를 확률변수 X라 할 때, 다음 물음에 답하시오.

(1) X가 가질 수 있는 값을 모두 구하시오.
(2) X가 (1)의 각 값을 가질 확률을 구하시오.
(3) X의 확률분포를 표로 나타내시오.

3 확률변수 X의 확률분포를 표로 나타내면 오른쪽과 같을 때, 다음을 구하시오. (단, a는 상수)

X	0	1	2	3	합계
$\mathrm{P}(X=x)$	$\frac{1}{4}$	a	$\frac{1}{4}$	$\frac{3}{8}$	1

(1) a의 값
(2) $\mathrm{P}(X=1$ 또는 $X=3)$
(3) $\mathrm{P}(X \ge 2)$

필수 예제 01 확률질량함수의 성질

유형편 34쪽

확률변수 X의 확률질량함수가

$$P(X=x)=\begin{cases} k-\frac{x}{5} & (x=-1,\ 0) \\ k+\frac{x}{20} & (x=1,\ 2,\ 3) \end{cases}$$

일 때, 다음을 구하시오. (단, k는 상수)

(1) k의 값

(2) $P(1\le X\le 3)$

공략 Point

(1) 확률의 총합이 1임을 이용하여 미지수의 값을 구한다.

(2) 확률변수 X의 확률질량함수가 $P(X=x_i)=p_i$일 때, $P(x_i\le X\le x_j)=p_i+p_{i+1}+\cdots+p_j$

풀이

(1) 확률변수 X의 확률분포를 표로 나타내면

X	-1	0	1	2	3	합계
$P(X=x)$	$k+\frac{1}{5}$	k	$k+\frac{1}{20}$	$k+\frac{2}{20}$	$k+\frac{3}{20}$	1

확률의 총합은 1이므로

$$\left(k+\frac{1}{5}\right)+k+\left(k+\frac{1}{20}\right)+\left(k+\frac{2}{20}\right)+\left(k+\frac{3}{20}\right)=1$$

$$5k+\frac{1}{2}=1 \qquad \therefore\ k=\mathbf{\frac{1}{10}}$$

(2) 구하는 확률은

$$P(1\le X\le 3)=P(X=1)+P(X=2)+P(X=3)$$
$$=\frac{3}{20}+\frac{1}{5}+\frac{1}{4}=\mathbf{\frac{3}{5}}$$

문제

정답과 해설 33쪽

01-1 확률변수 X의 확률질량함수가 $P(X=x)=\frac{x}{k}\ (x=1,\ 2,\ 3,\ 4)$일 때, 다음을 구하시오. (단, k는 상수)

(1) k의 값

(2) $P(X\le 2)$

01-2 확률변수 X의 확률분포를 표로 나타내면 오른쪽과 같을 때, $P(X^2-X-2<0)$을 구하시오. (단, a는 상수)

X	-1	0	1	2	합계
$P(X=x)$	$\frac{1}{8}$	$\frac{3}{8}$	a^2	$\frac{a}{2}$	1

01-3 확률변수 X의 확률질량함수가 $P(X=x)=\frac{k}{x(x-1)}\ (x=2,\ 3,\ 4,\ \cdots,\ 9)$일 때, 상수 k의 값을 구하시오.

필수 예제 02 이산확률변수의 확률

유형편 35쪽

검은 공 2개와 흰 공 4개가 들어 있는 주머니에서 임의로 3개의 공을 동시에 꺼낼 때, 나오는 검은 공의 개수를 확률변수 X라 하자. 다음 물음에 답하시오.

(1) X의 확률질량함수를 구하시오.
(2) X의 확률분포를 표로 나타내시오.
(3) 검은 공이 1개 이하로 나올 확률을 구하시오.

공략 Point

확률변수 X가 가질 수 있는 값에 대하여 그 값을 가질 확률을 각각 구하여 X의 확률분포를 구한다.

풀이

(1) 확률변수 X가 가질 수 있는 값은 0, 1, 2

6개의 공 중에서 3개를 꺼내는 경우의 수는 ${}_6C_3$이고, 검은 공이 x개 나오는 경우의 수는 ${}_2C_x \times {}_4C_{3-x}$이므로 X의 확률질량함수는

$$P(X=x)=\frac{{}_2C_x \times {}_4C_{3-x}}{{}_6C_3}\ (x=0,\ 1,\ 2)$$

(2) X가 가질 수 있는 각 값에 대한 확률은

$P(X=0)=\frac{{}_2C_0 \times {}_4C_3}{{}_6C_3}=\frac{1}{5}$, $P(X=1)=\frac{{}_2C_1 \times {}_4C_2}{{}_6C_3}=\frac{3}{5}$,

$P(X=2)=\frac{{}_2C_2 \times {}_4C_1}{{}_6C_3}=\frac{1}{5}$

따라서 X의 확률분포를 표로 나타내면

X	0	1	2	합계
$P(X=x)$	$\frac{1}{5}$	$\frac{3}{5}$	$\frac{1}{5}$	1

(3) 구하는 확률은

$$P(X\le 1)=P(X=0)+P(X=1)=\frac{1}{5}+\frac{3}{5}=\frac{4}{5}$$

문제

정답과 해설 33쪽

02-1 남학생 4명과 여학생 3명 중에서 임의로 3명의 대표를 뽑을 때, 뽑힌 여학생의 수를 확률변수 X라 하자. 다음 물음에 답하시오.

(1) X의 확률질량함수를 구하시오.
(2) X의 확률분포를 표로 나타내시오.
(3) 대표로 뽑힌 여학생이 없거나 2명일 확률을 구하시오.

02-2 서로 다른 두 개의 주사위를 동시에 던질 때, 나오는 두 눈의 수의 곱을 확률변수 X라 하자. 이때 $P(X^2-10X+24=0)$을 구하시오.

2 이산확률변수의 기댓값과 표준편차

1 이산확률변수의 기댓값(평균)

X	x_1	x_2	x_3	$\cdots$	x_n	합계
$P(X=x_i)$	p_1	p_2	p_3	$\cdots$	p_n	1

이산확률변수 X의 확률질량함수가
$P(X=x_i)=p_i\,(i=1,\ 2,\ 3,\ \cdots,\ n)$일 때,

$$x_1p_1+x_2p_2+x_3p_3+\cdots+x_np_n$$

을 이산확률변수 X의 **기댓값** 또는 평균이라 하고, 기호로 $\mathbf{E(X)}$와 같이 나타낸다. 즉,

$$E(X)=x_1p_1+x_2p_2+x_3p_3+\cdots+x_np_n$$

참고 $E(X)$에서 E는 기댓값을 뜻하는 Expectation의 첫 글자이다.

2 이산확률변수의 분산과 표준편차

이산확률변수 X의 확률질량함수가 $P(X=x_i)=p_i\,(i=1,\ 2,\ 3,\ \cdots,\ n)$이고 기댓값이 $E(X)=m$일 때, X의 분산과 표준편차는 다음과 같다.

(1) 분산

확률변수 $(X-m)^2$의 기댓값을 이산확률변수 X의 분산이라 하고, 기호로 $\mathbf{V(X)}$와 같이 나타낸다. 즉,

$$\begin{aligned}V(X)&=E((X-m)^2)\\&=(x_1-m)^2p_1+(x_2-m)^2p_2+(x_3-m)^2p_3+\cdots+(x_n-m)^2p_n\end{aligned}$$

이때 분산 $V(X)$에 대하여 다음이 성립한다.

$$V(X)=E(X^2)-\{E(X)\}^2$$

(2) 표준편차

분산 $V(X)$의 양의 제곱근 $\sqrt{V(X)}$를 이산확률변수 X의 표준편차라 하고, 기호로 $\boldsymbol{\sigma(X)}$와 같이 나타낸다. 즉,

$$\sigma(X)=\sqrt{V(X)}$$

예 확률변수 X의 확률분포를 표로 나타내면 오른쪽과 같을 때, X의 평균, 분산, 표준편차는

X	1	2	3	4	합계
$P(X=x)$	$\frac{3}{7}$	$\frac{2}{7}$	$\frac{1}{7}$	$\frac{1}{7}$	1

- $E(X)=1\times\frac{3}{7}+2\times\frac{2}{7}+3\times\frac{1}{7}+4\times\frac{1}{7}=2$
- $V(X)=(1-2)^2\times\frac{3}{7}+(2-2)^2\times\frac{2}{7}+(3-2)^2\times\frac{1}{7}+(4-2)^2\times\frac{1}{7}=\frac{8}{7}$

  또는 $E(X^2)=1^2\times\frac{3}{7}+2^2\times\frac{2}{7}+3^2\times\frac{1}{7}+4^2\times\frac{1}{7}=\frac{36}{7}$이므로 $V(X)=\frac{36}{7}-2^2=\frac{8}{7}$
- $\sigma(X)=\sqrt{V(X)}=\sqrt{\frac{8}{7}}=\frac{2\sqrt{14}}{7}$

참고
- $V(X)$에서 V는 분산을 뜻하는 Variance의 첫 글자이다.
- $\sigma(X)$에서 σ는 표준편차를 뜻하는 standard deviation의 첫 글자 s에 해당하는 그리스 문자로 '시그마(sigma)'라 읽는다.
- $E(X^2)$은 X^2의 기댓값(평균)을 뜻한다.

개념 Plus

도수분포와 확률분포

도수분포에서 변량을 확률변수 X라 하면 그 값을 가질 확률은 각각의 도수를 도수의 총합으로 나눈 상대도수로 생각할 수 있으므로 X의 확률분포를 표로 나타내면 다음과 같다.

변량	x_1	x_2	$\cdots$	x_n	합계
도수	f_1	f_2	$\cdots$	f_n	N

[도수분포]

➡

X	x_1	x_2	$\cdots$	x_n	합계
$\mathrm{P}(X=x_i)$	$\frac{f_1}{N}(=p_1)$	$\frac{f_2}{N}(=p_2)$	$\cdots$	$\frac{f_n}{N}(=p_n)$	1

[확률분포]

이때 도수분포에서의 평균 m을 구한 후 식을 변형하면

$$m=\frac{x_1f_1+x_2f_2+\cdots+x_nf_n}{N} \quad ◀ \frac{\{(변량)\times(도수)\}의\ 총합}{(도수)의\ 총합}$$
$$=x_1\times\frac{f_1}{N}+x_2\times\frac{f_2}{N}+\cdots+x_n\times\frac{f_n}{N}$$
$$=x_1p_1+x_2p_2+\cdots+x_np_n$$
$$=\mathrm{E}(X)$$

또 평균이 m일 때, 도수분포에서의 분산 σ^2을 구한 후 식을 변형하면

$$\sigma^2=\frac{(x_1-m)^2f_1+(x_2-m)^2f_2+\cdots+(x_n-m)^2f_n}{N} \quad ◀ \frac{\{(변량-평균)^2\times(도수)\}의\ 총합}{(도수)의\ 총합}$$
$$=(x_1-m)^2\frac{f_1}{N}+(x_2-m)^2\frac{f_2}{N}+\cdots+(x_n-m)^2\frac{f_n}{N}$$
$$=(x_1-m)^2p_1+(x_2-m)^2p_2+\cdots+(x_n-m)^2p_n$$
$$=\mathrm{E}((X-m)^2)=\mathrm{V}(X)$$

따라서 확률분포에서의 평균, 분산은 도수분포에서의 평균, 분산과 같은 개념임을 확인할 수 있다.

$\mathrm{V}(X)=\mathrm{E}(X^2)-\{\mathrm{E}(X)\}^2$의 증명

$$\mathrm{V}(X)=(x_1-m)^2p_1+(x_2-m)^2p_2+\cdots+(x_n-m)^2p_n$$
$$=(x_1^2-2mx_1+m^2)p_1+(x_2^2-2mx_2+m^2)p_2+\cdots+(x_n^2-2mx_n+m^2)p_n$$
$$=(x_1^2p_1+x_2^2p_2+\cdots+x_n^2p_n)-2m(x_1p_1+x_2p_2+\cdots+x_np_n)+m^2(p_1+p_2+\cdots+p_n)$$
$$=(x_1^2p_1+x_2^2p_2+\cdots+x_n^2p_n)-2m^2+m^2 \quad ◀ x_1p_1+x_2p_2+\cdots+x_np_n=m,\ p_1+p_2+\cdots+p_n=1$$
$$=(x_1^2p_1+x_2^2p_2+\cdots+x_n^2p_n)-m^2$$
$$=\mathrm{E}(X^2)-\{\mathrm{E}(X)\}^2$$

개념 Check

정답과 해설 34쪽

1 확률변수 X에 대하여 $\mathrm{E}(X)=2$, $\mathrm{E}(X^2)=13$일 때, 다음을 구하시오.

(1) $\mathrm{V}(X)$ (2) $\sigma(X)$

2 확률변수 X의 확률분포를 표로 나타내면 오른쪽과 같을 때, 다음을 구하시오.

X	1	2	3	4	합계
$\mathrm{P}(X=x)$	$\frac{3}{8}$	$\frac{3}{8}$	$\frac{1}{8}$	$\frac{1}{8}$	1

(1) $\mathrm{E}(X)$ (2) $\mathrm{E}(X^2)$

(3) $\mathrm{V}(X)$ (4) $\sigma(X)$

필수 예제 03

이산확률변수의 평균, 분산, 표준편차 - 확률분포가 주어진 경우

유형편 35쪽

확률변수 X의 확률분포를 표로 나타내면 오른쪽과 같다. X의 평균이 2일 때, 다음을 구하시오. (단, a, b는 상수)

X	1	2	3	합계
$P(X=x)$	$\frac{2}{5}$	a	b	1

(1) a, b의 값 (2) X의 분산

공략 Point

확률변수 X의 확률질량함수가 $P(X=x_i)=p_i$일 때,
$E(X)=x_1p_1+x_2p_2+\cdots+x_np_n$
$V(X)=E(X^2)-\{E(X)\}^2$
$\sigma(X)=\sqrt{V(X)}$

풀이

(1) 확률의 총합은 1이므로 $\frac{2}{5}+a+b=1$

$\therefore a+b=\frac{3}{5}$ …… ㉠

$E(X)=2$이므로 $1\times\frac{2}{5}+2\times a+3\times b=2$

$\therefore 2a+3b=\frac{8}{5}$ …… ㉡

㉠, ㉡을 연립하여 풀면 $\boldsymbol{a=\frac{1}{5}}$, $\boldsymbol{b=\frac{2}{5}}$

(2) X^2의 평균은 $E(X^2)=1^2\times\frac{2}{5}+2^2\times\frac{1}{5}+3^2\times\frac{2}{5}=\frac{24}{5}$

따라서 X의 분산은 $V(X)=E(X^2)-\{E(X)\}^2$

$=\frac{24}{5}-2^2=\boldsymbol{\frac{4}{5}}$

문제

정답과 해설 34쪽

03-1 확률변수 X의 확률분포를 표로 나타내면 오른쪽과 같다. X의 평균이 $-\frac{1}{2}$일 때, 다음을 구하시오. (단, a, b는 상수)

X	$-a$	0	a	합계
$P(X=x)$	$\frac{1}{2}$	b	$\frac{1}{4}$	1

(1) a, b의 값 (2) X의 표준편차

03-2 확률변수 X의 확률질량함수가 $P(X=x)=\frac{4-x}{a}$ $(x=0,\ 1,\ 2,\ 3)$일 때, X의 분산을 구하시오. (단, a는 상수)

필수 예제 04

이산확률변수의 평균, 분산, 표준편차 - 확률분포가 주어지지 않은 경우

유형편 36쪽

파란 공 2개와 노란 공 3개가 들어 있는 주머니에서 임의로 2개의 공을 동시에 꺼낼 때, 나오는 파란 공의 개수를 확률변수 X라 하자. 이때 X의 표준편차를 구하시오.

공략 Point

확률변수 X의 확률분포를 표로 나타낸 후 X의 평균, X^2의 평균, X의 분산, X의 표준편차를 차례대로 구한다.

풀이

확률변수 X가 가질 수 있는 값은 0, 1, 2이고 각각의 확률은	$P(X=0)=\frac{{}_2C_0\times{}_3C_2}{{}_5C_2}=\frac{3}{10}$ $P(X=1)=\frac{{}_2C_1\times{}_3C_1}{{}_5C_2}=\frac{3}{5}$ $P(X=2)=\frac{{}_2C_2\times{}_3C_0}{{}_5C_2}=\frac{1}{10}$
X의 확률분포를 표로 나타내면	(아래 표)
X의 평균은	$E(X)=0\times\frac{3}{10}+1\times\frac{3}{5}+2\times\frac{1}{10}=\frac{4}{5}$
X^2의 평균은	$E(X^2)=0^2\times\frac{3}{10}+1^2\times\frac{3}{5}+2^2\times\frac{1}{10}=1$
X의 분산은	$V(X)=E(X^2)-\{E(X)\}^2=1-\left(\frac{4}{5}\right)^2=\frac{9}{25}$
따라서 X의 표준편차는	$\sigma(X)=\sqrt{V(X)}=\sqrt{\frac{9}{25}}=\mathbf{\frac{3}{5}}$

X	0	1	2	합계
$P(X=x)$	$\frac{3}{10}$	$\frac{3}{5}$	$\frac{1}{10}$	1

문제

정답과 해설 34쪽

04-**1** 진열대에 전시된 10대의 디지털 카메라 중에서 3대는 불량품이라 한다. 10대의 카메라 중에서 임의로 2대의 카메라를 동시에 택할 때, 택한 카메라 중 불량품의 개수를 확률변수 X라 하자. 이때 X의 분산을 구하시오.

04-**2** 서로 다른 두 개의 주사위를 동시에 던질 때, 3의 배수의 눈이 나오는 주사위의 개수를 확률변수 X라 하자. 이때 X의 표준편차를 구하시오.

3 이산확률변수 $aX+b$의 평균, 분산, 표준편차

❶ 이산확률변수 $aX+b$의 평균, 분산, 표준편차

이산확률변수 X와 상수 a, $b\,(a\neq0)$에 대하여 다음이 성립한다.

(1) 평균: $\mathrm{E}(aX+b)=a\mathrm{E}(X)+b$
(2) 분산: $\mathrm{V}(aX+b)=a^2\mathrm{V}(X)$
(3) 표준편차: $\sigma(aX+b)=|a|\sigma(X)$

참고 위의 성질은 이산확률변수뿐만 아니라 모든 확률변수에 대하여 성립한다.

예 $\mathrm{E}(X)=3$, $\mathrm{V}(X)=2$일 때, 확률변수 $Y=2X+3$의 평균, 분산, 표준편차는
$\mathrm{E}(Y)=\mathrm{E}(2X+3)=2\mathrm{E}(X)+3=2\times3+3=9$
$\mathrm{V}(Y)=\mathrm{V}(2X+3)=2^2\mathrm{V}(X)=4\times2=8$
$\sigma(Y)=\sigma(2X+3)=|2|\sigma(X)=2\sqrt{\mathrm{V}(X)}=2\sqrt{2}$

개념 Plus

이산확률변수 $aX+b$의 평균, 분산, 표준편차

이산확률변수 X의 확률분포를 표로 나타내면 오른쪽과 같을 때, $Y=aX+b$(a, b는 상수, $a\neq0$)라 하면 확률변수 Y가 가질 수 있는 값은

X	x_1	x_2	$\cdots$	x_n	합계
$\mathrm{P}(X=x_i)$	p_1	p_2	$\cdots$	p_n	1

$ax_1+b,\ ax_2+b,\ \cdots,\ ax_n+b$

이고, 각 값을 가질 확률은 $\mathrm{P}(Y=ax_i+b)=\mathrm{P}(X=x_i)=p_i\ (i=1,\ 2,\ \cdots,\ n)$이다.
즉, 확률변수 Y의 확률분포를 표로 나타내면 다음과 같다.

Y	ax_1+b	ax_2+b	$\cdots$	ax_n+b	합계
$\mathrm{P}(Y=ax_i+b)$	p_1	p_2	$\cdots$	p_n	1

따라서 확률변수 Y의 평균, 분산, 표준편차는 다음과 같다.

(1) $\mathrm{E}(Y)=\mathrm{E}(aX+b)=(ax_1+b)p_1+(ax_2+b)p_2+\cdots+(ax_n+b)p_n$
$=a(x_1p_1+x_2p_2+\cdots+x_np_n)+b(p_1+p_2+\cdots+p_n)=a\mathrm{E}(X)+b$ ◀ $p_1+p_2+\cdots+p_n=1$

(2) $\mathrm{V}(Y)=\mathrm{V}(aX+b)$
$=[(ax_1+b)-\{a\mathrm{E}(X)+b\}]^2p_1+[(ax_2+b)-\{a\mathrm{E}(X)+b\}]^2p_2$
$+\cdots+[(ax_n+b)-\{a\mathrm{E}(X)+b\}]^2p_n$
$=a^2[\{x_1-\mathrm{E}(X)\}^2p_1+\{x_2-\mathrm{E}(X)\}^2p_2+\cdots+\{x_n-\mathrm{E}(X)\}^2p_n]=a^2\mathrm{V}(X)$

(3) $\sigma(Y)=\sqrt{\mathrm{V}(Y)}=\sqrt{a^2\mathrm{V}(X)}=|a|\sigma(X)$

개념 Check

정답과 해설 35쪽

1 확률변수 X의 평균이 5, 분산이 9일 때, 다음 확률변수의 평균, 분산, 표준편차를 구하시오.

(1) $2X$ (2) $3X-4$

필수 예제 05

이산확률변수 $aX+b$의 평균, 분산, 표준편차 - 평균과 분산이 주어진 경우

유형편 37쪽

평균이 3, 분산이 4인 확률변수 X에 대하여 확률변수 $Y=aX+b$의 평균이 7, 분산이 64이다. 이때 상수 a, b에 대하여 ab의 값을 구하시오. (단, $a>0$)

공략 Point

- $\mathrm{E}(aX+b)=a\mathrm{E}(X)+b$
- $\mathrm{V}(aX+b)=a^2\mathrm{V}(X)$
- $\sigma(aX+b)=|a|\sigma(X)$

풀이

$\mathrm{E}(Y)=7$에서	$\mathrm{E}(aX+b)=7$ $a\mathrm{E}(X)+b=7$
이때 $\mathrm{E}(X)=3$이므로	$3a+b=7$ ······ ㉠
$\mathrm{V}(Y)=64$에서	$\mathrm{V}(aX+b)=64$ $a^2\mathrm{V}(X)=64$
이때 $\mathrm{V}(X)=4$이므로	$4a^2=64$, $a^2=16$ $\therefore a=4$ ($\because a>0$)
$a=4$를 ㉠에 대입하면	$12+b=7$ $\therefore b=-5$
따라서 구하는 값은	$ab=4\times(-5)=$ **-20**

문제

정답과 해설 35쪽

05-**1** 확률변수 X에 대하여 $\mathrm{E}(X)=5$, $\mathrm{E}(X^2)=27$일 때, $\mathrm{V}(-4X+5)$를 구하시오.

05-**2** 확률변수 X에 대하여 확률변수 $Y=5X+3$의 평균이 -2, 분산이 100일 때, $\mathrm{E}(X)+\sigma(X)$의 값을 구하시오.

05-**3** 평균이 1, 분산이 4인 확률변수 X에 대하여 확률변수 $Y=aX+b$의 평균이 30, 분산이 1600이다. 이때 상수 a, b에 대하여 $b-a$의 값을 구하시오. (단, $a<0$)

필수 예제 06

이산확률변수 $aX+b$의 평균, 분산, 표준편차 - 확률분포가 주어진 경우

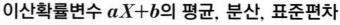

유형편 37쪽

확률변수 X의 확률분포를 표로 나타내면 오른쪽과 같을 때, 확률변수 $Y=6X+2$의 평균, 분산, 표준편차를 구하시오. (단, a는 상수)

X	0	1	2	3	합계
$P(X=x)$	a	$\frac{1}{6}$	a	$\frac{1}{6}$	1

공략 Point

주어진 확률변수 X의 확률분포를 이용하여 X의 평균, 분산, 표준편차를 먼저 구한 후 $aX+b$의 평균, 분산, 표준편차를 구한다.

풀이

확률의 총합은 1이므로	$a+\frac{1}{6}+a+\frac{1}{6}=1 \quad \therefore a=\frac{1}{3}$
X의 평균은	$E(X)=0\times\frac{1}{3}+1\times\frac{1}{6}+2\times\frac{1}{3}+3\times\frac{1}{6}=\frac{4}{3}$
X^2의 평균은	$E(X^2)=0^2\times\frac{1}{3}+1^2\times\frac{1}{6}+2^2\times\frac{1}{3}+3^2\times\frac{1}{6}=3$
X의 분산은	$V(X)=E(X^2)-\{E(X)\}^2=3-\left(\frac{4}{3}\right)^2=\frac{11}{9}$
X의 표준편차는	$\sigma(X)=\sqrt{V(X)}=\sqrt{\frac{11}{9}}=\frac{\sqrt{11}}{3}$
따라서 $Y=6X+2$의 평균, 분산, 표준편차는	$E(Y)=E(6X+2)=6E(X)+2=6\times\frac{4}{3}+2=\mathbf{10}$ $V(Y)=V(6X+2)=6^2V(X)=36\times\frac{11}{9}=\mathbf{44}$ $\sigma(Y)=\sigma(6X+2)=\lvert 6\rvert\sigma(X)=6\times\frac{\sqrt{11}}{3}=\mathbf{2\sqrt{11}}$

문제

정답과 해설 35쪽

06-1 확률변수 X의 확률분포를 표로 나타내면 오른쪽과 같을 때, 확률변수 $Y=2X+1$의 평균, 분산, 표준편차를 구하시오. (단, a는 상수)

X	-2	0	1	4	합계
$P(X=x)$	a	$\frac{1}{8}$	$2a$	$\frac{1}{8}$	1

06-2 확률변수 X의 확률질량함수가 $P(X=x)=k(x-1)\ (x=2,\ 3,\ 4,\ 5)$일 때, $E(-5X+7)$을 구하시오. (단, k는 상수)

필수 예제 07 이산확률변수 $aX+b$의 평균, 분산, 표준편차 - 확률분포가 주어지지 않은 경우

유형편 38쪽

빨간 공 3개, 파란 공 1개, 노란 공 2개가 들어 있는 주머니에서 임의로 3개의 공을 동시에 꺼낼 때, 나오는 노란 공의 개수를 확률변수 X라 하자. 이때 확률변수 $Y=5X-4$의 평균, 분산, 표준편차를 구하시오.

공략 Point

확률변수 X의 확률분포를 표로 나타내어 X의 평균, 분산, 표준편차를 구한 후 $aX+b$의 평균, 분산, 표준편차를 구한다.

풀이

확률변수 X가 가질 수 있는 값은 0, 1, 2이고 각각의 확률은

$P(X=0)=\frac{{}_2C_0\times{}_4C_3}{{}_6C_3}=\frac{1}{5}$, $P(X=1)=\frac{{}_2C_1\times{}_4C_2}{{}_6C_3}=\frac{3}{5}$, $P(X=2)=\frac{{}_2C_2\times{}_4C_1}{{}_6C_3}=\frac{1}{5}$

X의 확률분포를 표로 나타내면

X	0	1	2	합계
$P(X=x)$	$\frac{1}{5}$	$\frac{3}{5}$	$\frac{1}{5}$	1

X의 평균은

$E(X)=0\times\frac{1}{5}+1\times\frac{3}{5}+2\times\frac{1}{5}=1$

X^2의 평균은

$E(X^2)=0^2\times\frac{1}{5}+1^2\times\frac{3}{5}+2^2\times\frac{1}{5}=\frac{7}{5}$

X의 분산은

$V(X)=E(X^2)-\{E(X)\}^2=\frac{7}{5}-1^2=\frac{2}{5}$

X의 표준편차는

$\sigma(X)=\sqrt{V(X)}=\sqrt{\frac{2}{5}}=\frac{\sqrt{10}}{5}$

따라서 $Y=5X-4$의 평균, 분산, 표준편차는

$E(Y)=E(5X-4)=5E(X)-4=5\times1-4=\mathbf{1}$

$V(Y)=V(5X-4)=5^2V(X)=25\times\frac{2}{5}=\mathbf{10}$

$\sigma(Y)=\sigma(5X-4)=|5|\sigma(X)=5\times\frac{\sqrt{10}}{5}=\mathbf{\sqrt{10}}$

문제

정답과 해설 36쪽

07-1 불량품 2개를 포함하여 4개의 제품이 들어 있는 상자에서 임의로 2개의 제품을 동시에 꺼낼 때, 꺼낸 제품 중 불량품의 개수를 확률변수 X라 하자. 이때 확률변수 $Y=3X+5$의 평균과 분산을 구하시오.

07-2 한 개의 주사위를 던져서 나오는 눈의 수를 4로 나누었을 때의 나머지를 확률변수 X라 하자. 이때 $V(-2X+4)$를 구하시오.

4 이항분포

❶ 이항분포

한 번의 시행에서 사건 A가 일어날 확률이 p로 일정할 때, n번의 독립시행에서 사건 A가 일어나는 횟수를 확률변수 X라 하면 X의 확률질량함수는

$$\mathrm{P}(X=x)={}_n\mathrm{C}_x\, p^x q^{n-x}\ (x=0,\ 1,\ 2,\ \cdots,\ n,\ q=1-p)$$

따라서 X의 확률분포를 표로 나타내면 다음과 같다.

X	0	1	2	$\cdots$	n	합계
$\mathrm{P}(X=x)$	${}_n\mathrm{C}_0\, q^n$	${}_n\mathrm{C}_1\, p^1q^{n-1}$	${}_n\mathrm{C}_2\, p^2q^{n-2}$	$\cdots$	${}_n\mathrm{C}_n\, p^n$	1

이와 같은 확률변수 X의 확률분포를 **이항분포**라 하고, 기호로

$$\mathbf{B}(\boldsymbol{n},\ \boldsymbol{p})$$

와 같이 나타낸다.

이때 확률변수 X는 이항분포 $\mathrm{B}(n,\ p)$를 따른다고 한다.

위의 표에서 각 확률은 $(q+p)^n$을 이항정리를 이용하여 전개한 식

$$(q+p)^n={}_n\mathrm{C}_0\, q^n+{}_n\mathrm{C}_1\, p^1q^{n-1}+{}_n\mathrm{C}_2\, p^2q^{n-2}+\cdots+{}_n\mathrm{C}_n\, p^n$$

의 각 항과 같다.

이때 $p+q=1$이므로 ${}_n\mathrm{C}_0\, q^n+{}_n\mathrm{C}_1\, p^1q^{n-1}+{}_n\mathrm{C}_2\, p^2q^{n-2}+\cdots+{}_n\mathrm{C}_n\, p^n=1$이다.

예 한 개의 주사위를 3번 던질 때, 3의 배수의 눈이 나오는 횟수를 확률변수 X라 하면 X가 가질 수 있는 값은 0, 1, 2, 3이고, X의 확률질량함수는

$$\mathrm{P}(X=x)={}_3\mathrm{C}_x\left(\frac{1}{3}\right)^x\left(\frac{2}{3}\right)^{3-x}\ (x=0,\ 1,\ 2,\ 3)$$

이때 X의 확률분포를 표로 나타내면 다음과 같다.

X	0	1	2	3	합계
$\mathrm{P}(X=x)$	${}_3\mathrm{C}_0\left(\frac{2}{3}\right)^3$	${}_3\mathrm{C}_1\left(\frac{1}{3}\right)^1\left(\frac{2}{3}\right)^2$	${}_3\mathrm{C}_2\left(\frac{1}{3}\right)^2\left(\frac{2}{3}\right)^1$	${}_3\mathrm{C}_3\left(\frac{1}{3}\right)^3$	1

이와 같은 확률변수 X의 확률분포는 이항분포이고, 한 번의 시행에서 3의 배수의 눈이 나올 확률은 $\frac{1}{3}$이므로 X는 이항분포 $\mathrm{B}\left(3,\ \frac{1}{3}\right)$을 따른다.

참고 $\mathrm{B}(n,\ p)$의 B는 이항분포를 뜻하는 Binomial distribution의 첫 글자이다.

❷ 이항분포의 평균, 분산, 표준편차

확률변수 X가 이항분포 $\mathrm{B}(n,\ p)$를 따를 때 (단, $q=1-p$)

(1) 평균: $\mathrm{E}(X)=np$

(2) 분산: $\mathrm{V}(X)=npq$

(3) 표준편차: $\sigma(X)=\sqrt{npq}$

예 확률변수 X가 이항분포 $\mathrm{B}\left(10,\ \frac{1}{2}\right)$을 따를 때, X의 평균, 분산, 표준편차는

$$\mathrm{E}(X)=10\times\frac{1}{2}=5,\ \mathrm{V}(X)=10\times\frac{1}{2}\times\frac{1}{2}=\frac{5}{2},\ \sigma(X)=\sqrt{\frac{5}{2}}=\frac{\sqrt{10}}{2}$$

❸ 큰수의 법칙

어떤 시행에서 사건 A가 일어날 수학적 확률이 p이고, n번의 독립시행에서 사건 A가 일어나는 횟수를 확률변수 X라 할 때, 임의의 작은 양수 h에 대하여 n이 한없이 커질수록 확률 $\mathrm{P}\left(\left|\frac{X}{n}-p\right|<h\right)$는 1에 가까워진다.

이를 **큰수의 법칙**이라 한다.

참고 큰수의 법칙은 시행 횟수 n을 크게 할수록 상대도수, 즉 통계적 확률 $\frac{X}{n}$가 수학적 확률 p에 점점 가까워짐을 의미한다. 따라서 사회 현상이나 자연 현상과 같이 수학적 확률을 구하기 어려운 경우에는 큰수의 법칙에 의하여 통계적 확률을 사용한다.

개념 Plus

이항분포의 평균, 분산, 표준편차

확률변수 X가 이항분포 $\mathrm{B}(3, p)$를 따를 때, X의 확률분포를 표로 나타내면 다음과 같다. (단, $q=1-p$)

X	0	1	2	3	합계
$\mathrm{P}(X=x)$	q^3	$3pq^2$	$3p^2q$	p^3	1

이때 확률변수 X의 평균, 분산, 표준편차는 다음과 같다.

$$\begin{aligned}\mathrm{E}(X)&=0\times q^3+1\times 3pq^2+2\times 3p^2q+3\times p^3\\&=3p(p^2+2pq+q^2)\\&=3p(p+q)^2 \quad ◀\ p+q=1\\&=3p\end{aligned}$$

$$\begin{aligned}\mathrm{V}(X)&=(0^2\times q^3+1^2\times 3pq^2+2^2\times 3p^2q+3^2\times p^3)-(3p)^2 \quad ◀\ \mathrm{V}(X)=\mathrm{E}(X^2)-\{\mathrm{E}(X)\}^2\\&=3p(3p^2+4pq+q^2)-9p^2\\&=3p(p+q)(3p+q)-9p^2 \quad ◀\ p+q=1\\&=3p(3p+q)-9p^2=3pq\end{aligned}$$

$$\sigma(X)=\sqrt{\mathrm{V}(X)}=\sqrt{3pq}$$

따라서 확률변수 X가 이항분포 $\mathrm{B}(3, p)$를 따를 때,

$\mathrm{E}(X)=3p$, $\mathrm{V}(X)=3pq$, $\sigma(X)=\sqrt{3pq}$ (단, $q=1-p$)

이므로 $\mathrm{B}(3, p)$를 $\mathrm{B}(n, p)$로 생각하면

$\mathrm{E}(X)=np$, $\mathrm{V}(X)=npq$, $\sigma(X)=\sqrt{npq}$ (단, $q=1-p$)

큰수의 법칙

한 개의 주사위를 n번 던지는 독립시행에서 1의 눈이 나오는 횟수를 확률변수 X라 하면 주사위를 한 번 던져서 1의 눈이 나올 확률은 $\frac{1}{6}$이므로 X는 이항분포 $\mathrm{B}\left(n, \frac{1}{6}\right)$을 따른다.

이는 실제로 주사위를 6번 던질 때, 1의 눈이 반드시 1번 나온다는 뜻은 아니다. 그러나 주사위를 여러 번 던지면 1의 눈이 나오는 상대도수는 $\frac{1}{6}$에 가까워질 것으로 추측할 수 있다.

한 개의 주사위를 던지는 시행 횟수 n이 커질수록 1의 눈이 X번 나오는 상대도수 $\frac{X}{n}$가 수학적 확률 $\frac{1}{6}$에 얼마나 가까워지는지 알아보자.

이항분포 $\mathrm{B}\left(n, \frac{1}{6}\right)$을 따르는 확률변수 X의 확률질량함수는

$$\mathrm{P}(X=x)={}_n\mathrm{C}_x\left(\frac{1}{6}\right)^x\left(\frac{5}{6}\right)^{n-x} \quad (x=0, 1, 2, \cdots, n)$$

$n=10$, 30, 50일 때, X의 확률분포를 표로 나타내면 오른쪽과 같다.

이때 상대도수 $\frac{X}{n}$와 수학적 확률 $\frac{1}{6}$의 차가 0.1보다 작을 확률은

$$\mathrm{P}\left(\left|\frac{X}{n}-\frac{1}{6}\right|<0.1\right)=\mathrm{P}\left(\frac{1}{6}-0.1<\frac{X}{n}<\frac{1}{6}+0.1\right)$$
$$=\mathrm{P}\left(\frac{n}{15}<X<\frac{4n}{15}\right)$$

(i) $n=10$일 때,

$$\mathrm{P}\left(\left|\frac{X}{10}-\frac{1}{6}\right|<0.1\right)=\mathrm{P}(0.66\cdots<X<2.66\cdots)$$
$$=\mathrm{P}(X=1)+\mathrm{P}(X=2)=0.614$$

(ii) $n=30$일 때,

$$\mathrm{P}\left(\left|\frac{X}{30}-\frac{1}{6}\right|<0.1\right)=\mathrm{P}(2<X<8)$$
$$=\mathrm{P}(X=3)+\mathrm{P}(X=4)+\cdots+\mathrm{P}(X=7)$$
$$=0.784$$

(iii) $n=50$일 때,

$$\mathrm{P}\left(\left|\frac{X}{50}-\frac{1}{6}\right|<0.1\right)=\mathrm{P}(3.33\cdots<X<13.33\cdots)$$
$$=\mathrm{P}(X=4)+\mathrm{P}(X=5)+\cdots+\mathrm{P}(X=13)=0.946$$

X \ n	10	30	50
0	0.162	0.004	0.000
1	0.323	0.025	0.001
2	0.291	0.073	0.005
3	0.155	0.137	0.017
4	0.054	0.185	0.040
5	0.013	0.192	0.075
6	0.002	0.160	0.112
7	0.000	0.110	0.140
8		0.063	0.151
9		0.031	0.141
10		0.013	0.116
11		0.005	0.084
12		0.001	0.055
13		0.000	0.032
14			0.017

(i), (ii), (iii)에서 시행 횟수 n이 커짐에 따라 확률 $\mathrm{P}\left(\left|\frac{X}{n}-\frac{1}{6}\right|<0.1\right)$은 점점 1에 가까워진다.

따라서 시행 횟수 n이 커질수록 상대도수 $\frac{X}{n}$는 점점 수학적 확률 $\frac{1}{6}$에 가까워짐을 알 수 있다.

개념 Check

정답과 해설 36쪽

1 다음과 같은 확률변수 X가 이항분포를 따르는지 확인하고, 이항분포를 따르면 $\mathrm{B}(n, p)$ 꼴로 나타내시오.

(1) 3점 슛 성공률이 0.4인 농구 선수가 3점 슛을 10번 던져서 성공하는 횟수 X

(2) 흰 공 3개와 검은 공 5개가 들어 있는 주머니에서 임의로 3개의 공을 차례대로 꺼낼 때, 나오는 흰 공의 개수 X (단, 꺼낸 공은 다시 넣지 않는다.)

2 확률변수 X가 이항분포 $\mathrm{B}\left(6, \frac{1}{3}\right)$을 따를 때, 다음을 구하시오.

(1) X의 확률질량함수　　(2) $\mathrm{P}(X=4)$

3 확률변수 X가 다음과 같은 이항분포를 따를 때, X의 평균, 분산, 표준편차를 구하시오.

(1) $\mathrm{B}\left(360, \frac{1}{2}\right)$　　(2) $\mathrm{B}\left(48, \frac{1}{4}\right)$

필수 예제 08

이항분포에서의 확률

유형편 38쪽

어떤 주사를 맞은 환자가 완치될 확률은 $\frac{1}{3}$이라 한다. 이 주사를 맞은 5명의 환자 중에서 완치되는 환자의 수를 확률변수 X라 할 때, 다음 물음에 답하시오.

(1) X의 확률분포를 이항분포 $\mathrm{B}(n, p)$ 꼴로 나타내시오.
(2) X의 확률질량함수를 구하시오.
(3) 4명 이상의 환자가 완치될 확률을 구하시오.

공략 Point

확률변수 X가 이항분포 $\mathrm{B}(n, p)$를 따르면
$\mathrm{P}(X=x)={}_n\mathrm{C}_x p^x(1-p)^{n-x}$
$(x=0, 1, \cdots, n)$

풀이

(1) 5명의 환자가 주사를 맞으므로 5회의 독립시행이다. 또 한 명의 환자가 완치될 확률이 $\frac{1}{3}$이므로	$\mathbf{B}\left(5, \frac{1}{3}\right)$
(2) X의 확률질량함수는	$\mathrm{P}(X=x)={}_5\mathrm{C}_x\left(\frac{1}{3}\right)^x\left(\frac{2}{3}\right)^{5-x}$ $(x=0, 1, 2, 3, 4, 5)$
(3) 구하는 확률은	$\mathrm{P}(X\ge 4)=\mathrm{P}(X=4)+\mathrm{P}(X=5)$ $={}_5\mathrm{C}_4\left(\frac{1}{3}\right)^4\left(\frac{2}{3}\right)^1+{}_5\mathrm{C}_5\left(\frac{1}{3}\right)^5\left(\frac{2}{3}\right)^0$ $=\frac{10}{243}+\frac{1}{243}=\mathbf{\frac{11}{243}}$

문제

정답과 해설 36쪽

08-1 어떤 기계에서 생산되는 제품의 10 %가 불량품이라 한다. 이 기계에서 생산되는 제품 중에서 임의로 10개의 제품을 조사할 때, 조사한 제품 중 불량품의 개수를 확률변수 X라 하자. 다음 물음에 답하시오.

(1) X의 확률분포를 이항분포 $\mathrm{B}(n, p)$ 꼴로 나타내시오.
(2) X의 확률질량함수를 구하시오.
(3) 불량품이 9개 이상일 확률이 $\frac{a}{10^{10}}$일 때, 상수 a의 값을 구하시오.

08-2 한 번의 타석에서 안타를 칠 확률이 $\frac{1}{5}$인 야구 선수가 4번의 타석에서 안타를 적어도 2번 칠 확률을 구하시오.

필수 예제 09

이항분포의 평균, 분산, 표준편차 - 이항분포가 주어진 경우

유형편 39쪽

이항분포 $B(16,\ p)$를 따르는 확률변수 X에 대하여 $E(X)=4$일 때, 다음을 구하시오.

(1) $V(X)$ (2) $E(X^2)$

공략 Point

확률변수 X가 이항분포 $B(n,\ p)$를 따를 때,

$E(X)=np$

$V(X)=np(1-p)$

$\sigma(X)=\sqrt{np(1-p)}$

풀이

(1) $E(X)=4$에서 $16p=4 \quad \therefore p=\frac{1}{4}$

따라서 확률변수 X는 이항분포 $B\left(16,\ \frac{1}{4}\right)$을 따르므로 X의 분산은

$V(X)=16\times\frac{1}{4}\times\frac{3}{4}=\mathbf{3}$

(2) $V(X)=E(X^2)-\{E(X)\}^2$이므로

$E(X^2)=V(X)+\{E(X)\}^2$
$=3+4^2=\mathbf{19}$

문제

정답과 해설 37쪽

09-1 이항분포 $B\left(n,\ \frac{1}{3}\right)$을 따르는 확률변수 X에 대하여 $E(X)=2$일 때, 다음을 구하시오.

(1) $V(X)$ (2) $E(X^2)$

09-2 확률변수 X의 확률질량함수가 $P(X=x)={}_{25}C_x\left(\frac{4}{5}\right)^x\left(\frac{1}{5}\right)^{25-x}$ $(x=0,\ 1,\ 2,\ \cdots,\ 25)$일 때, X의 평균과 표준편차를 구하시오.

09-3 이항분포 $B(n,\ p)$를 따르는 확률변수 X의 평균이 48, 분산이 12일 때, $n,\ p$의 값을 구하시오.

09-4 이항분포 $B\left(n,\ \frac{1}{2}\right)$을 따르는 확률변수 X의 분산이 3일 때, $P(X^2-5X+4<0)$을 구하시오.

필수 예제 10 이항분포의 평균, 분산, 표준편차 - 이항분포가 주어지지 않은 경우

유형편 39쪽

흰 공 6개와 검은 공 3개가 들어 있는 주머니에서 임의로 한 개의 공을 꺼내어 색을 확인한 후 주머니에 다시 넣는 시행을 180회 반복할 때, 흰 공이 나오는 횟수를 확률변수 X라 하자. 이때 X의 평균과 분산을 구하시오.

공략 Point

확률변수 X가 따르는 이항분포를 먼저 구하고, 이를 이용하여 X의 평균, 분산, 표준편차를 구한다.

풀이

한 개의 공을 꺼내어 색을 확인한 후 다시 넣는 시행을 180회 반복하므로 180회의 독립시행이다. 또 한 개의 공을 꺼낼 때 흰 공이 나올 확률은 $\frac{6}{9}=\frac{2}{3}$이므로	확률변수 X는 이항분포 $\mathrm{B}\left(180,\ \frac{2}{3}\right)$를 따른다.
따라서 X의 평균과 분산은	$\mathrm{E}(X)=180\times\frac{2}{3}=\mathbf{120}$ $\mathrm{V}(X)=180\times\frac{2}{3}\times\frac{1}{3}=\mathbf{40}$

문제

정답과 해설 37쪽

10-1 다음과 같은 확률변수 X의 평균과 표준편차를 구하시오.

(1) 전화를 걸면 3번에 1번꼴로 통화가 연결되지 않는 휴대 전화로 18번 전화를 걸 때, 통화가 연결되지 않는 횟수 X

(2) 발아율이 10 %인 씨앗 10000개를 뿌릴 때, 발아하는 씨앗의 개수 X

10-2 한 개의 주사위를 n번 던지는 시행에서 2의 눈이 나오는 횟수를 확률변수 X라 하자. $\mathrm{E}(X)=12$일 때, $\mathrm{E}(X^2)$을 구하시오.

10-3 불량인 전구 4개를 포함하여 6개의 전구가 들어 있는 상자에서 임의로 두 개의 전구를 꺼내어 확인한 후 상자에 다시 넣는 시행을 50회 반복할 때, 모두 불량인 전구가 나오는 횟수를 확률변수 X라 하자. 이때 확률변수 $Y=3X-1$의 평균과 분산을 구하시오.

연습문제

1 확률변수 X의 확률질량함수가

$$f(x)=\begin{cases} 2ax & (x=1,\ 2) \\ a(6-x) & (x=3,\ 4) \end{cases}$$

일 때, 상수 a의 값을 구하시오.

2 확률변수 X의 확률분포를 표로 나타내면 다음과 같을 때, $\mathrm{P}(X^2-1\le 0)$을 구하시오.

(단, a, b는 상수)

X	-2	-1	0	1	2	합계
$\mathrm{P}(X=x)$	$\frac{1}{10}$	a	$\frac{1}{5}$	b	$\frac{3}{10}$	1

3 각 면에 1, 2, 3, 4의 숫자가 각각 하나씩 적힌 정사면체를 2번 던질 때, 바닥에 닿는 면에 적힌 수의 합을 확률변수 X라 하자. 이때 $\mathrm{P}(X\ge a)=\frac{3}{8}$을 만족시키는 자연수 a의 값을 구하시오.

4 확률변수 X의 확률분포를 표로 나타내면 다음과 같다. $\mathrm{P}(3\le X\le 7)=\frac{3}{5}$일 때, $\mathrm{E}(X)$를 구하시오.

X	1	3	5	7	합계
$\mathrm{P}(X=x)$	$\frac{5-a}{10}$	$\frac{3}{10}$	$\frac{a+1}{10}$	$\frac{1}{10}$	1

5 확률변수 X의 확률분포를 표로 나타내면 다음과 같을 때, X의 분산이 최대가 되도록 하는 상수 a의 값을 구하시오. (단, b는 상수)

X	0	3	4	합계
$\mathrm{P}(X=x)$	a	$\frac{1}{3}$	b	1

6 1부터 5까지의 자연수가 각각 하나씩 적힌 5개의 공이 들어 있는 상자에서 임의로 3개의 공을 동시에 꺼낼 때, 홀수가 적힌 공이 나오는 개수를 확률변수 X라 하자. 이때 X의 표준편차는?

① $\frac{3}{5}$　② $\frac{3\sqrt{2}}{5}$　③ 1
④ $\frac{3\sqrt{5}}{5}$　⑤ $\frac{9}{5}$

7 1부터 8까지의 자연수가 각각 하나씩 적힌 8장의 카드 중에서 임의로 2장의 카드를 동시에 택할 때, 꺼낸 카드에 적힌 두 수의 차를 확률변수 X라 하자. 이때 X의 평균과 분산의 합을 구하시오.

8 서로 다른 세 개의 동전을 동시에 던질 때, 나오는 앞면의 개수만큼 100원짜리 동전을 상금으로 받기로 하였다. 이때 상금의 기댓값을 구하시오.

9 확률변수 X에 대하여 $E(2X-1)=7$, $\sigma(-2X+4)=6$일 때, $E(X^2)$을 구하시오.

10 어느 과목의 시험 점수를 확률변수 X라 하면 X의 평균이 m점, 표준편차가 σ점일 때, X의 표준점수 T는

$$10\times\frac{X-m}{\sigma}+50$$

이다. 이때 T의 평균, 표준편차를 구하시오.

교육청

11 이산확률변수 X의 확률분포를 표로 나타내면 다음과 같다. $E(X)=-1$일 때, $V(aX)$의 값은?

(단, a는 상수이다.)

X	-3	0	a	합계
$P(X=x)$	$\frac{1}{2}$	$\frac{1}{4}$	$\frac{1}{4}$	1

① 12 ② 15 ③ 18
④ 21 ⑤ 24

12 확률변수 X의 확률질량함수가

$$P(X=x)=\frac{x+3}{10}\ (x=-2,\ -1,\ 0,\ 1)$$

일 때, 확률변수 $Y=aX+b$의 평균은 2, 분산은 6이다. 이때 상수 a, b에 대하여 a^2+b^2의 값을 구하시오.

13 1부터 5까지의 자연수가 각각 하나씩 적힌 5장의 카드 중에서 임의로 3장의 카드를 동시에 뽑을 때, 뽑은 카드에 적힌 수 중 가장 작은 수를 확률변수 X라 하자. 이때 $\sigma(-10X+3)$을 구하시오.

14 이항분포 $B\left(8,\ \frac{1}{2}\right)$을 따르는 확률변수 X에 대하여 $P(X^2-8X+7>0)$은?

① $\frac{1}{256}$ ② $\frac{1}{128}$ ③ $\frac{5}{128}$
④ $\frac{9}{128}$ ⑤ $\frac{1}{8}$

15 ○, ×로 답할 수 있는 10개의 문제에 임의로 답할 때, 2문제 이상 맞힐 확률을 구하시오.

16 확률변수 X의 확률질량함수가

$$P(X=x)={}_{48}C_x\left(\frac{1}{4}\right)^x\left(\frac{3}{4}\right)^{48-x}$$

$(x=0,\ 1,\ 2,\ \cdots,\ 48)$

일 때, $E(X^2)$을 구하시오.

정답과 해설 41쪽

17 한 개의 주사위를 30번 던질 때 6의 눈이 나오는 횟수를 확률변수 X라 하고, 한 개의 동전을 n번 던질 때 앞면이 나오는 횟수를 확률변수 Y라 하자. X의 분산이 Y의 분산보다 작을 때, n의 최솟값을 구하시오.

실력

18 새 건전지 2개와 폐건전지 4개가 들어 있는 상자에서 임의로 한 개의 건전지를 꺼내어 확인하는 시행을 반복할 때, 새 건전지 2개가 나올 때까지의 시행 횟수를 확률변수 X라 하자. 이때 $\mathrm{P}(X>4)$를 구하시오. (단, 확인한 건전지는 상자에 넣지 않는다.)

평가원

19 두 이산확률변수 X와 Y가 가지는 값이 각각 1부터 5까지의 자연수이고

$$\mathrm{P}(Y=k)=\frac{1}{2}\mathrm{P}(X=k)+\frac{1}{10}$$
$$(k=1,\ 2,\ 3,\ 4,\ 5)$$

이다. $\mathrm{E}(X)=4$일 때, $\mathrm{E}(Y)=a$이다. $8a$의 값을 구하시오.

20 어느 유람선은 출발 전 예약 취소율이 0.1이라 한다. 이 유람선의 좌석이 38개이고 예약한 사람이 40명일 때, 좌석이 부족할 확률은?
(단, $0.9^{39}=0.0164$, $0.9^{40}=0.0148$로 계산한다.)

① 0.0312 ② 0.0756 ③ 0.0804
④ 0.0932 ⑤ 0.1276

교육청

21 확률변수 X가 이항분포 $\mathrm{B}(n,\ p)$를 따르고 $\mathrm{E}(3X)=18$, $\mathrm{E}(3X^2)=120$일 때, n의 값을 구하시오.

22 두 사람 A, B가 각각 한 개의 주사위를 동시에 던져 다음과 같은 규칙으로 점수를 얻는다.

> (가) A는 한 개의 주사위를 던져서 소수의 눈이 나오면 3점, 소수가 아닌 눈이 나오면 2점을 얻는다.
> (나) B는 한 개의 주사위를 던져서 3의 배수의 눈이 나오면 4점, 3의 배수가 아닌 눈이 나오면 1점을 얻는다.

이와 같은 시행을 60회 반복한 후, A의 점수를 확률변수 X, B의 점수를 확률변수 Y라 할 때, $\mathrm{V}(X)+\mathrm{V}(Y)$의 값을 구하시오.

1 연속확률변수와 확률밀도함수

① 연속확률변수

어떤 범위에 속하는 모든 실숫값을 갖는 확률변수를 **연속확률변수**라 한다.

참고 물품의 개수, 주사위의 특정한 눈이 나오는 횟수 등과 같이 셀 수 있는 값을 갖는 확률변수는 이산확률변수이고 길이, 시간, 무게 등과 같이 어떤 범위에 속하는 연속적인 실숫값을 갖는 확률변수는 연속확률변수이다.

② 확률밀도함수

$\alpha \le X \le \beta$에서 모든 실숫값을 갖는 연속확률변수 X에 대하여 $\alpha \le x \le \beta$에서 정의된 함수 $f(x)$가 다음을 만족시킬 때, $f(x)$를 연속확률변수 X의 확률밀도함수라 한다.

(1) $f(x) \ge 0$

(2) 함수 $y=f(x)$의 그래프와 x축 및 두 직선 $x=\alpha$, $x=\beta$로 둘러싸인 부분의 넓이는 1이다.

(3) $\mathrm{P}(a \le X \le b)$는 함수 $y=f(x)$의 그래프와 x축 및 두 직선 $x=a$, $x=b$로 둘러싸인 부분의 넓이와 같다. (단, $\alpha \le a \le b \le \beta$)

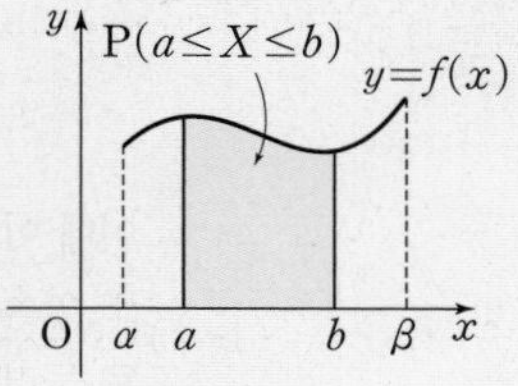

이때 연속확률변수 X는 확률밀도함수가 $f(x)$인 확률분포를 따른다고 한다.

예 함수 $f(x)=-\frac{1}{2}x+1\,(0 \le x \le 2)$에 대하여 $f(x) \ge 0$이고 오른쪽 그림과 같이 $y=f(x)$의 그래프와 x축 및 y축으로 둘러싸인 부분의 넓이가 $\frac{1}{2} \times 2 \times 1=1$이므로 $f(x)$는 확률밀도함수이다.

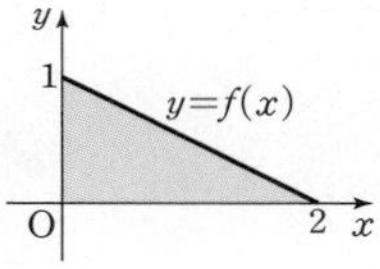

참고 연속확률변수 X가 특정한 값을 가질 확률은 0이다. 즉, $\mathrm{P}(X=x)=0$이므로 다음이 성립한다.

$$\mathrm{P}(a \le X \le b)=\mathrm{P}(a \le X < b)=\mathrm{P}(a < X \le b)=\mathrm{P}(a < X < b)$$

개념 Plus

연속확률변수의 확률분포

어느 고등학교의 100명의 학생이 수학 과제를 하는 데 걸리는 시간을 조사하여 표와 히스토그램, 분포다각형으로 나타내면 다음과 같다.

시간(분)	도수	상대도수	(상대도수)/(계급의 크기)
5이상 ~ 10미만	10	0.1	0.02
10 ~ 15	15	0.15	0.03
15 ~ 20	30	0.3	0.06
20 ~ 25	20	0.2	0.04
25 ~ 30	15	0.15	0.03
30 ~ 35	10	0.1	0.02
합계	100	1	

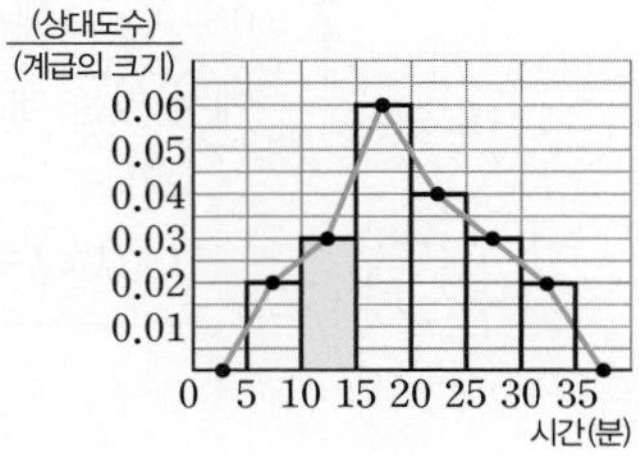

과제를 하는 데 걸리는 시간을 X분이라 하면 확률변수 X가 갖는 값은 5 이상 35 미만의 실숫값이므로 X는 연속확률변수이다. 이때 X가 10 이상 15 미만일 확률은 $\mathrm{P}(10 \le X < 15)=\frac{15}{100}=0.15$

한편 히스토그램에서 색칠한 부분은 가로의 길이가 5, 세로의 길이가 0.03인 직사각형이므로 그 넓이가 0.15이다. 즉, X가 10 이상 15 미만일 확률은 히스토그램의 색칠한 부분의 넓이와 같다.
일반적으로 히스토그램의 각 직사각형의 넓이는

$$(\text{직사각형의 넓이})=(\text{계급의 크기})\times\frac{(\text{상대도수})}{(\text{계급의 크기})}=(\text{상대도수})$$

이므로 직사각형의 넓이의 합은 상대도수의 합과 같다.
따라서 분포다각형과 가로축으로 둘러싸인 부분의 넓이는 1이다.
이때 조사 대상 수를 늘리고 계급의 크기를 더욱 작게 하여 히스토그램과 분포다각형을 그리면 다음 그림과 같이 점점 곡선에 가까워진다.

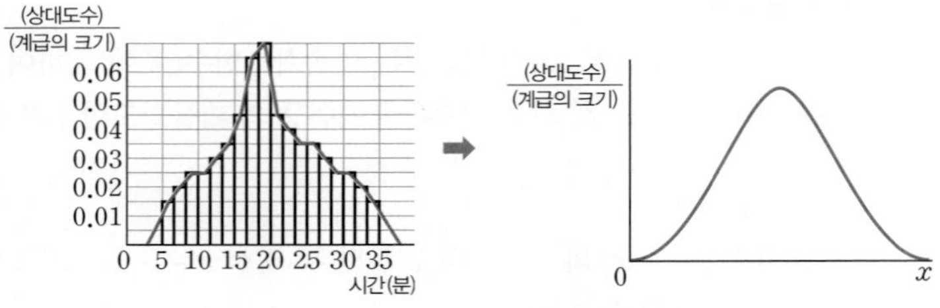

이때 이 곡선은 항상 x축보다 위에 있고, 이 곡선과 x축으로 둘러싸인 부분의 넓이는 1이다.
또 연속확률변수 X가 a 이상 b 이하의 값을 가질 확률 $P(a\le X\le b)$는 이 곡선과 x축 및 두 직선 $x=a$, $x=b$로 둘러싸인 부분의 넓이와 같다.
이와 같은 곡선을 그래프로 갖는 함수 $f(x)$를 연속확률변수 X의 확률밀도함수라 한다.

개념 Check

정답과 해설 43쪽

1 보기에서 연속확률변수인 것만을 있는 대로 고르시오.

보기
ㄱ. 어느 학교 학생들의 100 m 달리기 기록
ㄴ. 어느 과수원에서 수확한 사과의 당도
ㄷ. 어느 극장의 하루 관람객 수
ㄹ. 배차 간격이 30분인 버스를 기다리는 시간

2 $0\le X\le 1$에서 모든 실숫값을 갖는 연속확률변수 X의 확률밀도함수 $f(x)$가 될 수 있는 것만을 보기에서 있는 대로 고르시오.

보기
ㄱ. $f(x)=x$　　ㄴ. $f(x)=1$　　ㄷ. $f(x)=x-1$　　ㄹ. $f(x)=-2x+2$

3 연속확률변수 X의 확률밀도함수가 $f(x)=\frac{1}{5}\,(0\le x\le 5)$일 때, 다음을 구하시오.

(1) $P(1\le X\le 3)$　　(2) $P(X\ge 2)$

필수 예제 01 확률밀도함수의 성질

유형편 40쪽

연속확률변수 X의 확률밀도함수가 $f(x)=ax\ (0\le x\le 2)$일 때, 다음을 구하시오. (단, a는 상수)

(1) a의 값　　　　(2) $\mathrm{P}(0\le X\le 1)$

공략 Point

(1) 주어진 구간에서 확률밀도함수의 그래프와 x축 사이의 넓이가 1임을 이용한다.
(2) $\mathrm{P}(a\le X\le b)$는 $y=f(x)$의 그래프와 x축 및 두 직선 $x=a$, $x=b$로 둘러싸인 부분의 넓이와 같다.

풀이

(1) $f(x)\ge 0$이어야 하므로　$a\ge 0$

$y=f(x)$의 그래프와 x축 및 직선 $x=2$로 둘러싸인 부분의 넓이가 1이어야 하므로

$\frac{1}{2}\times 2\times 2a=1$

$\therefore a=\mathbf{\frac{1}{2}}$

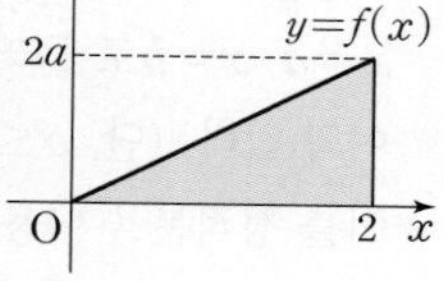

(2) 구하는 확률은 $y=f(x)$의 그래프와 x축 및 직선 $x=1$로 둘러싸인 부분의 넓이와 같으므로

$\mathrm{P}(0\le X\le 1)$
$=\frac{1}{2}\times 1\times\frac{1}{2}$
$=\mathbf{\frac{1}{4}}$

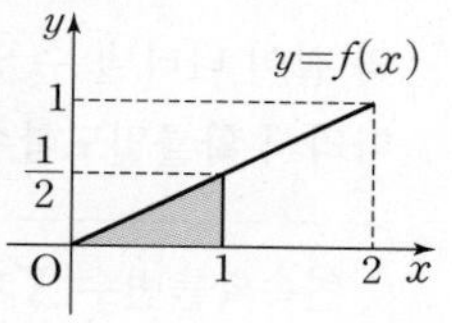

문제

정답과 해설 43쪽

01-1 연속확률변수 X의 확률밀도함수가 $f(x)=a(x+1)\ (0\le x\le 2)$일 때, 다음을 구하시오. (단, a는 상수)

(1) a의 값　　　　(2) $\mathrm{P}(X\ge 1)$

01-2 연속확률변수 X의 확률밀도함수 $f(x)\ (0\le x\le 4)$의 그래프가 오른쪽 그림과 같을 때, $\mathrm{P}(1\le X\le 3)$을 구하시오. (단, a는 상수)

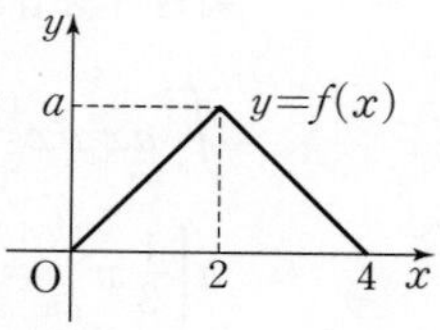

01-3 연속확률변수 X의 확률밀도함수가 $f(x)=a|x-1|\ (0\le x\le 2)$일 때, $\mathrm{P}\left(\frac{1}{2}\le X\le\frac{4}{3}\right)$를 구하시오. (단, a는 상수)

plus 특강

연속확률변수와 적분

◀ 미적분 I 을 이수한 학생이 학습할 수 있습니다.

연속확률변수 X의 확률밀도함수 $f(x)$의 성질을 정적분을 이용하여 나타낼 수 있다.

연속확률변수 X가 가질 수 있는 값의 범위가 $\alpha \le X \le \beta$이고, X의 확률밀도함수가 $f(x)$일 때, 확률 $P(a \le X \le b)$는 함수 $y=f(x)$의 그래프와 x축 및 두 직선 $x=a$, $x=b$로 둘러싸인 도형의 넓이와 같으므로 오른쪽 그림의 색칠한 부분의 넓이와 같다. (단, $\alpha \le a \le b \le \beta$)

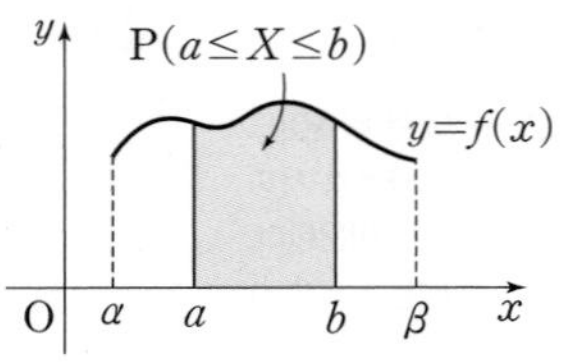

이를 정적분을 이용하여

$$P(a \le X \le b)=\int_a^b f(x)\,dx$$

와 같이 나타낼 수 있다.

따라서 확률밀도함수의 성질을 정적분을 이용하여 나타내면 다음과 같다.

> 연속확률변수 X가 $\alpha \le X \le \beta$에서 모든 실숫값을 가질 때, X의 확률밀도함수 $f(x)$ $(\alpha \le x \le \beta)$에 대하여
> (1) $f(x) \ge 0$
> (2) $\int_\alpha^\beta f(x)\,dx=1$ ◀ 확률의 총합은 1이다.
> (3) $P(a \le X \le b)=\int_a^b f(x)\,dx$ (단, $\alpha \le a \le b \le \beta$)

이와 같이 정적분을 이용하면 확률밀도함수가 일차함수나 상수함수가 아닐 때에도 정적분의 계산을 통하여 확률을 구할 수 있다.

예 연속확률변수 X의 확률밀도함수가 $f(x)=ax^2$ $(0 \le x \le 2)$일 때, $P(X \ge 1)$을 구하시오. (단, a는 상수)

풀이 $f(x)$가 연속확률변수 X의 확률밀도함수이므로 $f(x) \ge 0$에서 $a \ge 0$

확률의 총합은 1이므로 $\int_0^2 f(x)\,dx=1$에서

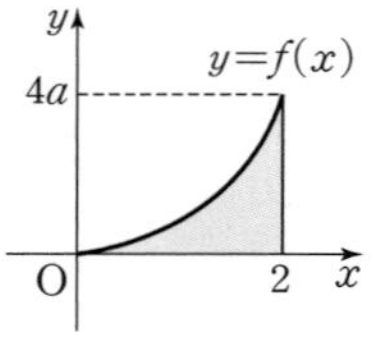

$\int_0^2 ax^2\,dx=1$

$a\left[\frac{1}{3}x^3\right]_0^2=1$, $\frac{8}{3}a=1$ $\quad\therefore a=\frac{3}{8}$

$\therefore f(x)=\frac{3}{8}x^2$ $(0 \le x \le 2)$

따라서 구하는 확률은

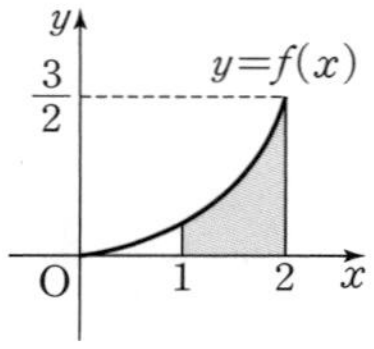

$P(X \ge 1)=\int_1^2 \frac{3}{8}x^2\,dx$

$=\left[\frac{1}{8}x^3\right]_1^2$

$=1-\frac{1}{8}=\frac{7}{8}$

2 정규분포

❶ 정규분포

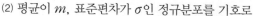

(1) 실수 전체의 집합에서 정의된 연속확률변수 X의 확률밀도함수 $f(x)$가

$$f(x)=\frac{1}{\sqrt{2\pi}\sigma}e^{-\frac{(x-m)^2}{2\sigma^2}}\quad(m\text{은 상수, }\sigma\text{는 양수, }e\text{는 }2.718281\cdots\text{인 무리수})$$

일 때, X의 확률분포를 **정규분포**라 한다.

이때 확률밀도함수 $f(x)$의 그래프는 오른쪽 그림과 같고, 이 곡선을 정규분포 곡선이라 한다.

$f(x)=\frac{1}{\sqrt{2\pi}\sigma}e^{-\frac{(x-m)^2}{2\sigma^2}}$

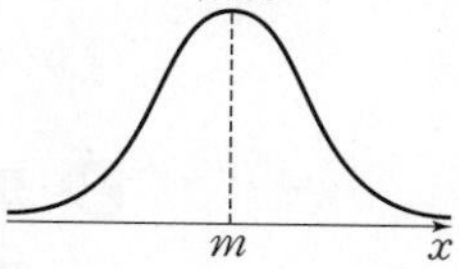

(2) 평균이 m, 표준편차가 σ인 정규분포를 기호로

$$\mathbf{N(m,\ \sigma^2)}$$

과 같이 나타내고, 확률변수 X는 정규분포 $N(m,\ \sigma^2)$을 따른다고 한다.

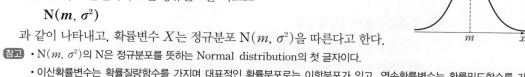

참고 • $N(m,\ \sigma^2)$의 N은 정규분포를 뜻하는 Normal distribution의 첫 글자이다.
• 이산확률변수는 확률질량함수를 가지며 대표적인 확률분포로는 이항분포가 있고, 연속확률변수는 확률밀도함수를 가지며 대표적인 확률분포로는 정규분포가 있다.

❷ 정규분포 곡선의 성질

정규분포 $N(m,\ \sigma^2)$을 따르는 확률변수 X의 정규분포 곡선은 다음과 같은 성질을 갖는다.

(1) 직선 $x=m$에 대하여 대칭인 종 모양의 곡선이고, 점근선은 x축이다.
(2) 곡선과 x축 사이의 넓이는 1이다.
(3) σ의 값이 일정할 때, m의 값이 달라지면 대칭축의 위치는 바뀌지만 곡선의 모양은 변하지 않는다.
➡ $m_1<m_2<m_3$

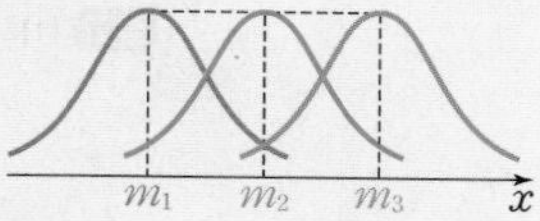

(4) m의 값이 일정할 때, σ의 값이 커지면 곡선은 가운데 부분의 높이는 낮아지고 양쪽으로 넓게 퍼진 모양이 된다.
➡ $\sigma_1<\sigma_2<\sigma_3$

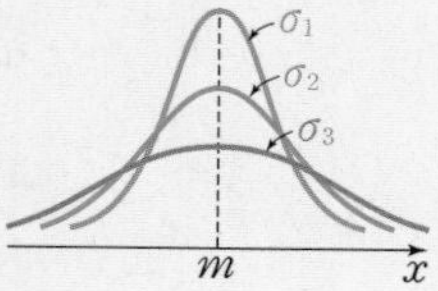

참고 정규분포 곡선의 가운데 부분의 높이가 높을수록 표준편차 σ의 값이 작으며 이는 자료가 고르다는 것을 의미한다.

❸ 표준정규분포

확률변수 X가 정규분포 $N(m,\ \sigma^2)$을 따를 때, 확률변수 $Z=\frac{X-m}{\sigma}$의 평균은 0, 분산은 1이다. 이때 Z는 정규분포를 따르는 것으로 알려져 있다.

이와 같이 평균이 0, 분산이 1인 정규분포 $\mathbf{N(0,\ 1)}$을 **표준정규분포**라 한다.

확률변수 X가 정규분포 $N(m,\ \sigma^2)$을 따를 때, 확률변수

$$Z=\frac{X-m}{\sigma}$$

은 표준정규분포 $N(0,\ 1)$을 따른다.

확률변수 Z가 표준정규분포 $\mathrm{N}(0,\ 1)$을 따를 때, Z의 확률밀도함수는

$$f(z)=\frac{1}{\sqrt{2\pi}}e^{-\frac{z^2}{2}}$$

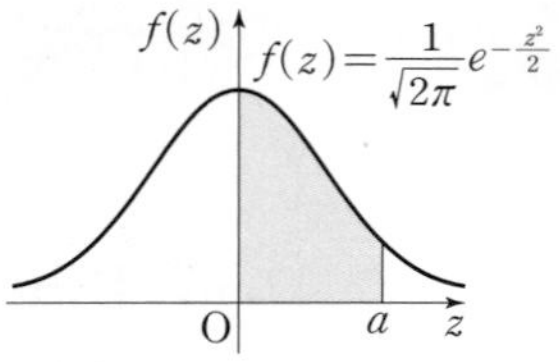

이고, 확률밀도함수 $f(z)$의 그래프는 오른쪽 그림과 같다.
또 임의의 양수 a에 대하여 $\mathrm{P}(0\le Z\le a)$는 오른쪽 그림에서 색칠한 부분의 넓이와 같고, 이 확률을 구하여 표로 나타낸 것이 141쪽의 표준정규분포표이다.

참고 • 표준정규분포를 따르는 확률변수는 보통 Z로 나타낸다.
• 표준정규분포를 따르는 확률변수 Z에 대하여 $\mathrm{P}(0\le Z\le z)$는 표준정규분포표에서 찾을 수 있다.
예를 들어 오른쪽 표준정규분포표에서
$\mathrm{P}(0\le Z\le 1.72)=0.4573$

z	0.00	0.01	0.02	⋯
⋮				
1.7			0.4573	
⋮				

❹ 표준정규분포에서의 확률

표준정규분포를 따르는 확률변수 Z의 확률밀도함수의 그래프는 직선 $z=0$에 대하여 대칭이므로 다음이 성립한다. (단, $0<a<b$)

(1) $\mathrm{P}(Z\ge 0)=\mathrm{P}(Z\le 0)=0.5$
(2) $\mathrm{P}(0\le Z\le a)=\mathrm{P}(-a\le Z\le 0)$
(3) $\mathrm{P}(a\le Z\le b)=\mathrm{P}(0\le Z\le b)-\mathrm{P}(0\le Z\le a)$
(4) $\mathrm{P}(Z\ge a)=\mathrm{P}(Z\ge 0)-\mathrm{P}(0\le Z\le a)=0.5-\mathrm{P}(0\le Z\le a)$
(5) $\mathrm{P}(Z\le a)=\mathrm{P}(Z\le 0)+\mathrm{P}(0\le Z\le a)=0.5+\mathrm{P}(0\le Z\le a)$
(6) $\mathrm{P}(-a\le Z\le b)=\mathrm{P}(-a\le Z\le 0)+\mathrm{P}(0\le Z\le b)=\mathrm{P}(0\le Z\le a)+\mathrm{P}(0\le Z\le b)$

참고

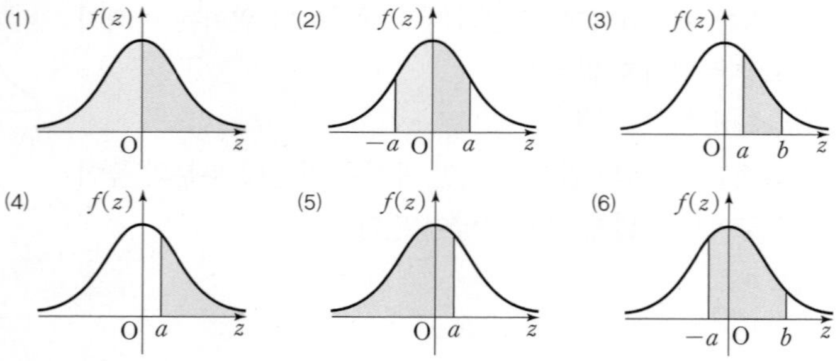

예 $\mathrm{P}(0\le Z\le 1)=0.3413$, $\mathrm{P}(0\le Z\le 2)=0.4772$이므로
• $\mathrm{P}(Z\ge 1)=\mathrm{P}(Z\ge 0)-\mathrm{P}(0\le Z\le 1)=0.5-0.3413=0.1587$
• $\mathrm{P}(-1\le Z\le 2)=\mathrm{P}(-1\le Z\le 0)+\mathrm{P}(0\le Z\le 2)=\mathrm{P}(0\le Z\le 1)+\mathrm{P}(0\le Z\le 2)$
$=0.3413+0.4772=0.8185$

❺ 정규분포의 표준화

정규분포 $\mathrm{N}(m,\ \sigma^2)$을 따르는 확률변수 X를 표준정규분포 $\mathrm{N}(0,\ 1)$을 따르는 확률변수 Z로 바꾸는 것을 표준화라 한다. 이때 다음이 성립한다.

$$\mathrm{P}(a\le X\le b)=\mathrm{P}\left(\frac{a-m}{\sigma}\le Z\le \frac{b-m}{\sigma}\right)$$

따라서 확률변수 X를 표준화하면 표준정규분포표를 이용하여 확률을 구할 수 있다.

개념 Plus

정규분포의 표준화

확률변수 X가 정규분포 $\mathrm{N}(m,\ \sigma^2)$을 따를 때, 확률변수 $Z=\frac{X-m}{\sigma}$의 평균 $\mathrm{E}(Z)$와 분산 $\mathrm{V}(Z)$는

$$\mathrm{E}(Z)=\mathrm{E}\left(\frac{X-m}{\sigma}\right)=\frac{1}{\sigma}\{\mathrm{E}(X)-m\}=0,\ \mathrm{V}(Z)=\mathrm{V}\left(\frac{X-m}{\sigma}\right)=\frac{1}{\sigma^2}\mathrm{V}(X)=1$$

따라서 확률변수 Z는 표준정규분포 $\mathrm{N}(0,\ 1)$을 따른다.

확률변수 X가 정규분포 $\mathrm{N}(m,\ \sigma^2)$을 따를 때, 확률 $\mathrm{P}(a\le X\le b)$는

$$\mathrm{P}(a\le X\le b)=\mathrm{P}\left(\frac{a-m}{\sigma}\le\frac{X-m}{\sigma}\le\frac{b-m}{\sigma}\right)=\mathrm{P}\left(\frac{a-m}{\sigma}\le Z\le\frac{b-m}{\sigma}\right)$$

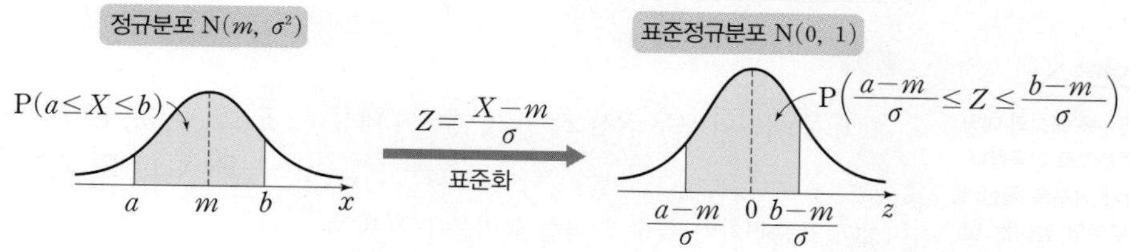

개념 Check

정답과 해설 44쪽

1 확률변수 X의 평균과 분산이 다음과 같을 때, X가 따르는 정규분포를 기호로 나타내시오.

(1) $\mathrm{E}(X)=8,\ \mathrm{V}(X)=4$

(2) $\mathrm{E}(X)=-10,\ \mathrm{V}(X)=25$

2 정규분포 $\mathrm{N}(m,\ \sigma^2)$을 따르는 확률변수 X에 대하여

$$\mathrm{P}(m\le X\le m+\sigma)=a,\ \mathrm{P}(m\le X\le m+2\sigma)=b$$

일 때, 다음을 a, b를 사용하여 나타내시오.

(1) $\mathrm{P}(m-\sigma\le X\le m)$

(2) $\mathrm{P}(X\ge m+\sigma)$

(3) $\mathrm{P}(m+\sigma\le X\le m+2\sigma)$

(4) $\mathrm{P}(X\le m-2\sigma)$

3 확률변수 Z가 표준정규분포 $\mathrm{N}(0,\ 1)$을 따를 때, 오른쪽 표준정규분포표를 이용하여 다음을 구하시오.

(1) $\mathrm{P}(Z\ge 1.5)$

(2) $\mathrm{P}(Z\le 3)$

(3) $\mathrm{P}(Z\le -2)$

(4) $\mathrm{P}(0.5\le Z\le 2)$

(5) $\mathrm{P}(1\le Z\le 2.5)$

(6) $\mathrm{P}(-3\le Z\le -1)$

(7) $\mathrm{P}(-1.5\le Z\le 1.5)$

(8) $\mathrm{P}(-2\le Z\le 3)$

z	$\mathrm{P}(0\le Z\le z)$
0.5	0.1915
1.0	0.3413
1.5	0.4332
2.0	0.4772
2.5	0.4938
3.0	0.4987

4 확률변수 X가 다음과 같은 정규분포를 따를 때, X를 표준정규분포 $\mathrm{N}(0,\ 1)$을 따르는 확률변수 Z로 표준화하시오.

(1) $\mathrm{N}(5,\ 3^2)$

(2) $\mathrm{N}(-12,\ 4^2)$

필수 예제 02 정규분포 곡선의 성질

유형편 41쪽

정규분포를 따르는 두 확률변수 X_1, X_2의 확률밀도함수를 각각 $f(x)$, $g(x)$라 할 때, 두 함수의 그래프가 오른쪽 그림과 같다. 보기에서 옳은 것만을 있는 대로 고르시오.

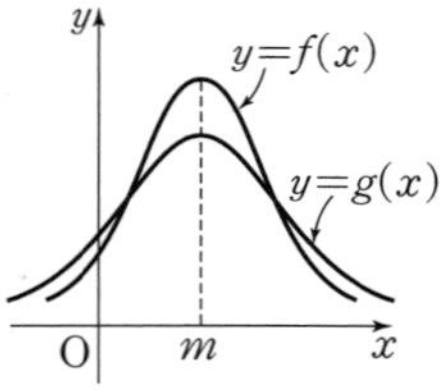

보기
ㄱ. $\mathrm{E}(X_1)>\mathrm{E}(X_2)$
ㄴ. $\sigma(X_1)<\sigma(X_2)$
ㄷ. $\mathrm{P}(X_1\le m)<\mathrm{P}(X_2\le m)$

공략 Point

- 평균이 클수록 곡선의 대칭축이 오른쪽으로 이동한다.
- 표준편차가 클수록 곡선의 가운데 부분의 높이는 낮아지고 양쪽으로 넓게 퍼진 모양이 된다.

풀이

ㄱ. 두 곡선이 모두 직선 $x=m$에 대하여 대칭이므로	$\mathrm{E}(X_1)=m$, $\mathrm{E}(X_2)=m$ $\therefore \mathrm{E}(X_1)=\mathrm{E}(X_2)$
ㄴ. 표준편차가 클수록 곡선은 가운데 부분의 높이는 낮아지고 양쪽으로 넓게 퍼진 모양이므로	$\sigma(X_1)<\sigma(X_2)$
ㄷ. 곡선과 x축 사이의 넓이는 1이고, 두 곡선이 각각 직선 $x=m$에 대하여 대칭이므로	$\mathrm{P}(X_1\le m)=0.5$, $\mathrm{P}(X_2\le m)=0.5$ $\therefore \mathrm{P}(X_1\le m)=\mathrm{P}(X_2\le m)$
따라서 보기에서 옳은 것은	ㄴ

문제

정답과 해설 44쪽

02-1 정규분포를 따르는 두 확률변수 X_1, X_2의 확률밀도함수를 각각 $f(x)$, $g(x)$라 할 때, 두 함수의 그래프가 오른쪽 그림과 같다. 다음 중 옳은 것은?

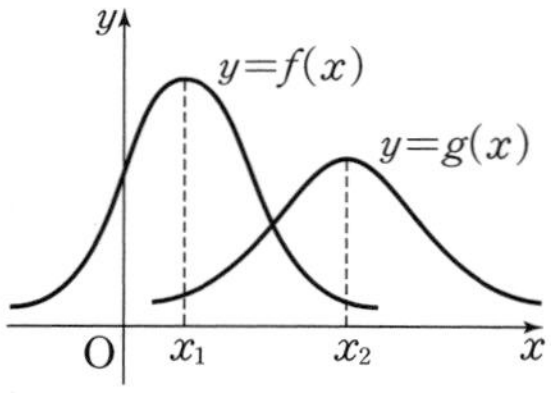

① $\mathrm{E}(X_1)=\mathrm{E}(X_2)$
② $\mathrm{E}(X_1)>\mathrm{E}(X_2)$
③ $\sigma(X_1)<\sigma(X_2)$
④ $\sigma(X_1)>\sigma(X_2)$
⑤ $\mathrm{P}(X_1\le x_1)<\mathrm{P}(X_2\ge x_2)$

02-2 정규분포 $\mathrm{N}(35,\ 4^2)$을 따르는 확률변수 X에 대하여 $\mathrm{P}(X\le a)=\mathrm{P}(X\ge 43)$일 때, 상수 a의 값을 구하시오.

필수 예제 03 표준화하여 확률 구하기

유형편 42쪽

확률변수 X가 정규분포 $N(100, 10^2)$을 따를 때, 오른쪽 표준정규분포표를 이용하여 다음을 구하시오.

z	$P(0\le Z\le z)$
0.5	0.1915
1.0	0.3413
1.5	0.4332
2.0	0.4772

(1) $P(X\le 80)$

(2) $P(90\le X\le 110)$

(3) $P(85\le X\le 95)$

공략 Point

확률변수 X가 정규분포 $N(m, \sigma^2)$을 따르면 $Z=\frac{X-m}{\sigma}$으로 표준화한 후 확률을 구한다.

풀이

$Z=\frac{X-100}{10}$으로 놓으면 확률변수 Z는 표준정규분포 $N(0, 1)$을 따른다.

(1) 구하는 확률은

$$\begin{aligned}P(X\le 80)&=P\left(Z\le \frac{80-100}{10}\right)\\&=P(Z\le -2)\\&=P(Z\ge 2)\\&=P(Z\ge 0)-P(0\le Z\le 2)\\&=0.5-0.4772=\mathbf{0.0228}\end{aligned}$$

(2) 구하는 확률은

$$\begin{aligned}P(90\le X\le 110)&=P\left(\frac{90-100}{10}\le Z\le \frac{110-100}{10}\right)\\&=P(-1\le Z\le 1)\\&=2P(0\le Z\le 1)\\&=2\times 0.3413=\mathbf{0.6826}\end{aligned}$$

(3) 구하는 확률은

$$\begin{aligned}P(85\le X\le 95)&=P\left(\frac{85-100}{10}\le Z\le \frac{95-100}{10}\right)\\&=P(-1.5\le Z\le -0.5)\\&=P(0.5\le Z\le 1.5)\\&=P(0\le Z\le 1.5)-P(0\le Z\le 0.5)\\&=0.4332-0.1915=\mathbf{0.2417}\end{aligned}$$

문제

정답과 해설 44쪽

03-**1** 확률변수 X가 정규분포 $N(3, 4^2)$을 따를 때, 오른쪽 표준정규분포표를 이용하여 다음을 구하시오.

z	$P(0\le Z\le z)$
0.5	0.1915
1.0	0.3413
1.5	0.4332
2.0	0.4772

(1) $P(X\le 1)$

(2) $P(X\ge -3)$

(3) $P(7\le X\le 11)$

(4) $P(1\le X\le 9)$

필수 예제 04 표준화하여 미지수의 값 구하기

유형편 43쪽

확률변수 X가 정규분포 $\mathrm{N}(30,\ 2^2)$을 따를 때, $\mathrm{P}(k \le X \le 35) = 0.3023$을 만족시키는 상수 k의 값을 오른쪽 표준정규분포표를 이용하여 구하시오.

z	$\mathrm{P}(0 \le Z \le z)$
0.5	0.1915
1.5	0.4332
2.5	0.4938

공략 Point

확률변수 X가 정규분포 $\mathrm{N}(m,\ \sigma^2)$을 따르면 $Z = \dfrac{X-m}{\sigma}$으로 표준화한 후 표준정규분포표의 확률과 비교하여 미지수의 값을 구한다.

풀이

$Z = \dfrac{X-30}{2}$으로 놓으면 확률변수 Z는 표준정규분포 $\mathrm{N}(0,\ 1)$을 따른다.

$\mathrm{P}(k \le X \le 35) = 0.3023$에서

$$\mathrm{P}\left(\frac{k-30}{2} \le Z \le \frac{35-30}{2}\right) = 0.3023$$

$$\mathrm{P}\left(\frac{k-30}{2} \le Z \le 2.5\right) = 0.3023$$

$$\mathrm{P}(0 \le Z \le 2.5) - \mathrm{P}\left(0 \le Z \le \frac{k-30}{2}\right) = 0.3023$$

$$0.4938 - \mathrm{P}\left(0 \le Z \le \frac{k-30}{2}\right) = 0.3023$$

$$\therefore \mathrm{P}\left(0 \le Z \le \frac{k-30}{2}\right) = 0.1915$$

이때 $\mathrm{P}(0 \le Z \le 0.5) = 0.1915$이므로 $\dfrac{k-30}{2} = 0.5$, $k-30=1$ $\quad \therefore k = \mathbf{31}$

문제

정답과 해설 45쪽

04-1 확률변수 X가 정규분포 $\mathrm{N}(20,\ 3^2)$을 따를 때, $\mathrm{P}(17 \le X \le k) = 0.84$를 만족시키는 상수 k의 값을 오른쪽 표준정규분포표를 이용하여 구하시오.

z	$\mathrm{P}(0 \le Z \le z)$
1.0	0.3413
2.0	0.4772
3.0	0.4987

04-2 확률변수 X가 정규분포 $\mathrm{N}(m,\ 6^2)$을 따를 때, $\mathrm{P}(X \le 6) = 0.0668$을 만족시키는 상수 m의 값을 구하시오.

z	$\mathrm{P}(0 \le Z \le z)$
1.0	0.3413
1.5	0.4332
2.0	0.4772

필수 예제 05 정규분포의 활용 - 확률, 도수 구하기

유형편 43쪽

어느 회사의 입사 시험에서 전체 지원자 5000명의 시험 점수는 평균이 345점, 표준편차가 10점인 정규분포를 따른다고 할 때, 오른쪽 표준정규분포표를 이용하여 다음 물음에 답하시오.

z	$\mathrm{P}(0\le Z\le z)$
0.5	0.1915
2.0	0.4772
3.0	0.4987

(1) 점수가 350점 이상 375점 이하인 지원자는 전체의 몇 %인지 구하시오.
(2) 점수가 365점 이상인 지원자는 몇 명인지 구하시오.

공략 Point

정규분포를 따르는 확률변수 X를 정하고 이를 표준화하여 X가 특정한 범위에 포함될 확률을 구한다.

풀이

지원자의 시험 점수를 X점이라 하면 확률변수 X는 정규분포 $\mathrm{N}(345,\ 10^2)$을 따르므로

$Z=\dfrac{X-345}{10}$로 놓으면 확률변수 Z는 표준정규분포 $\mathrm{N}(0,\ 1)$을 따른다.

(1) 점수가 350점 이상 375점 이하일 확률은

$$\begin{aligned}\mathrm{P}(350\le X\le 375)&=\mathrm{P}\left(\frac{350-345}{10}\le Z\le \frac{375-345}{10}\right)\\&=\mathrm{P}(0.5\le Z\le 3)\\&=\mathrm{P}(0\le Z\le 3)-\mathrm{P}(0\le Z\le 0.5)\\&=0.4987-0.1915=0.3072\end{aligned}$$

따라서 구하는 지원자는 전체의 **30.72 %**이다.

(2) 점수가 365점 이상일 확률은

$$\begin{aligned}\mathrm{P}(X\ge 365)&=\mathrm{P}\left(Z\ge \frac{365-345}{10}\right)=\mathrm{P}(Z\ge 2)\\&=\mathrm{P}(Z\ge 0)-\mathrm{P}(0\le Z\le 2)\\&=0.5-0.4772=0.0228\end{aligned}$$

따라서 구하는 지원자 수는 $5000\times 0.0228=$**114(명)** ◀ (총 변량의 수)×(확률)

문제

정답과 해설 45쪽

05-1 어느 업체에서 생산하는 파이프의 지름의 길이는 평균이 150 mm, 표준편차가 2 mm인 정규분포를 따르고, 파이프의 지름의 길이가 147 mm 이상 155 mm 이하이면 출고 합격을 받는다고 한다. 생산된 파이프 중에서 임의로 한 개를 택할 때, 출고 합격을 받을 확률을 오른쪽 표준정규분포표를 이용하여 구하시오.

z	$\mathrm{P}(0\le Z\le z)$
1.5	0.4332
2.0	0.4772
2.5	0.4938

05-2 어느 지역 학생 10000명의 키는 평균이 165 cm, 표준편차가 4 cm인 정규분포를 따른다고 할 때, 오른쪽 표준정규분포표를 이용하여 다음 물음에 답하시오.

z	$\mathrm{P}(0\le Z\le z)$
0.5	0.1915
1.0	0.3413
1.5	0.4332
2.0	0.4772

(1) 키가 159 cm 이상 163 cm 이하인 학생은 전체의 몇 %인지 구하시오.
(2) 키가 169 cm 이하인 학생은 몇 명인지 구하시오.

필수 예제 06 정규분포의 활용 – 미지수의 값 구하기

유형편 44쪽

입학 정원이 484명인 어느 대학의 입학 시험에 응시한 지원자 2000명의 시험 점수는 평균이 350점, 표준편차가 70점인 정규분포를 따른다고 한다. 이 대학 합격자의 최저 점수를 오른쪽 표준정규분포표를 이용하여 구하시오.

z	$\mathrm{P}(0\le Z\le z)$
0.7	0.2580
1.0	0.3413
1.3	0.4032

공략 Point

확률변수 X가 정규분포를 따를 때, 상위 $k\,\%$ 안에 드는 X의 최솟값을 a라 하면

$$\mathrm{P}(X\ge a)=\frac{k}{100}$$

임을 이용한다.

풀이

지원자의 시험 점수를 X점이라 하면 확률변수 X는 정규분포 $\mathrm{N}(350,\ 70^2)$을 따르므로	$Z=\dfrac{X-350}{70}$으로 놓으면 확률변수 Z는 표준정규분포 $\mathrm{N}(0,\ 1)$을 따른다.
전체 지원자 2000명에 대하여 합격자 484명이 차지하는 비율은	$\dfrac{484}{2000}=0.242$
합격자의 최저 점수를 a점이라 하면 $\mathrm{P}(X\ge a)=0.242$에서	$\mathrm{P}\left(Z\ge\dfrac{a-350}{70}\right)=0.242$ $\mathrm{P}(Z\ge 0)-\mathrm{P}\left(0\le Z\le\dfrac{a-350}{70}\right)=0.242$ $0.5-\mathrm{P}\left(0\le Z\le\dfrac{a-350}{70}\right)=0.242$ $\therefore\ \mathrm{P}\left(0\le Z\le\dfrac{a-350}{70}\right)=0.258$
이때 $\mathrm{P}(0\le Z\le 0.7)=0.258$이므로	$\dfrac{a-350}{70}=0.7,\ a-350=49 \quad \therefore\ a=399$
따라서 구하는 최저 점수는	**399점**

문제

정답과 해설 45쪽

06-1 25명을 뽑는 어느 회사 면접에 응시한 지원자 1000명의 성적은 평균이 160점, 표준편차가 25점인 정규분포를 따른다고 한다. 면접 합격자의 최저 점수를 오른쪽 표준정규분포표를 이용하여 구하시오.

z	$\mathrm{P}(0\le Z\le z)$
1.53	0.437
1.96	0.475
2.17	0.485

06-2 어느 고등학교 전체 남학생 1000명의 키를 조사하였더니 평균이 170 cm, 표준편차가 10 cm인 정규분포를 따른다고 한다. 이 학교 남학생 중에서 키가 작은 쪽에서 80번째인 학생의 키를 구하시오. (단, $\mathrm{P}(0\le Z\le 1.4)=0.42$)

3 이항분포와 정규분포 사이의 관계

1 이항분포와 정규분포 사이의 관계

확률변수 X가 이항분포 $\mathrm{B}(n, p)$를 따를 때, n이 충분히 크면 X는 근사적으로 정규분포 $\mathrm{N}(np, npq)$를 따른다. (단, $q=1-p$)

$$\text{이항분포 } \mathrm{B}(n, p) \xrightarrow{n\text{이 충분히 크면}} \text{정규분포 } \mathrm{N}(np, npq)$$

참고 이항분포 $\mathrm{B}(n, p)$에서 $np \geq 5$, $nq \geq 5$를 만족시키면 n을 충분히 큰 값으로 생각한다.

예 확률변수 X가 이항분포 $\mathrm{B}\left(400, \frac{1}{2}\right)$을 따를 때,

$\mathrm{E}(X)=400\times\frac{1}{2}=200$

$\mathrm{V}(X)=400\times\frac{1}{2}\times\frac{1}{2}=100=10^2$

이때 시행 횟수 $n=400$은 충분히 크므로 X는 근사적으로 정규분포 $\mathrm{N}(200, 10^2)$을 따른다.

개념 Plus

이항분포와 정규분포 사이의 관계

한 개의 주사위를 n번 던질 때, 1의 눈이 나오는 횟수를 확률변수 X라 하면 X는 이항분포 $\mathrm{B}\left(n, \frac{1}{6}\right)$을 따른다.

이때 $n=10$, 30, 50일 때의 X의 확률질량함수의 그래프는 오른쪽 그림과 같다.

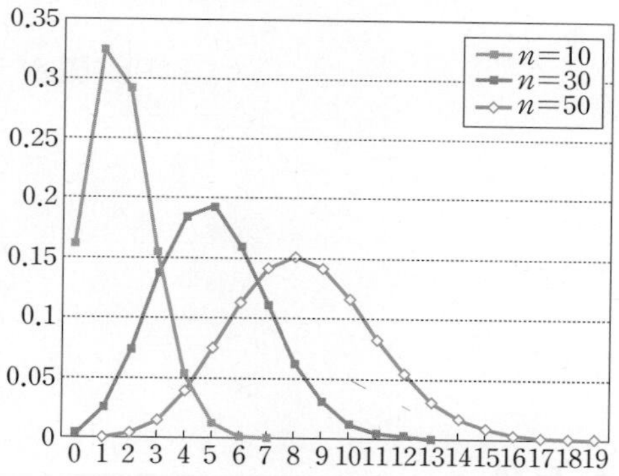

즉, n의 값이 클수록 이항분포의 확률질량함수의 그래프는 정규분포 곡선에 가까워짐을 알 수 있다.

일반적으로 확률변수 X가 이항분포 $\mathrm{B}(n, p)$를 따를 때, n이 충분히 크면 X는 근사적으로 정규분포 $\mathrm{N}(np, npq)$를 따른다. (단, $q=1-p$)

이러한 이항분포와 정규분포 사이의 관계를 이용하면 복잡한 형태의 이항분포의 확률도 쉽게 계산할 수 있다.

예를 들어 이항분포 $\mathrm{B}\left(100, \frac{1}{5}\right)$을 따르는 확률변수 X가 30 이상 42 이하일 확률은

$$\mathrm{P}(30\leq X\leq 42)={}_{100}\mathrm{C}_{30}\left(\frac{1}{5}\right)^{30}\left(\frac{4}{5}\right)^{70}+{}_{100}\mathrm{C}_{31}\left(\frac{1}{5}\right)^{31}\left(\frac{4}{5}\right)^{69}+\cdots+{}_{100}\mathrm{C}_{42}\left(\frac{1}{5}\right)^{42}\left(\frac{4}{5}\right)^{58}$$

이때 X가 근사적으로 정규분포 $\mathrm{N}(20, 4^2)$을 따른다는 사실을 이용하면 복잡한 계산을 하지 않고도 확률을 구할 수 있다.

개념 Check

정답과 해설 46쪽

1 확률변수 X가 다음과 같은 이항분포를 따를 때, X가 근사적으로 따르는 정규분포를 기호로 나타내시오.

(1) $\mathrm{B}(100, 0.5)$

(2) $\mathrm{B}\left(450, \frac{1}{3}\right)$

필수 예제 07 이항분포와 정규분포 사이의 관계

유형편 45쪽

확률변수 X가 이항분포 $\mathrm{B}\left(100, \frac{1}{5}\right)$을 따를 때, 다음을 오른쪽 표준정규분포표를 이용하여 구하시오.

z	$\mathrm{P}(0 \le Z \le z)$
0.5	0.1915
1.5	0.4332
2.5	0.4938

(1) $\mathrm{P}(X \ge 30)$

(2) $\mathrm{P}(18 \le X \le 26)$

공략 Point

확률변수 X가 이항분포 $\mathrm{B}(n, p)$를 따를 때, n이 충분히 크면 X는 근사적으로 정규분포 $\mathrm{N}(np, npq)$를 따른다. (단, $q=1-p$)

풀이

확률변수 X가 이항분포 $\mathrm{B}\left(100, \frac{1}{5}\right)$을 따르므로 X의 평균과 분산은

$\mathrm{E}(X)=100\times\frac{1}{5}=20$

$\mathrm{V}(X)=100\times\frac{1}{5}\times\frac{4}{5}=16=4^2$

시행 횟수 $n=100$은 충분히 크므로 확률변수 X는 근사적으로 정규분포 $\mathrm{N}(20, 4^2)$을 따른다.

$Z=\frac{X-20}{4}$으로 놓으면 확률변수 Z는 표준정규분포 $\mathrm{N}(0, 1)$을 따른다.

(1) 구하는 확률은

$$\begin{aligned}\mathrm{P}(X\ge 30)&=\mathrm{P}\left(Z\ge\frac{30-20}{4}\right)=\mathrm{P}(Z\ge 2.5)\\&=\mathrm{P}(Z\ge 0)-\mathrm{P}(0\le Z\le 2.5)\\&=0.5-\mathrm{P}(0\le Z\le 2.5)\\&=0.5-0.4938=\mathbf{0.0062}\end{aligned}$$

(2) 구하는 확률은

$$\begin{aligned}\mathrm{P}(18\le X\le 26)&=\mathrm{P}\left(\frac{18-20}{4}\le Z\le\frac{26-20}{4}\right)\\&=\mathrm{P}(-0.5\le Z\le 1.5)\\&=\mathrm{P}(-0.5\le Z\le 0)+\mathrm{P}(0\le Z\le 1.5)\\&=\mathrm{P}(0\le Z\le 0.5)+\mathrm{P}(0\le Z\le 1.5)\\&=0.1915+0.4332=\mathbf{0.6247}\end{aligned}$$

문제

정답과 해설 46쪽

07-1 확률변수 X가 이항분포 $\mathrm{B}\left(432, \frac{1}{4}\right)$을 따를 때, $\mathrm{P}(90 \le X \le 103.5)$를 오른쪽 표준정규분포표를 이용하여 구하시오.

z	$\mathrm{P}(0 \le Z \le z)$
0.5	0.1915
1.0	0.3413
1.5	0.4332
2.0	0.4772

07-2 확률변수 X의 확률질량함수가

$$\mathrm{P}(X=x)={}_{169}\mathrm{C}_x\left(\frac{4}{13}\right)^x\left(\frac{9}{13}\right)^{169-x}\quad(x=0, 1, 2, \cdots, 169)$$

일 때, $\mathrm{P}(46 \le X \le 61)$을 오른쪽 표준정규분포표를 이용하여 구하시오.

z	$\mathrm{P}(0 \le Z \le z)$
0.5	0.1915
1.0	0.3413
1.5	0.4332

필수 예제 08 이항분포와 정규분포 사이의 관계의 활용

유형편 46쪽

한 개의 동전을 64번 던질 때, 앞면이 30번 이상 36번 이하로 나올 확률을 오른쪽 표준정규분포표를 이용하여 구하시오.

z	$P(0\le Z\le z)$
0.5	0.1915
1.0	0.3413
1.5	0.4332

공략 Point

이항분포를 따르는 확률변수 X를 정하고 근사적으로 따르는 정규분포를 구한 후 표준화하여 X가 특정한 범위에 포함될 확률을 구한다.

풀이

한 개의 동전을 64번 던져서 앞면이 나오는 횟수를 X라 하면 동전을 한 번 던져서 앞면이 나올 확률이 $\frac{1}{2}$이므로	확률변수 X는 이항분포 $B\left(64,\ \frac{1}{2}\right)$을 따른다.
X의 평균과 분산을 구하면	$E(X)=64\times\frac{1}{2}=32$ $V(X)=64\times\frac{1}{2}\times\frac{1}{2}=16=4^2$
시행 횟수 $n=64$는 충분히 크므로	확률변수 X는 근사적으로 정규분포 $N(32,\ 4^2)$을 따른다.
따라서 $Z=\frac{X-32}{4}$로 놓으면 확률변수 Z는 표준정규분포 $N(0,\ 1)$을 따르므로 구하는 확률은	$P(30\le X\le 36)=P\left(\frac{30-32}{4}\le Z\le\frac{36-32}{4}\right)$ $=P(-0.5\le Z\le 1)$ $=P(-0.5\le Z\le 0)+P(0\le Z\le 1)$ $=P(0\le Z\le 0.5)+P(0\le Z\le 1)$ $=0.1915+0.3413=\mathbf{0.5328}$

문제

정답과 해설 47쪽

08-1 어떤 약을 환자에게 투여할 때, 치유될 확률이 60 %라 한다. 150명의 환자에게 이 약을 투여할 때, 99명 이상이 치유될 확률을 오른쪽 표준정규분포표를 이용하여 구하시오.

z	$P(0\le Z\le z)$
0.5	0.1915
1.0	0.3413
1.5	0.4332
2.0	0.4772

08-2 어느 뮤지컬 공연의 관람객은 10명 중 1명의 비율로 초대권으로 입장한다고 한다. 이 뮤지컬 공연의 관람객 400명에 대하여 초대권으로 입장한 관람객이 a명 이하일 확률이 0.07일 때, a의 값을 구하시오. (단, $P(0\le Z\le 1.5)=0.43$)

연습문제

1 연속확률변수 X의 확률밀도함수가

$$f(x)=\frac{1}{6}x+\frac{1}{12}\ (0\le x\le 3)$$

일 때, $\mathrm{P}(1\le X\le 2)$를 구하시오.

수능

2 연속확률변수 X가 갖는 값의 범위는 $0\le X\le 2$이고, X의 확률밀도함수의 그래프가 그림과 같을 때, $\mathrm{P}\left(\frac{1}{3}\le X\le a\right)$의 값은? (단, a는 상수이다.)

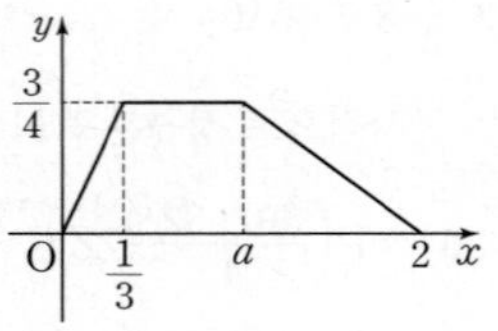

① $\frac{11}{16}$　② $\frac{5}{8}$　③ $\frac{9}{16}$
④ $\frac{1}{2}$　⑤ $\frac{7}{16}$

3 정규분포를 따르는 세 확률변수 X_1, X_2, X_3의 확률밀도함수를 각각 $f(x)$, $g(x)$, $h(x)$라 할 때, 세 함수의 그래프가 위의 그림과 같다. 보기에서 옳은 것만을 있는 대로 고른 것은?

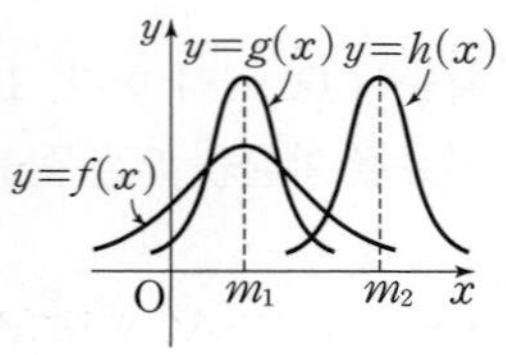

보기
ㄱ. $\mathrm{E}(X_1)=\mathrm{E}(X_2)<\mathrm{E}(X_3)$
ㄴ. $\sigma(X_1)<\sigma(X_2)$
ㄷ. $\mathrm{P}(X_1>m_1)>\mathrm{P}(X_3>m_2)$

① ㄱ　② ㄴ　③ ㄱ, ㄷ
④ ㄴ, ㄷ　⑤ ㄱ, ㄴ, ㄷ

교육청

4 정규분포 $\mathrm{N}(m,\ 4)$를 따르는 확률변수 X에 대하여 함수

$$g(k)=\mathrm{P}(k-8\le X\le k)$$

는 $k=12$일 때 최댓값을 갖는다. 상수 m의 값을 구하시오.

5 정규분포 $\mathrm{N}(m,\ \sigma^2)$을 따르는 확률변수 X에 대하여

$$\mathrm{P}(m-2\sigma\le X\le m+\sigma)=a,$$
$$\mathrm{P}(X\ge m+2\sigma)=b$$

라 할 때, $\mathrm{P}(X\le m-\sigma)$를 a, b를 사용하여 나타내면?

① $a+b$　② $1-a$　③ $1-b$
④ $1-a+b$　⑤ $1-a-b$

6 확률변수 X는 정규분포 $\mathrm{N}(72,\ 6^2)$을 따르고 확률변수 Y는 정규분포 $\mathrm{N}(80,\ \sigma^2)$을 따른다. $\mathrm{P}(X\le 78)=\mathrm{P}(Y\le 83)$일 때, 양수 σ의 값을 구하시오.

7 확률변수 X가 정규분포 $\mathrm{N}(74,\ 6^2)$을 따를 때, $\mathrm{P}(68\le X\le 77)$을 오른쪽 표준정규분포표를 이용하여 구하면?

z	$\mathrm{P}(0\le Z\le z)$
0.5	0.1915
1.0	0.3413
1.5	0.4332
2.0	0.4772

① 0.4332　② 0.5328　③ 0.6687
④ 0.7745　⑤ 0.8185

정답과 해설 47쪽

평가원

8 어느 고등학교의 수학 시험에 응시한 수험생의 시험 점수는 평균이 68점, 표준편차가 10점인 정규분포를 따른다고 한다. 이 수학 시험에 응시한 수험생 중 임의로 선택한 수험생 한 명의 시험 점수가 55점 이상이고 78점 이하일 확률을 위의 표준정규분포표를 이용하여 구한 것은?

z	$P(0\le Z\le z)$
1.0	0.3413
1.1	0.3643
1.2	0.3849
1.3	0.4032

① 0.7262 ② 0.7445 ③ 0.7492
④ 0.7675 ⑤ 0.7881

9 어느 공장에서 생산된 20000개의 제품의 무게는 평균이 170 g, 표준편차가 5 g인 정규분포를 따른다고 한다. 제품의 무게가 165 g 이상 180 g 이하이면 판매 가능한 합격품으로 판정한다고 할 때, 합격품의 개수를 위의 표준정규분포표를 이용하여 구하시오.

z	$P(0\le Z\le z)$
1.0	0.3413
1.5	0.4332
2.0	0.4772

10 어느 대학에서 23명의 학생을 선발하여 해외 연수를 보낸다고 한다. 선발하기 위하여 발표 면접을 진행할 때, 지원자 1000명의 점수는 평균이 278점, 표준편차가 41점인 정규분포를 따른다고 한다. 선발된 학생의 최저 점수를 위의 표준정규분포표를 이용하여 구하시오.

z	$P(0\le Z\le z)$
1.0	0.341
2.0	0.477
3.0	0.494

11 A가 속한 학교 전체 학생의 영어, 수학, 과학 시험 성적은 각각 정규분포를 따르고, 각 과목의 평균, 표준편차와 A의 성적은 다음 표와 같다. 과목별로 A의 성적과 전체 학생의 성적을 비교할 때, 세 과목 중에서 A의 성적이 상대적으로 가장 높은 과목을 구하시오.

(단위: 점)

	영어	수학	과학
전체 평균	60	70	63
전체 표준편차	20	20	16
A의 성적	82	90	75

12 확률변수 X가 이항분포 $B\left(100, \frac{9}{10}\right)$를 따를 때, $P(X\le 87)$을 구하시오.

(단, $P(0\le Z\le 1)=0.3413$)

13 한 개의 주사위를 720번 던질 때, 1의 눈이 나오는 횟수가 130 이상 140 이하일 확률을 오른쪽 표준정규분포표를 이용하여 구하시오.

z	$P(0\le Z\le z)$
1.0	0.3413
1.5	0.4332
2.0	0.4772

14 슛 블록 성공률이 20 %인 농구 선수가 100번의 슛 블록을 시도할 때, 성공하는 횟수가 k 이하일 확률이 0.1587이라 한다. 이때 상수 k의 값을 위의 표준정규분포표를 이용하여 구하시오.

z	$P(0\le Z\le z)$
0.5	0.1915
1.0	0.3413
1.5	0.4332

연습문제

정답과 해설 49쪽

실력

15 $0 \le X \le 3$의 모든 실숫값을 갖는 연속확률변수 X에 대하여

$$P(x \le X \le 3) = a(3-x)\ (0 \le x \le 3)$$

일 때, $P(0 \le X \le a)$를 구하시오. (단, a는 상수)

16 평균이 m, 표준편차가 σ인 정규분포를 따르는 확률변수 X에 대하여
$P(X \le 3) = P(3 \le X \le 80) = 0.3$일 때, $m+\sigma$의 값을 구하시오. (단, $P(0 \le Z \le 0.25) = 0.1$, $P(0 \le Z \le 0.52) = 0.2$)

수능

17 어느 회사 직원들의 어느 날의 출근 시간은 평균이 66.4분, 표준편차가 15분인 정규분포를 따른다고 한다. 이 날 출근 시간이 73분 이상인 직원들 중에서 40 %, 73분 미만인 직원들 중에서 20 %가 지하철을 이용하였고, 나머지 직원들은 다른 교통수단을 이용하였다. 이 날 출근한 이 회사 직원들 중 임의로 선택한 1명이 지하철을 이용하였을 확률은?
(단, Z가 표준정규분포를 따르는 확률변수일 때, $P(0 \le Z \le 0.44) = 0.17$로 계산한다.)

① 0.306 ② 0.296 ③ 0.286
④ 0.276 ⑤ 0.266

18 확률변수 X의 확률질량함수가

$$P(X=x) = {}_{n}C_{x}\frac{4^{n-x}}{5^{n}}\ (x=0,\ 1,\ 2,\ \cdots,\ n)$$

이고, $E\left(\frac{X^2}{8}\right) = 52$일 때, $P(X \le k) = 0.0668$을 만족시키는 상수 k의 값을 구하시오.
(단, $P(0 \le Z \le 1.5) = 0.4332$)

19 어느 공장에서 생산되는 휴대폰 케이스의 무게는 평균이 30 g, 표준편차가 5 g인 정규분포를 따르고, 무게가 40 g 이상인 휴대폰 케이스는 불량품으로 판정한다고 한다. 이 공장에서 휴대폰 케이스를 2500개 생산하였을 때, 불량품이 57개 이상일 확률을 구하시오.
(단, $P(0 \le Z \le 1) = 0.34$, $P(0 \le Z \le 2) = 0.48$)

20 흰 바둑돌 5개와 검은 바둑돌 20개가 들어 있는 바둑통에서 임의로 한 개의 바둑돌을 꺼낼 때, 흰 바둑돌이 나오면 10점을 얻고 검은 바둑돌이 나오면 2점을 잃는 게임이 있다. 이 게임을 1600회 하였을 때, 점수가 1024점 이하일 확률을 위의 표준정규분포표를 이용하여 구하시오. (단, 색을 확인한 바둑돌은 다시 바둑통에 넣는다.)

z	$P(0 \le Z \le z)$
1.0	0.3413
1.5	0.4332
2.0	0.4772
2.5	0.4938

Ⅲ. 통계

2 통계적 추정

01 통계적 추정

모평균과 표본평균

❶ 모집단과 표본

(1) 통계 조사

① **전수조사**: 조사의 대상이 되는 집단 전체를 조사하는 방법

② **표본조사**: 조사의 대상이 되는 집단 전체에서 일부분을 뽑아 조사하는 방법

예 농림어업총조사나 병역 판정 검사 등과 같이 모든 대상을 조사하는 방법은 전수조사, 과일의 당도 조사나 전구의 수명 조사 등과 같이 일부를 뽑아 조사하는 방법은 표본조사이다.

(2) 모집단과 표본

① **모집단**: 조사의 대상이 되는 집단 전체

② **표본**: 조사하기 위하여 뽑은 모집단의 일부분

③ 표본의 크기: 표본조사에서 뽑은 표본의 개수

④ 추출: 모집단에서 표본을 뽑는 것

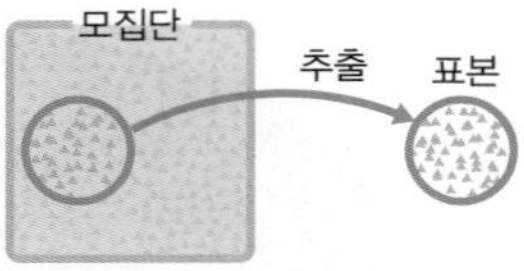

예 어느 공장에서 생산된 건전지의 수명을 알아보기 위하여 생산된 건전지 중 임의로 100개를 뽑아 조사할 때, 이 조사의 모집단은 이 공장에서 생산된 건전지 전체이고, 표본은 뽑은 100개의 건전지이다. 또 표본의 크기는 100이다.

❷ 임의추출

모집단의 각 대상이 같은 확률로 추출되도록 표본을 추출하는 방법을 **임의추출**이라 한다.

(1) **복원추출**: 한 번 추출된 대상을 되돌려 놓고 다시 추출하는 방법

(2) **비복원추출**: 한 번 추출된 대상을 되돌려 놓지 않고 다시 추출하는 방법

참고 • 특별한 언급이 없으면 임의추출은 복원추출을 의미한다.
• 모집단의 크기가 충분히 크면 비복원추출도 복원추출로 볼 수 있다.
• 임의추출을 할 때는 난수표, 난수 주사위(정이십면체의 각 면에 0부터 9까지의 숫자를 각각 2번씩 적은 것), 제비뽑기 등을 사용하기도 하지만 최근에는 컴퓨터의 난수 프로그램, 공학용 계산기 등을 많이 사용한다.

❸ 모평균과 표본평균

(1) 모평균, 모분산, 모표준편차

모집단에서 조사하고자 하는 특성을 나타내는 확률변수를 X라 할 때, X의 평균, 분산, 표준편차를 각각 **모평균, 모분산, 모표준편차**라 하고, 각각 기호로 m, σ^2, σ와 같이 나타낸다.

(2) 표본평균, 표본분산, 표본표준편차

모집단에서 크기가 n인 표본 X_1, X_2, $\cdots$, X_n을 임의추출할 때, 이들의 평균, 분산, 표준편차를 각각 **표본평균, 표본분산, 표본표준편차**라 하고, 각각 기호로 $\overline{X}$, S^2, S와 같이 나타낸다. 이때 $\overline{X}$, S^2, S는 다음과 같이 정의한다.

① $\overline{X}=\frac{1}{n}(X_1+X_2+X_3+\cdots+X_n)$

② $S^2=\frac{1}{n-1}\{(X_1-\overline{X})^2+(X_2-\overline{X})^2+(X_3-\overline{X})^2+\cdots+(X_n-\overline{X})^2\}$

③ $S=\sqrt{S^2}$

참고 • 표본분산을 정의할 때 $n-1$로 나누는 것은 표본분산과 모분산의 차이를 줄이기 위함이다.
• 모평균 m은 상수이지만 표본평균 $\overline{X}$는 추출한 표본에 따라 다른 값을 가질 수 있는 확률변수이다. 마찬가지로 S^2, S도 각각 하나의 확률변수이다.

❹ 표본평균의 평균, 분산, 표준편차

모평균이 m, 모표준편차가 σ인 모집단에서 크기가 n인 표본을 임의추출할 때, 표본평균 $\overline{X}$의 평균, 분산, 표준편차는 다음과 같다.

$$\mathrm{E}(\overline{X})=m,\ \mathrm{V}(\overline{X})=\frac{\sigma^2}{n},\ \sigma(\overline{X})=\frac{\sigma}{\sqrt{n}}$$

예 모평균이 10, 모분산이 16인 모집단에서 임의추출한 크기가 64인 표본의 표본평균 $\overline{X}$에 대하여
$m=10$, $\sigma^2=16$이고, 표본의 크기 $n=64$이므로
$\mathrm{E}(\overline{X})=m=10$, $\mathrm{V}(\overline{X})=\frac{\sigma^2}{n}=\frac{16}{64}=\frac{1}{4}$, $\sigma(\overline{X})=\frac{\sigma}{\sqrt{n}}=\frac{4}{\sqrt{64}}=\frac{1}{2}$

❺ 표본평균의 분포

모평균이 m, 모표준편차가 σ인 모집단에서 크기가 n인 표본을 임의추출할 때, 표본평균 $\overline{X}$에 대하여

(1) 모집단이 정규분포 $\mathrm{N}(m, \sigma^2)$을 따르면 표본평균 $\overline{X}$는 정규분포 $\mathrm{N}\left(m, \frac{\sigma^2}{n}\right)$을 따른다.

(2) 모집단이 정규분포를 따르지 않아도 표본의 크기 n이 충분히 크면 표본평균 $\overline{X}$는 근사적으로 정규분포 $\mathrm{N}\left(m, \frac{\sigma^2}{n}\right)$을 따른다.

참고 $n\geq30$이면 n을 충분히 큰 값으로 생각한다.

예 (1) 정규분포 $\mathrm{N}(15, 10^2)$을 따르는 모집단에서 임의추출한 크기가 25인 표본의 표본평균 $\overline{X}$는 정규분포 $\mathrm{N}\left(15, \frac{10^2}{25}\right)$, 즉 $\mathrm{N}(15, 2^2)$을 따른다.

(2) 모평균이 80, 모표준편차가 20인 모집단에서 임의추출한 크기가 100인 표본의 표본평균 $\overline{X}$는 표본의 크기 100이 충분히 크므로 근사적으로 정규분포 $\mathrm{N}\left(80, \frac{20^2}{100}\right)$, 즉 $\mathrm{N}(80, 2^2)$을 따른다.

개념 Plus

모평균과 표본평균

1부터 10까지의 자연수가 각각 하나씩 적힌 10장의 카드에 적힌 수를 확률변수 X라 하자. 10장의 카드 중에서 크기가 3인 표본을 임의추출할 때, 표본평균 $\overline{X}$, 표본분산 S^2, 표본표준편차 S는

(i) 표본이 2, 7, 9이면

$$\overline{X}=\frac{1}{3}(2+7+9)=6$$

$$S^2=\frac{1}{3-1}\{(2-6)^2+(7-6)^2+(9-6)^2\}=13$$

$$S=\sqrt{13}$$

(ii) 표본이 3, 4, 5이면

$$\overline{X}=\frac{1}{3}(3+4+5)=4$$

$$S^2=\frac{1}{3-1}\{(3-4)^2+(4-4)^2+(5-4)^2\}=1$$

$$S=\sqrt{1}=1$$

(i), (ii)에서 표본평균, 표본분산, 표본표준편차는 추출한 표본에 따라 그 값이 달라짐을 알 수 있다.
즉, m, σ^2, σ는 상수이지만 $\overline{X}$, S^2, S는 추출한 표본에 따라 다른 값을 가질 수 있으므로 확률변수이다.

표본평균의 평균, 분산, 표준편차

2, 4, 6의 숫자가 각각 하나씩 적힌 3개의 공이 들어 있는 주머니에서 한 개의 공을 임의추출할 때, 공에 적힌 숫자를 확률변수 X라 하자.

이때 X의 확률분포, 즉 모집단의 확률분포를 표로 나타내면 다음과 같다.

X	2	4	6	합계
$\mathrm{P}(X=x)$	$\frac{1}{3}$	$\frac{1}{3}$	$\frac{1}{3}$	1

따라서 모평균, 모분산, 모표준편차를 구하면

$$m=2\times\frac{1}{3}+4\times\frac{1}{3}+6\times\frac{1}{3}=4$$

$$\sigma^2=2^2\times\frac{1}{3}+4^2\times\frac{1}{3}+6^2\times\frac{1}{3}-4^2=\frac{8}{3}$$

$$\sigma=\sqrt{\frac{8}{3}}=\frac{2\sqrt{6}}{3}$$

한편 이 모집단에서 복원추출로 공을 한 개씩 2번 꺼낼 때, 첫 번째 꺼낸 공에 적힌 숫자를 X_1, 두 번째 꺼낸 공에 적힌 숫자를 X_2라 하면 이 크기가 2인 표본에 대하여 표본평균 $\overline{X}$는 $\overline{X}=\frac{X_1+X_2}{2}$이므로 추출한 표본에 따른 표본평균 $\overline{X}$는 오른쪽 표와 같다.

X_2 \ X_1	2	4	6
2	2	3	4
4	3	4	5
6	4	5	6

즉, 표본평균 $\overline{X}$가 갖는 값은 2, 3, 4, 5, 6이고 각각의 값을 가질 확률을 구하여 $\overline{X}$의 확률분포를 표로 나타내면 다음과 같다.

$\overline{X}$	2	3	4	5	6	합계
$\mathrm{P}(\overline{X}=\overline{x})$	$\frac{1}{9}$	$\frac{2}{9}$	$\frac{1}{3}$	$\frac{2}{9}$	$\frac{1}{9}$	1

따라서 표본평균 $\overline{X}$의 평균, 분산, 표준편차를 구하면

$$\mathrm{E}(\overline{X})=2\times\frac{1}{9}+3\times\frac{2}{9}+4\times\frac{1}{3}+5\times\frac{2}{9}+6\times\frac{1}{9}=4$$

$$\mathrm{V}(\overline{X})=2^2\times\frac{1}{9}+3^2\times\frac{2}{9}+4^2\times\frac{1}{3}+5^2\times\frac{2}{9}+6^2\times\frac{1}{9}-4^2=\frac{4}{3}$$

$$\sigma(\overline{X})=\sqrt{\frac{4}{3}}=\frac{2\sqrt{3}}{3}$$

이때 표본평균 $\overline{X}$의 평균 $\mathrm{E}(\overline{X})=4$는 모평균 4와 같고, 표본평균 $\overline{X}$의 분산 $\mathrm{V}(\overline{X})=\frac{4}{3}$는 모분산 $\frac{8}{3}$을 표본의 크기 2로 나눈 것과 같으므로 다음이 성립함을 알 수 있다.

$$\mathrm{E}(\overline{X})=m,\ \mathrm{V}(\overline{X})=\frac{\sigma^2}{n},\ \sigma(\overline{X})=\frac{\sigma}{\sqrt{n}}$$

표본평균의 확률분포의 성질

모집단이 $\{1, 2, 3, 4\}$일 때, 모집단의 확률분포 및 표본의 크기가 각각 2, 3인 표본의 표본평균의 확률분포는 오른쪽 그림과 같다.

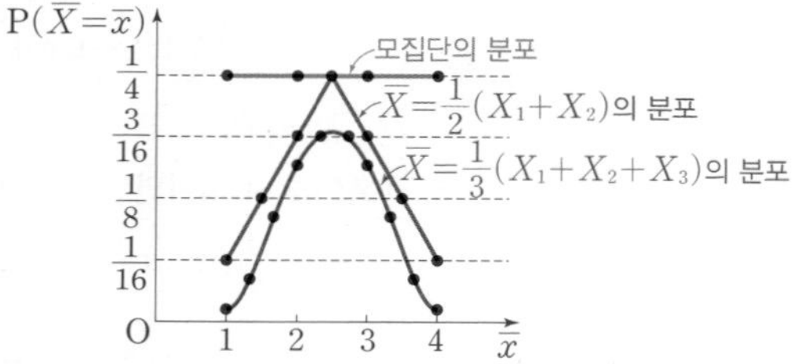

이와 같이 표본의 크기 n이 커질수록 표본평균 $\overline{X}$는 근사적으로 정규분포에 가까워진다.

모평균이 m, 모표준편차가 σ인 모집단에서 크기가 n인 표본을 임의추출할 때, 표본평균 $\overline{X}$에 대하여

$\mathrm{E}(\overline{X})=m$, $\mathrm{V}(\overline{X})=\frac{\sigma^2}{n}$이므로 모집단이 정규분포를 따르지 않아도 n이 충분히 크면 $\overline{X}$는 근사적으로 정규분포 $\mathrm{N}\left(m, \frac{\sigma^2}{n}\right)$을 따른다.

개념 Check

정답과 해설 51쪽

1 보기에서 전수조사가 적합한 것만을 있는 대로 고르시오.

보기

ㄱ. 한강의 수질 조사
ㄴ. 자동차 충돌 안정성 조사
ㄷ. 전국에 등록된 자동차 대수 조사
ㄹ. 투표 후 유권자에 대한 출구조사

2 서로 다른 숫자가 각각 하나씩 적힌 6개의 공이 들어 있는 주머니에서 3개의 공을 다음과 같이 임의추출하는 경우의 수를 구하시오.

(1) 한 개씩 복원추출

(2) 한 개씩 비복원추출

(3) 동시에 추출

3 모집단 $\{0, 2, 4\}$에서 크기가 2인 표본을 임의추출할 때, 표본평균 $\overline{X}$에 대하여 다음 물음에 답하시오.

(1) $\overline{X}$가 가질 수 있는 값을 모두 구하시오.

(2) $\overline{X}$의 확률분포를 표로 나타내시오.

(3) $\overline{X}$의 평균, 분산, 표준편차를 구하시오.

4 모평균이 30, 모표준편차가 10인 모집단에서 크기 n이 다음과 같은 표본을 임의추출할 때, 표본평균 $\overline{X}$의 평균, 분산, 표준편차를 구하시오.

(1) $n=4$

(2) $n=25$

(3) $n=100$

5 정규분포 $\mathrm{N}(7, 12^2)$을 따르는 모집단에서 크기가 36인 표본을 임의추출할 때, 표본평균 $\overline{X}$에 대하여 다음 물음에 답하시오.

(1) $\mathrm{E}(\overline{X})$, $\mathrm{V}(\overline{X})$, $\sigma(\overline{X})$를 구하시오.

(2) $\overline{X}$가 따르는 정규분포를 기호로 나타내시오.

필수 예제 01

표본평균의 평균, 분산, 표준편차 - 모평균과 모표준편차가 주어질 때

유형편 48쪽

정규분포 $N(12,\ 3^2)$을 따르는 모집단에서 크기가 3인 표본을 임의추출할 때, 표본평균 $\overline{X}$에 대하여 $E(\overline{X}^2)$을 구하시오.

공략 Point

모평균이 m, 모표준편차가 σ인 모집단에서 크기가 n인 표본을 임의추출할 때, 표본평균 $\overline{X}$에 대하여

$E(\overline{X})=m$

$V(\overline{X})=\frac{\sigma^2}{n}$

$\sigma(\overline{X})=\frac{\sigma}{\sqrt{n}}$

풀이

모집단이 정규분포 $N(12,\ 3^2)$을 따르므로 모평균 m과 모표준편차 σ는	$m=12,\ \sigma=3$
$E(\overline{X})=m$이므로	$E(\overline{X})=12$
표본의 크기 $n=3$이므로	$V(\overline{X})=\frac{\sigma^2}{n}=\frac{3^2}{3}=3$
$V(\overline{X})=E(\overline{X}^2)-\{E(\overline{X})\}^2$이므로	$E(\overline{X}^2)=V(\overline{X})+\{E(\overline{X})\}^2$ $=3+12^2=$**147**

문제

정답과 해설 52쪽

01-1 모평균이 15, 모표준편차가 4인 모집단에서 크기가 25인 표본을 임의추출할 때, 표본평균 $\overline{X}$에 대하여 $E(\overline{X})\sigma(\overline{X})$의 값을 구하시오.

01-2 정규분포 $N(10,\ 8^2)$을 따르는 모집단에서 크기가 n인 표본을 임의추출할 때, 표본평균 $\overline{X}$의 분산은 $\frac{16}{25}$이다. 이때 $E(\overline{X})+n$의 값을 구하시오.

01-3 모평균이 50, 모표준편차가 10인 모집단에서 크기가 n인 표본을 임의추출할 때, 표본평균 $\overline{X}$의 표준편차가 0.5 이하가 되도록 하는 n의 최솟값을 구하시오.

01-4 어느 공장에서 생산하는 제품의 무게는 평균이 30 kg, 표준편차가 16 kg인 정규분포를 따른다고 한다. 이 공장에서 생산한 제품 중 임의추출한 4개의 무게의 표본평균을 $\overline{X}$ kg이라 할 때, $E(\overline{X}^2)$을 구하시오.

필수 예제 02

표본평균의 평균, 분산, 표준편차 - 모평균과 모표준편차가 주어지지 않을 때

유형편 48쪽

한 개의 주사위를 5번 던져서 나오는 눈의 수의 평균을 $\overline{X}$라 할 때, $E(\overline{X})+V(\overline{X})$의 값을 구하시오.

공략 Point

모집단의 확률변수 X의 확률분포로부터 모평균과 모분산을 구한 후 표본평균 $\overline{X}$의 평균, 분산, 표준편차를 구한다.

풀이

한 개의 주사위를 한 번 던져서 나오는 눈의 수를 확률변수 X라 하고, X의 확률분포를 표로 나타내면

X	1	2	3	4	5	6	합계
$P(X=x)$	$\frac{1}{6}$	$\frac{1}{6}$	$\frac{1}{6}$	$\frac{1}{6}$	$\frac{1}{6}$	$\frac{1}{6}$	1

모평균 m과 모분산 σ^2을 구하면

$$m=1\times\frac{1}{6}+2\times\frac{1}{6}+3\times\frac{1}{6}+4\times\frac{1}{6}+5\times\frac{1}{6}+6\times\frac{1}{6}=\frac{7}{2}$$

$$\sigma^2=1^2\times\frac{1}{6}+2^2\times\frac{1}{6}+3^2\times\frac{1}{6}+4^2\times\frac{1}{6}+5^2\times\frac{1}{6}+6^2\times\frac{1}{6}-\left(\frac{7}{2}\right)^2$$

$$=\frac{35}{12}$$

이때 표본의 크기 $n=5$이므로

$$E(\overline{X})=m=\frac{7}{2}$$

$$V(\overline{X})=\frac{\sigma^2}{n}=\frac{\frac{35}{12}}{5}=\frac{7}{12}$$

따라서 구하는 값은

$$E(\overline{X})+V(\overline{X})=\frac{7}{2}+\frac{7}{12}=\mathbf{\frac{49}{12}}$$

문제

정답과 해설 52쪽

02-1 모집단의 확률변수 X의 확률분포를 표로 나타내면 오른쪽과 같다. 이 모집단에서 크기가 6인 표본을 임의추출할 때, 표본평균 $\overline{X}$의 평균과 분산을 구하시오.

X	0	1	2	합계
$P(X=x)$	$\frac{1}{4}$	$\frac{1}{2}$	$\frac{1}{4}$	1

02-2 2, 4, 6, 8의 숫자가 각각 하나씩 적힌 카드가 4장, 3장, 2장, 1장씩 들어 있는 상자에서 4장의 카드를 임의추출할 때, 카드에 적힌 숫자의 평균을 $\overline{X}$라 하자. 이때 $E(\overline{X})\sigma(\overline{X})$의 값을 구하시오.

필수 예제 03 표본평균의 확률

유형편 49쪽

어느 고등학교 전체 여학생의 제자리멀리뛰기 기록은 평균이 120 cm, 표준편차가 10 cm인 정규분포를 따른다고 한다. 이 고등학교 여학생 중 임의추출한 25명의 제자리멀리뛰기 기록의 평균이 115 cm 이상 124 cm 이하일 확률을 오른쪽 표준정규분포표를 이용하여 구하시오.

z	$P(0\le Z\le z)$
1.0	0.3413
1.5	0.4332
2.0	0.4772
2.5	0.4938

공략 Point

모집단이 정규분포 $N(m,\ \sigma^2)$을 따르면 크기가 n인 표본의 표본평균 $\overline{X}$는 정규분포 $N\left(m,\ \frac{\sigma^2}{n}\right)$을 따른다.

풀이

모집단이 정규분포 $N(120,\ 10^2)$을 따르고 표본의 크기 $n=25$이므로 25명의 제자리멀리뛰기 기록의 평균을 $\overline{X}$ cm라 하면

표본평균 $\overline{X}$는 정규분포 $N\left(120,\ \frac{10^2}{25}\right)$, 즉 $N(120,\ 2^2)$을 따른다.

따라서 $Z=\frac{\overline{X}-120}{2}$으로 놓으면 확률변수 Z는 표준정규분포 $N(0,\ 1)$을 따르므로 구하는 확률은

$$\begin{aligned}&P(115\le \overline{X}\le 124)\\&=P\left(\frac{115-120}{2}\le Z\le \frac{124-120}{2}\right)\\&=P(-2.5\le Z\le 2)\\&=P(-2.5\le Z\le 0)+P(0\le Z\le 2)\\&=P(0\le Z\le 2.5)+P(0\le Z\le 2)\\&=0.4938+0.4772=\mathbf{0.971}\end{aligned}$$

문제

정답과 해설 53쪽

03-1 정규분포 $N(84,\ 14^2)$을 따르는 모집단에서 크기가 4인 표본을 임의추출할 때, 표본평균 $\overline{X}$가 91 이하일 확률을 오른쪽 표준정규분포표를 이용하여 구하시오.

z	$P(0\le Z\le z)$
1.0	0.3413
1.4	0.4192
1.8	0.4641

03-2 어느 학교 전체 학생의 하루 TV 시청 시간은 평균이 71분, 표준편차가 16분인 정규분포를 따른다고 한다. 이 학교 학생 중 임의추출한 64명의 하루 TV 시청 시간의 평균이 72분 이상 75분 이하일 확률을 오른쪽 표준정규분포표를 이용하여 구하시오.

z	$P(0\le Z\le z)$
0.5	0.1915
1.0	0.3413
1.5	0.4332
2.0	0.4772

필수 예제 04

표본평균의 확률 - 미지수의 값 구하기

유형편 50쪽

어느 카페에서 판매하는 과일 주스 한 컵의 용량은 평균이 200 mL, 표준편차가 10 mL인 정규분포를 따른다고 한다. 이 카페에서 판매하는 과일 주스 중 임의추출한 n컵의 용량의 평균이 194 mL 이상일 확률이 0.8849일 때, n의 값을 오른쪽 표준정규분포표를 이용하여 구하시오.

z	$P(0\le Z\le z)$
1.2	0.3849
1.4	0.4192
1.6	0.4452

공략 Point

표본평균 $\overline{X}$가 따르는 정규분포를 구하여 표준화한 후 주어진 확률과 표준정규분포표를 이용하여 미지수의 값을 구한다.

풀이

모집단이 정규분포 $N(200,\ 10^2)$을 따르므로 n컵의 용량의 평균을 $\overline{X}$ mL라 하면

표본평균 $\overline{X}$는 정규분포 $N\left(200,\ \dfrac{10^2}{n}\right)$, 즉 $N\left(200,\ \left(\dfrac{10}{\sqrt{n}}\right)^2\right)$을 따른다.

따라서 $Z=\dfrac{\overline{X}-200}{\dfrac{10}{\sqrt{n}}}$으로 놓으면 확률변수 Z는 표준정규분포 $N(0,\ 1)$을 따르므로 $P(\overline{X}\ge 194)=0.8849$에서

$P\left(Z\ge \dfrac{194-200}{\dfrac{10}{\sqrt{n}}}\right)=0.8849$

$P\left(Z\ge -\dfrac{3\sqrt{n}}{5}\right)=0.8849,\ P\left(Z\le \dfrac{3\sqrt{n}}{5}\right)=0.8849$

$P(Z\le 0)+P\left(0\le Z\le \dfrac{3\sqrt{n}}{5}\right)=0.8849$

$0.5+P\left(0\le Z\le \dfrac{3\sqrt{n}}{5}\right)=0.8849$

$\therefore\ P\left(0\le Z\le \dfrac{3\sqrt{n}}{5}\right)=0.3849$

이때 $P(0\le Z\le 1.2)=0.3849$이므로

$\dfrac{3\sqrt{n}}{5}=1.2,\ \sqrt{n}=2\qquad \therefore\ n=\mathbf{4}$

문제

정답과 해설 53쪽

04-1 정규분포 $N(80,\ 12^2)$을 따르는 모집단에서 크기가 n인 표본을 임의추출할 때, 표본평균 $\overline{X}$에 대하여 $P(\overline{X}\ge 82)=0.0668$이다. 이때 n의 값을 구하시오. (단, $P(0\le Z\le 1.5)=0.4332$)

04-2 어느 농장에서 수확하는 당근의 무게는 평균이 300 g, 표준편차가 40 g인 정규분포를 따른다고 한다. 이 농장에서 수확한 당근 중 임의추출한 100개의 무게의 표본평균을 $\overline{X}$ g이라 할 때, $P(\overline{X}\ge a)=0.8413$을 만족시키는 상수 a의 값을 오른쪽 표준정규분포표를 이용하여 구하시오.

z	$P(0\le Z\le z)$
0.5	0.1915
1.0	0.3413
1.5	0.4332
2.0	0.4772

2 표본비율

① 모비율과 표본비율

(1) 모비율

모집단 전체에서 어떤 특성을 갖는 사건의 비율을 **모비율**이라 하고, 기호로 p와 같이 나타낸다.

(2) 표본비율

모집단에서 임의추출한 표본 중에서 어떤 특성을 갖는 사건의 비율을 **표본비율**이라 하고, 기호로 $\hat{p}$과 같이 나타낸다. 이때 크기가 n인 표본에서 어떤 특성을 갖는 사건의 개수를 확률변수 X라 하면 $\hat{p}$은 다음과 같다.

$$\hat{p}=\frac{X}{n}$$

예 어느 고등학교 전체 학생 300명 중 안경을 쓴 학생이 60명이면 모비율 p는

$p=\frac{60}{300}=0.2$

이 모집단에서 임의추출한 학생 150명 중 안경을 쓴 학생이 33명이면 표본비율 $\hat{p}$은

$\hat{p}=\frac{33}{150}=0.22$

참고
- 모비율을 나타내는 p는 모집단 비율을 뜻하는 population proportion의 첫 글자이다.
- $\hat{p}$은 'p hat'이라 읽는다.
- X가 확률변수이므로 $\hat{p}$도 확률변수이다.

② 표본비율의 평균, 분산, 표준편차

모비율이 p인 모집단에서 크기가 n인 표본을 임의추출할 때, 표본비율 $\hat{p}$의 평균, 분산, 표준편차는 다음과 같다.

$$\mathrm{E}(\hat{p})=p,\ \mathrm{V}(\hat{p})=\frac{pq}{n},\ \sigma(\hat{p})=\sqrt{\frac{pq}{n}}\ (\text{단, } q=1-p)$$

예 어느 고등학교 전체 학생의 20 %가 B형일 때, B형인 학생의 모비율 p는 $p=0.2$

전체 학생 중 100명을 임의추출할 때, B형인 학생의 표본비율 $\hat{p}$에 대하여

$\mathrm{E}(\hat{p})=p=0.2,\ \mathrm{V}(\hat{p})=\frac{pq}{n}=\frac{0.2\times0.8}{100}=0.0016,\ \sigma(\hat{p})=\sqrt{\frac{pq}{n}}=\sqrt{0.0016}=0.04$

③ 표본비율의 분포

모비율이 p인 모집단에서 크기가 n인 표본을 임의추출할 때, 표본의 크기 n이 충분히 크면

표본비율 $\hat{p}$은 근사적으로 정규분포 $\mathrm{N}\left(p, \frac{pq}{n}\right)$를 따르고, 확률변수 $Z=\frac{\hat{p}-p}{\sqrt{\frac{pq}{n}}}$는 근사적으로 표준정규분포 $\mathrm{N}(0, 1)$을 따른다. (단, $q=1-p$)

참고 $np\geq5$, $nq\geq5$를 만족시키면 n을 충분히 큰 값으로 생각한다.

개념 Plus

표본비율의 평균, 분산, 표준편차

표본비율 $\hat{p}=\frac{X}{n}$에서 확률변수 X는 크기가 n인 표본 중에서 어떤 특성을 갖는 사건의 개수이므로 X가 가질 수 있는 값은 $0, 1, 2, \cdots, n$이다.

이때 모집단에서 그 특성을 갖는 사건의 비율은 모비율 p이므로 확률변수 X는 이항분포 $\mathrm{B}(n, p)$를 따른다. 즉, $\mathrm{E}(X)=np$, $\mathrm{V}(X)=npq\,(q=1-p)$이므로

$$\mathrm{E}(\hat{p})=\mathrm{E}\left(\frac{X}{n}\right)=\frac{1}{n}\mathrm{E}(X)=\frac{1}{n}\times np=p$$

$$\mathrm{V}(\hat{p})=\mathrm{V}\left(\frac{X}{n}\right)=\frac{1}{n^2}\mathrm{V}(X)=\frac{1}{n^2}\times npq=\frac{pq}{n}$$

$$\sigma(\hat{p})=\sqrt{\mathrm{V}(\hat{p})}=\sqrt{\frac{pq}{n}}$$

표본비율의 분포

모비율이 p일 때, 표본비율 $\hat{p}=\frac{X}{n}$에서 확률변수 X는 이항분포 $\mathrm{B}(n, p)$를 따른다.

109쪽에서 배운 것과 같이 표본의 크기 n이 충분히 클 때, X는 근사적으로 정규분포 $\mathrm{N}(np, npq)\,(q=1-p)$를 따르고, $\mathrm{E}(\hat{p})=p$, $\mathrm{V}(\hat{p})=\frac{pq}{n}$이므로 $\hat{p}$은 근사적으로 정규분포 $\mathrm{N}\left(p, \frac{pq}{n}\right)$를 따른다.

따라서 확률변수 $Z=\frac{\hat{p}-p}{\sqrt{\frac{pq}{n}}}$는 근사적으로 표준정규분포 $\mathrm{N}(0, 1)$을 따른다.

개념 Check

정답과 해설 53쪽

1 어느 고등학교의 전체 학생 1000명 중 아침 식사를 거르는 학생이 200명이라 할 때, 다음 물음에 답하시오.

(1) 이 학교의 학생을 모집단으로 할 때, 아침 식사를 거르는 학생의 모비율 p를 구하시오.

(2) 이 학교의 학생 240명을 임의추출할 때, 아침 식사를 거르는 학생이 50명이었다. 이때 표본비율 $\hat{p}$을 구하시오.

2 모비율이 $\frac{1}{4}$인 모집단에서 크기가 25인 표본을 임의추출할 때, 표본비율 $\hat{p}$에 대하여 다음을 구하시오.

(1) $\mathrm{E}(\hat{p})$　　(2) $\mathrm{V}(\hat{p})$　　(3) $\sigma(\hat{p})$

3 모비율이 0.1인 모집단에서 크기가 100인 표본을 임의추출할 때, 표본비율 $\hat{p}$에 대하여 다음 물음에 답하시오.

(1) $\mathrm{E}(\hat{p})$, $\mathrm{V}(\hat{p})$, $\sigma(\hat{p})$을 구하시오.

(2) $\hat{p}$이 따르는 정규분포를 기호로 나타내시오.

(3) $\mathrm{P}(\hat{p}\ge 0.04)$를 구하시오. (단, $\mathrm{P}(0\le Z\le 2)=0.4772$)

필수 예제 05 표본비율의 확률

유형편 51쪽

어느 선거에서 A 지역의 투표율이 50 %라고 한다. 이 지역의 유권자 100명을 임의추출할 때, 투표를 한 유권자가 50명 이상 60명 이하일 확률을 오른쪽 표준정규분포표를 이용하여 구하시오.

z	$P(0\le Z\le z)$
1.0	0.3413
1.5	0.4332
2.0	0.4772
2.5	0.4938

공략 Point

표본의 크기 n이 충분히 크면 표본비율 $\hat{p}$은 근사적으로 정규분포 $N\left(p, \frac{pq}{n}\right)$를 따른다.
(단, $q=1-p$)

풀이

임의추출한 이 지역의 유권자 100명 중 투표를 한 유권자의 비율을 $\hat{p}$이라 하면 모비율 $p=0.5$, 표본의 크기 $n=100$이므로 $\hat{p}$의 평균과 분산은

$E(\hat{p})=0.5$

$V(\hat{p})=\frac{0.5\times0.5}{100}=0.0025=0.05^2$

이때 표본의 크기 $n=100$은 충분히 크므로

표본비율 $\hat{p}$은 근사적으로 정규분포 $N(0.5, 0.05^2)$을 따른다.

따라서 $Z=\frac{\hat{p}-0.5}{0.05}$로 놓으면 확률변수 Z는 표준정규분포 $N(0, 1)$을 따르므로 구하는 확률은

$P\left(\frac{50}{100}\le\hat{p}\le\frac{60}{100}\right)$
$=P(0.5\le\hat{p}\le0.6)$
$=P\left(\frac{0.5-0.5}{0.05}\le Z\le\frac{0.6-0.5}{0.05}\right)$
$=P(0\le Z\le2)=\mathbf{0.4772}$

문제

정답과 해설 54쪽

05-1 어느 고등학교는 전체 학생의 $\frac{2}{3}$가 방과 후 학교를 한다고 한다. 이 고등학교 학생 50명을 임의추출할 때, 방과 후 학교를 하는 학생의 비율이 60 % 이상 80 % 이하일 확률을 오른쪽 표준정규분포표를 이용하여 구하시오.

z	$P(0\le Z\le z)$
1.0	0.3413
1.5	0.4332
2.0	0.4772
2.5	0.4938

05-2 어느 컴퓨터 회사 직원의 80 %가 인터넷 중독으로 판정을 받지 않았다고 한다. 이 회사 직원 100명을 임의추출할 때, 인터넷 중독 판정을 받지 않은 직원이 75명 이하일 확률을 구하시오.

(단, $P(0\le Z\le1.25)=0.394$)

3 모평균의 추정

1 추정

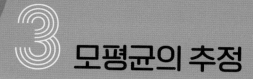

표본에서 얻은 정보를 이용하여 모평균과 같은 모집단의 특성을 나타내는 값을 추측하는 것을 **추정**이라 한다.

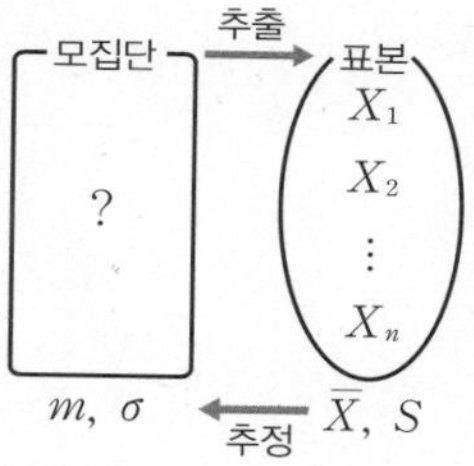

2 모평균의 신뢰구간

정규분포 $\mathrm{N}(m, \sigma^2)$을 따르는 모집단에서 크기가 n인 표본을 임의추출할 때, 표본평균 $\overline{X}$의 값이 $\overline{x}$이면 **신뢰도**에 따른 모평균 m에 대한 **신뢰구간**은 다음과 같다.

(1) 신뢰도 95 %의 신뢰구간: $\overline{x}-1.96\frac{\sigma}{\sqrt{n}} \le m \le \overline{x}+1.96\frac{\sigma}{\sqrt{n}}$ ◀ $\mathrm{P}(|Z| \le 1.96)=0.95$

(2) 신뢰도 99 %의 신뢰구간: $\overline{x}-2.58\frac{\sigma}{\sqrt{n}} \le m \le \overline{x}+2.58\frac{\sigma}{\sqrt{n}}$ ◀ $\mathrm{P}(|Z| \le 2.58)=0.99$

예 정규분포 $\mathrm{N}(m, 10^2)$을 따르는 모집단에서 크기가 100인 표본을 임의추출하여 구한 표본평균이 100일 때

(1) 모평균 m에 대한 신뢰도 95 %의 신뢰구간은

$100-1.96\times\frac{10}{\sqrt{100}} \le m \le 100+1.96\times\frac{10}{\sqrt{100}}$ $\quad \therefore 98.04 \le m \le 101.96$

(2) 모평균 m에 대한 신뢰도 99 %의 신뢰구간은

$100-2.58\times\frac{10}{\sqrt{100}} \le m \le 100+2.58\times\frac{10}{\sqrt{100}}$ $\quad \therefore 97.42 \le m \le 102.58$

참고 • $\mathrm{P}(|Z| \le k)=\frac{\alpha}{100}$일 때, 모평균 m에 대한 신뢰도 α %의 신뢰구간은

$\overline{x}-k\frac{\sigma}{\sqrt{n}} \le m \le \overline{x}+k\frac{\sigma}{\sqrt{n}}$

• 모평균을 추정할 때, 모표준편차 σ의 값을 모르는 경우가 많다. 이 경우 표본의 크기 n이 충분히 크면$(n \ge 30)$ σ 대신 표본표준편차 S를 이용하여 근사적으로 모평균의 신뢰구간을 구할 수 있다.

3 모평균의 신뢰구간의 길이

정규분포 $\mathrm{N}(m, \sigma^2)$을 따르는 모집단에서 크기가 n인 표본을 임의추출할 때, 신뢰도에 따른 모평균 m에 대한 신뢰구간의 길이는 다음과 같다.

(1) 신뢰도 95 %의 신뢰구간의 길이: $2\times1.96\frac{\sigma}{\sqrt{n}}$ ◀ $\left(\overline{x}+1.96\frac{\sigma}{\sqrt{n}}\right)-\left(\overline{x}-1.96\frac{\sigma}{\sqrt{n}}\right)$

(2) 신뢰도 99 %의 신뢰구간의 길이: $2\times2.58\frac{\sigma}{\sqrt{n}}$ ◀ $\left(\overline{x}+2.58\frac{\sigma}{\sqrt{n}}\right)-\left(\overline{x}-2.58\frac{\sigma}{\sqrt{n}}\right)$

참고 • 표본의 크기가 일정할 때, 신뢰도가 높아지면 신뢰구간의 길이는 길어지고 신뢰도가 낮아지면 신뢰구간의 길이는 짧아진다.

• 신뢰도가 일정할 때, 표본의 크기가 커지면 신뢰구간의 길이는 짧아지고 표본의 크기가 작아지면 신뢰구간의 길이는 길어진다.

개념 Plus

모평균의 신뢰구간

정규분포 $\mathrm{N}(m,\ \sigma^2)$을 따르는 모집단에서 크기가 n인 표본을 임의추출할 때, 표본평균 $\overline{X}$는 정규분포 $\mathrm{N}\left(m,\ \dfrac{\sigma^2}{n}\right)$을 따르므로 $Z=\dfrac{\overline{X}-m}{\dfrac{\sigma}{\sqrt{n}}}$으로 놓으면 확률변수 Z는 표준정규분포 $\mathrm{N}(0,\ 1)$을 따른다.

이때 표준정규분포표에서 $\mathrm{P}(0\le Z\le 1.96)=0.475$이므로

$$\mathrm{P}(-1.96\le Z\le 1.96)=2\times 0.475=0.95$$

$$\mathrm{P}\left(-1.96\le\dfrac{\overline{X}-m}{\dfrac{\sigma}{\sqrt{n}}}\le 1.96\right)=0.95\qquad\therefore\ \mathrm{P}\left(\overline{X}-1.96\dfrac{\sigma}{\sqrt{n}}\le m\le\overline{X}+1.96\dfrac{\sigma}{\sqrt{n}}\right)=0.95$$

이는 모평균 m이 $\overline{X}-1.96\dfrac{\sigma}{\sqrt{n}}$ 이상 $\overline{X}+1.96\dfrac{\sigma}{\sqrt{n}}$ 이하일 확률이 0.95라는 뜻이다.

여기서 표본평균 $\overline{X}$에 실제 관측한 표본평균 $\overline{x}$를 대입한 범위

$$\overline{x}-1.96\dfrac{\sigma}{\sqrt{n}}\le m\le\overline{x}+1.96\dfrac{\sigma}{\sqrt{n}}$$

를 모평균 m에 대한 신뢰도 95 %의 신뢰구간이라 한다.

같은 방법으로 $\mathrm{P}(-2.58\le Z\le 2.58)=0.99$이므로 모평균 m에 대한 신뢰도 99 %의 신뢰구간은

$$\overline{x}-2.58\dfrac{\sigma}{\sqrt{n}}\le m\le\overline{x}+2.58\dfrac{\sigma}{\sqrt{n}}$$

신뢰도 95 %인 신뢰구간의 의미

모집단에서 크기가 n인 표본을 임의추출하여 표본평균의 값 $\overline{x}$를 얻었을 때, 추출되는 표본에 따라 표본평균이 달라지므로 신뢰구간도 달라진다.

이때 추출된 표본에 따라 신뢰구간은 모평균 m을 포함하는 것과 포함하지 않는 것이 있다.

신뢰도 95 %의 신뢰구간이란 오른쪽 그림과 같이 크기가 n인 표본을 여러 번 임의추출하여 신뢰구간을 구하는 것을 반복할 때, 구한 신뢰구간 중 약 95 %는 모평균 m을 포함한다는 뜻이다.

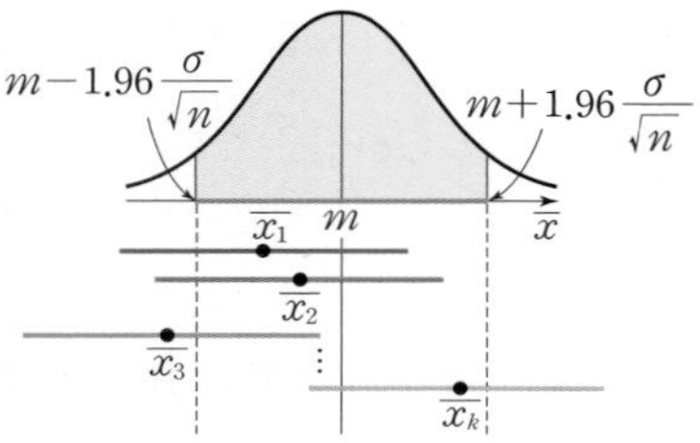

개념 Check

정답과 해설 54쪽

1 표준편차가 2인 정규분포를 따르는 모집단에서 크기가 16인 표본을 임의추출하여 구한 표본평균이 8일 때, 다음과 같은 신뢰도로 추정한 모평균 m에 대한 신뢰구간을 구하시오.

(단, $\mathrm{P}(|Z|\le 1.96)=0.95$, $\mathrm{P}(|Z|\le 2.58)=0.99$)

(1) 신뢰도 95 %　　　　(2) 신뢰도 99 %

2 정규분포 $\mathrm{N}(m,\ 3^2)$을 따르는 모집단에서 크기가 64인 표본을 임의추출할 때, 다음과 같은 신뢰도로 추정한 모평균 m에 대한 신뢰구간의 길이를 구하시오.

(단, $\mathrm{P}(|Z|\le 1.96)=0.95$, $\mathrm{P}(|Z|\le 2.58)=0.99$)

(1) 신뢰도 95 %　　　　(2) 신뢰도 99 %

필수예제 06 모평균의 추정

유형편 51쪽

전국의 고등학교 야구 선수의 공 던지기 기록은 평균이 m m인 정규분포를 따른다고 한다. 전국의 고등학교 야구 선수 중 100명을 임의추출하여 공 던지기 기록을 조사하였더니 평균이 70 m, 표준편차가 12 m이었을 때, 고등학교 야구 선수의 공 던지기 기록의 모평균 m에 대하여 다음을 구하시오.

(단, $\mathrm{P}(|Z|\le 1.96)=0.95$, $\mathrm{P}(|Z|\le 2.58)=0.99$)

(1) 신뢰도 95 %의 신뢰구간 (2) 신뢰도 99 %의 신뢰구간

공략 Point

정규분포 $\mathrm{N}(m, \sigma^2)$을 따르는 모집단에서 크기가 n인 표본을 임의추출하여 구한 표본평균의 값이 $\overline{x}$이면 모평균 m에 대한 신뢰도 95 %의 신뢰구간은

$\overline{x}-1.96\frac{\sigma}{\sqrt{n}}\le m\le \overline{x}+1.96\frac{\sigma}{\sqrt{n}}$

신뢰도 99 %의 신뢰구간은

$\overline{x}-2.58\frac{\sigma}{\sqrt{n}}\le m\le \overline{x}+2.58\frac{\sigma}{\sqrt{n}}$

풀이

표본의 크기 $n=100$, 표본평균 $\overline{x}=70$이고, n은 충분히 크므로 모표준편차 σ 대신 표본표준편차 12를 이용한다.

(1) 모평균 m에 대한 신뢰도 95 %의 신뢰구간은	$70-1.96\times\frac{12}{\sqrt{100}}\le m\le 70+1.96\times\frac{12}{\sqrt{100}}$ $\therefore$ **$67.648\le m\le 72.352$**
(2) 모평균 m에 대한 신뢰도 99 %의 신뢰구간은	$70-2.58\times\frac{12}{\sqrt{100}}\le m\le 70+2.58\times\frac{12}{\sqrt{100}}$ $\therefore$ **$66.904\le m\le 73.096$**

문제

정답과 해설 54쪽

06-1 어느 공장에서 생산하는 박스 포장 테이프의 길이는 평균이 m cm인 정규분포를 따른다고 한다. 이 공장에서 생산한 테이프 중 100개를 임의추출하여 길이를 조사하였더니 평균이 500 cm, 표준편차가 40 cm이었을 때, 이 공장에서 생산한 테이프의 길이의 모평균 m에 대하여 다음을 구하시오. (단, $\mathrm{P}(0\le Z\le 1.96)=0.475$, $\mathrm{P}(0\le Z\le 2.58)=0.495$)

(1) 신뢰도 95 %의 신뢰구간 (2) 신뢰도 99 %의 신뢰구간

06-2 어느 지역 주민의 하루 스마트폰 사용 시간은 평균이 m시간, 표준편차가 2시간인 정규분포를 따른다고 한다. 이 지역 주민 중 64명을 임의추출하여 하루 스마트폰 사용 시간을 조사하였더니 평균이 4시간이었을 때, 이 지역 주민의 하루 스마트폰 사용 시간의 모평균 m에 대한 신뢰도 95 %의 신뢰구간을 구하시오. (단, $\mathrm{P}(-1.96\le Z\le 1.96)=0.95$)

필수 예제 07 모평균의 추정 - 표본의 크기 구하기

유형편 52쪽

어느 과수원에서 수확하는 사과의 무게는 평균이 m g, 표준편차가 20 g인 정규분포를 따른다고 한다. 이 과수원에서 수확한 사과 중 n개를 임의추출하여 무게를 조사하였더니 평균이 300 g이었을 때, 이 과수원에서 수확한 사과 무게의 모평균 m에 대한 신뢰도 95 %의 신뢰구간이 $290.2 \le m \le 309.8$이다. 이때 n의 값을 구하시오. (단, $P(0 \le Z \le 1.96) = 0.475$)

공략 Point

신뢰구간에 대한 식을 세운 후 주어진 신뢰구간과 비교하여 n의 값을 구한다.

풀이

표본평균 $\bar{x}=300$, 모표준편차 $\sigma=20$이므로 모평균 m에 대한 신뢰도 95 %의 신뢰구간은	$300-1.96\times\frac{20}{\sqrt{n}} \le m \le 300+1.96\times\frac{20}{\sqrt{n}}$
이 신뢰구간이 $290.2 \le m \le 309.8$과 일치하므로	$300-1.96\times\frac{20}{\sqrt{n}}=290.2$, $300+1.96\times\frac{20}{\sqrt{n}}=309.8$ $\therefore 1.96\times\frac{20}{\sqrt{n}}=9.8$
따라서 n의 값을 구하면	$\sqrt{n}=4$ $\quad\therefore n=\mathbf{16}$

문제

정답과 해설 55쪽

07-**1** 어느 고등학교 학생의 키는 평균이 m cm, 표준편차가 16 cm인 정규분포를 따른다고 한다. 이 고등학교 학생 중 n명을 임의추출하여 키를 조사하였더니 평균이 167 cm이었을 때, 이 고등학교 학생의 키의 모평균 m에 대한 신뢰도 95 %의 신뢰구간이 $163.08 \le m \le 170.92$이다. 이때 n의 값을 구하시오. (단, $P(|Z| \le 1.96) = 0.95$)

07-**2** 평균이 m, 표준편차가 4인 정규분포를 따르는 모집단에서 임의추출한 크기가 n인 표본의 평균이 12이었을 때, 모평균 m에 대한 신뢰도 99 %의 신뢰구간이 $a \le m \le 13.29$이다. 이때 $n+a$의 값을 구하시오. (단, $P(|Z| \le 2.58) = 0.99$)

필수 예제 08 모평균의 신뢰구간의 길이

유형편 53쪽

어느 대학 지원자의 논술 시험 점수는 표준편차가 10점인 정규분포를 따른다고 한다. 이 지원자 중 일부를 임의추출하여 지원자의 논술 시험 점수의 모평균을 신뢰도 95 %로 추정할 때, 신뢰구간의 길이가 2.8점 이하가 되도록 하는 표본의 크기의 최솟값을 구하시오. (단, $P(-1.96 \le Z \le 1.96) = 0.95$)

공략 Point

정규분포 $N(m, \sigma^2)$을 따르는 모집단에서 크기가 n인 표본을 임의추출할 때, 모평균 m에 대한 신뢰도 95 %의 신뢰구간의 길이는

$$2 \times 1.96 \frac{\sigma}{\sqrt{n}}$$

신뢰도 99 %의 신뢰구간의 길이는

$$2 \times 2.58 \frac{\sigma}{\sqrt{n}}$$

풀이

표본의 크기를 n이라 할 때, 모표준편차 $\sigma=10$이므로 신뢰도 95 %의 신뢰구간의 길이는	$2 \times 1.96 \times \frac{10}{\sqrt{n}}$
신뢰구간의 길이가 2.8점 이하가 되어야 하므로	$2 \times 1.96 \times \frac{10}{\sqrt{n}} \le 2.8$ $\sqrt{n} \ge 14$ $\therefore n \ge 196$
따라서 표본의 크기의 최솟값은	**196**

문제

정답과 해설 55쪽

08-1 어느 포도 농장에서 수확하는 포도의 무게는 표준편차가 50 g인 정규분포를 따른다고 한다. 이 농장에서 수확한 포도 중 25송이를 임의추출하여 포도의 무게의 모평균을 신뢰도 95 %, 99 %로 추정할 때, 신뢰구간의 길이를 각각 a g, b g이라 하자. 이때 $b-a$의 값을 구하시오.

(단, $P(|Z| \le 1.96) = 0.95$, $P(|Z| \le 2.58) = 0.99$)

08-2 표준편차가 2인 정규분포를 따르는 모집단에서 표본을 임의추출하여 모평균 m을 신뢰도 99 %로 추정할 때, 신뢰구간의 길이가 5.16이 되도록 하는 표본의 크기를 구하시오.

(단, $P(|Z| \le 2.58) = 0.99$)

08-3 어느 회사에서 생산하는 음료수의 칼슘 함유량은 표준편차가 5 mg인 정규분포를 따른다고 한다. 이 회사에서 생산한 음료수 중 n병을 임의추출하여 음료수의 칼슘 함유량의 모평균을 신뢰도 95 %로 추정할 때, 신뢰구간의 길이가 4.9 mg 이하가 되도록 하는 n의 최솟값을 구하시오.

(단, $P(0 \le Z \le 1.96) = 0.475$)

4 모비율의 추정

1 모비율의 신뢰구간

표본평균을 이용하여 모평균을 추정할 수 있는 것과 같이 표본비율을 이용하여 모비율을 추정할 수 있다.

모집단에서 크기가 n인 표본을 임의추출하여 구한 표본비율이 $\hat{p}$일 때, n이 충분히 크면 모비율 p에 대한 신뢰구간은 다음과 같다. (단, $\hat{q}=1-\hat{p}$)

(1) 신뢰도 95 %의 신뢰구간: $\hat{p}-1.96\sqrt{\frac{\hat{p}\hat{q}}{n}}\le p\le \hat{p}+1.96\sqrt{\frac{\hat{p}\hat{q}}{n}}$ ◀ $\mathrm{P}(|Z|\le 1.96)=0.95$

(2) 신뢰도 99 %의 신뢰구간: $\hat{p}-2.58\sqrt{\frac{\hat{p}\hat{q}}{n}}\le p\le \hat{p}+2.58\sqrt{\frac{\hat{p}\hat{q}}{n}}$ ◀ $\mathrm{P}(|Z|\le 2.58)=0.99$

예 모집단에서 크기가 100인 표본을 임의추출하여 구한 표본비율이 $\frac{1}{5}$일 때, $\hat{p}=\frac{1}{5}=0.2$이고 $n=100$은 충분히 크므로

(1) 모비율 p에 대한 신뢰도 95 %의 신뢰구간은

$$0.2-1.96\sqrt{\frac{0.2\times 0.8}{100}}\le p\le 0.2+1.96\sqrt{\frac{0.2\times 0.8}{100}}$$

$\therefore\ 0.1216\le p\le 0.2784$

(2) 모비율 p에 대한 신뢰도 99 %의 신뢰구간은

$$0.2-2.58\sqrt{\frac{0.2\times 0.8}{100}}\le p\le 0.2+2.58\sqrt{\frac{0.2\times 0.8}{100}}$$

$\therefore\ 0.0968\le p\le 0.3032$

참고
- $n\hat{p}\ge 5$, $n\hat{q}\ge 5$를 만족시키면 n을 충분히 큰 값으로 생각한다.
- 표본의 크기 n이 일정한 경우 $\sqrt{\frac{\hat{p}\hat{q}}{n}}$은 $\hat{p}=\hat{q}=\frac{1}{2}$일 때 최대이고, 최댓값은 $\sqrt{\frac{1}{4n}}$이다.
  └ $\hat{p}\hat{q}=\hat{p}(1-\hat{p})=-\left(\hat{p}-\frac{1}{2}\right)^2+\frac{1}{4}$
- $\mathrm{P}(|Z|\le k)=\frac{\alpha}{100}$일 때, 모비율 p에 대한 신뢰도 α %의 신뢰구간은

$$\hat{p}-k\sqrt{\frac{\hat{p}\hat{q}}{n}}\le p\le \hat{p}+k\sqrt{\frac{\hat{p}\hat{q}}{n}}$$

2 모비율의 신뢰구간의 길이

모집단에서 크기가 n인 표본을 임의추출할 때, 신뢰도에 따른 모비율 p에 대한 신뢰구간의 길이는 다음과 같다. (단, $\hat{q}=1-\hat{p}$)

(1) 신뢰도 95 %의 신뢰구간의 길이: $2\times 1.96\sqrt{\frac{\hat{p}\hat{q}}{n}}$ ◀ $\left(\hat{p}+1.96\sqrt{\frac{\hat{p}\hat{q}}{n}}\right)-\left(\hat{p}-1.96\sqrt{\frac{\hat{p}\hat{q}}{n}}\right)$

(2) 신뢰도 99 %의 신뢰구간의 길이: $2\times 2.58\sqrt{\frac{\hat{p}\hat{q}}{n}}$ ◀ $\left(\hat{p}+2.58\sqrt{\frac{\hat{p}\hat{q}}{n}}\right)-\left(\hat{p}-2.58\sqrt{\frac{\hat{p}\hat{q}}{n}}\right)$

참고
- 표본의 크기가 일정할 때, 신뢰도가 높아지면 신뢰구간의 길이는 길어지고 신뢰도가 낮아지면 신뢰구간의 길이는 짧아진다.
- 신뢰도가 일정할 때, 표본의 크기가 커지면 신뢰구간의 길이는 짧아지고 표본의 크기가 작아지면 신뢰구간의 길이는 길어진다.

개념 Plus

모비율의 신뢰구간

124쪽에서 배운 것과 같이 모비율이 p인 모집단에서 크기가 n인 표본을 임의추출할 때, 표본의 크기 n이 충분히 크면 표본비율 $\hat{p}$은 근사적으로 정규분포 $\mathrm{N}\left(p,\ \dfrac{pq}{n}\right)$를 따르므로 확률변수 $Z=\dfrac{\hat{p}-p}{\sqrt{\dfrac{pq}{n}}}$는 근사적으로 표준정규분포 $\mathrm{N}(0,\ 1)$을 따른다. (단, $q=1-p$)

이때 표본의 크기 n이 충분히 크면 $\sqrt{\dfrac{pq}{n}}$에서 모비율 p 대신에 표본비율 $\hat{p}$을 대입한 확률변수 $Z=\dfrac{\hat{p}-p}{\sqrt{\dfrac{\hat{p}\hat{q}}{n}}}$도 근사적으로 표준정규분포 $\mathrm{N}(0,\ 1)$을 따른다. (단, $\hat{q}=1-\hat{p}$)

이때 표준정규분포표에서 $\mathrm{P}(0\le Z\le 1.96)=0.475$이므로

$$\mathrm{P}(-1.96\le Z\le 1.96)=2\times 0.475=0.95$$

$$\mathrm{P}\left(-1.96\le \dfrac{\hat{p}-p}{\sqrt{\dfrac{\hat{p}\hat{q}}{n}}}\le 1.96\right)=0.95$$

$$\therefore\ \mathrm{P}\left(\hat{p}-1.96\sqrt{\dfrac{\hat{p}\hat{q}}{n}}\le p\le \hat{p}+1.96\sqrt{\dfrac{\hat{p}\hat{q}}{n}}\right)=0.95$$

이는 모비율 p가 $\hat{p}-1.96\sqrt{\dfrac{\hat{p}\hat{q}}{n}}$ 이상 $\hat{p}+1.96\sqrt{\dfrac{\hat{p}\hat{q}}{n}}$ 이하일 확률이 0.95라는 뜻이다. 이 범위

$$\hat{p}-1.96\sqrt{\dfrac{\hat{p}\hat{q}}{n}}\le p\le \hat{p}+1.96\sqrt{\dfrac{\hat{p}\hat{q}}{n}}$$

를 모비율 p에 대한 신뢰도 95 %의 신뢰구간이라 한다.

같은 방법으로 $\mathrm{P}(-2.58\le Z\le 2.58)=0.99$이므로 모비율 p에 대한 신뢰도 99 %의 신뢰구간은

$$\hat{p}-2.58\sqrt{\dfrac{\hat{p}\hat{q}}{n}}\le p\le \hat{p}+2.58\sqrt{\dfrac{\hat{p}\hat{q}}{n}}$$

개념 Check

정답과 해설 55쪽

1 모집단에서 크기가 400인 표본을 임의추출하여 구한 표본비율이 0.5일 때, 다음과 같은 신뢰도로 추정한 모비율 p에 대한 신뢰구간을 구하시오. (단, $\mathrm{P}(|Z|\le 1.96)=0.95$, $\mathrm{P}(|Z|\le 2.58)=0.99$)

(1) 신뢰도 95 %　　(2) 신뢰도 99 %

2 모집단에서 크기가 300인 표본을 임의추출하여 구한 표본비율이 0.25일 때, 다음과 같은 신뢰도로 추정한 모비율 p에 대한 신뢰구간의 길이를 구하시오.

(단, $\mathrm{P}(|Z|\le 1.96)=0.95$, $\mathrm{P}(|Z|\le 2.58)=0.99$)

(1) 신뢰도 95 %　　(2) 신뢰도 99 %

필수 예제 09 모비율의 추정

유형편 54쪽

어느 지역 국회의원으로 출마한 A 후보자의 지지율을 알아보기 위하여 지역 유권자 중 600명을 임의추출하여 전화 설문 조사를 실시하였더니 360명이 A 후보자를 지지한다고 응답하였다. 이 지역의 모든 유권자 중 A 후보자를 지지하는 사람의 비율 p에 대하여 다음을 구하시오.

(단, $\mathrm{P}(|Z|\le 1.96)=0.95$, $\mathrm{P}(|Z|\le 2.58)=0.99$)

(1) 신뢰도 95 %의 신뢰구간 (2) 신뢰도 99 %의 신뢰구간

공략 Point

모집단에서 크기가 n인 표본을 임의추출하여 구한 표본비율이 $\hat{p}$일 때, n이 충분히 크면 모비율 p에 대한 신뢰도 95 %의 신뢰구간은

$\hat{p}-1.96\sqrt{\frac{\hat{p}\hat{q}}{n}}\le p\le \hat{p}+1.96\sqrt{\frac{\hat{p}\hat{q}}{n}}$

신뢰도 99 %의 신뢰구간은

$\hat{p}-2.58\sqrt{\frac{\hat{p}\hat{q}}{n}}\le p\le \hat{p}+2.58\sqrt{\frac{\hat{p}\hat{q}}{n}}$

(단, $\hat{q}=1-\hat{p}$)

풀이

표본의 크기 $n=600$, 표본비율 $\hat{p}=\frac{360}{600}=0.6$이고, n은 충분히 크므로

(1) 모비율 p에 대한 신뢰도 95 %의 신뢰구간은	$0.6-1.96\sqrt{\frac{0.6\times0.4}{600}}\le p\le 0.6+1.96\sqrt{\frac{0.6\times0.4}{600}}$ $\therefore$ **$0.5608\le p\le 0.6392$**
(2) 모비율 p에 대한 신뢰도 99 %의 신뢰구간은	$0.6-2.58\sqrt{\frac{0.6\times0.4}{600}}\le p\le 0.6+2.58\sqrt{\frac{0.6\times0.4}{600}}$ $\therefore$ **$0.5484\le p\le 0.6516$**

문제

정답과 해설 55쪽

09-1 사람들이 선호하는 수박은 당도가 11브릭스 이상인 상품이라고 한다. 어느 농장에서 재배하는 수박 중 400개를 임의추출하여 당도를 조사하였더니 당도가 11브릭스 이하인 수박이 80개이었다. 이 농장에서 재배하는 모든 수박 중 당도가 11브릭스 이하인 수박의 비율 p에 대하여 다음을 구하시오. (단, $\mathrm{P}(|Z|\le 1.96)=0.95$, $\mathrm{P}(|Z|\le 2.58)=0.99$)

(1) 신뢰도 95 %의 신뢰구간 (2) 신뢰도 99 %의 신뢰구간

09-2 어느 휴대 전화 회사에서 최근 출시한 A 휴대 전화의 만족도를 알아보기 위하여 A 휴대 전화 사용자 중 4900명을 임의추출하여 조사하였더니 90 %가 만족한다고 응답하였다. 모든 A 휴대 전화 사용자 중 만족하는 사용자의 비율 p에 대한 신뢰도 95 %의 신뢰구간이 $0.9-k\le p\le 0.9+k$일 때, k의 값을 구하시오. (단, $\mathrm{P}(|Z|\le 1.96)=0.95$)

필수 예제 10 모비율의 추정 - 표본의 크기 구하기

유형편 55쪽

어느 사이트에 게시된 기사 중 광고가 포함된 기사의 비율을 알아보기 위하여 n개의 기사를 임의추출하여 조사하였더니 광고가 포함된 비율이 0.1이었다고 한다. 전체 기사 중 광고가 포함된 기사의 비율 p에 대한 신뢰도 95 %의 신뢰구간이 $0.0412 \le p \le 0.1588$일 때, n의 값을 구하시오.

(단, n은 충분히 큰 수이고, $P(|Z| \le 1.96) = 0.95$)

공략 Point

신뢰구간에 대한 식을 세운 후 주어진 신뢰구간과 비교하여 n의 값을 구한다.

풀이

표본비율 $\hat{p}=0.1$이므로 모비율 p에 대한 신뢰도 95 %의 신뢰구간은	$0.1-1.96\sqrt{\frac{0.1\times0.9}{n}} \le p \le 0.1+1.96\sqrt{\frac{0.1\times0.9}{n}}$ $0.1-1.96\times\frac{0.3}{\sqrt{n}} \le p \le 0.1+1.96\times\frac{0.3}{\sqrt{n}}$
이 신뢰구간이 $0.0412 \le p \le 0.1588$과 일치하므로	$0.1-1.96\times\frac{0.3}{\sqrt{n}}=0.0412,\ 0.1+1.96\times\frac{0.3}{\sqrt{n}}=0.1588$ $\therefore 1.96\times\frac{0.3}{\sqrt{n}}=0.0588$
따라서 n의 값을 구하면	$\sqrt{n}=10 \quad \therefore n=\mathbf{100}$

문제

정답과 해설 56쪽

10-1 모집단에서 크기가 n인 표본을 임의추출할 때, 표본비율이 0.8이면 모비율 p에 대한 신뢰도 95 %의 신뢰구간은 $0.7216 \le p \le 0.8784$라고 한다. n의 값을 구하시오.

(단, n은 충분히 큰 수이고, $P(|Z| \le 1.96) = 0.95$)

10-2 어느 공항을 이용하는 사람들 중 n명을 임의추출하여 조사하였더니 75 %가 국적기를 이용하는 것으로 나타났다. 국적기를 이용하는 비율 p에 대한 신뢰도 99 %의 신뢰구간이 $0.6855 \le p \le 0.8145$일 때, n의 값을 구하시오.

(단, n은 충분히 큰 수이고, $P(|Z| \le 2.58) = 0.99$)

필수 예제 11 모비율의 신뢰구간의 길이

유형편 55쪽

어느 도시에서 n개의 가구를 임의추출하여 반려동물을 양육하는 비율을 조사하였더니 전체의 $\frac{1}{7}$이었다. 이 도시 전체 가구에서 반려동물을 양육하는 비율을 신뢰도 95 %로 추정할 때, 신뢰구간의 길이가 0.08 이하가 되도록 하는 n의 최솟값을 구하시오.

(단, n은 충분히 큰 수이고, $\mathrm{P}(|Z| \le 1.96)=0.95$)

공략 Point

모집단에서 크기가 n인 표본을 임의추출할 때, n이 충분히 크고 표본비율이 $\hat{p}$이면 모비율 p에 대한 신뢰도 95 %의 신뢰구간의 길이는

$$2\times1.96\sqrt{\frac{\hat{p}\hat{q}}{n}}$$

신뢰도 99 %의 신뢰구간의 길이는

$$2\times2.58\sqrt{\frac{\hat{p}\hat{q}}{n}}$$

(단, $\hat{q}=1-\hat{p}$)

풀이

표본비율 $\hat{p}=\frac{1}{7}$이고, n은 충분히 크므로 신뢰도 95 %의 신뢰구간의 길이는	$2\times1.96\sqrt{\frac{\frac{1}{7}\times\frac{6}{7}}{n}}$
신뢰구간의 길이가 0.08 이하가 되어야 하므로	$2\times1.96\sqrt{\frac{\frac{1}{7}\times\frac{6}{7}}{n}}\le0.08$ $\sqrt{n}\ge\frac{2\times1.96\sqrt{\frac{1}{7}\times\frac{6}{7}}}{0.08}=7\sqrt{6}$ $\therefore n\ge294$
따라서 n의 최솟값은	**294**

문제

정답과 해설 56쪽

11-**1** 고등학생 중 400명을 임의추출하여 온라인 강의를 수강하는 학생을 조사하였더니 전체의 10 % 이었다. 고등학생 전체에서 온라인 강의를 수강하는 학생의 비율을 신뢰도 99 %로 추정할 때, 신뢰구간의 길이를 구하시오. (단, $\mathrm{P}(|Z| \le 2.58)=0.99$)

11-**2** 우리나라 청소년 중 n명을 임의추출하여 어버이날 부모님께 무엇을 선물하였는지 조사하였더니 응답자의 40 %가 카네이션을 선물하였다고 대답하였다. 우리나라 전체 청소년 중 어버이날 부모님께 카네이션을 선물한 청소년의 비율을 신뢰도 95 %로 추정할 때, 신뢰구간의 길이가 0.0784 이하가 되도록 하는 n의 최솟값을 구하시오.

(단, n은 충분히 큰 수이고, $\mathrm{P}(|Z| \le 1.96)=0.95$)

연습문제

정답과 해설 56쪽

1 모집단의 확률변수 X의 확률분포를 표로 나타내면 다음과 같다. 이 모집단에서 크기가 3인 표본을 임의추출할 때, 표본평균 $\overline{X}$에 대하여 $\mathrm{P}(\overline{X}=1)$은?

X	1	2	3	합계
$\mathrm{P}(X=x)$	$\frac{1}{4}$	$\frac{1}{4}$	$\frac{1}{2}$	1

① $\frac{1}{64}$ ② $\frac{1}{8}$ ③ $\frac{1}{4}$
④ $\frac{3}{8}$ ⑤ $\frac{1}{2}$

2 모평균이 30, 모표준편차가 3인 모집단에서 크기가 n인 표본을 임의추출할 때, 표본평균 $\overline{X}$에 대하여 $\sigma(\overline{X})=\frac{1}{3}$이다. 이때 n의 값을 구하시오.

평가원

3 어느 모집단의 확률변수 X의 확률분포가 다음 표와 같다. $\mathrm{E}(X^2)=\frac{16}{3}$일 때, 이 모집단에서 임의추출한 크기가 20인 표본의 표본평균 $\overline{X}$에 대하여 $\mathrm{V}(\overline{X})$의 값은?

X	0	2	4	합계
$\mathrm{P}(X=x)$	$\frac{1}{6}$	a	b	1

① $\frac{1}{60}$ ② $\frac{1}{30}$ ③ $\frac{1}{20}$
④ $\frac{1}{15}$ ⑤ $\frac{1}{12}$

4 1, 1, 2, 2, 2, 2, 3, 3의 숫자가 각각 하나씩 적힌 8장의 카드가 들어 있는 주머니에서 3장의 카드를 임의추출할 때, 카드에 적힌 숫자의 평균을 $\overline{X}$라 하자. 이때 $\mathrm{E}(\overline{X})\mathrm{V}(\overline{X})$의 값을 구하시오.

5 숫자 1이 적힌 공 2개, 숫자 2가 적힌 공 5개, 숫자 a가 적힌 공 3개가 들어 있는 주머니에서 4개의 공을 임의추출할 때, 공에 적힌 숫자의 평균을 $\overline{X}$라 하자. $\mathrm{E}(\overline{X})=3$일 때, $a+\mathrm{V}(\overline{X})$의 값은?

① 6 ② 7 ③ 8
④ 9 ⑤ 10

6 우리나라 중소기업 신입 사원의 한 달 급여는 평균이 320만 원, 표준편차가 32만 원인 정규분포를 따른다고 한다. 중소기업 신입 사원 중 임의추출한 64명의 한 달 급여의 평균이 310만 원 이하일 확률을 위의 표준정규분포표를 이용하여 구하시오.

z	$\mathrm{P}(0\le Z\le z)$
1.0	0.3413
1.5	0.4332
2.0	0.4772
2.5	0.4938

연습문제

수능

7 정규분포 $N(0, 4^2)$을 따르는 모집단에서 크기가 9인 표본을 임의추출하여 구한 표본평균을 $\overline{X}$, 정규분포 $N(3, 2^2)$을 따르는 모집단에서 크기가 16인 표본을 임의추출하여 구한 표본평균을 $\overline{Y}$라 하자.

$$P(\overline{X} \ge 1) = P(\overline{Y} \le a)$$

를 만족시키는 상수 a의 값은?

① $\frac{19}{8}$ ② $\frac{5}{2}$ ③ $\frac{21}{8}$
④ $\frac{11}{4}$ ⑤ $\frac{23}{8}$

8 어느 공장에서 생산하는 소스의 용량은 평균이 m mL, 표준편차가 40 mL인 정규분포를 따른다고 한다. 이 공장에서 생산한 소스 중 임의추출한 100병의 소스의 용량의 평균이 246 mL 이상일 확률이 0.9332일 때, m의 값을 위의 표준정규분포표를 이용하여 구하시오.

z	$P(0 \le Z \le z)$
1.0	0.3413
1.5	0.4332
2.0	0.4772
2.5	0.4938

9 어느 전자 제품 고객 센터에 전화를 걸면 전체 고객의 20 %는 상담원과 바로 연결되지 않는다고 한다. 이 고객 센터에 전화를 건 고객 중 400명을 임의추출할 때, 상담원과 바로 연결되지 못한 고객이 66명 이하일 확률을 구하시오.

(단, $P(0 \le Z \le 1.75) = 0.4599$)

교육청

10 어느 고등학교의 학생 중에서 자전거를 타고 등교하는 학생의 비율은 25 %라고 한다. 이 고등학교의 학생 중에서 300명을 임의로 추출할 때, 그 중 자전거를 타고 등교하는 학생의 비율이 a % 이상일 확률은 0.0228이다. 이때 위의 표준정규분포표를 이용하여 구한 a의 값은?

z	$P(0 \le Z \le z)$
0.5	0.1915
1.0	0.3413
1.5	0.4332
2.0	0.4772

① 29 ② 30 ③ 31
④ 32 ⑤ 33

11 어느 농장 토끼들의 일 년간 체중의 증가량은 평균이 m g인 정규분포를 따른다고 한다. 이 농장의 토끼 중 100마리를 임의추출하여 일 년간 체중의 증가량을 조사하였더니 평균이 2570 g, 표준편차가 50 g이었을 때, 이 농장 토끼들의 일 년간 체중의 증가량의 모평균 m에 대한 신뢰도 95 %의 신뢰구간은? (단, $P(|Z| \le 1.96) = 0.95$)

① $2560.2 \le m \le 2579.8$
② $2562.1 \le m \le 2577.9$
③ $2564.1 \le m \le 2575.9$
④ $2566.08 \le m \le 2573.92$
⑤ $2568.04 \le m \le 2571.96$

12 어느 자격증 시험 응시자의 점수는 평균이 m점, 표준편차가 10점인 정규분포를 따른다고 한다. 응시자 중 n명을 임의추출하여 조사한 점수의 평균이 50점이었을 때, 모평균 m에 대한 신뢰도 99 %의 신뢰구간은 $48.71 \le m \le 51.29$이다. 이때 n의 값을 구하시오. (단, $P(|Z| \le 2.58) = 0.99$)

13 어느 가게에서 만드는 사탕의 열량은 표준편차가 12 kcal인 정규분포를 따른다고 한다. 이 가게에서 만든 사탕 중 36개를 임의추출하여 사탕 한 개의 평균 열량 m kcal를 신뢰도 99 %로 추정할 때, 모평균과 표본평균의 차의 최댓값은?

(단, $P(|Z| \le 2.58) = 0.99$)

① 1.29 ② 2.58 ③ 3.87
④ 5.16 ⑤ 6.45

평가원

14 어느 음식점을 방문한 고객의 주문 대기 시간은 평균이 m분, 표준편차가 σ분인 정규분포를 따른다고 한다. 이 음식점을 방문한 고객 중 64명을 임의추출하여 얻은 표본평균을 이용하여 이 음식점을 방문한 고객의 주문 대기 시간의 평균 m에 대한 신뢰도 95 %의 신뢰구간을 구하면 $a \le m \le b$이다. $b-a=4.9$일 때, σ의 값을 구하시오.
(단, Z가 표준정규분포를 따르는 확률변수일 때, $P(|Z| \le 1.96) = 0.95$로 계산한다.)

15 정규분포 $N(m,\ 4^2)$을 따르는 모집단에서 크기가 각각 n_1, n_2인 표본을 임의추출하여 모평균 m에 대한 신뢰도 99 %의 신뢰구간을 구하였더니 신뢰구간의 길이의 비가 2 : 3이었다. 이때 $\frac{n_1}{n_2}$의 값은?

(단, $P(|Z| \le 2.58) = 0.99$)

① $\frac{4}{9}$ ② $\frac{2}{3}$ ③ 1
④ $\frac{3}{2}$ ⑤ $\frac{9}{4}$

16 정규분포를 따르는 모집단에서 임의추출한 표본으로 추정한 모평균의 신뢰구간에 대하여 보기에서 옳은 것만을 있는 대로 고른 것은?

보기
ㄱ. 신뢰도가 일정할 때, 표본의 크기를 크게 하면 신뢰구간의 길이는 짧아진다.
ㄴ. 신뢰도를 높이면서 표본의 크기를 작게 하면 신뢰구간의 길이는 길어진다.
ㄷ. 신뢰도를 낮추면서 표본의 크기를 크게 하면 신뢰구간의 길이는 짧아진다.

① ㄱ ② ㄴ ③ ㄱ, ㄷ
④ ㄴ, ㄷ ⑤ ㄱ, ㄴ, ㄷ

17 어느 도시의 청년 취업률을 알아보기 위하여 이 도시에 사는 청년 중 150명을 임의추출하여 조사하였더니 60명의 청년이 취업하였다고 한다. 이 도시의 청년 취업률 p에 대한 신뢰도 99 %의 신뢰구간을 구하시오. (단, $P(|Z| \le 2.58) = 0.99$)

18 어느 보험에 가입한 고객 중 n명을 임의추출하여 조사한 결과 전체의 $\frac{1}{4}$이 사고가 발생한 것으로 나타났다. 사고가 발생한 고객의 비율 p를 신뢰도 95 %로 추정할 때, 신뢰구간이 $0.2255 \le p \le 0.2745$가 되도록 하는 n의 값을 구하시오. (단, $P(|Z| \le 1.96) = 0.95$)

연습문제

정답과 해설 59쪽

실력

19 어느 과수원에서 하루에 생산하는 딸기 한 개의 무게는 평균이 64 g, 표준편차가 2 g인 정규분포를 따른다고 한다. 이 과수원에서 하루에 생산한 딸기 중 임의로 선택한 4개를 한 묶음으로 포장하여 판매할 때, 한 묶음의 무게가 248 g 미만이면 판매하지 못한다고 한다. 하루에 4만 개의 딸기를 생산할 때, 221묶음 이상 판매하지 못할 확률을 위의 표준정규분포표를 이용하여 구하면?

z	$\mathrm{P}(0\le Z\le z)$
1.0	0.34
1.5	0.43
2.0	0.48
2.5	0.49

(단, 포장의 무게는 고려하지 않는다.)

① 0.01　② 0.02　③ 0.07
④ 0.16　⑤ 0.35

수능

20 우리나라 성인을 대상으로 특정 질병에 대한 항체 보유 비율을 조사하려고 한다. 모집단의 항체 보유 비율을 p, 모집단에서 임의로 추출한 n명을 대상으로 조사한 표본의 항체 보유 비율을 $\hat{p}$이라고 할 때, $|\hat{p}-p|\le 0.16\sqrt{\hat{p}(1-\hat{p})}$일 확률이 0.9544 이상이 되도록 하는 n의 최솟값을 구하시오.
(단, Z가 표준정규분포를 따르는 확률변수일 때, $\mathrm{P}(0\le Z\le 2)=0.4772$이다.)

21 어느 고등학교 학생들의 한 달 용돈은 평균이 m만 원인 정규분포를 따른다고 한다. 이 고등학교 학생 중 64명을 임의추출하여 한 달 용돈을 조사하였더니 평균이 5만 원, 표준편차가 1만 원이었을 때, 이 고등학교 학생들의 한 달 용돈의 모평균 m을 신뢰도 α %로 추정한 신뢰구간이 $4.7\le m\le 5.3$이다. 이때 α의 값을 위의 표준정규분포표를 이용하여 구하시오.

z	$\mathrm{P}(0\le Z\le z)$
1.8	0.46
2.1	0.48
2.4	0.49

수능

22 어느 지역 주민들의 하루 여가 활동 시간은 평균이 m분, 표준편차가 σ분인 정규분포를 따른다고 한다. 이 지역 주민 중 16명을 임의추출하여 구한 하루 여가 활동 시간의 표본평균이 75분일 때, 모평균 m에 대한 신뢰도 95 %의 신뢰구간이 $a\le m\le b$이다. 이 지역 주민 중 16명을 다시 임의추출하여 구한 하루 여가 활동 시간의 표본평균이 77분일 때, 모평균 m에 대한 신뢰도 99 %의 신뢰구간이 $c\le m\le d$이다. $d-b=3.86$을 만족시키는 σ의 값을 구하시오. (단, Z가 표준정규분포를 따르는 확률변수일 때, $\mathrm{P}(|Z|\le 1.96)=0.95$, $\mathrm{P}(|Z|\le 2.58)=0.99$로 계산한다.)

표준정규분포표

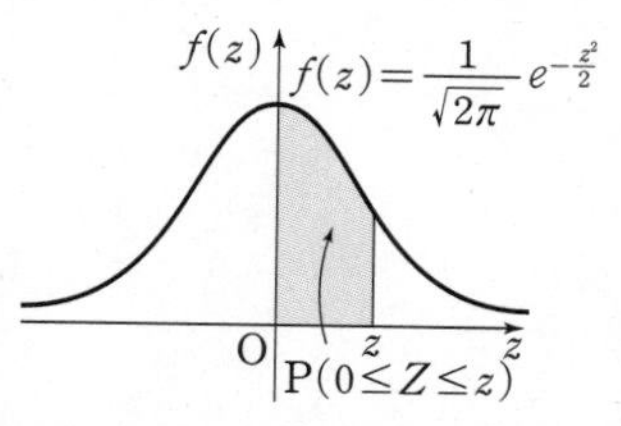

z	0.00	0.01	0.02	0.03	0.04	0.05	0.06	0.07	0.08	0.09
0.0	0.0000	0.0040	0.0080	0.0120	0.0160	0.0199	0.0239	0.0279	0.0319	0.0359
0.1	0.0398	0.0438	0.0478	0.0517	0.0557	0.0596	0.0636	0.0675	0.0714	0.0753
0.2	0.0793	0.0832	0.0871	0.0910	0.0948	0.0987	0.1026	0.1064	0.1103	0.1141
0.3	0.1179	0.1217	0.1255	0.1293	0.1331	0.1368	0.1406	0.1443	0.1480	0.1517
0.4	0.1554	0.1591	0.1628	0.1664	0.1700	0.1736	0.1772	0.1808	0.1844	0.1879
0.5	0.1915	0.1950	0.1985	0.2019	0.2054	0.2088	0.2123	0.2157	0.2190	0.2224
0.6	0.2257	0.2291	0.2324	0.2357	0.2389	0.2422	0.2454	0.2486	0.2517	0.2549
0.7	0.2580	0.2611	0.2642	0.2673	0.2704	0.2734	0.2764	0.2794	0.2823	0.2852
0.8	0.2881	0.2910	0.2939	0.2967	0.2995	0.3023	0.3051	0.3078	0.3106	0.3133
0.9	0.3159	0.3186	0.3212	0.3238	0.3264	0.3289	0.3315	0.3340	0.3365	0.3389
1.0	0.3413	0.3438	0.3461	0.3485	0.3508	0.3531	0.3554	0.3577	0.3599	0.3621
1.1	0.3643	0.3665	0.3686	0.3708	0.3729	0.3749	0.3770	0.3790	0.3810	0.3830
1.2	0.3849	0.3869	0.3888	0.3907	0.3925	0.3944	0.3962	0.3980	0.3997	0.4015
1.3	0.4032	0.4049	0.4066	0.4082	0.4099	0.4115	0.4131	0.4147	0.4162	0.4177
1.4	0.4192	0.4207	0.4222	0.4236	0.4251	0.4265	0.4279	0.4292	0.4306	0.4319
1.5	0.4332	0.4345	0.4357	0.4370	0.4382	0.4394	0.4406	0.4418	0.4429	0.4441
1.6	0.4452	0.4463	0.4474	0.4484	0.4495	0.4505	0.4515	0.4525	0.4535	0.4545
1.7	0.4554	0.4564	0.4573	0.4582	0.4591	0.4599	0.4608	0.4616	0.4625	0.4633
1.8	0.4641	0.4649	0.4656	0.4664	0.4671	0.4678	0.4686	0.4693	0.4699	0.4706
1.9	0.4713	0.4719	0.4726	0.4732	0.4738	0.4744	0.4750	0.4756	0.4761	0.4767
2.0	0.4772	0.4778	0.4783	0.4788	0.4793	0.4798	0.4803	0.4808	0.4812	0.4817
2.1	0.4821	0.4826	0.4830	0.4834	0.4838	0.4842	0.4846	0.4850	0.4854	0.4857
2.2	0.4861	0.4864	0.4868	0.4871	0.4875	0.4878	0.4881	0.4884	0.4887	0.4890
2.3	0.4893	0.4896	0.4898	0.4901	0.4904	0.4906	0.4909	0.4911	0.4913	0.4916
2.4	0.4918	0.4920	0.4922	0.4925	0.4927	0.4929	0.4931	0.4932	0.4934	0.4936
2.5	0.4938	0.4940	0.4941	0.4943	0.4945	0.4946	0.4948	0.4949	0.4951	0.4952
2.6	0.4953	0.4955	0.4956	0.4957	0.4959	0.4960	0.4961	0.4962	0.4963	0.4964
2.7	0.4965	0.4966	0.4967	0.4968	0.4969	0.4970	0.4971	0.4972	0.4973	0.4974
2.8	0.4974	0.4975	0.4976	0.4977	0.4977	0.4978	0.4979	0.4979	0.4980	0.4981
2.9	0.4981	0.4982	0.4982	0.4983	0.4984	0.4984	0.4985	0.4985	0.4986	0.4986
3.0	0.4987	0.4987	0.4987	0.4988	0.4988	0.4989	0.4989	0.4989	0.4990	0.4990
3.1	0.4990	0.4991	0.4991	0.4991	0.4992	0.4992	0.4992	0.4992	0.4993	0.4993
3.2	0.4993	0.4993	0.4994	0.4994	0.4994	0.4994	0.4994	0.4995	0.4995	0.4995
3.3	0.4995	0.4995	0.4995	0.4996	0.4996	0.4996	0.4996	0.4996	0.4996	0.4997
3.4	0.4997	0.4997	0.4997	0.4997	0.4997	0.4997	0.4997	0.4997	0.4997	0.4998

MEMO

MEMO

MEMO

ABOVE IMAGINATION

우리는 남다른 상상과 혁신으로
교육 문화의 새로운 전형을 만들어
모든 이의 행복한 경험과 성장에 기여한다

개념+유형

유형편 확률과 통계

개념과 유형이 하나로

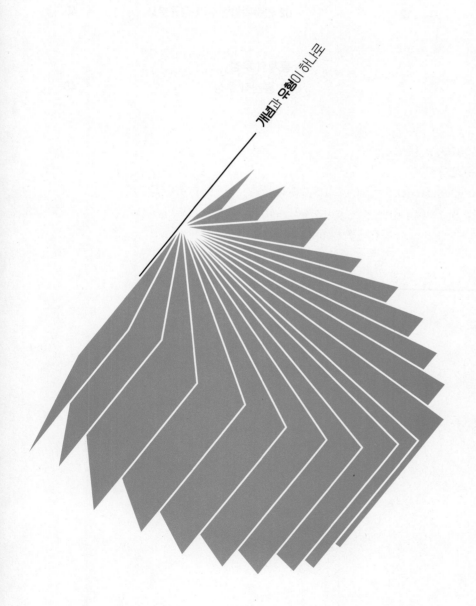

CONTENTS 차례

개념과 유형이 하나로
개념+유형

Ⅰ. 경우의 수

1 순열과 조합

01 여러 가지 순열과 중복조합 4
02 이항정리 12

Ⅱ. 확률

1 확률의 개념과 활용

01 확률의 개념과 활용 16

2 조건부확률

01 조건부확률 26

Ⅲ. 통계

1 확률분포

01 이산확률변수와 이항분포 34
02 연속확률변수와 정규분포 40

2 통계적 추정

01 통계적 추정 48

I. 경우의 수

1 순열과 조합

01 여러 가지 순열과 중복조합

02 이항정리

01 여러 가지 순열과 중복조합

유형 01 중복순열의 수

서로 다른 n개에서 중복을 허용하여 r개를 택하는 중복순열의 수

➡ ${}_n\Pi_r = n^r$

참고 중복이 가능한 것의 개수를 n으로 놓는다.

1 ○○○ 등식 ${}_n\Pi_2 + {}_nC_2 = 51$을 만족시키는 자연수 n의 값은?

① 4 ② 5 ③ 6
④ 7 ⑤ 8

2 ○○○ 4명의 학생이 각각 딸기 맛, 망고 맛, 복숭아 맛 아이스크림 중에서 한 개씩 택하는 경우의 수를 구하시오. (단, 한 명도 택하지 않는 아이스크림 맛이 있을 수 있다.)

3 ●○○ 6개의 문자 a, b, c, d, e, f로 중복을 허용하여 세 자리의 암호를 만들 때, 자음으로 시작하는 암호의 개수는?

① 36 ② 72 ③ 144
④ 288 ⑤ 576

4 ●○○ 서로 다른 6개의 볼펜 중에서 5개를 택하여 서로 다른 2개의 필통에 나누어 담는 경우의 수는?
(단, 빈 필통이 있을 수 있다.)

① 162 ② 192 ③ 222
④ 252 ⑤ 282

5 ●○○ 서로 다른 5송이의 꽃을 4개의 꽃병 A, B, C, D에 남김없이 꽂을 때, 두 꽃병 A, B에는 꽃을 1송이씩만 꽂는 경우의 수는? (단, 빈 꽃병이 있을 수 있다.)

① 80 ② 100 ③ 120
④ 140 ⑤ 160

6 ●●○ 4명의 후보가 출마한 선거에서 4명의 선거인이 한 명의 후보에게 각각 기명으로 투표할 때, 적어도 2명의 선거인이 같은 후보에게 투표할 경우의 수는?
(단, 기권이나 무효표는 없다.)

① 29 ② 58 ③ 116
④ 232 ⑤ 256

7 ●●○ 1부터 5까지의 자연수가 각각 하나씩 적힌 5개의 공을 남김없이 서로 다른 3개의 상자에 넣을 때, 각 상자에 넣은 공에 적힌 수의 합이 13 이하가 되는 경우의 수를 구하시오. (단, 빈 상자가 있을 수 있다.)

유형 02 중복순열 – 신호의 개수

(1) 서로 다른 n개의 기호에서 중복을 허용하여 r개를 사용하여 만들 수 있는 신호의 개수
➡ ${}_n\Pi_r$

(2) 서로 다른 n개의 기호에서 중복을 허용하여 1개부터 r개까지 사용하여 만들 수 있는 신호의 개수
➡ ${}_n\Pi_1+{}_n\Pi_2+{}_n\Pi_3+\cdots+{}_n\Pi_r$

8 ○○○ 일렬로 놓인 5개의 전구를 각각 켜거나 꺼서 만들 수 있는 서로 다른 신호의 개수는? (단, 모든 전구는 동시에 작동되고, 전구가 모두 꺼진 경우는 신호에서 제외한다.)

① 28 ② 29 ③ 30 ④ 31 ⑤ 32

9 ●○○ 4개의 기호 ↑, ↓, →, ←에서 중복을 허용하여 택한 후 일렬로 배열하여 신호를 만들려고 한다. 예를 들어 기호 2개로 ↑↑, ↓↑, 기호 4개로 ↓↑←→, →→↑↓ 등과 같은 신호를 만들 수 있다. 기호를 합해서 2개 이상 4개 이하로 사용하여 만들 수 있는 서로 다른 신호의 개수는?

① 306 ② 320 ③ 336 ④ 353 ⑤ 376

10 ●●● 빨간색, 노란색, 초록색 깃발이 각각 한 개씩 있다. 깃발을 합해서 n번 이하로 들어 올려서 1000개 이상의 서로 다른 신호를 만들려고 할 때, n의 최솟값을 구하시오. (단, 한 번에 2개 이상의 깃발을 동시에 들어 올리지 않고, 깃발을 들어 올리지 않는 경우는 신호에서 제외한다.)

유형 03 중복순열 – 자연수의 개수

(1) 0을 포함하지 않은 n개의 한 자리 숫자로 중복을 허용하여 만들 수 있는 m자리의 자연수의 개수
➡ ${}_n\Pi_m$

(2) 0을 포함한 n개의 한 자리 숫자로 중복을 허용하여 만들 수 있는 m자리의 자연수의 개수
➡ $(n-1)\times{}_n\Pi_{m-1}$

11 ○○○ 여섯 개의 숫자 0, 1, 2, 3, 4, 5로 중복을 허용하여 만들 수 있는 세 자리의 자연수의 개수는?

① 120 ② 180 ③ 216 ④ 360 ⑤ 720

12 ●○○ 다섯 개의 숫자 1, 2, 3, 4, 5로 중복을 허용하여 만들 수 있는 네 자리의 자연수 중에서 2를 한 번만 사용한 자연수의 개수는?

① 128 ② 256 ③ 500 ④ 512 ⑤ 625

13 ●○○ 네 개의 숫자 0, 1, 2, 3으로 중복을 허용하여 만들 수 있는 다섯 자리의 자연수 중에서 백의 자리, 일의 자리에는 홀수만 오는 자연수의 개수를 구하시오.

14 ●○○ 세 개의 숫자 0, 1, 2로 중복을 허용하여 만들 수 있는 여섯 자리의 자연수 중에서 4의 배수의 개수를 구하시오.

15 ●●○ 다섯 개의 숫자 0, 1, 2, 3, 4로 중복을 허용하여 만들 수 있는 자연수를 크기가 작은 것부터 순서대로 배열할 때, 30000은 몇 번째 수인가?

① 1873번째 ② 1874번째 ③ 1875번째
④ 1876번째 ⑤ 1877번째

교육청

16 ●●○ 숫자 0, 1, 2 중에서 중복을 허락하여 4개를 택해 일렬로 나열하여 만들 수 있는 네 자리의 자연수 중 각 자리의 수의 합이 7 이하인 자연수의 개수는?

① 45 ② 47 ③ 49
④ 51 ⑤ 53

17 ●●● 네 개의 숫자 1, 2, 3, 4로 중복을 허용하여 만들 수 있는 네 자리의 자연수 중에서 서로 다른 2개의 숫자로만 이루어진 자연수의 개수는?

① 76 ② 84 ③ 92
④ 100 ⑤ 108

유형 04 중복순열 – 함수의 개수

두 집합 X, Y의 원소의 개수가 각각 m, n일 때, X에서 Y로의 함수의 개수

➡ ${}_{n}\Pi_{m}$

참고 X에서 Y로의 일대일함수의 개수는 ${}_{n}\mathrm{P}_{m}$ (단, $n \geq m$)

18 ●○○ 두 집합 $X=\{1, 2, 3\}$, $Y=\{1, 2, 3, 4, 5\}$에 대하여 X에서 Y로의 함수 f 중에서 $f(1) \leq 4$인 함수의 개수는?

① 100 ② 125 ③ 150
④ 175 ⑤ 200

19 ●●○ 집합 $X=\{-1, 0, 1, 2\}$에 대하여 다음 조건을 만족시키는 X에서 X로의 함수 f의 개수를 구하시오.

> $x_1 \in X$, $x_2 \in X$에 대하여 $f(x_1)=f(x_2)$인 서로 다른 x_1, x_2가 존재한다.

20 ●●● 집합 $X=\{1, 2, 3, 4, 5\}$에 대하여 다음 조건을 만족시키는 X에서 X로의 함수의 개수는?

> (가) 치역의 원소의 개수는 2이다.
> (나) 치역의 모든 원소의 곱은 홀수이다.

① 90 ② 120 ③ 150
④ 180 ⑤ 210

유형 05 같은 것이 있는 순열의 수

n개 중에서 같은 것이 각각 p개, q개, $\cdots$, r개씩 있을 때, n개를 일렬로 배열하는 순열의 수

➡ $\dfrac{n!}{p!\times q!\times\cdots\times r!}$ (단, $p+q+\cdots+r=n$)

21 빨간 공 2개, 파란 공 4개, 흰 공 6개를 일렬로 배열하여 좌우 대칭이 되도록 하는 경우의 수를 구하시오. (단, 같은 색의 공은 서로 구별하지 않는다.)

22 passion에 있는 7개의 문자를 일렬로 배열할 때, 양 끝에 p와 i가 오게 배열하는 경우의 수를 구하시오.

교육청

23 6개의 문자 a, a, b, b, c, c를 일렬로 배열할 때, a끼리는 이웃하지 않도록 나열하는 경우의 수는?

① 50 ② 55 ③ 60
④ 65 ⑤ 70

24 집합 $X=\{1, 3, 5, 7, 9\}$에 대하여 X에서 X로의 함수 f 중에서

$$f(1)\times f(3)\times f(5)\times f(7)\times f(9)=9$$

인 함수의 개수는?

① 14 ② 15 ③ 16
④ 17 ⑤ 18

유형 06 순서가 정해진 순열의 수

서로 다른 n개를 일렬로 배열할 때, 특정한 r $(0<r\le n)$개의 순서가 정해져 있으면 그 r개를 같은 것으로 생각하여 같은 것이 r개 포함된 n개를 일렬로 배열하는 순열의 수를 구한다.

25 5개의 문자 a, b, c, d, e를 일렬로 배열할 때, a가 b보다 앞에 오게 배열하는 경우의 수는?

① 60 ② 80 ③ 100
④ 120 ⑤ 140

26 1부터 7까지의 자연수가 각각 하나씩 적힌 7장의 카드를 일렬로 배열할 때, 4가 적힌 카드는 6이 적힌 카드보다 앞에 배열하고 홀수가 적힌 카드는 크기가 작은 수부터 순서대로 배열하는 경우의 수를 구하시오.

27 national에 있는 8개의 문자를 일렬로 배열할 때, 모음은 자음보다 앞에 오게 배열하는 경우의 수를 구하시오.

28 어느 회사원이 해야 할 업무는 A, B를 포함하여 8가지이다. 오늘 A, B를 포함하여 4가지 업무를 하려고 하는데, A는 B보다 먼저 해야 한다. 오늘 해야 할 업무를 택하고 택한 업무의 순서를 정하는 경우의 수는?

① 30 ② 120 ③ 180
④ 240 ⑤ 360

유형 07 같은 것이 있는 순열 – 자연수의 개수

맨 앞자리에는 0이 올 수 없음에 유의하여 같은 것이 있는 순열의 수를 이용하여 자연수의 개수를 구한다.

29 ●○○ 일곱 개의 숫자 0, 1, 2, 2, 2, 3, 3을 모두 사용하여 만들 수 있는 일곱 자리의 자연수의 개수를 구하시오.

교육청

30 ●○○ 6개의 숫자 1, 1, 2, 2, 2, 3을 일렬로 나열하여 만들 수 있는 여섯 자리의 자연수 중 홀수의 개수는?

① 20 ② 30 ③ 40
④ 50 ⑤ 60

31 ●●○ 일곱 개의 숫자 0, 1, 1, 1, 2, 2, 3을 모두 사용하여 만들 수 있는 일곱 자리의 자연수 중에서 십의 자리와 일의 자리의 숫자의 합이 4인 자연수의 개수는?

① 62 ② 64 ③ 66
④ 68 ⑤ 70

32 ●●○ 여섯 개의 숫자 4, 4, 4, 5, 5, 6에서 4개의 숫자를 택하여 만들 수 있는 네 자리의 자연수 중에서 3의 배수의 개수를 구하시오.

유형 08 최단 거리로 가는 경우의 수

A 지점에서 P 지점을 거쳐 B 지점까지 최단 거리로 가는 경우의 수
➡ (A 지점에서 P 지점까지 최단 거리로 가는 경우의 수)
×(P 지점에서 B 지점까지 최단 거리로 가는 경우의 수)

교육청

33 ●○○ 그림과 같이 직사각형 모양으로 연결된 도로망이 있다. 이 도로망을 따라 A 지점에서 출발하여 P 지점을 지나 B 지점까지 최단 거리로 가는 경우의 수는?
(단, 한 번 지난 도로를 다시 지날 수 있다.)

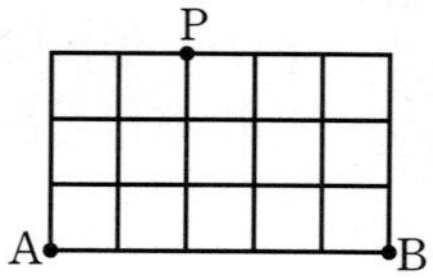

① 200 ② 210 ③ 220
④ 230 ⑤ 240

34 ●●○ 오른쪽 그림과 같이 크기가 같은 정육면체 27개를 쌓아 올려 만든 입체도형이 있다. 각 정육면체의 모서리를 따라 꼭짓점 A에서 모서리 CD를 지나서 꼭짓점 B까지 최단 거리로 가는 경우의 수는?

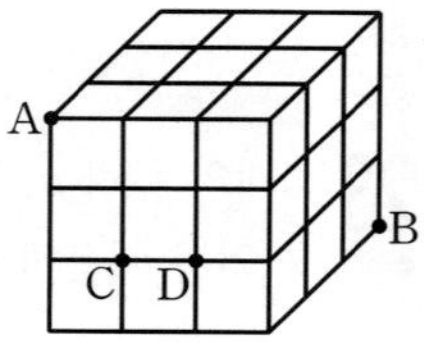

① 20 ② 30 ③ 40
④ 50 ⑤ 60

35 ●●○ 오른쪽 그림과 같은 도로망이 있다. A 지점에서 P 지점은 거치지 않고 Q 지점은 거쳐 B 지점까지 최단 거리로 가는 경우의 수를 구하시오.

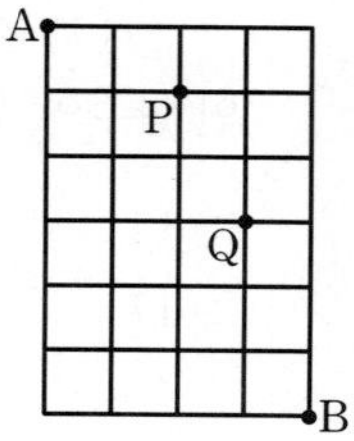

UP

유형 09 최단 거리로 가는 경우의 수 – 장애물이 있는 경우

장애물이 있는 경우에는 반드시 거쳐야 하지만 중복하여 지나지 않는 지점들을 잡아 각각 경우의 수를 구한다.

36 ●●● 오른쪽 그림과 같은 도로망이 있다. A 지점에서 B 지점까지 최단 거리로 가는 경우의 수는?

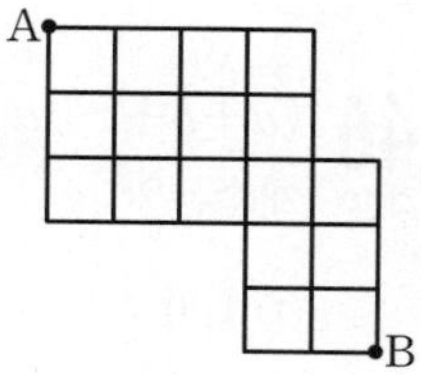

① 178 ② 180
③ 182 ④ 184
⑤ 186

37 ●●● 오른쪽 그림과 같은 도로망이 있다. A 지점에서 B 지점까지 최단 거리로 가는 경우의 수를 구하시오.

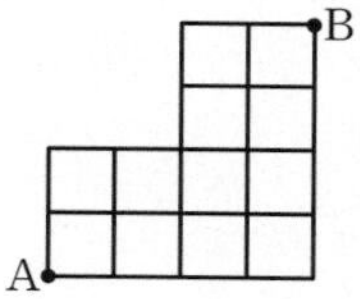

38 ●●● 오른쪽 그림과 같은 도로망이 있다. A 지점에서 B 지점까지 최단 거리로 가는 경우의 수를 구하시오.

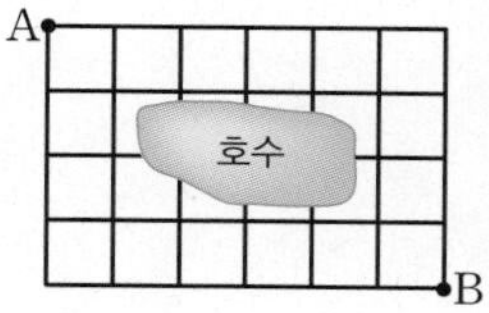

유형 10 중복조합의 수

(1) 서로 다른 n개에서 r개를 택하는 중복조합의 수
➡ ${}_{n}\mathrm{H}_{r}$

(2) 서로 다른 n개에서 중복을 허용하여 $r\,(n\le r)$개를 택할 때, 서로 다른 n개가 적어도 한 개씩 포함되게 택하는 중복조합의 수 ➡ ${}_{n}\mathrm{H}_{r-n}$

39 ○○○ 4명의 학생에게 같은 종류의 과자 7개를 나누어 주는 경우의 수를 구하시오.
(단, 과자를 받지 못하는 학생이 있을 수 있다.)

교육청

40 ●○○ 빨간색 볼펜 5자루와 파란색 볼펜 2자루를 4명의 학생에게 남김없이 나누어 주는 경우의 수는?
(단, 같은 색 볼펜끼리는 서로 구별하지 않고, 볼펜을 1자루도 받지 못하는 학생이 있을 수 있다.)

① 560 ② 570 ③ 580
④ 590 ⑤ 600

41 ●●○ 네 개의 숫자 1, 2, 4, 8에서 중복을 허용하여 택한 세 수의 곱이 200 이하인 경우의 수를 구하시오.

42 한 개의 주사위를 3번 던져서 나오는 눈의 수를 차례대로 a, b, c라 할 때, $2\le a\le b\le 5\le c$를 만족시키는 경우의 수는?
●●○

① 20 ② 30 ③ 40
④ 50 ⑤ 60

43 서로 같은 10개의 공을 남김없이 서로 다른 5개의 상자에 넣으려고 할 때, 빈 상자의 개수가 1이 되도록 넣는 경우의 수를 구하시오.
●●○

교육청

44 서로 다른 종류의 사탕 3개와 같은 종류의 구슬 7개를 같은 종류의 주머니 3개에 남김없이 나누어 넣으려고 한다. 각 주머니에 사탕과 구슬이 각각 1개 이상씩 들어가도록 나누어 넣는 경우의 수는?
●●○

① 11 ② 12 ③ 13
④ 14 ⑤ 15

45 어느 스포츠용품 가게에서 축구공, 농구공, 배구공 중 k개의 공을 사는 경우의 수가 21일 때, 축구공, 농구공, 배구공을 적어도 하나씩 포함하여 k개의 공을 사는 경우의 수를 구하시오. (단, 각 종류의 공은 k개 이상씩 있고, 같은 종류의 공은 서로 구별하지 않는다.)
●●○

유형 11 중복조합 – 전개식에서 항의 개수

$(x_1+x_2+x_3+\cdots+x_m)^n$의 전개식에서 서로 다른 항의 개수는 x_1, x_2, x_3, $\cdots$, x_m의 m개의 문자에서 n개를 택하는 중복조합의 수와 같으므로
➡ ${}_m\mathrm{H}_n$

46 $(a+b+c+d+e)^6$의 전개식에서 서로 다른 항의 개수는?
○○○

① 120 ② 210 ③ 252
④ 330 ⑤ 462

47 $(x+y)^2(a+b+c+d)^4$의 전개식에서 서로 다른 항의 개수를 구하시오.
●○○

48 $(x+y+z)^3(a+b+c)^4$의 전개식에서 x는 반드시 포함하고, a는 포함하지 않는 서로 다른 항의 개수는?
●●○

① 20 ② 30 ③ 40
④ 50 ⑤ 60

49 $(x+y+z)^n$의 전개식에서 서로 다른 항의 개수가 45일 때, 자연수 n의 값을 구하시오.
●●○

유형 12 중복조합 – 방정식과 부등식의 해의 개수

방정식 $x_1+x_2+x_3+\cdots+x_n=r$ (n, r는 자연수)에서
(1) 음이 아닌 정수인 해의 개수 ➡ ${}_n\mathrm{H}_r$
(2) 자연수인 해의 개수 ➡ ${}_n\mathrm{H}_{r-n}$ (단, $n\le r$)

50 ●○○ 방정식 $x+y+z+w=6$을 만족시키는 음이 아닌 정수 x, y, z, w의 순서쌍 (x, y, z, w)의 개수를 m, 자연수 x, y, z, w의 순서쌍 (x, y, z, w)의 개수를 n이라 할 때, $m+n$의 값을 구하시오.

51 ●●○ 부등식 $x+y+z<4$를 만족시키는 음이 아닌 정수 x, y, z의 순서쌍 (x, y, z)의 개수는?

① 16 ② 17 ③ 18
④ 19 ⑤ 20

교육청

52 ●●○ 방정식 $3x+y+z+w=11$을 만족시키는 자연수 x, y, z, w의 모든 순서쌍 (x, y, z, w)의 개수는?

① 24 ② 27 ③ 30
④ 33 ⑤ 36

53 ●●● 방정식 $x+y+z=19$를 만족시키는 홀수 x, y, z의 순서쌍 (x, y, z)의 개수를 구하시오.

UP 유형 13 중복조합 – 함수의 개수

두 집합 X, Y의 원소의 개수가 각각 m, n일 때, X에서 Y로의 함수 f 중에서 $a\in X$, $b\in X$인 a, b에 대하여 $a<b$이면 $f(a)\le f(b)$를 만족시키는 함수의 개수
➡ ${}_n\mathrm{H}_m$

54 ●●○ 두 집합 $X=\{1, 2, 3, 4\}$, $Y=\{3, 4, 5, 6, 7, 8\}$에 대하여 다음 조건을 만족시키는 X에서 Y로의 함수 f의 개수를 구하시오.

> $x_1\in X$, $x_2\in X$일 때, $x_1<x_2$이면 $f(x_1)\ge f(x_2)$이다.

55 ●●● 두 집합 $X=\{1, 3, 5, 7, 9, 11\}$, $Y=\{1, 2, 3, 4, 5, 6\}$에 대하여 다음 조건을 만족시키는 X에서 Y로의 함수 f의 개수를 구하시오.

> (가) 집합 X의 두 원소 x_1, x_2에 대하여 $x_1<x_2$이면 $f(x_1)\le f(x_2)$이다.
> (나) $f(3)=2$, $f(7)=4$

56 ●●● 두 집합 $X=\{1, 3, 5, 7\}$, $Y=\{1, 2, 3, 4, 5, 6\}$에 대하여 X에서 Y로의 함수 f 중에서 $f(1)\le f(3)<f(5)\le f(7)$을 만족시키는 함수의 개수는?

① 30 ② 50 ③ 70
④ 90 ⑤ 110

02 이항정리

유형 01 $(a+b)^n$의 전개식

$(a+b)^n$의 전개식에서 항의 계수를 구할 때에는 전개식의 일반항 ${}_n\mathrm{C}_r a^{n-r} b^r$을 이용한다.

1 ○○○
$(x+3y^2)^6$의 전개식에서 x^4y^4의 계수를 구하시오.

평가원

2 ●○○
$\left(x^2+\dfrac{a}{x}\right)^5$의 전개식에서 $\dfrac{1}{x^2}$의 계수와 x의 계수가 같을 때, 양수 a의 값은?

① 1　② 2　③ 3　④ 4　⑤ 5

3 ●●○
$\left(x-\dfrac{3}{x^n}\right)^8$의 전개식에서 상수항이 존재하도록 하는 자연수 n의 개수를 구하시오.

4 ●●○
$(\sqrt{5}+x)^5$의 전개식에서 계수가 정수인 모든 항의 계수의 합을 구하시오.

유형 02 $(a+b)^p(c+d)^q$의 전개식

(1) $(a+b)^p(c+d)^q$의 전개식의 일반항은 $(a+b)^p$과 $(c+d)^q$의 전개식의 일반항을 각각 구하여 곱한다.
➡ ${}_p\mathrm{C}_r a^{p-r} b^r \times {}_q\mathrm{C}_s c^{q-s} d^s$

(2) $(a+b)(c+d)^q$의 전개식의 일반항은 $a(c+d)^q+b(c+d)^q$으로 변형하여 생각한다.

5 ●○○
$(1-x)^3(1+2x^2)^5$의 전개식에서 x^3의 계수는?

① -32　② -31　③ -30　④ -29　⑤ -28

6 ●●○
$(ax^2+1)\left(x+\dfrac{1}{x}\right)^4$의 전개식에서 상수항이 14일 때, 상수 a의 값은?

① $\dfrac{1}{2}$　② 1　③ 2　④ 3　⑤ $\dfrac{10}{3}$

평가원

7 ●●●
다항식 $(x^2+1)^4(x^3+1)^n$의 전개식에서 x^5의 계수가 12일 때, x^6의 계수는? (단, n은 자연수이다.)

① 6　② 7　③ 8　④ 9　⑤ 10

유형 03 이항계수의 합

다음과 같은 조합의 성질을 이용하여 이항계수의 합으로 나타내어진 식을 간단히 한다.

(1) ${}_{n}C_{0}=1$, ${}_{n}C_{n}=1$

(2) ${}_{n}C_{r}={}_{n}C_{n-r}$

(3) ${}_{n-1}C_{r-1}+{}_{n-1}C_{r}={}_{n}C_{r}$

8 ●○○ 다음 중 ${}_{2}C_{2}+{}_{3}C_{2}+{}_{4}C_{2}+\cdots+{}_{12}C_{2}$의 값과 같은 것은?

① ${}_{12}C_{3}$ ② ${}_{12}C_{4}$ ③ ${}_{13}C_{2}$
④ ${}_{13}C_{3}$ ⑤ ${}_{13}C_{4}$

9 ●○○ ${}_{10}C_{0}+{}_{11}C_{1}+{}_{12}C_{2}+\cdots+{}_{30}C_{20}={}_{n}C_{20}$을 만족시키는 자연수 n의 값은?

① 29 ② 30 ③ 31
④ 32 ⑤ 33

10 ●●○ 다음 파스칼의 삼각형에서 색칠한 부분에 있는 모든 수의 합을 구하시오.

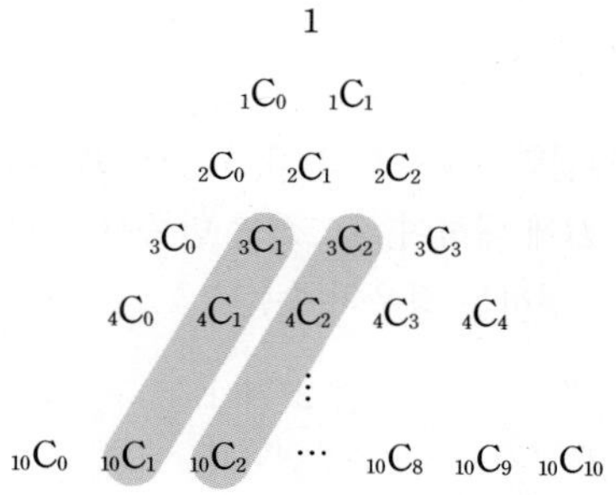

유형 04 이항계수의 합 – 전개식에서 계수의 합

$(a+b)^{n}$의 전개식의 일반항에서 구하는 항의 계수를 찾은 후 이항계수의 합으로 나타내어 간단히 한다.

11 ●○○ 다음 중

$$(1+x)+(1+x)^{2}+(1+x)^{3}+\cdots+(1+x)^{20}$$

의 전개식에서 x^{6}의 계수와 같은 것은?

① ${}_{20}C_{6}$ ② ${}_{20}C_{7}$ ③ ${}_{20}C_{8}$
④ ${}_{21}C_{6}$ ⑤ ${}_{21}C_{7}$

12 ●●○ x에 대한 항등식

$$(1+x^{2})+(1+x^{2})^{2}+(1+x^{2})^{3}+\cdots+(1+x^{2})^{10}$$
$$=a_{0}+a_{1}x+a_{2}x^{2}+\cdots+a_{20}x^{20}$$

에서 a_{8}의 값을 구하시오.

13 ●●○ 다음 다항식의 전개식에서 x^{5}의 계수는?

$$x^{3}(1+x)+x^{3}(1+x)^{2}+x^{3}(1+x)^{3}+\cdots+x^{3}(1+x)^{6}$$

① 20 ② 25 ③ 30
④ 35 ⑤ 40

정답과 해설 67쪽

유형 05 이항계수의 성질

(1) ${}_{n}C_{0}+{}_{n}C_{1}+{}_{n}C_{2}+\cdots+{}_{n}C_{n}=2^{n}$

(2) ${}_{n}C_{0}-{}_{n}C_{1}+{}_{n}C_{2}-\cdots+(-1)^{n}{}_{n}C_{n}=0$

(3) ${}_{n}C_{0}+{}_{n}C_{2}+{}_{n}C_{4}+\cdots=2^{n-1}$

${}_{n}C_{1}+{}_{n}C_{3}+{}_{n}C_{5}+\cdots=2^{n-1}$

14 ${}_{22}C_{1}-{}_{22}C_{2}+{}_{22}C_{3}-{}_{22}C_{4}+\cdots+{}_{22}C_{21}$의 값은?

① -2 ② 0 ③ 2
④ 2^{21} ⑤ 2^{22}

15 ${}_{17}C_{0}+{}_{17}C_{1}+{}_{17}C_{2}+\cdots+{}_{17}C_{8}$의 값은?

① 2^{13} ② 2^{14} ③ 2^{15}
④ 2^{16} ⑤ 2^{17}

16 ${}_{n}C_{1}+{}_{n}C_{2}+{}_{n}C_{3}+\cdots+{}_{n}C_{n}=127$을 만족시키는 자연수 n의 값을 구하시오.

17 집합 $A=\{x_1, x_2, x_3, \cdots, x_{11}\}$의 부분집합 중에서 원소의 개수가 홀수인 것의 개수를 구하시오.

UP 유형 06 $(1+x)^n$의 전개식의 활용

이항정리를 이용하여 $(1+x)^n$을 전개한 식

$$(1+x)^n={}_{n}C_{0}+{}_{n}C_{1}x+{}_{n}C_{2}x^2+\cdots+{}_{n}C_{n}x^n$$

의 양변의 x, n에 적당한 수를 대입한다.

18 $9\,{}_{30}C_{0}+9^2\,{}_{30}C_{1}+9^3\,{}_{30}C_{2}+\cdots+9^{31}\,{}_{30}C_{30}$의 값은?

① 9×10^{29} ② 10^{30} ③ 9×10^{30}
④ 10^{31} ⑤ 9×10^{31}

19 12^{50}을 121로 나누었을 때의 나머지는?

① 1 ② 11 ③ 47
④ 61 ⑤ 67

20 오늘이 월요일일 때, 오늘로부터 15^9일째 되는 날은 무슨 요일인지 구하시오.

21 전체집합 $U=\{1, 3, 5, 7, \cdots, 19\}$의 두 부분집합 A, B에 대하여 $A\subset B$를 만족시키도록 두 집합 A, B를 정하는 경우의 수는?

① 2^{10} ② $2^{10}+1$ ③ $3^{10}-1$
④ 3^{10} ⑤ $3^{10}+1$

Ⅱ. 확률

1 확률의 개념과 활용

01 확률의 개념과 활용

01 확률의 개념과 활용

유형 01 배반사건

두 사건 A, B에 대하여 $A\cap B=\varnothing$이면
➡ 두 사건 A, B는 서로 배반사건이다.

참고 사건 A와 서로 배반인 사건의 개수는 여사건 A^C의 부분집합의 개수와 같다.

1 ○○○ 각 면에 숫자 1, 3, 5, 6, 8, 10이 각각 하나씩 적힌 정육면체를 던지는 시행에서 나오는 수가 10 이하인 사건을 A, 짝수인 사건을 B, 소수인 사건을 C, 3의 배수인 사건을 D라 하자. 다음 중 서로 배반사건인 것은?

① A와 B ② A와 C ③ B와 C
④ B와 D ⑤ C와 D

2 ●○○ 1부터 10까지의 자연수가 각각 하나씩 적힌 10장의 카드 중에서 임의로 한 장의 카드를 뽑을 때, 10의 약수가 적힌 카드를 뽑는 사건을 A라 하자. 이때 사건 A와 서로 배반인 사건의 개수는?

① 16 ② 32 ③ 64
④ 128 ⑤ 256

3 ●●○ 표본공간 $S=\{x|x$는 12 이하의 자연수$\}$에 대하여 두 사건 A, B가

$A=\{x|x$는 3의 배수$\}$, $B=\{x|x$는 소수$\}$

일 때, 표본공간 S의 사건 중에서 A, B와 모두 배반인 사건의 개수를 구하시오.

유형 02 수학적 확률

어떤 시행에서 표본공간 S의 각 근원사건이 일어날 가능성이 모두 같을 때, 사건 A가 일어날 확률은

$$\mathrm{P}(A)=\frac{n(A)}{n(S)}$$

4 ●○○ 집합 $A=\{a, b, c, d, e\}$의 부분집합 중에서 임의로 하나를 택할 때, 원소 b, e를 모두 원소로 갖는 집합일 확률을 구하시오.

5 ●○○ 서로 다른 두 개의 주사위를 동시에 던질 때, 나오는 두 눈의 수의 합이 5 이하일 확률을 구하시오.

6 ●●○ 방정식 $x+y=50$을 만족시키는 자연수 x, y의 순서쌍 (x, y) 중에서 임의로 하나를 택할 때, $xy\geq 600$일 확률을 구하시오.

평가원

7 ●●● 한 개의 주사위를 두 번 던질 때 나오는 눈의 수를 차례로 a, b라 하자. 이차함수 $f(x)=x^2-7x+10$에 대하여 $f(a)f(b)<0$이 성립할 확률은?

① $\frac{1}{18}$ ② $\frac{1}{9}$ ③ $\frac{1}{6}$
④ $\frac{2}{9}$ ⑤ $\frac{5}{18}$

정답과 해설 68쪽

유형 03 순열을 이용하는 확률

서로 다른 것을 택한 후 일렬로 배열하는 경우의 확률을 구할 때에는 먼저 순열을 이용하여 경우의 수를 구한다.

➡ 서로 다른 n개에서 r개를 택하는 순열의 수는

$${}_{n}\mathrm{P}_{r}=n(n-1)(n-2)\times\cdots\times(n-r+1)$$

(단, $0<r\le n$)

8 ●○○ 남자 3명과 여자 5명이 일렬로 줄을 설 때, 맨 앞과 맨 뒤에 남자가 설 확률은?

① $\frac{1}{28}$ ② $\frac{1}{14}$ ③ $\frac{3}{28}$ ④ $\frac{1}{7}$ ⑤ $\frac{5}{28}$

9 ●○○ 여섯 개의 숫자 0, 1, 2, 3, 4, 5에서 서로 다른 3개의 숫자를 택하여 만들 수 있는 세 자리의 자연수 중에서 임의로 하나를 택할 때, 그 수가 5의 배수일 확률을 구하시오.

10 ●●○ 어느 고등학교의 게시판에 서로 다른 교내 대회 안내문 3장과 교외 대회 안내문 3장을 일렬로 붙일 때, 교내와 교외 대회 안내문을 번갈아 붙일 확률은?

① $\frac{1}{20}$ ② $\frac{1}{10}$ ③ $\frac{3}{20}$ ④ $\frac{1}{5}$ ⑤ $\frac{1}{4}$

11 ●●○ 어느 책꽂이에 서로 다른 수학 책 4권과 영어 책 6권을 일렬로 꽂을 때, 어느 두 권의 수학 책도 서로 이웃하지 않게 꽂을 확률은?

① $\frac{1}{6}$ ② $\frac{1}{5}$ ③ $\frac{7}{30}$ ④ $\frac{4}{15}$ ⑤ $\frac{3}{10}$

12 ●●○ 다섯 개의 숫자 3, 4, 5, 6, 7을 모두 사용하여 만들 수 있는 다섯 자리의 자연수 중에서 임의로 하나를 택할 때, 그 수가 64000보다 클 확률을 구하시오.

13 ●●○ justice에 있는 7개의 문자를 일렬로 배열할 때, s와 t 사이에 3개의 문자가 있을 확률을 구하시오.

14 ●●● 다음 그림과 같은 7개의 좌석에 A, B를 포함한 6명의 학생이 앉을 때, A, B가 같은 열에 서로 이웃하게 앉을 확률은?

(단, 하나의 좌석에 한 명만 앉을 수 있다.)

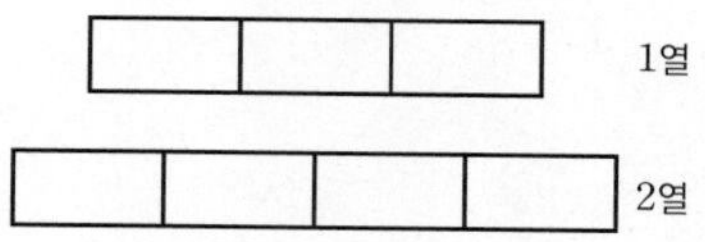

① $\frac{5}{21}$ ② $\frac{2}{7}$ ③ $\frac{1}{3}$ ④ $\frac{8}{21}$ ⑤ $\frac{3}{7}$

유형 04 중복순열을 이용하는 확률

중복을 허용하여 택한 후 일렬로 배열하는 경우의 확률을 구할 때에는 먼저 중복순열을 이용하여 경우의 수를 구한다.

➡ 서로 다른 n개에서 r개를 택하는 중복순열의 수는

$${}_n\Pi_r = n^r$$

15 ●○○ 3명의 학생이 5가지의 놀이기구 중에서 임의로 각각 한 가지의 놀이기구를 택할 때, 3명 모두 다른 놀이기구를 택할 확률을 구하시오.

16 ●○○ 두 집합 $X=\{1, 2, 3, 4\}$, $Y=\{2, 4, 6, 8\}$에 대하여 X에서 Y로의 함수 중에서 임의로 하나를 택할 때, 그 함수가 일대일대응일 확률은?

① $\frac{1}{32}$ ② $\frac{1}{16}$ ③ $\frac{3}{32}$
④ $\frac{1}{8}$ ⑤ $\frac{3}{16}$

17 ●●○ 네 개의 숫자 0, 1, 2, 3에서 중복을 허용하여 4개의 숫자를 택하여 만들 수 있는 네 자리의 자연수 중에서 임의로 하나를 택할 때, 그 수가 2000보다 큰 짝수일 확률을 구하시오.

18 ●●○ 세 사람이 가위바위보를 한 번 할 때, 이긴 사람이 한 명일 확률을 구하시오.

유형 05 같은 것이 있는 순열을 이용하는 확률

같은 것을 포함하여 일렬로 배열하는 경우의 확률을 구할 때에는 먼저 같은 것이 있는 순열을 이용하여 경우의 수를 구한다.

➡ n개 중에서 같은 것이 각각 p개, q개, $\cdots$, r개씩 있을 때, n개를 일렬로 배열하는 순열의 수는

$$\frac{n!}{p!\times q!\times\cdots\times r!} \text{ (단, } p+q+\cdots+r=n\text{)}$$

19 ●○○ 검은 공 3개, 파란 공 3개, 노란 공 2개를 일렬로 배열할 때, 양 끝에 노란 공이 올 확률을 구하시오.
(단, 같은 색의 공은 서로 구별하지 않는다.)

수능

20 ●●○ 한 개의 주사위를 세 번 던져서 나오는 눈의 수를 차례로 a, b, c라 할 때, $a\times b\times c=4$일 확률은?

① $\frac{1}{54}$ ② $\frac{1}{36}$ ③ $\frac{1}{27}$
④ $\frac{5}{108}$ ⑤ $\frac{1}{18}$

21 ●●○ happiness에 있는 9개의 문자를 일렬로 배열할 때, 모음은 알파벳 순서대로 배열할 확률을 구하시오.

22 ●●○ 오른쪽 그림과 같은 도로망이 있다. A 지점에서 B 지점까지 최단 거리로 갈 때, P 지점을 거쳐 갈 확률을 구하시오. (단, 각 경로를 택할 확률은 같다.)

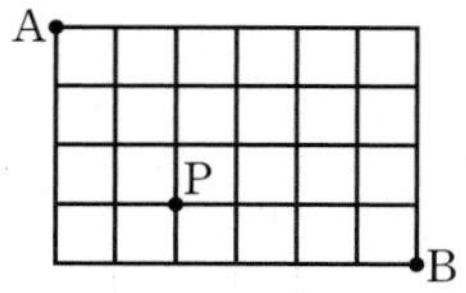

유형 06 조합을 이용하는 확률

순서를 생각하지 않고 서로 다른 것을 택하는 경우의 확률을 구할 때에는 먼저 조합을 이용하여 경우의 수를 구한다.
➡ 서로 다른 n개에서 r개를 택하는 조합의 수는
$${}_{n}C_{r}=\frac{{}_{n}P_{r}}{r!}=\frac{n!}{r!(n-r)!}\ (\text{단, } 0\le r\le n)$$

23 6장의 사진 A, B, C, D, E, F 중에서 임의로 2장의 사진을 동시에 택할 때, B는 반드시 택하고 D는 택하지 않을 확률을 구하시오.

24 빨간 공 3개, 노란 공 2개, 파란 공 5개가 들어 있는 주머니에서 임의로 3개의 공을 동시에 꺼낼 때, 모두 다른 색의 공이 나올 확률을 구하시오.

25 1부터 10까지의 자연수가 각각 하나씩 적힌 10장의 카드 중에서 임의로 3장의 카드를 동시에 뽑을 때, 카드에 적힌 세 수의 곱이 홀수일 확률은?

① $\frac{1}{20}$ ② $\frac{1}{12}$ ③ $\frac{1}{8}$ ④ $\frac{1}{6}$ ⑤ $\frac{1}{3}$

26 집합 $S=\{x|x$는 7 이하의 자연수$\}$의 부분집합 중에서 원소의 개수가 3인 집합을 임의로 택할 때, 가장 큰 원소가 5인 집합일 확률은?

① $\frac{4}{35}$ ② $\frac{1}{7}$ ③ $\frac{6}{35}$ ④ $\frac{1}{5}$ ⑤ $\frac{8}{35}$

27 남학생과 여학생을 합하여 9명의 학생 중에서 임의로 2명의 대표를 뽑을 때, 남학생 1명, 여학생 1명을 뽑을 확률이 $\frac{5}{9}$이다. 이때 남학생과 여학생 수의 차를 구하시오.

평가원

28 주사위 2개와 동전 4개를 동시에 던질 때, 나오는 주사위의 눈의 수의 곱과 앞면이 나오는 동전의 개수가 같을 확률은?

① $\frac{3}{64}$ ② $\frac{5}{96}$ ③ $\frac{11}{192}$ ④ $\frac{1}{16}$ ⑤ $\frac{13}{192}$

29 오른쪽 그림과 같이 원 위에 같은 간격으로 놓인 8개의 점 중에서 임의로 3개의 점을 택하여 세 점을 꼭짓점으로 하는 삼각형을 만들 때, 그 삼각형이 이등변삼각형일 확률을 구하시오.

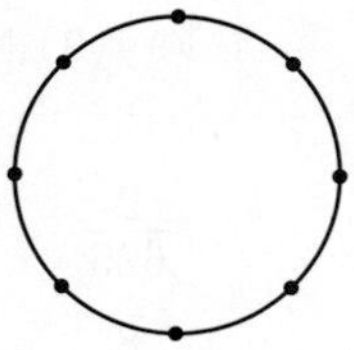

유형 07 중복조합을 이용하는 확률

순서를 생각하지 않고 중복을 허용하여 택하는 경우의 확률을 구할 때에는 먼저 중복조합을 이용하여 경우의 수를 구한다.

➡ 서로 다른 n개에서 r개를 택하는 중복조합의 수는

$${}_{n}\mathrm{H}_{r}={}_{n+r-1}\mathrm{C}_{r}$$

30 ●○○ 한 개의 주사위를 3번 던져서 나오는 눈의 수를 차례대로 a, b, c라 할 때, $a\ge b\ge c$일 확률은?

① $\frac{5}{54}$ ② $\frac{19}{108}$ ③ $\frac{7}{27}$
④ $\frac{37}{108}$ ⑤ $\frac{23}{54}$

31 ●●○ 방정식 $x+y+z=7$을 만족시키는 음이 아닌 정수 x, y, z의 순서쌍 (x, y, z) 중에서 임의로 하나를 택할 때, x, y, z가 모두 자연수일 확률을 구하시오.

32 ●●○ 집합 $X=\{1, 2, 3, 4, 5\}$에 대하여 X에서 X로의 함수 f 중에서 임의로 하나를 택할 때, 그 함수가 다음 조건을 만족시킬 확률은?

(가) $f(1)\le f(2)\le f(3)\le f(4)\le f(5)$
(나) $f(3)+f(5)=9$

① $\frac{2}{625}$ ② $\frac{4}{625}$ ③ $\frac{6}{625}$
④ $\frac{8}{625}$ ⑤ $\frac{2}{125}$

유형 08 통계적 확률

어떤 시행을 n번 반복하여 사건 A가 일어난 횟수를 r_n이라 할 때, n을 한없이 크게 함에 따라 상대도수 $\frac{r_n}{n}$이 일정한 값 p에 가까워지면 이 값 p를 사건 A의 통계적 확률로 사용한다.

33 ○○○ 100일 동안 5명의 학생 A, B, C, D, E 중에서 가장 먼저 학교에 오는 학생을 조사하였더니 다음 표와 같았다. 어느 날 A, B, C, D, E 중에서 B가 가장 먼저 학교에 올 확률을 구하시오.

학생	A	B	C	D	E
횟수	11	12	42	15	20

34 ●○○ 세 농구 선수 A, B, C가 자유투를 던진 횟수와 자유투를 성공한 횟수가 다음 표와 같다. 세 선수가 각각 자유투를 한 번씩 던질 때, 자유투에 성공할 확률이 가장 큰 선수를 구하시오.

선수	자유투를 던진 횟수	자유투를 성공한 횟수
A	120	65
B	200	104
C	150	84

35 ●●○ 노란 구슬과 파란 구슬을 합하여 10개의 구슬이 들어 있는 주머니에서 임의로 2개의 구슬을 동시에 꺼내어 색을 확인하고 다시 넣는 시행을 여러 번 반복하였더니 15번에 2번꼴로 2개가 모두 파란 구슬이 나왔다. 이때 주머니에 노란 구슬은 몇 개가 들어 있다고 볼 수 있는지 구하시오.

유형 09 기하적 확률

길이, 넓이, 부피, 시간 등 연속적으로 변하여 그 개수를 구할 수 없을 때에는 길이, 넓이, 부피, 시간 등의 비율로 확률을 구한다.

➡ $P(A) = \dfrac{(\text{사건 } A\text{가 일어나는 영역의 크기})}{(\text{일어날 수 있는 전체 영역의 크기})}$

36 오른쪽 그림과 같이 반지름
●○○ 의 길이가 각각 1, 2, 3, 4이
고 중심이 같은 네 원으로 이
루어진 과녁에 화살을 쏠 때,
화살이 색칠한 부분에 맞을
확률을 구하시오. (단, 화살은 경계선에 맞지 않고
과녁을 벗어나지 않는다.)

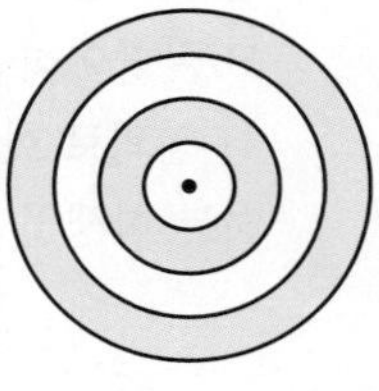

37 오른쪽 그림과 같이 한 변의
●●○ 길이가 1인 정사각형
ABCD의 내부에 임의로 점
P를 잡을 때, 삼각형 PBC
가 예각삼각형이 될 확률을
구하시오.

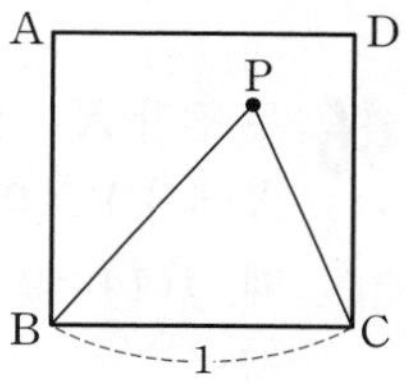

38 $-4 \le a \le 6$인 실수 a에 대하여 이차방정식
●●○ $x^2 + 4ax + 5a = 0$이 실근을 가질 확률을 구하시오.

유형 10 확률의 기본 성질

표본공간이 S인 어떤 시행에서
(1) 임의의 사건 A에 대하여
   $0 \le P(A) \le 1$
(2) 반드시 일어나는 사건 S에 대하여
   $P(S) = 1$
(3) 절대로 일어나지 않는 사건 $\varnothing$에 대하여
   $P(\varnothing) = 0$

39 다섯 개의 자연수 2, 4, 6, 8, 10 중에서 임의로 한
●○○ 개의 수를 택할 때, 보기에서 확률이 0인 사건인 것
만을 있는 대로 고른 것은?

┌ 보기 ─────────────
│ ㄱ. $A = \{x \mid x\text{는 소수}\}$
│ ㄴ. $B = \{x \mid x^2 - 1 = 0\}$
│ ㄷ. $C = \{x \mid x\text{는 짝수}\}$
│ ㄹ. $D = \{2x - 1 \mid x\text{는 자연수}\}$
└──────────────────

① ㄱ, ㄴ   ② ㄱ, ㄷ   ③ ㄴ, ㄷ
④ ㄴ, ㄹ   ⑤ ㄷ, ㄹ

40 표본공간을 S, 절대로 일어나지 않는 사건을 $\varnothing$이
●●○ 라 할 때, 두 사건 A, B에 대하여 보기에서 항상
옳은 것만을 있는 대로 고른 것은?

┌ 보기 ─────────────
│ ㄱ. $P(\varnothing) + P(S) = 1$
│ ㄴ. $0 \le P(A) + P(B) \le 2$
│ ㄷ. $P(A) + P(B) \ge P(S)$
│ ㄹ. $P(A) + P(B) = 2$이면 $A = B$이다.
└──────────────────

① ㄱ, ㄴ   ② ㄴ, ㄷ   ③ ㄱ, ㄴ, ㄹ
④ ㄱ, ㄷ, ㄹ   ⑤ ㄴ, ㄷ, ㄹ

유형 11 확률의 계산 – 확률의 덧셈 정리와 여사건의 확률

(1) 두 사건 A, B에 대하여

$$\mathrm{P}(A\cup B)=\mathrm{P}(A)+\mathrm{P}(B)-\mathrm{P}(A\cap B)$$

특히 두 사건 A, B가 서로 배반사건이면

$$\mathrm{P}(A\cup B)=\mathrm{P}(A)+\mathrm{P}(B)$$

(2) 사건 A와 그 여사건 A^C에 대하여

$$\mathrm{P}(A^C)=1-\mathrm{P}(A)$$

참고 $\mathrm{P}(A^C\cap B)=\mathrm{P}(B)-\mathrm{P}(A\cap B)$

41 두 사건 A, B에 대하여

$$\mathrm{P}(A)=2\mathrm{P}(B)=\frac{2}{3},\ \mathrm{P}(A^C\cup B^C)=\frac{5}{6}$$

일 때, $\mathrm{P}(A\cup B)$를 구하시오.

평가원

42 두 사건 A, B에 대하여 A와 B^C은 서로 배반사건이고

$$\mathrm{P}(A\cap B)=\frac{1}{5},\ \mathrm{P}(A)+\mathrm{P}(B)=\frac{7}{10}$$

일 때, $\mathrm{P}(A^C\cap B)$의 값은?

(단, A^C은 A의 여사건이다.)

① $\frac{1}{10}$ ② $\frac{1}{5}$ ③ $\frac{3}{10}$ ④ $\frac{2}{5}$ ⑤ $\frac{1}{2}$

43 두 사건 A, B에 대하여 $\mathrm{P}(A)=\frac{1}{4}$, $\mathrm{P}(B)=\frac{1}{3}$일 때, $\mathrm{P}(A\cup B)$의 최댓값을 M, 최솟값을 m이라 하자. 이때 $M+m$의 값은?

① $\frac{1}{3}$ ② $\frac{7}{12}$ ③ $\frac{11}{12}$ ④ $\frac{5}{4}$ ⑤ $\frac{3}{2}$

유형 12 확률의 덧셈 정리 – 배반사건이 아닌 경우

사건 A 또는 사건 B가 일어날 확률은

$$\mathrm{P}(A\cup B)=\mathrm{P}(A)+\mathrm{P}(B)-\mathrm{P}(A\cap B)$$

임을 이용하여 구한다.

44 어느 반 학생 중에서 게임을 좋아하는 학생이 60 %, 웹툰을 좋아하는 학생이 50 %이고, 게임과 웹툰을 모두 좋아하는 학생이 30 %이다. 이 반 학생 중에서 임의로 한 명을 택할 때, 게임 또는 웹툰을 좋아하는 학생일 확률을 구하시오.

45 A, B를 포함한 10명의 배드민턴 동호회 회원 중에서 배드민턴 대회에 참가할 4명의 회원을 임의로 뽑을 때, A 또는 B가 뽑힐 확률을 구하시오.

46 두 집합 $X=\{1, 2, 3\}$, $Y=\{1, 2, 3, 4\}$에 대하여 X에서 Y로의 함수 f 중에서 임의로 하나를 택할 때, $f(1)=2$ 또는 $f(3)=1$인 함수일 확률을 구하시오.

평가원

47 숫자 1, 2, 3, 4, 5 중에서 서로 다른 4개를 택해 일렬로 나열하여 만들 수 있는 모든 네 자리의 자연수 중에서 임의로 하나의 수를 택할 때, 택한 수가 5의 배수 또는 3500 이상일 확률은?

① $\frac{9}{20}$ ② $\frac{1}{2}$ ③ $\frac{11}{20}$ ④ $\frac{3}{5}$ ⑤ $\frac{13}{20}$

정답과 해설 73쪽

유형 13 확률의 덧셈 정리 – 배반사건인 경우

두 사건 A, B가 동시에 일어나지 않는 사건일 때, 즉 서로 배반사건일 때, 사건 A 또는 사건 B가 일어날 확률은

$$P(A \cup B)=P(A)+P(B)$$

임을 이용하여 구한다.

48 ●○○ 서로 다른 두 개의 주사위를 동시에 던질 때, 나오는 두 눈의 수의 합이 3이거나 차가 3일 확률은?

① $\frac{1}{18}$　② $\frac{1}{9}$　③ $\frac{1}{6}$　④ $\frac{2}{9}$　⑤ $\frac{5}{18}$

49 ●○○ 빨강 테이프 4개, 파랑 테이프 3개, 검정 테이프 2개가 들어 있는 상자에서 임의로 3개의 테이프를 동시에 꺼낼 때, 모두 같은 색의 테이프가 나올 확률을 구하시오.

50 ●○○ horror에 있는 6개의 문자를 일렬로 배열할 때, h가 맨 앞에 오거나 맨 뒤에 올 확률을 구하시오.

51 ●●○ 남학생 5명과 여학생 3명으로 구성된 어느 고등학교 댄스 동아리에서 다른 학교 축제에 참가할 6명의 학생을 임의로 뽑을 때, 남학생이 여학생보다 많이 뽑힐 확률을 구하시오.

유형 14 여사건의 확률

사건 A에 대하여 여사건 A^C의 확률은

$$P(A^C)=1-P(A)$$

를 이용하면 더 편리한 경우가 있다.

52 ●○○ solution에 있는 8개의 문자를 일렬로 배열할 때, 같은 문자가 서로 이웃하지 않게 배열할 확률을 구하시오.

53 ●●○ 오른쪽 그림과 같이 꼭짓점에 차례대로 번호 1, 2, 3, 4, 5, 6을 붙인 정육각형이 있다. 이 중에서 서로 다른 세 수를 택하여 꼭짓점을 연결하여 삼각형을 만들 때, 그 삼각형이 정삼각형이 아닐 확률을 구하시오.

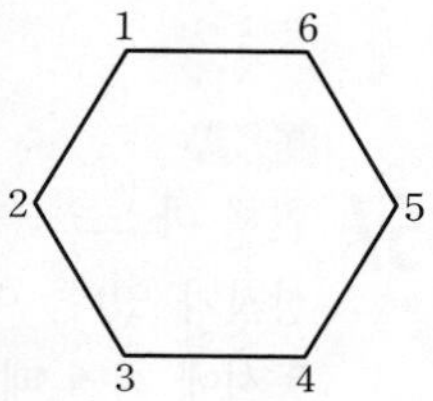

54 ●●○ 1부터 50까지의 자연수가 각각 하나씩 적힌 50장의 카드 중에서 임의로 한 장의 카드를 뽑을 때, 카드에 적힌 수가 2의 배수도 5의 배수도 아닐 확률을 구하시오.

55 ●●● 네 개의 숫자 1, 2, 3, 4가 각각 하나씩 적힌 흰 색 카드 4장과 네 개의 숫자 3, 4, 5, 6이 각각 하나씩 적힌 검은 색 카드 4장이 있다. 이 8장의 카드를 일렬로 배열할 때, 같은 숫자가 적힌 카드는 서로 이웃하지 않게 배열할 확률을 구하시오.

정답과 해설 75쪽

유형 15 여사건의 확률 – '적어도'의 조건이 있는 경우

'적어도 하나가 ~인'의 조건이 있을 때,
(적어도 하나가 ~일 확률)=1−(모두 ~가 아닐 확률)
임을 이용하면 더 편리한 경우가 있다.

56 ●○○ 여섯 개의 숫자 1, 2, 3, 4, 5, 6에서 중복을 허용하여 4개의 숫자를 택하여 만들 수 있는 네 자리의 자연수 중에서 임의로 하나를 택할 때, 각 자리에 있는 수 중 적어도 하나가 홀수일 확률을 구하시오.

수능

57 ●○○ 흰색 마스크 5개, 검은색 마스크 9개가 들어 있는 상자가 있다. 이 상자에서 임의로 3개의 마스크를 동시에 꺼낼 때, 꺼낸 3개의 마스크 중에서 적어도 한 개가 흰색 마스크일 확률은?

① $\frac{8}{13}$ ② $\frac{17}{26}$ ③ $\frac{9}{13}$
④ $\frac{19}{26}$ ⑤ $\frac{10}{13}$

58 ●○○ 남학생 3명과 여학생 3명이 일렬로 설 때, 적어도 한쪽 끝에 남학생이 설 확률을 구하시오.

59 ●●○ 4명의 학생이 일주일에 하루씩 텃밭을 가꾸기로 하였다. 4명이 각각 임의로 하나의 요일을 택할 때, 적어도 2명이 같은 요일을 택할 확률을 구하시오.

유형 16 여사건의 확률 – '이상', '이하'의 조건이 있는 경우

'~ 이상인', '~ 이하인'의 조건이 있을 때,
(~ 이상일 확률)=1−(~ 미만일 확률)
(~ 이하일 확률)=1−(~ 초과일 확률)
임을 이용하면 더 편리한 경우가 있다.

60 ●○○ 서로 다른 두 개의 주사위를 동시에 던질 때, 나오는 두 눈의 수의 합이 10 이하일 확률을 구하시오.

평가원

61 ●●○ 흰색 손수건 4장, 검은색 손수건 5장이 들어 있는 상자가 있다. 이 상자에서 임의로 4장의 손수건을 동시에 꺼낼 때, 꺼낸 4장의 손수건 중에서 흰색 손수건이 2장 이상일 확률은?

① $\frac{1}{2}$ ② $\frac{4}{7}$ ③ $\frac{9}{14}$
④ $\frac{5}{7}$ ⑤ $\frac{11}{14}$

62 ●●○ 10원짜리 동전 3개, 50원짜리 동전 3개, 100원짜리 동전 3개가 들어 있는 주머니에서 임의로 3개의 동전을 동시에 꺼낼 때, 꺼낸 동전의 금액의 합이 250원 미만일 확률을 구하시오.

63 ●●○ mineral에 있는 7개의 문자를 일렬로 배열할 때, m과 n 사이에 2개 이상의 문자가 올 확률을 구하시오.

Ⅱ. 확률

2 조건부확률

01 조건부확률

01 조건부확률

유형 01 조건부확률의 계산

두 사건 A, B에 대하여 $\mathrm{P}(B|A)$는 확률의 덧셈 정리와 여사건의 확률 등을 이용하여 $\mathrm{P}(A)$, $\mathrm{P}(A\cap B)$를 먼저 구한 후

$$\mathrm{P}(B|A)=\frac{\mathrm{P}(A\cap B)}{\mathrm{P}(A)}$$

임을 이용하여 구한다.

1 두 사건 A, B에 대하여

$$\mathrm{P}(A)=0.5,\ \mathrm{P}(A\cup B)=0.7$$

일 때, $\mathrm{P}(B|A^C)$은?

① 0.3 ② 0.4 ③ 0.5
④ 0.6 ⑤ 0.7

수능

2 두 사건 A, B에 대하여 $\mathrm{P}(B|A)=\frac{1}{4}$, $\mathrm{P}(A|B)=\frac{1}{3}$, $\mathrm{P}(A)+\mathrm{P}(B)=\frac{7}{10}$일 때, $\mathrm{P}(A\cap B)$의 값은?

① $\frac{1}{7}$ ② $\frac{1}{8}$ ③ $\frac{1}{9}$
④ $\frac{1}{10}$ ⑤ $\frac{1}{11}$

3 두 사건 A, B는 서로 배반사건이고

$$\mathrm{P}(A)=\frac{1}{3},\ \mathrm{P}(B)=\frac{1}{5}$$

일 때, $\mathrm{P}(A|B^C)$을 구하시오.

유형 02 조건부확률

표본공간 S의 두 사건 A, B에 대하여

$$\mathrm{P}(B|A)=\frac{\mathrm{P}(A\cap B)}{\mathrm{P}(A)}=\frac{\frac{n(A\cap B)}{n(S)}}{\frac{n(A)}{n(S)}}$$

4 1부터 10까지의 자연수가 각각 하나씩 적힌 10개의 공이 들어 있는 주머니에서 임의로 꺼낸 공에 적힌 수가 홀수일 때, 그 수가 소수일 확률을 구하시오.

교육청

5 어느 학교 학생 200명을 대상으로 체험활동에 대한 선호도를 조사하였다. 이 조사에 참여한 학생은 문화체험과 생태연구 중 하나를 선택하였고, 각각의 체험활동을 선택한 학생의 수는 다음과 같다. 이 조사에 참여한 학생 200명 중에서 임의로 선택한 1명이 생태연구를 선택한 학생일 때, 이 학생이 여학생일 확률은?

구분	문화체험	생태연구	합계
남학생	40	60	100
여학생	50	50	100
합계	90	110	200

① $\frac{5}{11}$ ② $\frac{1}{2}$ ③ $\frac{6}{11}$
④ $\frac{5}{9}$ ⑤ $\frac{3}{5}$

6 남학생과 여학생 수의 비가 3 : 5인 어느 학급에서 T 영화를 관람한 여학생은 전체 학생의 25 %이었다. 이 학급의 학생 중에서 임의로 한 명을 뽑았더니 여학생이었을 때, 그 학생이 T 영화를 관람한 학생일 확률을 구하시오.

7 ●○○ 어느 여행 동호회 회원들이 두 여행지 프라하와 두바이 중에서 선호하는 곳을 조사한 결과는 오른쪽 표와 같다. 이 동호회 회원 중에서 임의로 한 명을 뽑았더니 여자 회원이었을 때, 그 회원이 프라하를 선호할 확률이 $\frac{5}{9}$이다. 이때 자연수 x의 값을 구하시오.

(단위: 명)

	프라하	두바이
남자	5	7
여자	x	8

평가원

8 ●●○ 한 개의 주사위를 두 번 던질 때 나오는 눈의 수를 차례로 a, b라 하자. $a\times b$가 4의 배수일 때, $a+b\le 7$일 확률은?

① $\frac{2}{5}$ ② $\frac{7}{15}$ ③ $\frac{8}{15}$
④ $\frac{3}{5}$ ⑤ $\frac{2}{3}$

9 ●●○ 어느 학급의 학생 35명 중에서 주말에 영화를 본 학생은 22명, 전시를 본 학생은 15명이고, 영화와 전시를 모두 보지 않은 학생은 6명이다. 이 학급의 학생 중에서 임의로 택한 한 명이 영화를 본 학생일 때, 이 학생이 전시도 본 학생일 확률을 구하시오.

10 ●●● 오른쪽 그림과 같이 반지름의 길이가 1인 원 위에 8개의 점이 같은 간격으로 놓여 있다. 이 중에서 3개의 점을 꼭짓점으로 하는 삼각형을 만들고, 그 삼각형이 직각삼각형일 때, 넓이가 1일 확률을 구하시오.

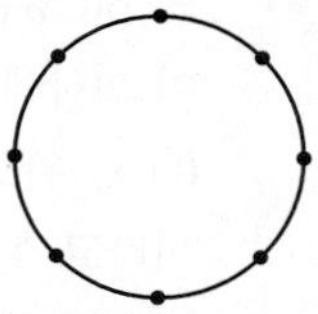

유형 03 확률의 곱셈 정리

두 사건 A, B가 동시에 일어날 확률은

$$\mathrm{P}(A\cap B)=\mathrm{P}(A)\mathrm{P}(B|A)$$
$$=\mathrm{P}(B)\mathrm{P}(A|B)$$

11 ●○○ 검은 공 3개와 흰 공 2개가 들어 있는 A 상자와 검은 공 2개와 흰 공 4개가 들어 있는 B 상자가 있을 때, 두 상자 중에서 하나를 임의로 택하고 그 상자에서 임의로 한 개의 공을 꺼내려고 한다. B 상자를 택하고 흰 공을 꺼낼 확률을 구하시오.

12 ●○○ 4장의 당첨권을 포함하여 25장의 행운권이 들어 있는 상자에서 A, B 두 사람이 이 순서대로 행운권을 임의로 한 장씩 뽑을 때, 두 사람 모두 당첨권을 뽑을 확률은? (단, 뽑은 행운권은 다시 넣지 않는다.)

① $\frac{1}{50}$ ② $\frac{1}{25}$ ③ $\frac{1}{10}$
④ $\frac{3}{25}$ ⑤ $\frac{1}{5}$

13 ●●○ 흰 바둑돌 n개와 검은 바둑돌 6개가 들어 있는 통에서 바둑돌을 임의로 한 개씩 2번 꺼낼 때, 첫 번째는 흰 바둑돌, 두 번째는 검은 바둑돌을 꺼낼 확률이 $\frac{3}{11}$이다. 이때 모든 n의 값의 합을 구하시오.

(단, 꺼낸 바둑돌은 다시 넣지 않는다.)

유형 04 확률의 곱셈 정리 − $\mathrm{P}(B)=\mathrm{P}(A\cap B)+\mathrm{P}(A^c\cap B)$

두 사건 A, B에 대하여

$$\begin{aligned}\mathrm{P}(B)&=\mathrm{P}(A\cap B)+\mathrm{P}(A^c\cap B)\\&=\mathrm{P}(A)\mathrm{P}(B|A)+\mathrm{P}(A^c)\mathrm{P}(B|A^c)\end{aligned}$$

14 ●○○ 어느 농구 선수의 자유투 성공 확률을 조사하였더니 자유투를 성공한 후 다음 시도에서 성공할 확률은 $\frac{3}{5}$이고, 자유투를 실패한 후 다음 시도에서 성공할 확률은 $\frac{1}{2}$이었다. 이 선수가 첫 번째 자유투를 성공하였을 때, 세 번째 자유투도 성공할 확률을 구하시오.

15 ●●○ n개의 불량품을 포함하여 15개의 제품이 들어 있는 상자에서 제품을 임의로 한 개씩 2번 꺼낼 때, 두 번째에 꺼낸 제품이 정상 제품일 확률이 $\frac{11}{15}$이다. 이때 n의 값을 구하시오.

(단, 꺼낸 제품은 다시 넣지 않는다.)

16 ●●● 한 개의 동전을 던져서 앞면이 나오면 서로 다른 두 개의 주사위를 동시에 던지고, 뒷면이 나오면 서로 다른 세 개의 주사위를 동시에 던질 때, 주사위의 눈의 수의 합이 4일 확률은?

① $\frac{7}{144}$　② $\frac{1}{18}$　③ $\frac{1}{16}$

④ $\frac{5}{72}$　⑤ $\frac{1}{12}$

유형 05 조건부확률과 확률의 곱셈 정리

사건 B가 일어났을 때의 사건 A의 조건부확률은

$$\begin{aligned}\mathrm{P}(A|B)&=\frac{\mathrm{P}(A\cap B)}{\mathrm{P}(B)}\\&=\frac{\mathrm{P}(A\cap B)}{\mathrm{P}(A\cap B)+\mathrm{P}(A^c\cap B)}\end{aligned}$$

17 ●○○ 어느 해외 배송 업체는 전체 물품의 30 %는 항공편으로 나머지는 배편으로 배송하고, 항공편으로 배송되는 물품의 70 %, 배편으로 배송되는 물품의 40 %가 일주일 이내에 배송된다. 이 업체에서 배송한 물품이 일주일 이내에 배송되었을 때, 그 물품이 항공편으로 배송된 물품이었을 확률을 구하시오.

18 ●○○ 어느 학급 전체의 $\frac{1}{3}$은 버스로, 나머지 $\frac{2}{3}$는 걸어서 등교한다. 어느 날 버스로 등교한 학생의 $\frac{1}{10}$이 지각하였고, 걸어서 등교한 학생의 $\frac{1}{5}$이 지각하였다. 이 학급에서 임의로 택한 한 명이 지각한 학생일 때, 그 학생이 버스로 등교하였을 확률을 구하시오.

19 ●●○ 어느 보석 감정 회사에 감정 의뢰가 들어오는 보석의 60 %는 진품이고 40 %는 위조품이라고 한다. 이 회사에서 진품을 위조품으로 잘못 감별할 확률이 0.02, 위조품을 진품으로 잘못 감별할 확률이 0.01이라고 할 때, 위조품으로 감별한 보석이 실제로는 진품일 확률을 구하시오.

정답과 해설 78쪽

20 어느 마을의 주민의 10 %가 독감에 걸렸다고 한다. 이 마을 병원에서 독감에 걸린 사람이 독감이라 진단받을 확률은 96 %이고, 독감에 걸리지 않은 사람이 독감이라 진단받을 확률은 x %라 할 때, 독감이라 진단받은 사람이 실제로 독감에 걸린 사람일 확률은 $\frac{32}{47}$이다. 이때 x의 값을 구하시오.

21 여섯 개의 숫자 1, 1, 1, 2, 3, 3이 각각 하나씩 적힌 6개의 공이 들어 있는 상자가 있다. 한 개의 동전을 던져서 앞면이 나오면 2개의 공을 동시에 꺼내고, 뒷면이 나오면 3개의 공을 동시에 꺼낸다고 한다. 꺼낸 공에 적힌 모든 수의 합이 4일 때, 3이 적힌 공을 꺼냈을 확률을 구하시오.

평가원

22 주머니 A에는 흰 공 2개, 검은 공 4개가 들어 있고, 주머니 B에는 흰 공 3개, 검은 공 3개가 들어 있다. 두 주머니 A, B와 한 개의 주사위를 사용하여 다음 시행을 한다.

> 주사위를 한 번 던져
> 나온 눈의 수가 5 이상이면
> 주머니 A에서 임의로 2개의 공을 동시에 꺼내고,
> 나온 눈의 수가 4 이하이면
> 주머니 B에서 임의로 2개의 공을 동시에 꺼낸다.

이 시행을 한 번 하여 주머니에서 꺼낸 2개의 공이 모두 흰색일 때, 나온 눈의 수가 5 이상일 확률은?

① $\frac{1}{7}$ ② $\frac{3}{14}$ ③ $\frac{2}{7}$
④ $\frac{5}{14}$ ⑤ $\frac{3}{7}$

유형 06 사건의 독립과 종속의 판정

두 사건 A, B에 대하여
(1) $\mathrm{P}(A\cap B)=\mathrm{P}(A)\mathrm{P}(B)$ ➡ A, B는 서로 독립
(2) $\mathrm{P}(A\cap B)\neq\mathrm{P}(A)\mathrm{P}(B)$ ➡ A, B는 서로 종속

23 한 개의 동전을 3번 던질 때, 첫 번째에 앞면이 나오는 사건을 A, 앞면이 2번 이상 나오는 사건을 B, 모두 같은 면이 나오는 사건을 C라 하자. 보기에서 서로 독립인 사건만을 있는 대로 고른 것은?

> 보기
> ㄱ. A와 B ㄴ. A와 C ㄷ. B와 C

① ㄱ ② ㄴ ③ ㄷ
④ ㄱ, ㄴ ⑤ ㄴ, ㄷ

24 서로 독립인 두 사건 A, B에 대하여 보기에서 옳은 것만을 있는 대로 고르시오.

(단, $0<\mathrm{P}(A)<1$, $0<\mathrm{P}(B)<1$)

> 보기
> ㄱ. 두 사건 A^C, B도 서로 독립이다.
> ㄴ. $\mathrm{P}(A|B)=1-\mathrm{P}(A^C|B)$이다.
> ㄷ. $1-\mathrm{P}(A\cup B)=\mathrm{P}(A^C)\mathrm{P}(B^C)$이다.

25 한 개의 주사위를 던져서 나오는 눈의 수가 4의 약수인 사건을 A, $n-1$ 또는 n인 사건을 B_n이라 하자. 두 사건 A, B_n이 서로 독립이 되도록 하는 모든 n의 값의 합을 구하시오.

(단, n은 $2\le n\le 6$인 자연수)

유형 07 독립인 사건의 확률의 계산

두 사건 A, B가 서로 독립이면

$P(A|B)=P(A)$, $P(B|A)=P(B)$,

$P(A\cap B)=P(A)P(B)$

(단, $P(A)>0$, $P(B)>0$)

참고 A, B가 서로 배반사건이면 $P(A\cap B)=0$

수능

26 두 사건 A와 B는 서로 독립이고

$$P(A|B)=P(B),\ P(A\cap B)=\frac{1}{9}$$

일 때, $P(A)$의 값은?

① $\frac{7}{18}$ ② $\frac{1}{3}$ ③ $\frac{5}{18}$

④ $\frac{2}{9}$ ⑤ $\frac{1}{6}$

27 두 사건 A, B가 서로 독립이고 두 사건 B, C는 서로 배반사건일 때,

$$P(A)=\frac{1}{3},\ P(A\cap B)=\frac{1}{4},\ P(B\cup C)=\frac{11}{12}$$

이다. 이때 $P(C)$를 구하시오.

28 두 사건 A, B가 서로 독립이고

$$P(B)=\frac{1}{4}P(A),\ P(A^c\cap B)=\frac{1}{16}$$

일 때, $P(A)$는?

① $\frac{1}{6}$ ② $\frac{1}{3}$ ③ $\frac{1}{2}$

④ $\frac{2}{3}$ ⑤ $\frac{5}{6}$

유형 08 독립인 사건의 확률

서로 독립인 두 사건 A, B가 동시에 일어날 확률은

$P(A\cap B)=P(A)P(B)$

임을 이용하여 구한다.

29 두 식물 A, B가 1년 동안 죽지 않을 확률이 각각 80 %, 60 %라 한다. A, B 중에서 적어도 한 식물이 1년 동안 죽지 않을 확률은?

① 0.8 ② 0.84 ③ 0.88

④ 0.92 ⑤ 0.96

30 지율이와 재호가 이번 달에 독서록을 제출할 확률이 각각 $\frac{1}{2}$, $\frac{3}{4}$이라 할 때, 두 사람 중 한 명만 이번 달에 독서록을 제출할 확률은?

① $\frac{1}{4}$ ② $\frac{5}{16}$ ③ $\frac{3}{8}$

④ $\frac{7}{16}$ ⑤ $\frac{1}{2}$

31 민아와 현서가 영어 단어 시험에 통과할 확률이 각각 $\frac{3}{5}$, p이다. 민아와 현서가 모두 시험에 통과하지 못할 확률이 $\frac{2}{15}$일 때, 현서만 시험에 통과할 확률을 구하시오.

32 A 주머니에는 1, 2, 3, 4, 5가 각각 하나씩 적힌 5개의 공이 들어 있고, B 주머니에는 7, 8, 9가 각각 하나씩 적힌 3개의 공이 들어 있다. 두 주머니 A, B에서 각각 공을 임의로 한 개씩 꺼낼 때, 공에 적힌 두 수의 합이 짝수일 확률을 구하시오.

33 오른쪽 그림과 같이 세 스위치 A, B, C와 전구가 연결된 회로가 있다. 세 스위치 A, B, C가 닫힐 확률이 각각 $\frac{1}{2}$, $\frac{1}{4}$, $\frac{1}{3}$이고 각 스위치는 독립적으로 작동할 때, 전구의 불이 켜질 확률은?

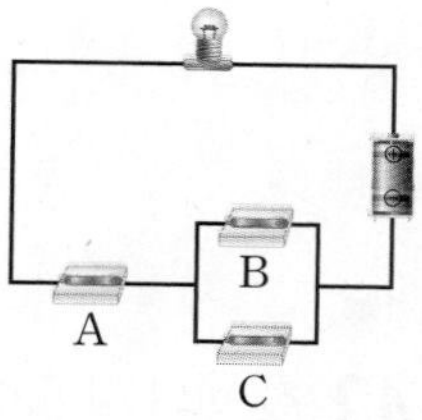

① $\frac{1}{24}$ ② $\frac{1}{6}$ ③ $\frac{1}{4}$
④ $\frac{5}{12}$ ⑤ $\frac{7}{12}$

34 두 봉사 동아리 A, B의 학생 각각 100명이 봉사활동을 한 장소를 조사하였더니 다음 표와 같았다. 두 동아리 A, B에서 각각 임의로 한 명의 학생을 택할 때, 두 학생이 같은 장소에서 봉사활동을 하였을 확률이 $\frac{1}{2}$이다. 이때 자연수 a의 값을 구하시오.
(단, $a<50$이고, 모든 학생은 한 곳에서만 봉사활동을 하였다.)

(단위: 명)

	보육원	요양원
A 동아리	a	$100-a$
B 동아리	$100-2a$	$2a$

유형 09 독립시행의 확률

어떤 시행에서 사건 A가 일어날 확률이 $p\,(0<p<1)$일 때, 이 시행을 n번 반복하는 독립시행에서 사건 A가 r번 일어날 확률은
$${}_n\mathrm{C}_r p^r(1-p)^{n-r} \text{ (단, } r=0, 1, 2, \cdots, n)$$

35 서브 성공률이 $\frac{3}{4}$인 배구 선수가 서브를 3번 시도할 때, 한 번 이상 성공할 확률을 구하시오.

수능

36 한 개의 동전을 6번 던질 때, 앞면이 나오는 횟수가 뒷면이 나오는 횟수보다 클 확률은 $\frac{q}{p}$이다. $p+q$의 값을 구하시오. (단, p와 q는 서로소인 자연수이다.)

37 어느 대입 설명회에서 4명의 학생이 각각 임의로 한 대학씩을 택하여 상담을 받으려고 한다. 각 학생이 A 대학을 택할 확률이 $\frac{1}{3}$일 때, 적어도 2명의 학생이 A 대학을 택할 확률을 구하시오.

교육청

38 한 개의 주사위를 네 번 던질 때 나오는 눈의 수를 차례로 a, b, c, d라 하자. 네 수 a, b, c, d의 곱 $a\times b\times c\times d$가 27의 배수일 확률은?

① $\frac{1}{9}$ ② $\frac{4}{27}$ ③ $\frac{5}{27}$
④ $\frac{2}{9}$ ⑤ $\frac{7}{27}$

정답과 해설 81쪽

유형 10 독립시행의 확률
– 사건에 따라 시행 횟수가 다른 경우

사건에 따라 시행 횟수가 달라지면 경우를 나누어 각각의
확률을 구한다.

39 빨간 구슬 1개와 파란 구슬 3개가 들어 있는 주머
●●○ 니에서 임의로 한 개의 구슬을 꺼내어 빨간 구슬이
나오면 한 개의 주사위를 3번 던지고, 파란 구슬이
나오면 한 개의 주사위를 2번 던진다. 이때 주사위
에서 6의 눈이 1번 나올 확률은?

① $\dfrac{25}{288}$　　② $\dfrac{5}{32}$　　③ $\dfrac{65}{288}$

④ $\dfrac{85}{288}$　　⑤ $\dfrac{35}{96}$

40 숫자 1이 적힌 공이 2개, 숫자 2가 적힌 공이 3개,
●●○ 숫자 3이 적힌 공이 4개 들어 있는 주머니에서 임
의로 한 개의 공을 꺼내어 공에 적힌 수가 k이면 한
개의 동전을 $(k+1)$번 던질 때, 동전의 뒷면이 3번
나올 확률을 구하시오.

41 서로 다른 두 개의 주사위를 동시에 던져서 나온 눈
●●● 의 수가 같으면 한 개의 동전을 4번 던지고, 나온
눈의 수가 다르면 한 개의 동전을 2번 던진다. 이
시행에서 동전의 앞면이 나온 횟수와 뒷면이 나온
횟수가 같을 때, 동전을 4번 던졌을 확률은?

① $\dfrac{3}{23}$　　② $\dfrac{5}{23}$　　③ $\dfrac{7}{23}$

④ $\dfrac{9}{23}$　　⑤ $\dfrac{11}{23}$

유형 11 ^{UP} 독립시행의 확률
– 사건이 일어나는 횟수를 구해야 하는 경우

점수, 위치 등의 조건이 주어질 때, 주어진 조건을 만족시
키는 방정식을 세워서 사건이 일어나는 횟수를 구한 후 독
립시행의 확률을 이용한다.

42 한 개의 동전을 던져서 앞면이 나오면 30점, 뒷면
●●○ 이 나오면 20점을 얻는 게임에서 동전을 8번 던질
때, 170점을 얻을 확률을 구하시오.

43 한 변의 길이가 1인 정오각
●●● 형 ABCDE의 변을 따라
움직이는 점 P가 있다. 점
P는 한 개의 주사위를 던
져서 6의 약수의 눈이 나오

면 시계 반대 방향으로 3만큼, 6의 약수가 아닌 눈
이 나오면 시계 방향으로 1만큼 움직인다. 주사위
를 4번 던질 때, 꼭짓점 A를 출발한 점 P가 다시
꼭짓점 A로 돌아올 확률을 구하시오.

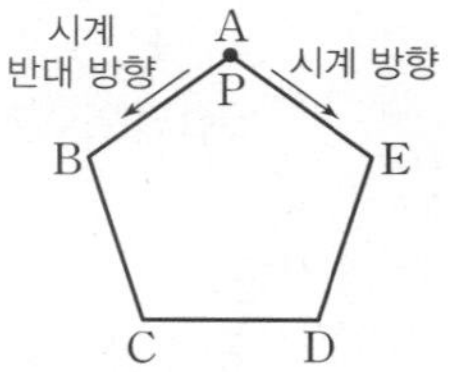

44 좌표평면 위의 점 P가 다음 규칙에 따라 이동한다.
●●●

> 서로 다른 두 개의 동전을 동시에 던져서 모두 앞
> 면이 나오면 x축의 방향으로 1만큼, 적어도 하나는
> 뒷면이 나오면 y축의 방향으로 2만큼 움직인다.

서로 다른 두 개의 동전을 4번 던져서 원점에서 출
발한 점 P가 점 $(2, 4)$에 도착하였을 때, 점 P가
점 $(1, 0)$을 지났을 확률을 구하시오.

Ⅲ. 통계

1 확률분포

01 이산확률변수와 이항분포

02 연속확률변수와 정규분포

01 이산확률변수와 이항분포

유형 01 확률질량함수의 성질

확률변수 X의 확률질량함수
$\mathrm{P}(X=x_i)=p_i\,(i=1, 2, 3, \cdots, n)$에 대하여
(1) $0\le p_i\le 1$
(2) $p_1+p_2+p_3+\cdots+p_n=1$
(3) $\mathrm{P}(x_i\le X\le x_j)=p_i+p_{i+1}+p_{i+2}+\cdots+p_j$
(단, $i\le j$, $j=1, 2, 3, \cdots, n$)

1 ○○○
확률변수 X의 확률질량함수가

$$\mathrm{P}(X=x)=\begin{cases} k-\dfrac{x}{12} & (x=-2, -1) \\ k+\dfrac{x}{12} & (x=0, 1, 2) \end{cases}$$

일 때, 상수 k의 값을 구하시오.

교육청

2 ●○○
이산확률변수 X의 확률분포를 표로 나타내면 다음과 같다. $\mathrm{P}(X\le 2)$의 값은?

X	1	2	3	합계
$\mathrm{P}(X=x)$	a	$a+\frac{1}{4}$	$a+\frac{1}{2}$	1

① $\frac{1}{4}$ ② $\frac{7}{24}$ ③ $\frac{1}{3}$
④ $\frac{3}{8}$ ⑤ $\frac{5}{12}$

3 ●○○
확률변수 X의 확률질량함수가

$$\mathrm{P}(X=x)=\frac{kx}{30}\ (x=1, 2, 3, 4, 5)$$

일 때, $\mathrm{P}(X^2-6X+5\ge 0)$은? (단, k는 상수)

① $\frac{1}{10}$ ② $\frac{1}{5}$ ③ $\frac{3}{10}$
④ $\frac{2}{5}$ ⑤ $\frac{1}{2}$

4 ●○○
확률변수 X의 확률분포를 표로 나타내면 다음과 같다. $\mathrm{P}(1\le X\le 2)=\frac{5}{8}$일 때, $\mathrm{P}(X=3)$은?
(단, a, b는 상수)

X	0	1	2	3	합계
$\mathrm{P}(X=x)$	$\frac{1}{4}$	a	$\frac{3}{8}$	b	1

① $\frac{1}{16}$ ② $\frac{1}{8}$ ③ $\frac{3}{16}$
④ $\frac{1}{4}$ ⑤ $\frac{5}{16}$

5 ●●○
확률변수 X의 확률질량함수가

$$\mathrm{P}(X=x)=\frac{k}{(2x-1)(2x+1)}$$
$$(x=1, 2, 3, 4, 5)$$

일 때, 상수 k의 값을 구하시오.

6 ●●○
확률변수 X의 확률분포를 표로 나타내면 다음과 같다. $\frac{p_1+p_2}{3}=p_3$일 때, $\mathrm{P}(X\le 0)$은?
(단, p_1, p_2, p_3은 상수)

X	-2	0	2	합계
$\mathrm{P}(X=x)$	p_1	p_2	p_3	1

① $\frac{3}{8}$ ② $\frac{1}{2}$ ③ $\frac{5}{8}$
④ $\frac{3}{4}$ ⑤ $\frac{7}{8}$

정답과 해설 83쪽

유형 02 이산확률변수의 확률

이산확률변수 X가 가질 수 있는 값과 그 값을 가질 확률을 각각 구한다.

7 ●○○ 팥 붕어빵 4개와 슈크림 붕어빵 3개가 들어 있는 봉투에서 임의로 3개의 붕어빵을 동시에 꺼낼 때, 슈크림 붕어빵이 나오는 개수를 확률변수 X라 하자. 이때 $P(X \ge 2)$를 구하시오.

8 ●○○ 각 면에 1, 2, 3, 4가 각각 하나씩 적힌 정사면체를 2번 던질 때, 바닥에 놓인 면에 적힌 두 수의 곱을 확률변수 X라 하자. 이때 $P(X^2-6X+8=0)$을 구하시오.

9 ●●○ 남자 5명과 여자 3명 중에서 임의로 2명의 대표를 뽑을 때, 뽑힌 남자의 수를 확률변수 X라 하자. 보기에서 옳은 것만을 있는 대로 고르시오.

보기

ㄱ. X는 이산확률변수이다.

ㄴ. X의 확률질량함수는

$P(X=x)=\frac{{}_5C_x}{{}_8C_2}$ $(x=0, 1, 2)$이다.

ㄷ. 남자가 적어도 한 명 뽑힐 확률은 $\frac{15}{28}$이다.

10 ●●○ 파란 구슬 7개와 노란 구슬 3개가 들어 있는 상자에서 임의로 4개의 구슬을 동시에 꺼낼 때, 나오는 파란 구슬의 개수를 확률변수 X라 하자. 이때 $P(X \le k)=\frac{5}{6}$인 자연수 k의 값을 구하시오.

유형 03 이산확률변수의 평균, 분산, 표준편차 – 확률분포가 주어진 경우

확률변수 X의 확률질량함수가

$P(X=x_i)=p_i\ (i=1, 2, 3, \cdots, n)$일 때

(1) 평균: $E(X)=x_1p_1+x_2p_2+x_3p_3+\cdots+x_np_n$

(2) 분산: $V(X)=E(X^2)-\{E(X)\}^2$

(3) 표준편차: $\sigma(X)=\sqrt{V(X)}$

11 ●○○ 확률변수 X의 확률분포를 표로 나타내면 다음과 같을 때, $E(X)V(X)$의 값을 구하시오. (단, a는 상수)

X	-1	0	1	2	합계
$P(X=x)$	$\frac{1}{12}$	$\frac{5}{12}$	a	$\frac{1}{12}$	1

12 ●○○ 확률변수 X의 확률질량함수가

$$P(X=x)=\frac{x^2-x+a}{8}\ (x=0, 1, 2)$$

일 때, $\sigma(X)$를 구하시오. (단, a는 상수)

13 ●●○ 확률변수 X의 확률분포를 표로 나타내면 다음과 같다. $E(X)=2$일 때, $V(X)+\{E(X)\}^2$의 값은? (단, a, b는 상수)

X	1	2	3	합계
$P(X=x)$	$\frac{1}{4}$	a	b	1

① $\frac{9}{2}$ ② 5 ③ $\frac{11}{2}$

④ 6 ⑤ $\frac{13}{2}$

유형 04 이산확률변수의 평균, 분산, 표준편차 – 확률분포가 주어지지 않은 경우

확률변수 X가 가질 수 있는 각 값에 대한 확률을 구하여 X의 확률분포를 표로 나타낸 후 X의 평균, 분산, 표준편차를 구한다.

14 ●○○ 흰 바둑돌 2개와 검은 바둑돌 4개가 들어 있는 주머니에서 임의로 2개의 바둑돌을 동시에 꺼낼 때, 나오는 검은 바둑돌의 개수를 확률변수 X라 하자. 이때 X의 평균을 구하시오.

15 ●●○ 집합 $\{a, b, c\}$의 부분집합 중에서 임의로 하나를 택할 때, 택한 부분집합의 원소의 개수를 확률변수 X라 하자. 이때 $\sigma(X)$를 구하시오.

16 ●●○ 1부터 4까지의 자연수가 각각 적힌 4장의 카드 중에서 임의로 2장을 동시에 뽑을 때, 카드에 적힌 수 중 큰 수를 확률변수 X라 하자. 이때 $\mathrm{V}(X)$는?

① $\frac{2}{9}$ ② $\frac{1}{3}$ ③ $\frac{4}{9}$
④ $\frac{5}{9}$ ⑤ $\frac{2}{3}$

17 ●●○ A의 학생증을 포함하여 5장의 학생증이 들어 있는 상자에서 학생증을 임의로 1장씩 꺼내어 이름을 확인하는 시행을 할 때, A의 학생증이 나올 때까지 시행한 횟수를 확률변수 X라 하자. 이때 $\mathrm{E}(X)$를 구하시오. (단, 꺼낸 학생증은 다시 넣지 않는다.)

유형 05 상금의 기댓값

받을 수 있는 상금을 X원이라 할 때, 확률변수 X의 확률질량함수가 $\mathrm{P}(X=x_i)=p_i\,(i=1, 2, 3, \cdots, n)$이면 X의 기댓값은

$$\mathrm{E}(X)=x_1p_1+x_2p_2+x_3p_3+\cdots+x_np_n$$

18 ●○○ 어느 마트에서 개업 행사로 500장의 행운권을 준비하였다. 등수에 따른 상금과 행운권의 수가 다음 표와 같을 때, 행운권 한 장당 받을 수 있는 상금의 기댓값을 구하시오.

등수	상금(원)	행운권 수(장)
1등	300000	1
2등	100000	3
3등	50000	6
4등	10000	40
꽝	0	450

19 ●●○ 50원짜리 동전 3개를 동시에 던져서 앞면이 나오는 동전을 상금으로 받는다고 할 때, 받을 수 있는 상금의 기댓값은?

① 50원 ② 75원 ③ 100원
④ 125원 ⑤ 150원

20 ●●○ 빨간 공 3개와 노란 공 4개가 들어 있는 주머니에서 임의로 2개의 공을 동시에 꺼낼 때, 나오는 공 중 빨간 공은 1개당 7000원, 노란 공은 1개당 3500원의 상금을 받는 게임이 있다. 이 게임을 한 번 하여 받을 수 있는 상금의 기댓값을 구하시오.

정답과 해설 84쪽

유형 06 이산확률변수 $aX+b$의 평균, 분산, 표준편차 – 평균과 분산이 주어진 경우

확률변수 X와 상수 a, $b\,(a\neq0)$에 대하여
(1) $\mathrm{E}(aX+b)=a\mathrm{E}(X)+b$
(2) $\mathrm{V}(aX+b)=a^2\mathrm{V}(X)$
(3) $\sigma(aX+b)=|a|\sigma(X)$

21 ●○○ 확률변수 X에 대하여 $\mathrm{E}(X)=2$, $\mathrm{E}(X^2)=8$일 때, $\sigma(4X-1)$은?

① 5 ② 6 ③ 7
④ 8 ⑤ 9

22 ●○○ 확률변수 X에 대하여 $Y=3X+1$이라 할 때, $\mathrm{E}(Y)=2$, $\sigma(Y)=9$이다. 이때 $\mathrm{E}(X)\mathrm{V}(X)$의 값을 구하시오.

23 ●○○ 확률변수 X에 대하여 $\mathrm{E}(2X-10)=4$, $\mathrm{V}(2X)=12$일 때, $\mathrm{E}(X^2)$을 구하시오.

24 ●●○ 평균이 -2, 분산이 3인 확률변수 X에 대하여 확률변수 $Y=aX-2$의 평균이 2, 분산이 b이다. 이때 상수 a, b에 대하여 ab의 값은?

① -24 ② -20 ③ -16
④ -12 ⑤ -8

유형 07 이산확률변수 $aX+b$의 평균, 분산, 표준편차 – 확률분포가 주어진 경우

확률변수 X의 확률분포를 이용하여 X의 평균, 분산, 표준편차를 먼저 구한 후 확률변수 $aX+b$의 평균, 분산, 표준편차를 구한다.

25 ●○○ 확률변수 X의 확률질량함수가

$$\mathrm{P}(X=x)=\frac{4-x}{6}\ (x=1,\ 2,\ 3)$$

일 때, 확률변수 $Y=-3X+7$에 대하여 $\mathrm{E}(Y)+\mathrm{V}(Y)$의 값은?

① $\frac{1}{3}$ ② 5 ③ 7
④ 13 ⑤ 17

26 ●●○ 확률변수 X의 확률분포를 표로 나타내면 다음과 같을 때, $\mathrm{V}(2X-3)$을 구하시오. (단, a는 상수)

X	-4	0	4	합계
$\mathrm{P}(X=x)$	a	$2a$	a	1

평가원

27 ●●● 두 이산확률변수 X, Y의 확률분포를 표로 나타내면 각각 다음과 같다. $\mathrm{E}(X)=2$, $\mathrm{E}(X^2)=5$일 때, $\mathrm{E}(Y)+\mathrm{V}(Y)$의 값을 구하시오.

X	1	2	3	4	합계
$\mathrm{P}(X=x)$	a	b	c	d	1

Y	11	21	31	41	합계
$\mathrm{P}(Y=y)$	a	b	c	d	1

유형 08 이산확률변수 $aX+b$의 평균, 분산, 표준편차 – 확률분포가 주어지지 않은 경우

확률변수 X의 확률분포를 표로 나타내어 X의 평균, 분산, 표준편차를 구한 후 확률변수 $aX+b$의 평균, 분산, 표준편차를 구한다.

28 ●○○ 100원짜리 동전 2개를 동시에 던져서 앞면이 나온 개수를 확률변수 X라 하자. 확률변수 $Y=2X+7$에 대하여 $\mathrm{V}(Y)$를 구하시오.

29 ●○○ 1학년 학생 3명, 2학년 학생 5명, 3학년 학생 2명으로 구성된 어느 고등학교 동아리에서 임의로 2명의 대표를 뽑을 때, 뽑힌 1학년 학생의 수를 확률변수 X라 하자. 이때 $\mathrm{V}(-5X)$를 구하시오.

30 ●●○ 한 개의 주사위를 던져서 나오는 눈의 수가 홀수이면 3점을 받고, 짝수이면 2점을 받는 게임이 있다. 이 게임을 3번 하여 받을 수 있는 점수를 확률변수 X라 할 때, $\sigma(6X-3)$을 구하시오.

31 ●●○ 한 개의 주사위를 던져서 나오는 눈의 수를 a라 하고 이차방정식 $x^2-2ax+6a-8=0$의 서로 다른 실근의 개수를 확률변수 X라 할 때, $\mathrm{E}(3X-2)$는?

① 1　② 2　③ 3　④ 4　⑤ 5

유형 09 이항분포에서의 확률

확률변수 X가 이항분포 $\mathrm{B}(n,\ p)$를 따를 때, X의 확률질량함수는

$$\mathrm{P}(X=x)={}_{n}\mathrm{C}_{x}p^{x}(1-p)^{n-x}\ (x=0,\ 1,\ 2,\ \cdots,\ n)$$

32 ●○○ 한 개의 주사위를 9번 던지는 시행에서 5의 약수의 눈이 나오는 횟수를 확률변수 X라 하자. $\mathrm{P}(X=6)=\dfrac{a}{3^8}$일 때, 상수 a의 값을 구하시오.

33 ●○○ 어느 공장에서 생산하는 제품은 10개 중 1개의 비율로 하자가 있다고 한다. 이 공장에서 생산한 제품 중에서 임의로 8개의 제품을 택할 때, 하자가 있는 제품의 개수를 확률변수 X라 하자. 이때 $\mathrm{P}(X\le 7)$은?

① $1-\dfrac{1}{10^8}$　② $1-\dfrac{3}{10^8}$　③ $1-\dfrac{1}{10^7}$　④ $1-\dfrac{3}{10^7}$　⑤ $1-\dfrac{1}{10^6}$

34 ●●○ 검은 공 4개, 흰 공 4개가 들어 있는 주머니 A와 빨간 공 2개, 흰 공 4개가 들어 있는 주머니 B가 있다. 각각의 주머니에서 임의로 한 개씩 공을 꺼내어 색을 확인하고 다시 넣는 시행을 20번 반복할 때, 흰 공이 1개만 나오는 횟수를 확률변수 X라 하자. 이때 $2^{19}\times\mathrm{P}(X\ge 19)$의 값을 구하시오.

정답과 해설 86쪽

유형 10 이항분포의 평균, 분산, 표준편차 – 이항분포가 주어진 경우

확률변수 X가 이항분포 $B(n,\ p)$를 따를 때,
(1) 평균: $E(X)=np$
(2) 분산: $V(X)=np(1-p)$
(3) 표준편차: $\sigma(X)=\sqrt{np(1-p)}$

교육청

35 확률변수 X가 이항분포 $B(45,\ p)$를 따르고 $E(X)=15$일 때, p의 값은?

① $\frac{4}{15}$ ② $\frac{1}{3}$ ③ $\frac{2}{5}$
④ $\frac{7}{15}$ ⑤ $\frac{8}{15}$

36 확률변수 X의 확률질량함수가

$$P(X=x)={}_{48}C_x\left(\frac{3}{4}\right)^x\left(\frac{1}{4}\right)^{48-x}$$
$$(x=0,\ 1,\ 2,\ \cdots,\ 48)$$

일 때, $\sigma(X)$를 구하시오.

37 이항분포 $B\left(n,\ \frac{1}{4}\right)$을 따르는 확률변수 X에 대하여 $V(4X-5)=60$일 때, $E(4X-5)$를 구하시오.

38 이항분포 $B(n,\ p)$를 따르는 확률변수 X의 평균이 3, 분산이 2일 때, $\frac{P(X=2)}{P(X=3)}$의 값을 구하시오.

유형 11 이항분포의 평균, 분산, 표준편차 – 이항분포가 주어지지 않은 경우

이항분포를 따르는 확률변수 X의 평균, 분산, 표준편차는 먼저 시행 횟수 n과 한 번의 시행에서 어떤 사건이 일어날 확률 p를 구하여 $B(n,\ p)$로 나타낸 후 구한다.

39 두 사람 A, B가 가위바위보를 18번 할 때, A가 이기는 횟수를 확률변수 X라 하자. 이때 $E(X^2)$을 구하시오.

40 빨간 구슬 3개와 노란 구슬 5개가 들어 있는 주머니에서 임의로 한 개의 구슬을 꺼내어 색을 확인하고 다시 넣는 시행을 n회 반복할 때, 빨간 구슬이 나오는 횟수를 확률변수 X라 하자. $E(X)=15$일 때, $V(X)$를 구하시오.

41 한 개의 윷짝을 던져서 평평한 면이 나올 확률이 $\frac{3}{5}$인 윷짝 4개를 동시에 던지는 시행을 125회 반복할 때, 개가 나오는 횟수를 확률변수 X라 하자. 이때 $E(5X-1)$을 구하시오. (단, 개는 4개의 윷짝을 동시에 던져서 평평한 면이 2개, 둥근 면이 2개 나오는 것이다.)

42 원점 O를 출발하여 수직선 위를 움직이는 점 P가 있다. 한 개의 동전을 던져서 앞면이 나오면 양의 방향으로 2만큼, 뒷면이 나오면 음의 방향으로 1만큼 점 P를 이동시킨다. 동전을 20번 던진 후 점 P의 좌표를 확률변수 X라 할 때, $E(X)$를 구하시오.

02 연속확률변수와 정규분포

유형 01 확률밀도함수의 성질

$\alpha \le X \le \beta$에서 모든 실숫값을 갖는 연속확률변수 X의 확률밀도함수 $f(x)$ $(\alpha \le x \le \beta)$에 대하여

(1) $f(x) \ge 0$

(2) $y=f(x)$의 그래프와 x축 및 두 직선 $x=\alpha$, $x=\beta$로 둘러싸인 부분의 넓이는 1이다.

(3) $\mathrm{P}(a \le X \le b)$는 $y=f(x)$의 그래프와 x축 및 두 직선 $x=a$, $x=b$로 둘러싸인 부분의 넓이와 같다.

(단, $\alpha \le a \le b \le \beta$)

1 다음 중 $-2 \le X \le 2$에서 모든 실숫값을 갖는 연속확률변수 X의 확률밀도함수 $f(x)$의 그래프가 될 수 있는 것은?

①
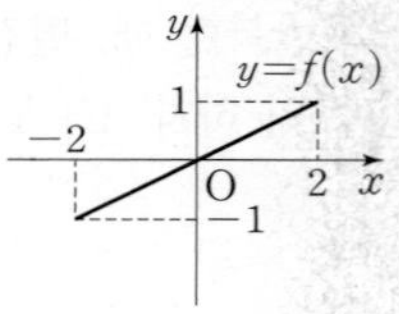

②
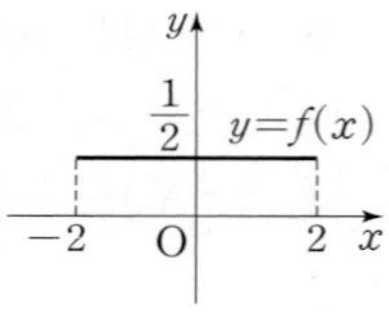

③
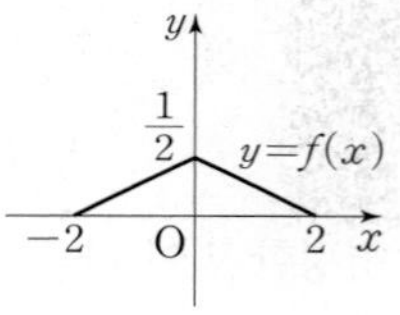

④
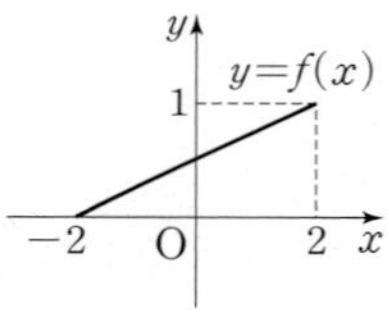

⑤
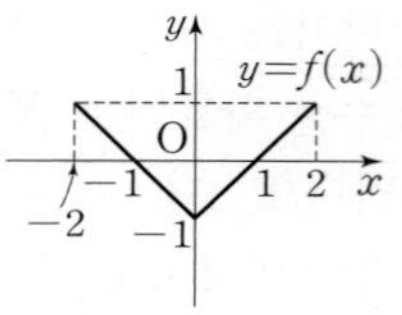

2 연속확률변수 X의 확률밀도함수 $f(x)$ $(-1 \le x \le 3)$의 그래프가 오른쪽 그림과 같을 때, 상수 a의 값을 구하시오.

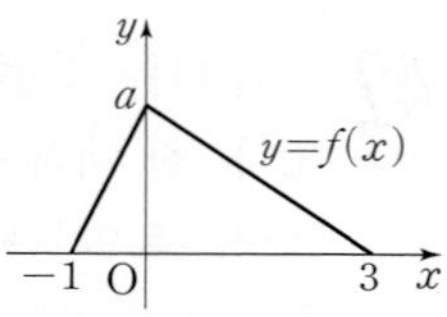

3 연속확률변수 X의 확률밀도함수가

$$f(x)=k|x-1|+\frac{1}{4}\ (0 \le x \le 2)$$

일 때, $\mathrm{P}\left(\frac{1}{2} \le X \le \frac{3}{2}\right)$은? (단, $k>0$)

① $\frac{1}{8}$ ② $\frac{3}{16}$ ③ $\frac{1}{4}$ ④ $\frac{5}{16}$ ⑤ $\frac{3}{8}$

4 연속확률변수 X의 확률밀도함수가

$$f(x)=a(x-2)\ (3 \le x \le 5)$$

이다. $\mathrm{P}(b \le X \le 4)=\frac{5}{18}$일 때, 상수 a, b에 대하여 ab의 값을 구하시오. (단, $3 \le b < 4$)

평가원

5 연속확률변수 X가 갖는 값의 범위는 $0 \le X \le 8$이고, X의 확률밀도함수 $f(x)$의 그래프는 직선 $x=4$에 대하여 대칭이다.

$$3\mathrm{P}(2 \le X \le 4)=4\mathrm{P}(6 \le X \le 8)$$

일 때, $\mathrm{P}(2 \le X \le 6)$의 값은?

① $\frac{3}{7}$ ② $\frac{1}{2}$ ③ $\frac{4}{7}$ ④ $\frac{9}{14}$ ⑤ $\frac{5}{7}$

유형 02 정규분포 곡선의 성질

정규분포 $\mathrm{N}(m, \sigma^2)$을 따르는 확률변수 X의 정규분포 곡선은 다음과 같은 성질이 있다.

(1) 직선 $x=m$에 대하여 대칭인 종 모양의 곡선이다.
(2) 곡선과 x축 사이의 넓이는 1이다.
(3) σ의 값이 일정할 때, m의 값이 달라지면 대칭축의 위치는 바뀌지만 곡선의 모양은 변하지 않는다.
(4) m의 값이 일정할 때, σ의 값이 커지면 곡선의 가운데 부분의 높이는 낮아지고 양쪽으로 넓게 퍼진 모양이 된다.

6 세 확률변수 X_1, X_2, X_3은 각각 정규분포 $\mathrm{N}(m, \sigma^2)$, $\mathrm{N}(10, 2^2)$, $\mathrm{N}(10, 3^2)$을 따른다. X_1, X_2, X_3의 확률밀도함수를 각각 $f(x)$, $g(x)$, $h(x)$라 할 때, 세 함수의 그래프는 다음 그림과 같다. 이때 m, σ의 값의 범위는? (단, $\sigma>0$)

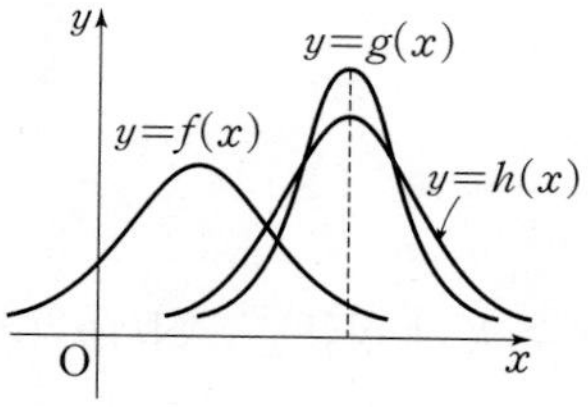

① $m<10$, $\sigma<2$　② $m<10$, $2<\sigma<3$
③ $m<10$, $\sigma>3$　④ $m>10$, $\sigma<2$
⑤ $m>10$, $\sigma>3$

7 정규분포 $\mathrm{N}(13, 3^2)$을 따르는 확률변수 X에 대하여 $\mathrm{P}(k-2\le X\le k+4)$가 최대가 되도록 하는 상수 k의 값은?

① $\frac{1}{2}$　② 2　③ $\frac{11}{2}$
④ 9　⑤ 12

유형 03 정규분포에서 확률 구하기

확률변수 X가 정규분포 $\mathrm{N}(m, \sigma^2)$을 따를 때, 정규분포 곡선은 직선 $x=m$에 대하여 대칭이므로

(1) $\mathrm{P}(X\le m)=\mathrm{P}(X\ge m)=0.5$
(2) $\mathrm{P}(m-\sigma\le X\le m)=\mathrm{P}(m\le X\le m+\sigma)$

8 정규분포 $\mathrm{N}(m, \sigma^2)$을 따르는 확률변수 X에 대하여

$\mathrm{P}(m-2\sigma\le X\le m+2\sigma)=2a$,
$\mathrm{P}(m-4\sigma\le X\le m+4\sigma)=4b$

라 할 때, $\mathrm{P}(m-4\sigma\le X\le m+2\sigma)$를 a, b를 사용하여 나타내면?

① $\frac{a}{2}+b$　② $a+b$　③ $a+2b$
④ $2a+b$　⑤ $2a+2b$

9 정규분포 $\mathrm{N}(20, 5^2)$을 따르는 확률변수 X에 대하여 $\mathrm{P}(18\le X\le 20)=0.1554$일 때, $\mathrm{P}(X\ge 22)$를 구하시오.

10 정규분포 $\mathrm{N}(m, \sigma^2)$을 따르는 확률변수 X에 대하여 $\mathrm{P}(X\le 15)=0.76$, $\mathrm{P}(X\le 7)=0.24$일 때, $\mathrm{P}(|X-m|\le 4)$는?

① 0.24　② 0.38　③ 0.48
④ 0.52　⑤ 0.76

유형 04 정규분포의 표준화

확률변수 X가 정규분포 $\mathrm{N}(m, \sigma^2)$을 따를 때

(1) 확률변수 $Z=\dfrac{X-m}{\sigma}$은 표준정규분포 $\mathrm{N}(0, 1)$을 따른다.

(2) $\mathrm{P}(a \le X \le b)=\mathrm{P}\left(\dfrac{a-m}{\sigma} \le Z \le \dfrac{b-m}{\sigma}\right)$

11 ●○○ 두 확률변수 X, Y가 각각 정규분포 $\mathrm{N}(100, 5^2)$, $\mathrm{N}(30, 4^2)$을 따르고 $\mathrm{P}(X \le 90)=\mathrm{P}(Y \ge k)$일 때, 상수 k의 값은?

① 32 ② 34 ③ 36
④ 38 ⑤ 40

12 ●○○ 두 확률변수 X, Y가 각각 정규분포 $\mathrm{N}(7, 2^2)$, $\mathrm{N}(16, 3^2)$을 따르고

$$\mathrm{P}(5 \le X \le 11)=\mathrm{P}(10 \le Y \le k)$$

일 때, 상수 k의 값은?

① 13 ② 15 ③ 17
④ 19 ⑤ 21

13 ●●○ 두 확률변수 X, Y가 각각 정규분포 $\mathrm{N}(14, 2^2)$, $\mathrm{N}(m, 3^2)$을 따르고

$$2\mathrm{P}(10 \le X \le 14)=\mathrm{P}(2 \le Y \le 2m-2)$$

일 때, 상수 m의 값을 구하시오.

유형 05 표준화하여 확률 구하기

정규분포 $\mathrm{N}(m, \sigma^2)$을 따르는 확률변수 X에 대한 확률은 $Z=\dfrac{X-m}{\sigma}$으로 표준화한 후 표준정규분포표를 이용하여 구한다.

14 ○○○ 확률변수 X가 정규분포 $\mathrm{N}(63, 4^2)$을 따를 때, $\mathrm{P}(X \le 67)$을 오른쪽 표준정규분포표를 이용하여 구하면?

z	$\mathrm{P}(0 \le Z \le z)$
0.5	0.1915
1.0	0.3413
1.5	0.4332
2.0	0.4772

① 0.383 ② 0.5328
③ 0.6826 ④ 0.7745
⑤ 0.8413

15 ●○○ 확률변수 X가 정규분포 $\mathrm{N}(m, 5^2)$을 따를 때, $\mathrm{P}(|X-m| \le 10)$을 구하시오.

(단, $\mathrm{P}(0 \le Z \le 2)=0.4772$)

16 ●●○ 확률변수 X가 정규분포 $\mathrm{N}(70, 3^2)$을 따를 때, 확률변수 $Y=2X+3$에 대하여 $\mathrm{P}(140 \le Y \le 152)$를 오른쪽 표준정규분포표를 이용하여 구하면?

z	$\mathrm{P}(0 \le Z \le z)$
0.5	0.1915
1.0	0.3413
1.5	0.4332

① 0.6247 ② 0.7745 ③ 0.8351
④ 0.9104 ⑤ 0.927

유형 06 표준화하여 미지수의 값 구하기

정규분포 $N(m, \sigma^2)$을 따르는 확률변수 X에 대하여 $P(X \ge a)=k$이면 확률변수 $Z=\frac{X-m}{\sigma}$으로 표준화하여 $P\left(Z \ge \frac{a-m}{\sigma}\right)=k$를 만족시키는 $\frac{a-m}{\sigma}$의 값을 표준정규분포표에서 찾는다.

17 ●○○ 확률변수 X가 정규분포 $N(21, 4^2)$을 따를 때, $P(20 \le X \le a)=0.3721$을 만족시키는 상수 a의 값을 오른쪽 표준정규분포표를 이용하여 구하시오. (단, $a \ge 21$)

z	$P(0 \le Z \le z)$
0.25	0.0987
0.50	0.1915
0.75	0.2734
1.00	0.3413

평가원

18 ●●○ 확률변수 X가 평균이 m, 표준편차가 $\frac{m}{3}$인 정규분포를 따르고

$$P\left(X \le \frac{9}{2}\right)=0.9987$$

일 때, 오른쪽 표준정규분포표를 이용하여 m의 값을 구한 것은?

z	$P(0 \le Z \le z)$
1.5	0.4332
2.0	0.4772
2.5	0.4938
3.0	0.4987

① $\frac{3}{2}$ ② $\frac{7}{4}$ ③ 2 ④ $\frac{9}{4}$ ⑤ $\frac{5}{2}$

19 ●●○ 확률변수 X가 정규분포 $N(1, 3^2)$을 따를 때, $P(|X-1| \le 3k)=0.899$를 만족시키는 상수 k의 값을 오른쪽 표준정규분포표를 이용하여 구하시오.

z	$P(0 \le Z \le z)$
0.44	0.1700
0.84	0.2995
1.24	0.3925
1.64	0.4495

유형 07 정규분포의 활용 – 확률 구하기

정규분포를 따르는 확률변수의 확률은 다음과 같은 순서로 구한다.

(1) 확률변수 X를 정한 후 X가 따르는 정규분포 $N(m, \sigma^2)$을 구한다.

(2) X를 $Z=\frac{X-m}{\sigma}$으로 표준화한다.

(3) 표준정규분포표를 이용하여 확률을 구한다.

수능

20 ●○○ 어느 농장에서 수확하는 파프리카 1개의 무게는 평균이 180 g, 표준편차가 20 g인 정규분포를 따른다고 한다.
이 농장에서 수확한 파프리카 중에서 임의로 선택한 파프리카 1개의 무게가 190 g 이상이고 210 g 이하일 확률을 오른쪽 표준정규분포표를 이용하여 구한 것은?

z	$P(0 \le Z \le z)$
0.5	0.1915
1.0	0.3413
1.5	0.4332
2.0	0.4772

① 0.0440 ② 0.0919 ③ 0.1359 ④ 0.1498 ⑤ 0.2417

21 ●○○ 300명이 응시한 어느 수학 경시대회의 점수는 평균이 84점, 표준편차가 4점인 정규분포를 따른다고 한다. 응시자 중에서 점수가 78점 미만일 확률을 구하시오. (단, $P(0 \le Z \le 1.5)=0.43$)

22 ●●○ A가 등교하는 데 걸리는 시간은 평균이 20분, 표준편차가 5분인 정규분포를 따른다고 한다. 학교 등교 시간은 오전 8시 20분까지이고 A가 집에서 출발한 시각이 오전 7시 56분일 때, A가 지각할 확률을 구하시오. (단, $P(0 \le Z \le 0.8)=0.2881$)

유형 08 정규분포의 활용 – 도수 구하기

정규분포를 따르는 확률변수 X에 대하여 n개 중에서 특정 한 범위에 속하는 것의 개수는 다음과 같은 순서로 구한다.
(1) X를 표준화한다.
(2) 표준정규분포표를 이용하여 X가 특정한 범위에 속할 확률 p를 구한다.
(3) $n\times p$의 값을 구한다.

23 ●○○ 어느 물류 센터에서 하루에 10000개의 택배 상자를 처리한다고 한다. 택배 상자 하나의 무게는 평균이 5 kg, 표준편차가 0.3 kg인 정규분포를 따른다고 한다. 무게가 4.4 kg 이상 5.6 kg 이하인 택배 상자의 개수를 위의 표준정규분포표를 이용하여 구하시오.

z	$\mathrm{P}(0\le Z\le z)$
1.0	0.3413
1.5	0.4332
2.0	0.4772
2.5	0.4938

24 ●○○ 어느 회사 사원 500명의 의복비 지출 금액은 평균이 30만 원, 표준편차가 4만 원인 정규분포를 따른다고 할 때, 의복비를 40만 원 이상 지출하는 사원의 수를 구하시오. (단, $\mathrm{P}(0\le Z\le 2.5)=0.494$)

25 ●○○ 어느 회사에서 생산한 2000개의 보조 배터리의 용량은 평균이 20000 mAh, 표준편차가 100 mAh인 정규분포를 따른다고 한다. 용량이 19897 mAh 미만인 보조 배터리는 불량품으로 분류할 때, 불량품이 아닌 보조 배터리의 개수를 위의 표준정규분포표를 이용하여 구하시오.

z	$\mathrm{P}(0\le Z\le z)$
1.03	0.3485
1.53	0.4370
2.03	0.4788

유형 09 정규분포의 활용 – 미지수의 값 구하기

확률변수 X가 정규분포를 따를 때, 상위 $k\%$ 안에 드는 X의 최솟값을 a라 하면 $\mathrm{P}(X\ge a)=\frac{k}{100}$임을 이용한다.

26 ●●○ 어느 교사 임용 시험의 응시자의 점수는 평균이 68점, 표준편차가 5점인 정규분포를 따른다고 한다. 상위 20 %에 속하는 응시자의 최저 점수를 위의 표준정규분포표를 이용하여 구하시오.

z	$\mathrm{P}(0\le Z\le z)$
0.84	0.30
1.04	0.35
1.28	0.40

27 ●●○ 50명을 모집하는 어느 대학의 장학생 선발 시험에 응시한 지원자 500명의 시험 점수는 평균이 72점, 표준편차가 10점인 정규분포를 따른다고 한다. 이 시험에 합격한 장학생의 최저 점수를 위의 표준정규분포표를 이용하여 구하시오.

z	$\mathrm{P}(0\le Z\le z)$
1.1	0.36
1.2	0.38
1.3	0.40
1.4	0.42
1.5	0.43

28 ●●○ 어느 농장의 돼지 200마리의 무게는 평균이 120 kg, 표준편차가 15 kg인 정규분포를 따른다고 한다. 이때 무게가 가벼운 쪽에서 60번째인 돼지의 무게를 구하시오. (단, $\mathrm{P}(0\le Z\le 0.52)=0.2$)

정답과 해설 92쪽

유형 10 표준화하여 확률 비교하기

각각 정규분포를 따르는 두 확률변수 X, Y를 각각 표준화한 후 확률을 비교한다.

29 ●●○ 세 확률변수 W, X, Y가 각각 정규분포 $\mathrm{N}(45,\ 4^2)$, $\mathrm{N}(52,\ 3^2)$, $\mathrm{N}(48,\ 8^2)$을 따를 때, $p=\mathrm{P}(W\geq 46)$, $q=\mathrm{P}(X\geq 46)$, $r=\mathrm{P}(Y\geq 46)$에 대하여 p, q, r의 대소 관계는?

① $p=r<q$　② $p<r<q$　③ $q<p=r$
④ $q<r<p$　⑤ $r<p<q$

30 ●●○ 주영이네 학교 전체 학생의 국어, 수학, 영어 시험 성적은 각각 정규분포를 따르고, 각 과목의 평균, 표준편차와 주영이의 성적은 다음 표와 같다. 과목별로 주영이의 성적과 학교 전체 학생의 성적을 비교할 때, 주영이의 성적이 상대적으로 높은 과목부터 순서대로 나열하시오.

(단위: 점)

	국어	수학	영어
전체 평균	70	58	67
전체 표준편차	12	14	10
주영이의 성적	91	79	81

31 ●●○ 어느 고등학교의 2학년 1반, 2반, 3반 학생의 몸무게는 평균이 각각 52 kg, 54 kg, 55 kg이고, 표준편차가 각각 6 kg, 5 kg, 8 kg인 정규분포를 따른다고 한다. 세 반에서 임의로 학생을 한 명씩 뽑아 몸무게를 조사하였더니 1반 학생 A는 55 kg, 2반 학생 B는 56 kg, 3반 학생 C는 60 kg이었을 때, 각자 자기 반에서 상대적으로 몸무게가 무거운 학생부터 순서대로 나열하시오.

유형 11 이항분포와 정규분포 사이의 관계

확률변수 X가 이항분포 $\mathrm{B}(n,\ p)$를 따를 때, n이 충분히 크면 X는 근사적으로 정규분포 $\mathrm{N}(np,\ npq)$를 따른다.
(단, $q=1-p$)

32 ●●○ 확률변수 X가 이항분포 $\mathrm{B}\left(900,\ \frac{1}{5}\right)$을 따를 때, $\mathrm{P}(174\leq X\leq 198)$을 오른쪽 표준정규분포표를 이용하여 구하면?

z	$\mathrm{P}(0\leq Z\leq z)$
0.5	0.1915
1.0	0.3413
1.5	0.4332
2.0	0.4772

① 0.5328　② 0.6247　③ 0.6687
④ 0.6826　⑤ 0.7745

33 ●●○ 확률변수 X의 확률질량함수가

$$\mathrm{P}(X=x)={}_{450}\mathrm{C}_x\left(\frac{2}{3}\right)^x\left(\frac{1}{3}\right)^{450-x}$$

$(x=0,\ 1,\ 2,\ \cdots,\ 450)$

일 때, $\mathrm{P}(X\leq 296)$은?
(단, $\mathrm{P}(0\leq Z\leq 0.4)=0.16$)

① 0.16　② 0.32　③ 0.34
④ 0.66　⑤ 0.84

34 ●●● 다음 식의 값을 구하시오.
(단, $\mathrm{P}(0\leq Z\leq 2)=0.4772$)

$${}_{48}\mathrm{C}_{12}\left(\frac{1}{4}\right)^{12}\left(\frac{3}{4}\right)^{36}+{}_{48}\mathrm{C}_{13}\left(\frac{1}{4}\right)^{13}\left(\frac{3}{4}\right)^{35}+\cdots+{}_{48}\mathrm{C}_{18}\left(\frac{1}{4}\right)^{18}\left(\frac{3}{4}\right)^{30}$$

정답과 해설 94쪽

유형 12 이항분포와 정규분포 사이의 관계의 활용 – 확률 구하기

확률변수 X를 정하고 X가 따르는 이항분포를 구한 후 X가 근사적으로 따르는 정규분포를 이용하여 확률을 구한다.

35 ●○○ 1부터 5까지의 자연수가 하나씩 적힌 5장의 카드가 들어 있는 상자에서 임의로 1장의 카드를 뽑아 숫자를 확인한 후 다시 상자에 넣는 시행을 1350번 반복할 때, 카드에 적힌 수가 소수인 횟수를 확률변수 X라 하자. 이때 $\mathrm{P}(783 \le X \le 792)$를 위의 표준정규분포표를 이용하여 구하시오.

z	$\mathrm{P}(0 \le Z \le z)$
0.5	0.1915
1.0	0.3413
1.5	0.4332
2.0	0.4772

36 ●●○ 좌석이 378개인 어느 비행기를 예약한 승객들의 예약 취소율이 10 %라 한다. 이 비행기에 대하여 400명의 예약을 받았다고 할 때, 비행기를 타러 온 승객이 모두 비행기를 탈 확률을 위의 표준정규분포표를 이용하여 구하시오.

z	$\mathrm{P}(0 \le Z \le z)$
1.5	0.4332
2.0	0.4772
2.5	0.4938
3.0	0.4987

37 ●●● 어느 농장에서 수확하는 배의 무게는 평균이 200 g, 표준편차가 10 g인 정규분포를 따르고, 배의 무게가 218 g 이상이면 선물용으로 구분한다고 한다. 이 농장에서 3750개의 배를 수확하였을 때, 선물용으로 구분되는 배가 126개 이하일 확률을 위의 표준정규분포표를 이용하여 구하시오.

z	$\mathrm{P}(0 \le Z \le z)$
1.6	0.45
1.8	0.46
2.0	0.48

유형 13 이항분포와 정규분포 사이의 관계의 활용 – 미지수의 값 구하기

이항분포를 따르는 확률변수 X에 대하여 $\mathrm{P}(X \ge k)=\alpha$를 만족시키는 k의 값을 구할 때에는 X가 근사적으로 따르는 정규분포를 이용한다.

38 ●●○ 한 개의 주사위를 450번 던져서 5의 약수의 눈이 나오는 횟수를 확률변수 X라 하자. $\mathrm{P}(X \ge k)=0.12$를 만족시키는 상수 k의 값을 구하시오. (단, $\mathrm{P}(0 \le Z \le 1.2)=0.38$)

39 ●●○ 화살 한 개를 과녁에 쏘아 10점에 맞힐 확률이 $\frac{3}{4}$인 양궁 선수가 화살 108개를 과녁에 쏠 때, 10점에 맞힌 화살이 k개 이상일 확률이 0.0228이라 한다. 이때 k의 값을 위의 표준정규분포표를 이용하여 구하시오.

z	$\mathrm{P}(0 \le Z \le z)$
1.0	0.3413
2.0	0.4772
3.0	0.4987

40 ●●● 빨간 공 2개, 파란 공 5개, 노란 공 3개가 들어 있는 주머니에서 임의로 한 개의 공을 꺼내어 색을 확인하고 다시 주머니에 넣는 시행을 400회 반복한다고 한다. 빨간 공이 k번 이상 나올 확률과 파란 공이 230번 이하 나올 확률이 서로 같을 때, k의 값을 구하시오.

Ⅲ. 통계

2 통계적 추정

01 통계적 추정

01 통계적 추정

유형 01 표본평균의 평균, 분산, 표준편차 – 모평균과 모표준편차가 주어질 때

모평균이 m, 모표준편차가 σ인 모집단에서 크기가 n인 표본을 임의추출할 때, 표본평균 $\overline{X}$에 대하여

$$E(\overline{X})=m,\ V(\overline{X})=\frac{\sigma^2}{n},\ \sigma(\overline{X})=\frac{\sigma}{\sqrt{n}}$$

수능

1 ●○○○ 정규분포 $N(20,\ 5^2)$을 따르는 모집단에서 크기가 16인 표본을 임의추출하여 구한 표본평균을 $\overline{X}$라 할 때, $E(\overline{X})+\sigma(\overline{X})$의 값은?

① $\frac{91}{4}$　② $\frac{89}{4}$　③ $\frac{87}{4}$
④ $\frac{85}{4}$　⑤ $\frac{83}{4}$

2 ●○○ 모평균이 54, 모분산이 9인 모집단에서 크기가 n인 표본을 임의추출할 때, 표본평균 $\overline{X}$에 대하여 $\sigma(\overline{X})=\frac{1}{2}$이다. 이때 $E(\overline{X})+n$의 값을 구하시오.

3 ●○○ 모표준편차가 9인 모집단에서 크기가 n인 표본을 임의추출할 때, 표본평균 $\overline{X}$의 표준편차가 3 이하가 되도록 하는 n의 최솟값은?

① 6　② 7　③ 8
④ 9　⑤ 10

4 ●●○ 모집단의 확률변수 X에 대하여 $E(X)=8$이다. 이 모집단에서 크기가 3인 표본을 임의추출할 때, 표본평균 $\overline{X}$에 대하여 $E(\overline{X}^2)=80$이다. 이때 $E(X^2)$을 구하시오.

유형 02 표본평균의 평균, 분산, 표준편차 – 모평균과 모표준편차가 주어지지 않을 때

모집단의 확률변수 X의 확률분포로부터 모평균과 모분산을 구한 후 표본평균 $\overline{X}$의 평균, 분산, 표준편차를 구한다.

교육청

5 ●○○ 어느 모집단의 확률분포를 표로 나타내면 다음과 같다. 이 모집단에서 크기가 16인 표본을 임의추출하여 구한 표본평균을 $\overline{X}$라 하자. $V(\overline{X})$의 값은?

X	-2	0	1	합계
$P(X=x)$	$\frac{1}{3}$	$\frac{1}{2}$	a	1

① $\frac{5}{64}$　② $\frac{7}{64}$　③ $\frac{9}{64}$
④ $\frac{11}{64}$　⑤ $\frac{13}{64}$

6 ●○○ 1, 2, 3, 4의 숫자가 각각 하나씩 적힌 4개의 공이 들어 있는 주머니에서 2개의 공을 임의추출할 때, 공에 적힌 숫자의 평균을 $\overline{X}$라 하자. 이때 $E(\overline{X}^2)$을 구하시오.

7 ●●○ 3, 5, 7의 숫자가 각각 하나씩 적힌 카드가 2장, 3장, 2장씩 들어 있는 상자에서 n장의 카드를 임의추출할 때, 카드에 적힌 숫자의 평균을 $\overline{X}$라 하자. 표본평균 $\overline{X}$의 표준편차가 $\frac{2\sqrt{7}}{7}$일 때, n의 값을 구하시오.

유형 03 표본평균의 확률

정규분포 $\mathrm{N}(m,\ \sigma^2)$을 따르는 모집단에서 크기가 n인 표본을 임의추출할 때, 표본평균 $\overline{X}$에 대한 확률은 다음과 같은 순서로 구한다.

(1) $\overline{X}$가 따르는 정규분포 $\mathrm{N}\left(m,\ \dfrac{\sigma^2}{n}\right)$을 구한다.

(2) $\overline{X}$를 $Z=\dfrac{\overline{X}-m}{\dfrac{\sigma}{\sqrt{n}}}$으로 표준화한다.

(3) 표준정규분포표를 이용하여 확률을 구한다.

8 ●○○ 정규분포 $\mathrm{N}(100,\ 6^2)$을 따르는 모집단에서 크기가 36인 표본을 임의추출할 때, 표본평균 $\overline{X}$에 대하여 $\mathrm{P}(\overline{X}\ge 101)$을 오른쪽 표준정규분포표를 이용하여 구하면?

z	$\mathrm{P}(0\le Z\le z)$
1.0	0.3413
1.5	0.4332
2.0	0.4772
2.5	0.4938

① 0.1587 ② 0.0919 ③ 0.0668
④ 0.0228 ⑤ 0.0062

수능

9 ●○○ 어느 공장에서 생산하는 화장품 1개의 내용량은 평균이 201.5 g이고 표준편차가 1.8 g인 정규분포를 따른다고 한다. 이 공장에서 생산한 화장품 중 임의추출한 9개의 화장품 내용량의 표본평균이 200 g 이상일 확률을 위의 표준정규분포표를 이용하여 구한 것은?

z	$\mathrm{P}(0\le Z\le z)$
1.0	0.3413
1.5	0.4332
2.0	0.4772
2.5	0.4938

① 0.7745 ② 0.8413 ③ 0.9332
④ 0.9772 ⑤ 0.9938

10 ●○○ 어느 농장에서 수확하는 토마토의 무게는 평균이 160 g, 표준편차가 10 g인 정규분포를 따른다고 한다. 이 농장에서 수확한 토마토 중 임의추출한 4개의 무게의 표본평균이 155 g 이상 170 g 이하일 확률을 위의 표준정규분포표를 이용하여 구하시오.

z	$\mathrm{P}(0\le Z\le z)$
1.0	0.3413
1.5	0.4332
2.0	0.4772
2.5	0.4938

11 ●●○ 어느 도시에서 공용 자전거의 1회 이용 시간은 평균이 40분, 표준편차가 10분인 정규분포를 따른다고 한다. 공용 자전거를 이용한 25회를 임의추출하여 조사할 때, 25회 이용 시간의 총합이 1100분 이하일 확률을 위의 표준정규분포표를 이용하여 구하시오.

z	$\mathrm{P}(0\le Z\le z)$
1.0	0.1915
1.0	0.3413
1.5	0.4332
2.0	0.4772

평가원

12 ●●● 어느 지역 신생아의 출생 시 몸무게 X가 정규분포를 따르고

$$\mathrm{P}(X\ge 3.4)=\frac{1}{2},\ \mathrm{P}(X\le 3.9)+\mathrm{P}(Z\le -1)=1$$

이다. 이 지역 신생아 중에서 임의추출한 25명의 출생 시 몸무게의 표본평균을 $\overline{X}$라 할 때, $\mathrm{P}(\overline{X}\ge 3.55)$의 값을 오른쪽 표준정규분포표를 이용하여 구한 것은? (단, 몸무게의 단위는 kg이고, Z는 표준정규분포를 따르는 확률변수이다.)

z	$\mathrm{P}(0\le Z\le z)$
1.0	0.3413
1.5	0.4332
2.0	0.4772
2.5	0.4938

① 0.0062 ② 0.0228 ③ 0.0668
④ 0.1587 ⑤ 0.3413

유형 04 표본평균의 확률 – 미지수의 값 구하기

표본평균 $\overline{X}$가 따르는 정규분포를 구하여 표준화한 후 주어진 확률과 표준정규분포표를 이용하여 미지수의 값을 구한다.

13 ●○○ 정규분포 $N(200,\ 32^2)$을 따르는 모집단에서 크기가 64인 표본을 임의추출할 때, 표본평균 $\overline{X}$에 대하여 $P(\overline{X} \le k)=0.0228$을 만족시키는 상수 k의 값을 위의 표준정규분포표를 이용하여 구하시오.

z	$P(0 \le Z \le z)$
1.0	0.3413
1.5	0.4332
2.0	0.4772

14 ●●○ 정규분포 $N(183,\ 24^2)$을 따르는 모집단에서 크기가 n인 표본을 임의추출할 때, 표본평균 $\overline{X}$에 대하여 $P(|\overline{X}-183| \le 3)=0.383$을 만족시키는 n의 값을 위의 표준정규분포표를 이용하여 구하시오.

z	$P(0 \le Z \le z)$
0.5	0.1915
1.0	0.3413
1.5	0.4332

평가원

15 ●●○ 어느 회사에서 일하는 플랫폼 근로자의 일주일 근무 시간은 평균이 m시간, 표준편차가 5시간인 정규분포를 따른다고 한다. 이 회사에서 일하는 플랫폼 근로자 중에서 임의추출한 36명의 일주일 근무 시간의 표본평균이 38시간 이상일 확률을 오른쪽 표준정규분포표를 이용하여 구한 값이 0.9332일 때, m의 값은?

z	$P(0 \le Z \le z)$
0.5	0.1915
1.0	0.3413
1.5	0.4332
2.0	0.4772

① 38.25 ② 38.75 ③ 39.25
④ 39.75 ⑤ 40.25

유형 05 표본비율의 평균, 분산, 표준편차

모비율이 p인 모집단에서 크기가 n인 표본을 임의추출할 때, 표본비율 $\hat{p}$에 대하여

$$E(\hat{p})=p,\ V(\hat{p})=\frac{pq}{n},\ \sigma(\hat{p})=\sqrt{\frac{pq}{n}}$$

(단, $q=1-p$)

16 ○○○ 모비율이 0.45인 모집단에서 임의추출한 크기가 1100인 표본의 표본비율을 $\hat{p}$이라 할 때, $\sigma(\hat{p})$은?

① 0.001 ② 0.003 ③ 0.005
④ 0.015 ⑤ 0.03

17 ○○○ 어느 관광지에서 축제 개최에 대한 조사를 하였더니 전체 주민의 40 %가 찬성을 하였다. 이 관광지에 거주하는 주민 중 600명을 임의추출할 때, 개최를 찬성하는 주민의 비율이 근사적으로 따르는 정규분포를 기호로 나타내시오.

18 ●○○ 어느 놀이공원은 전체 입장객의 $\frac{1}{3}$이 5개 이상의 놀이기구를 탄다고 한다. 이 놀이공원 입장객 중 120명을 임의추출할 때, 5개 이상의 놀이기구를 탄 입장객의 비율 $\hat{p}$에 대하여 $\frac{E(\hat{p})}{V(\hat{p})}$의 값을 구하시오.

19 ●○○ K 리그 경기를 시청하는 사람의 30 %는 A팀을 좋아한다고 한다. K 리그 경기를 시청하는 사람 중 n명을 임의추출할 때, A팀을 좋아하는 사람의 비율 $\hat{p}$에 대하여 $V(\hat{p})=\frac{1}{400}$일 때, n의 값을 구하시오.

정답과 해설 97쪽

유형 06 표본비율의 확률

모비율이 p인 모집단에서 크기가 n인 표본을 임의추출할 때, 표본비율 $\hat{p}$에 대한 확률은 다음과 같은 순서로 구한다.

(1) $\mathrm{E}(\hat{p})=p$, $\mathrm{V}(\hat{p})=\dfrac{pq}{n}$를 구한다. (단, $q=1-p$)

(2) $\hat{p}$을 $Z=\dfrac{\hat{p}-p}{\sqrt{\dfrac{pq}{n}}}$로 표준화한다.

(3) 표준정규분포표를 이용하여 확률을 구한다.

20 어느 대학교의 학생의 10 %가 봉사 활동 경험이 있다고 한다. 이 대학교 학생 중 100명을 임의추출할 때, 봉사 활동 경험이 있는 학생이 4명 이상 16명 이하일 확률을 구하시오.

(단, $\mathrm{P}(0\le Z\le 2)=0.4772$)

21 어느 보건소의 방문자의 80 %가 예방 접종을 받는다고 한다. 이 보건소의 방문자 중 400명을 임의추출할 때, 예방 접종을 받은 방문자가 312명 이상 336명 이하일 확률을 위의 표준정규분포표를 이용하여 구하시오.

z	$\mathrm{P}(0\le Z\le z)$
1.0	0.3413
1.5	0.4332
2.0	0.4772

평가원

22 어느 회사는 전체 직원의 20 %가 자격증 A를 가지고 있다. 이 회사의 직원 중에서 임의로 1600명을 선택할 때, 자격증 A를 가진 직원의 비율이 a % 이상일 확률이 0.9772이다. 위의 표준정규분포표를 이용하여 구한 a의 값은?

z	$\mathrm{P}(0\le Z\le z)$
2.00	0.4772
2.25	0.4878
2.50	0.4938
2.75	0.4970

① 16.5 ② 17 ③ 17.5
④ 18 ⑤ 18.5

유형 07 모평균의 추정

정규분포 $\mathrm{N}(m,\ \sigma^2)$을 따르는 모집단에서 크기가 n인 표본을 임의추출하여 구한 표본평균 $\overline{X}$의 값이 $\overline{x}$이면 모평균 m에 대한 신뢰구간은

(1) 신뢰도 95 %일 때,

$$\overline{x}-1.96\frac{\sigma}{\sqrt{n}}\le m\le \overline{x}+1.96\frac{\sigma}{\sqrt{n}}$$

(2) 신뢰도 99 %일 때,

$$\overline{x}-2.58\frac{\sigma}{\sqrt{n}}\le m\le \overline{x}+2.58\frac{\sigma}{\sqrt{n}}$$

참고 신뢰구간을 구할 때, 모표준편차를 모르는 경우 표본의 크기가 충분히 크면 모표준편차 대신 표본표준편차를 이용한다.

23 어느 할인점에서 판매하는 아이스크림의 무게는 표준편차가 3 g인 정규분포를 따른다고 한다. 이 할인점에서 판매하는 아이스크림 중 36개를 임의추출하여 조사한 결과 평균 무게는 30 g이었다. 이 할인점에서 판매하는 전체 아이스크림의 평균 무게 m g에 대한 신뢰도 99 %의 신뢰구간을 구하시오.

(단, $\mathrm{P}(0\le Z\le 2.58)=0.495$)

24 어느 지역 주민들이 하루 동안 운동하는 시간은 평균이 m분인 정규분포를 따른다고 한다. 이 지역 주민 중 100명을 임의추출하여 하루 운동 시간을 조사하였더니 평균이 55분, 표준편차가 10분이었을 때, 이 지역 주민들의 하루 운동 시간의 모평균 m에 대한 신뢰도 95 %의 신뢰구간은?

(단, $\mathrm{P}(|Z|\le 1.96)=0.95$)

① $50.08\le m\le 58.92$ ② $51.08\le m\le 58.92$
③ $53.02\le m\le 55.98$ ④ $53.04\le m\le 56.96$
⑤ $53.14\le m\le 56.96$

25 어느 제과점에서 판매하는 딸기 케이크의 무게는
○○○ 평균이 m g, 표준편차가 16 g인 정규분포를 따른
다고 한다. 이 제과점에서 판매하는 딸기 케이크 중
16개를 임의추출하여 무게를 조사하였더니 평균이
1000 g이었을 때, 이 제과점에서 판매하는 딸기 케
이크의 무게의 모평균 m에 대한 신뢰도 99 %의 신
뢰구간에 속하는 자연수의 개수를 구하시오.
(단, $P(|Z| \leq 2.58) = 0.99$)

수능

26 정규분포 $N(m, 5^2)$을 따르는 모집단에서 크기가
●●○ 49인 표본을 임의추출하여 얻은 표본평균이 $\bar{x}$일
때, 모평균 m에 대한 신뢰도 95 %의 신뢰구간이
$a \leq m \leq \frac{6}{5}a$이다. $\bar{x}$의 값은? (단, Z가 표준정규분
포를 따르는 확률변수일 때, $P(|Z| \leq 1.96) = 0.95$
로 계산한다.)

① 15.2　　　② 15.4　　　③ 15.6
④ 15.8　　　⑤ 16.0

27 모평균이 m이고, 모표준편차가 σ인 정규분포를 따
●●● 르는 모집단에서 크기가 144인 표본을 임의추출하
여 구한 표본평균이 $\bar{x}$이고, 이를 이용하여 구한 모
평균 m에 대한 신뢰도 95 %의 신뢰구간이
$23.02 \leq m \leq 24.98$이다. 이 모집단에서 크기가
576인 표본을 임의추출하여 구한 표본평균이 $\bar{x} - 3$
이고, 이를 이용하여 구한 모평균 m에 대한 신뢰도
99 %의 신뢰구간이 $a \leq m \leq b$일 때, a의 값을 구
하시오. (단, $P(|Z| \leq 1.96) = 0.95$,
$P(|Z| \leq 2.58) = 0.99$)

유형 08 **모평균의 추정 - 표본의 크기 구하기**

모평균에 대한 신뢰구간이 주어졌을 때, 표본의 크기를 n
이라 하고 신뢰구간을 n을 포함한 식으로 나타낸 후 주어
진 신뢰구간과 비교하여 n의 값을 구한다.

28 어느 마트에서 판매하는 미역 한 봉지의 무게는 평
●○○ 균이 m g, 표준편차가 4 g인 정규분포를 따른다고
한다. 이 마트에서 판매하는 미역 중 n봉지를 임의
추출하여 조사하였더니 무게의 평균이 501 g이었
을 때, 이 마트에서 판매하는 미역 한 봉지의 무게
의 모평균 m에 대한 신뢰도 99 %의 신뢰구간이
$499.71 \leq m \leq 502.29$이다. 이때 n의 값을 구하시
오. (단, $P(|Z| \leq 2.58) = 0.99$)

29 어느 공장에서 생산되는 형광등의 수명은 평균이
●○○ m시간, 표준편차가 100시간인 정규분포를 따른다
고 한다. 이 공장에서 생산된 형광등 중 n개를 임의
추출하여 조사하였더니 수명의 평균이 1480시간이
었을 때, 이 공장에서 생산되는 형광등의 수명의 모
평균 m에 대한 신뢰도 95 %의 신뢰구간이
$1452 \leq m \leq k$이다. 이때 $n + k$의 값을 구하시오.
(단, $P(0 \leq Z \leq 1.96) = 0.475$)

30 어느 고등학교 학생들이 등교하는 데 걸리는 시간
●●○ 은 평균이 m분, 표준편차가 4분인 정규분포를 따
른다고 한다. 이 학교 학생 중 n명을 임의추출하여
구한 표본평균 $\bar{x}$분을 이용하여 모평균 m을 신뢰도
99 %로 추정할 때, 모평균 m과 표본평균 $\bar{x}$의 차가
0.86 이하가 되도록 하는 n의 최솟값을 구하시오.
(단, $P(|Z| \leq 2.58) = 0.99$)

정답과 해설 99쪽

유형 09 모평균의 신뢰구간의 길이

정규분포 $N(m,\ \sigma^2)$을 따르는 모집단에서 크기가 n인 표본을 임의추출할 때, 모평균 m에 대한 신뢰구간의 길이는

(1) 신뢰도 95 %일 때: $2\times1.96\dfrac{\sigma}{\sqrt{n}}$

(2) 신뢰도 99 %일 때: $2\times2.58\dfrac{\sigma}{\sqrt{n}}$

31 ○○○ 어느 카페에서 손님들의 대기 시간은 표준편차가 15분인 정규분포를 따른다고 한다. 이 카페의 손님 중 100명을 임의추출하여 대기 시간의 모평균을 신뢰도 99 %로 추정한 신뢰구간의 길이를 a분이라 할 때, a의 값은? (단, $P(|Z|\le2.58)=0.99$)

① 7.26 ② 7.38 ③ 7.5
④ 7.62 ⑤ 7.74

32 ●○○ 어느 회사에서 판매하는 음료 한 병의 당 함유량은 표준편차가 4 g인 정규분포를 따른다고 한다. 이 회사에서 판매하는 음료 중 n병을 임의추출하여 당 함유량의 모평균을 신뢰도 95 %로 추정할 때, 신뢰구간의 길이가 0.98 g이 되도록 하는 n의 값은?

(단, $P(|Z|\le1.96)=0.95$)

① 169 ② 196 ③ 225
④ 256 ⑤ 289

33 ●○○ 표준편차가 2인 정규분포를 따르는 모집단에서 표본을 임의추출하여 모평균을 신뢰도 99 %로 추정할 때, 신뢰구간의 길이가 2.58 이하가 되도록 하는 표본의 크기의 최솟값을 구하시오.

(단, $P(|Z|\le2.58)=0.99$)

34 ●●○ 정규분포 $N(m,\ \sigma^2)$을 따르는 모집단에서 표본을 임의추출하여 모평균을 추정하려고 한다. 신뢰도가 일정할 때, 표본의 크기가 $\dfrac{1}{9}$배가 되면 신뢰구간의 길이는 a배가 된다. 이때 a의 값을 구하시오.

35 ●●○ 표준편차가 20인 정규분포를 따르는 모집단에서 크기가 16인 표본을 임의추출하여 모평균을 추정하였더니 신뢰구간의 길이가 12이었다. 같은 신뢰도로 모평균을 추정할 때, 신뢰구간의 길이가 4가 되도록 하는 표본의 크기는?

① 144 ② 169 ③ 196
④ 225 ⑤ 256

36 ●●● 어느 방송국에서 방영한 다큐멘터리의 한 편당 방영 시간은 표준편차가 5분인 정규분포를 따른다고 한다. 이 방송국에서 방영한 다큐멘터리 중 81편을 임의추출하여 방영 시간의 모평균을 신뢰도 α %로 추정한 신뢰구간의 길이가 2분일 때, α의 값을 위의 표준정규분포표를 이용하여 구하면?

z	$P(0\le Z\le z)$
1.8	0.46
2.1	0.48
2.4	0.49

① 90 ② 92 ③ 94
④ 96 ⑤ 98

유형 10 모비율의 추정

모집단에서 크기가 n인 표본을 임의추출할 때, n이 충분히 크고 표본비율의 값이 $\hat{p}$이면 모비율 p에 대한 신뢰구간은

(1) 신뢰도 95 %일 때,

$$\hat{p}-1.96\sqrt{\frac{\hat{p}\hat{q}}{n}} \le p \le \hat{p}+1.96\sqrt{\frac{\hat{p}\hat{q}}{n}} \text{ (단, } \hat{q}=1-\hat{p}\text{)}$$

(2) 신뢰도 99 %일 때,

$$\hat{p}-2.58\sqrt{\frac{\hat{p}\hat{q}}{n}} \le p \le \hat{p}+2.58\sqrt{\frac{\hat{p}\hat{q}}{n}} \text{ (단, } \hat{q}=1-\hat{p}\text{)}$$

37 ○○○ 모집단에서 크기가 900인 표본을 임의추출하여 얻은 표본비율이 0.1일 때, 모비율 p에 대한 신뢰도 95 %의 신뢰구간은? (단, $\mathrm{P}(|Z| \le 1.96)=0.95$)

① $0.0116 \le p \le 0.1782$
② $0.0422 \le p \le 0.1578$
③ $0.0608 \le p \le 0.1392$
④ $0.0804 \le p \le 0.1196$
⑤ $0.0871 \le p \le 0.1129$

38 ○○○ 어느 지역의 고등학생 중 3600명을 임의추출하여 조사하였더니 최근 3개월 내에 헌혈을 한 학생의 비율이 0.36이었다. 이 지역 전체 고등학생 중 최근 3개월 내에 헌혈을 한 학생의 비율 p에 대한 신뢰도 99 %의 신뢰구간이 $0.36-2.58k \le p \le 0.36+2.58k$일 때, 상수 k의 값은? (단, $\mathrm{P}(|Z| \le 2.58)=0.99$)

① 0.001 ② 0.002 ③ 0.004
④ 0.008 ⑤ 0.016

39 ●○○ 어느 영화관 관객 중 100명을 임의추출하여 관람한 영화를 조사하였더니 80 %가 A 영화를 관람하였다고 한다. 이 영화관 관객 중 A 영화를 관람한 관객의 비율 p에 대한 신뢰도 99 %의 신뢰구간은?
(단, $\mathrm{P}(|Z| \le 2.58)=0.99$)

① $0.671 \le p \le 0.929$
② $0.6968 \le p \le 0.9032$
③ $0.702 \le p \le 0.898$
④ $0.7216 \le p \le 0.8784$
⑤ $0.7484 \le p \le 0.8516$

40 ●●○ 어느 회사 직원 중 196명을 임의추출하여 기상 시간을 조사하였더니 50 %가 오전 6시 전에 일어난다고 한다. 전체 직원 중 오전 6시 전에 일어나는 직원의 비율 p에 대한 신뢰구간을 신뢰도 95 %로 추정할 때, 모비율과 표본비율의 차의 최댓값을 구하시오. (단, $\mathrm{P}(0 \le Z \le 1.96)=0.475$)

41 ●●● 어느 국제 동호회에서 정기 모임에 대한 참석률을 조사하기 위하여 1200명의 회원을 임의추출하여 조사한 결과 900명이 참석하는 것으로 나타났다. 전체 동호회 회원의 참석률 p에 대한 신뢰도 α %의 신뢰구간이 $0.73 \le p \le 0.77$일 때, α의 값을 위의 표준정규분포표를 이용하여 구하면?

z	$\mathrm{P}(0 \le Z \le z)$
1.4	0.42
1.5	0.43
1.6	0.45
1.7	0.46

① 84 ② 86 ③ 90
④ 92 ⑤ 95

유형 11 모비율의 추정 – 표본의 크기 구하기

모비율에 대한 신뢰구간이 주어졌을 때, 표본의 크기를 n이라 하고 신뢰구간을 n을 포함한 식으로 나타낸 후 주어진 신뢰구간과 비교하여 n의 값을 구한다.

42 ●○○ 어느 신발 가게에 방문한 고객 중 청소년의 비율을 알아보기 위하여 n명의 고객을 임의추출하여 조사하였더니 청소년이 전체 고객의 50%를 차지했다고 한다. 전체 고객 중 청소년의 비율 p에 대한 신뢰도 95%의 신뢰구간이 $0.43 \le p \le 0.57$일 때, n의 값을 구하시오.
(단, n은 충분히 큰 수이고, $\mathrm{P}(|Z| \le 1.96)=0.95$)

43 ●○○ 어느 자동차 회사가 신차 개발을 앞두고 기존 모델 E1의 선호도를 알아보기 위하여 신차를 구매할 계획이 있는 대상자 n명을 임의추출하여 설문 조사를 하였더니 그 중 60%가 E1 모델을 지지하여 후속 모델의 차를 구매할 것이라고 답하였다. E1 모델의 선호도 p에 대한 신뢰도 99%의 신뢰구간이 $0.5484 \le p \le 0.6516$일 때, n의 값을 구하시오.
(단, n은 충분히 큰 수이고, $\mathrm{P}(|Z| \le 2.58)=0.99$)

44 ●●○ 어느 모집단에서 크기가 n인 표본을 임의추출하여 구한 표본비율이 $\hat{p}$이고, 이를 이용하여 추정한 모비율 p에 대한 신뢰도 99%의 신뢰구간이 $0.2968 \le p \le 0.5032$이다. 이 모집단에서 크기가 $n+250$인 표본을 임의추출하여 추정한 표본비율의 값이 $2\hat{p}$일 때, 모비율 p에 대한 신뢰도 95%의 신뢰구간을 구하시오. (단, n은 충분히 큰 수이고, $\mathrm{P}(|Z| \le 1.96)=0.95$, $\mathrm{P}(|Z| \le 2.58)=0.99$)

유형 12 모비율의 신뢰구간의 길이

모집단에서 크기가 n인 표본을 임의추출할 때, n이 충분히 크고 표본비율의 값이 $\hat{p}$이면 모비율 p에 대한 신뢰구간의 길이는

(1) 신뢰도 95%일 때: $2 \times 1.96\sqrt{\dfrac{\hat{p}\hat{q}}{n}}$ (단, $\hat{q}=1-\hat{p}$)

(2) 신뢰도 99%일 때: $2 \times 2.58\sqrt{\dfrac{\hat{p}\hat{q}}{n}}$ (단, $\hat{q}=1-\hat{p}$)

45 ●○○ 우리나라 고등학생 중 100명을 대상으로 학교 등교 수단을 조사하였더니 도보, 자가용, 대중교통의 비율이 각각 0.75, 0.05, 0.2로 나타났다. 우리나라 전체 고등학생 중 대중교통으로 등교하는 학생의 비율 p를 신뢰도 95%로 추정할 때, 신뢰구간의 길이는? (단, $\mathrm{P}(|Z| \le 1.96)=0.95$)

① 0.1176 ② 0.1568 ③ 0.196
④ 0.2352 ⑤ 0.2744

46 ●●○ 고등학생들의 하루 독서 시간을 알아보기 위해 전국 고등학생 중 n명을 임의추출하여 조사하였더니 전체의 $\dfrac{4}{5}$가 1시간 이하라고 답하였다. 전국 고등학생 중에서 독서 시간이 1시간 이하인 학생의 비율 p를 신뢰도 99%로 추정할 때, 신뢰구간의 길이가 0.1032 이하가 되도록 하는 n의 최솟값은?
(단, n은 충분히 큰 수이고, $\mathrm{P}(|Z| \le 2.58)=0.99$)

① 200 ② 300 ③ 400
④ 500 ⑤ 600

MEMO

개념·플러스·유형·시리즈 개념과 유형이 하나로! 가장 효과적인 수학 공부 방법을 제시합니다.

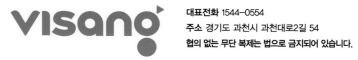

대표전화 1544-0554
주소 경기도 과천시 과천대로2길 54

개념+유형

확률과 통계

정답과 해설

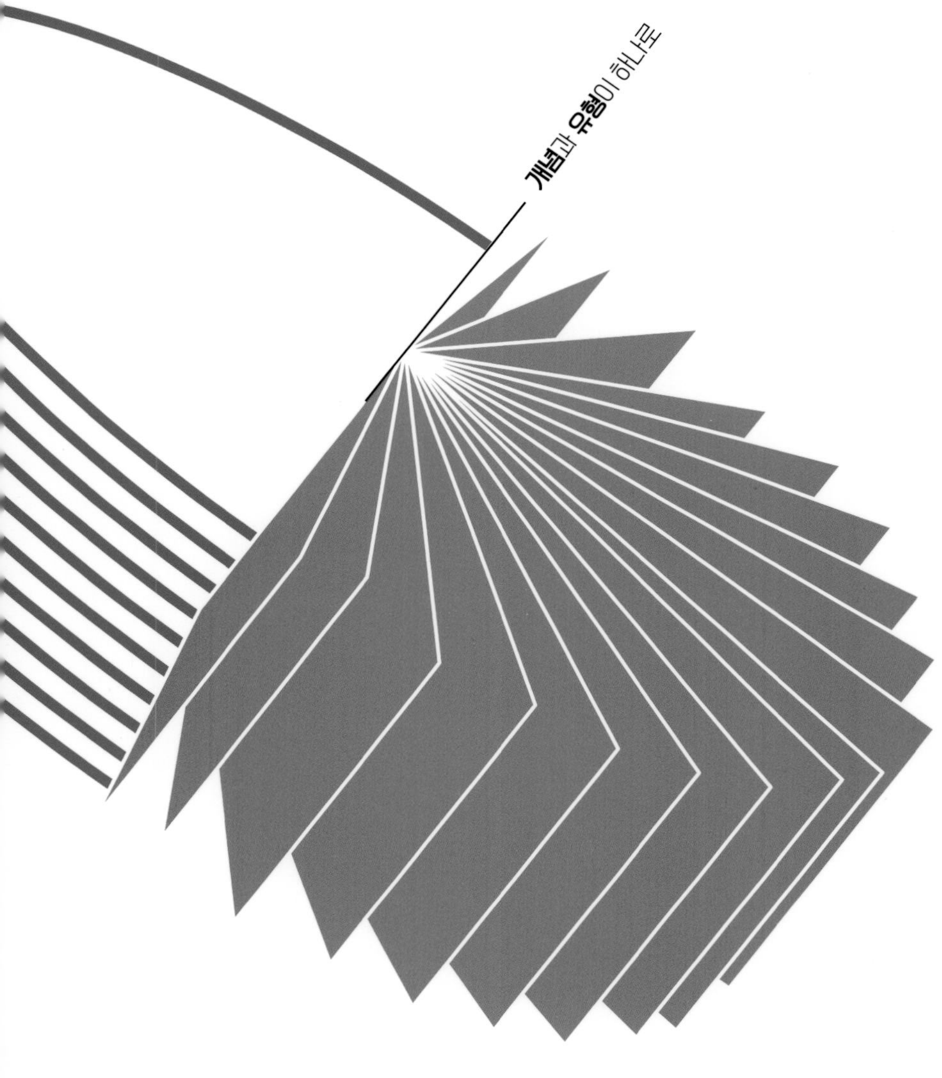

visang

ABOVE IMAGINATION

우리는 남다른 상상과 혁신으로
교육 문화의 새로운 전형을 만들어
모든 이의 행복한 경험과 성장에 기여한다

개념+유형

확률과 통계

정답과 해설

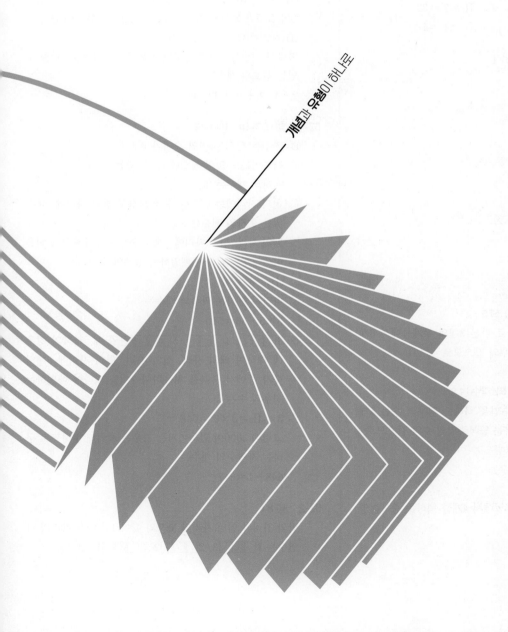

개념과 유형이 하나로

개념편
정답과 해설

Ⅰ-1 01 여러 가지 순열과 중복조합

1 중복순열

개념 Check 8쪽

1 답 **(1) 64 (2) 32 (3) 25 (4) 4**

(1) ${}_{4}\Pi_{3}=4^3=64$ (2) ${}_{2}\Pi_{5}=2^5=32$

(3) ${}_{5}\Pi_{2}=5^2=25$ (4) ${}_{4}\Pi_{1}=4^1=4$

2 답 **(1) 20 (2) 3 (3) 6 (4) 4**

(1) ${}_{n}\Pi_{2}=400$에서

$n^2=20^2$ $\therefore n=20$

(2) ${}_{n}\Pi_{4}=81$에서

$n^4=3^4$ $\therefore n=3$

(3) ${}_{2}\Pi_{r}=64$에서

$2^r=2^6$ $\therefore r=6$

(4) ${}_{5}\Pi_{r}=625$에서

$5^r=5^4$ $\therefore r=4$

문제 9~11쪽

01-1 답 **(1) 729 (2) 250 (3) 175**

(1) 구하는 경우의 수는 서로 다른 3개의 우체통에서 6개를 택하는 중복순열의 수와 같으므로

${}_{3}\Pi_{6}=3^6=729$

(2) A가 택할 수 있는 수업의 개수는 2

나머지 3명의 학생이 수업을 택하는 경우의 수는 5개의 수업에서 3개를 택하는 중복순열의 수와 같으므로

${}_{5}\Pi_{3}=5^3=125$

따라서 구하는 경우의 수는

$2\times125=250$

(3) (i) 4개의 문자 a, b, c, d에서 4개를 택하는 중복순열의 수는

${}_{4}\Pi_{4}=4^4=256$

(ii) 문자 a를 포함하지 않는 경우의 수는 문자 a를 제외한 3개의 문자 b, c, d에서 4개를 택하는 중복순열의 수와 같으므로 ${}_{3}\Pi_{4}=3^4=81$

(i), (ii)에서 구하는 경우의 수는

$256-81=175$

01-2 답 **62**

서로 다른 2개의 깃발 중에서

깃발을 1번 들어 올려서 만들 수 있는 신호의 개수는

${}_{2}\Pi_{1}=2$

깃발을 2번 들어 올려서 만들 수 있는 신호의 개수는

${}_{2}\Pi_{2}=2^2=4$

깃발을 3번 들어 올려서 만들 수 있는 신호의 개수는

${}_{2}\Pi_{3}=2^3=8$

깃발을 4번 들어 올려서 만들 수 있는 신호의 개수는

${}_{2}\Pi_{4}=2^4=16$

깃발을 5번 들어 올려서 만들 수 있는 신호의 개수는

${}_{2}\Pi_{5}=2^5=32$

따라서 깃발을 1번 이상 5번 이하로 들어 올려서 만들 수 있는 신호의 개수는

$2+4+8+16+32=62$

02-1 답 **(1) 540 (2) 647**

(1) 짝수는 일의 자리의 숫자가 0 또는 짝수이므로 일의 자리에 올 수 있는 숫자의 개수는 3

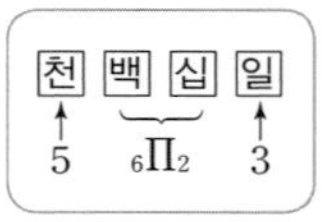

천의 자리에는 0이 올 수 없으므로 천의 자리에 올 수 있는 숫자의 개수는 5

백의 자리, 십의 자리에 6개의 숫자 중에서 중복을 허용하여 2개를 택하여 배열하는 경우의 수는

${}_{6}\Pi_{2}=6^2=36$

따라서 구하는 짝수의 개수는

$3\times5\times36=540$

(2) 3□□□, 4□□□, 5□□□ 꼴일 때, 각각의 경우에 대하여 백의 자리, 십의 자리, 일의 자리에 6개의 숫자 중에서 중복을 허용하여 3개를 택하여 배열하는 경우의 수는

$3\times{}_{6}\Pi_{3}=3\times6^3=648$

그런데 3000이 만들어지는 경우는 제외해야 하므로 구하는 자연수의 개수는

$648-1=647$

02-2 답 **81**

만의 자리와 일의 자리의 숫자의 합이 4인 다섯 자리의 자연수는 1□□□3, 2□□□2, 3□□□1 꼴이다.

각각의 경우에 대하여 천의 자리, 백의 자리, 십의 자리에 3개의 숫자 중에서 중복을 허용하여 3개를 택하여 배열하면 되므로 구하는 자연수의 개수는

$3\times{}_3\Pi_3=3\times3^3=81$

03-1 답 (1) **125** (2) **60** (3) **25**

(1) 집합 Y의 원소 a, b, c, d, e의 5개에서 중복을 허용하여 3개를 택하여 집합 X의 원소 1, 2, 3에 대응시키면 되므로 구하는 함수의 개수는

${}_5\Pi_3=5^3=125$

(2) 집합 Y의 원소 a, b, c, d, e의 5개에서 서로 다른 3개를 택하여 집합 X의 원소 1, 2, 3에 대응시키면 되므로 구하는 일대일함수의 개수는

${}_5P_3=5\times4\times3=60$

(3) $f(3)=d$로 정해졌으므로 집합 Y의 원소 a, b, c, d, e의 5개에서 중복을 허용하여 2개를 택하여 집합 X의 나머지 원소 1, 2에 대응시키면 된다.

따라서 구하는 함수의 개수는

${}_5\Pi_2=5^2=25$

03-2 답 **192**

$f(1)\neq1$이므로 $f(1)$의 값이 될 수 있는 것은 2, 3, 4의 3가지

또 집합 X의 원소 1, 2, 3, 4의 4개에서 중복을 허용하여 3개를 택하여 집합 X의 원소 2, 3, 4에 대응시키는 경우의 수는

${}_4\Pi_3=4^3=64$

따라서 구하는 함수의 개수는

$3\times64=192$

다른 풀이

X에서 X로의 함수 f의 개수는

${}_4\Pi_4=4^4=256$

$f(1)=1$인 함수 f의 개수는

${}_4\Pi_3=4^3=64$

따라서 $f(1)\neq1$인 함수의 개수는

$256-64=192$

03-3 답 **243**

$f(2)+f(4)=0$을 만족시키는 순서쌍 $(f(2), f(4))$는 $(-1, 1), (0, 0), (1, -1)$의 3가지

또 집합 Y의 원소 $-1, 0, 1$의 3개에서 중복을 허용하여 4개를 택하여 집합 X의 원소 1, 3, 5, 6에 대응시키는 경우의 수는

${}_3\Pi_4=3^4=81$

따라서 구하는 함수의 개수는 $3\times81=243$

2 같은 것이 있는 순열

문제 13~16쪽

04-1 답 (1) **1260** (2) **60** (3) **360** (4) **630**

(1) 7개의 문자 c, o, l, l, e, g, e를 일렬로 배열하는 경우의 수는

$\frac{7!}{2!\times2!}=1260$

(2) 양 끝에 l을 고정시키고 그 사이에 c, o, e, g, e의 5개의 문자를 배열하면 되므로 구하는 경우의 수는

$\frac{5!}{2!}=60$

(3) 2개의 e를 한 묶음으로 생각하여 나머지 문자 c, o, l, l, g와 함께 일렬로 배열하면 되므로 구하는 경우의 수는

$\frac{6!}{2!}=360$

(4) c, o를 모두 X로 바꾸어 생각하여 X, X, l, l, e, g, e의 7개의 문자를 일렬로 배열한 후 첫 번째 X는 c로, 두 번째 X는 o로 바꾸면 되므로 구하는 경우의 수는

$\frac{7!}{2!\times2!\times2!}=630$

04-2 답 **7560**

모음 a, i, e를 한 묶음으로 생각하여 나머지 문자 h, p, p, n, s, s와 함께 일렬로 배열하는 경우의 수는

$\frac{7!}{2!\times2!}=1260$

모음 a, i, e끼리 자리를 바꾸는 경우의 수는 $3!=6$

따라서 구하는 경우의 수는 $1260\times6=7560$

04-3 답 **168**

자음 d, l, g, n, t를 모두 X로 바꾸어 생각하여 X, i, X, i, X, e, X, X의 8개의 문자를 일렬로 배열한 후 5개의 X를 앞에서부터 순서대로 d, g, l, n, t로 바꾸면 되므로 구하는 경우의 수는

$\frac{8!}{5!\times2!}=168$

05-1 답 (1) **150** (2) **7**

(1) (i) 1□□□□□□ 꼴의 자연수

나머지 자리에 0, 0, 1, 2, 2, 2의 6개의 숫자를 배열하면 되므로 그 경우의 수는 $\frac{6!}{2!\times3!}=60$

(ii) 2□□□□□□ 꼴의 자연수

나머지 자리에 0, 0, 1, 1, 2, 2의 6개의 숫자를 배열하면 되므로 그 경우의 수는 $\frac{6!}{2!\times2!\times2!}=90$

(i), (ii)에서 구하는 자연수의 개수는 $60+90=150$

(2) 2, 2, 2, 3, 3에서 3개의 숫자를 택하는 경우는
(2, 2, 2) 또는 (2, 2, 3) 또는 (2, 3, 3)

(i) 2, 2, 2를 일렬로 배열하여 만들 수 있는 자연수의 개수는 $\frac{3!}{3!}=1$

(ii) 2, 2, 3을 일렬로 배열하여 만들 수 있는 자연수의 개수는 $\frac{3!}{2!}=3$

(iii) 2, 3, 3을 일렬로 배열하여 만들 수 있는 자연수의 개수는 $\frac{3!}{2!}=3$

(i), (ii), (iii)에서 구하는 자연수의 개수는
$1+3+3=7$

05-2 답 **78**

짝수는 일의 자리의 숫자가 0 또는 짝수이어야 한다.

(i) □□□□□0 꼴의 자연수
나머지 자리에 1, 1, 2, 2, 3의 5개의 숫자를 배열하면 되므로 그 경우의 수는
$\frac{5!}{2!\times2!}=30$

(ii) □□□□□2 꼴의 자연수
나머지 자리에 0, 1, 1, 2, 3의 5개의 숫자를 배열하는 경우의 수는
$\frac{5!}{2!}=60$
맨 앞자리에 0이 오고 나머지 자리에 1, 1, 2, 3의 4개의 숫자를 배열하는 경우의 수는
$\frac{4!}{2!}=12$
$\therefore 60-12=48$

(i), (ii)에서 구하는 자연수의 개수는
$30+48=78$

06-1 답 (1) **56** (2) **24** (3) **32**

(1) 오른쪽으로 5칸, 위쪽으로 3칸 가야 하므로 구하는 경우의 수는
$\frac{8!}{5!\times3!}=56$

(2) A 지점에서 P 지점까지는 오른쪽으로 2칸, 위쪽으로 2칸 가야 하므로 그 경우의 수는
$\frac{4!}{2!\times2!}=6$
P 지점에서 B 지점까지는 오른쪽으로 3칸, 위쪽으로 1칸 가야 하므로 그 경우의 수는
$\frac{4!}{3!\times1!}=4$
따라서 구하는 경우의 수는
$6\times4=24$

(3) 구하는 경우의 수는 A 지점에서 B 지점까지 최단 거리로 가는 경우의 수에서 A 지점에서 P 지점을 거쳐 B 지점까지 최단 거리로 가는 경우의 수를 뺀 것과 같으므로
$56-24=32$

06-2 답 **102**

(i) A 지점에서 Y 지점까지는 오른쪽으로 4칸, 위쪽으로 4칸 가야 하므로 그 경우의 수는 $\frac{8!}{4!\times4!}=70$
A 지점에서 X 지점까지는 오른쪽으로 2칸, 위쪽으로 2칸 가야 하므로 그 경우의 수는 $\frac{4!}{2!\times2!}=6$
X 지점에서 Y 지점까지는 오른쪽으로 2칸, 위쪽으로 2칸 가야 하므로 그 경우의 수는 $\frac{4!}{2!\times2!}=6$
따라서 A 지점에서 X 지점을 거치지 않고 Y 지점까지 최단 거리로 가는 경우의 수는 $70-6\times6=34$

(ii) Y 지점에서 B 지점까지는 오른쪽으로 2칸, 위쪽으로 1칸 가야 하므로 그 경우의 수는 $\frac{3!}{2!\times1!}=3$

(i), (ii)에서 구하는 경우의 수는
$34\times3=102$

07-1 답 **66**

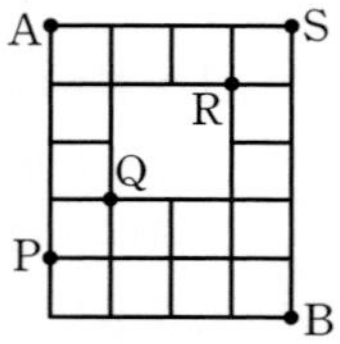

오른쪽 그림과 같이 네 지점 P, Q, R, S를 잡으면 P, Q, R, S 중에서 어느 한 지점은 반드시 거치지만 두 지점 이상을 동시에 거쳐 최단 거리로 가는 경우는 없으므로 A 지점에서 B 지점까지 최단 거리로 가는 경우는
A → P → B 또는 A → Q → B
또는 A → R → B 또는 A → S → B

(i) A → P → B로 가는 경우의 수는
$1\times\frac{5!}{4!\times1!}=5$

(ii) A → Q → B로 가는 경우의 수는
$\frac{4!}{1!\times3!}\times\frac{5!}{3!\times2!}=4\times10=40$

(iii) A → R → B로 가는 경우의 수는
$\frac{4!}{3!\times1!}\times\frac{5!}{1!\times4!}=4\times5=20$

(iv) A → S → B로 가는 경우의 수는
$1\times1=1$

(i)~(iv)에서 구하는 경우의 수는
$5+40+20+1=66$

다른 풀이

오른쪽 그림과 같이 지나갈 수 없는 길을 점선으로 연결하여 그 교점을 C라 하면 구하는 경우의 수는 A → B로 가는 경우의 수에서 A → C → B로 가는 경우의 수를 뺀 것과 같으므로

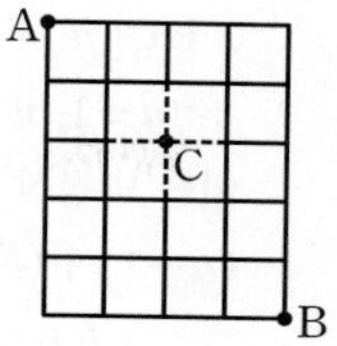

$\frac{9!}{4!\times5!}-\frac{4!}{2!\times2!}\times\frac{5!}{2!\times3!}=126-6\times10=66$

07-2 답 **22**

오른쪽 그림과 같이 두 지점 P, Q를 잡으면 P, Q 중에서 어느 한 지점은 반드시 거치지만 P, Q를 동시에 거쳐 최단 거리로 가는 경우는 없으므로 A 지점에서 B 지점까지 최단 거리로 가는 경우는

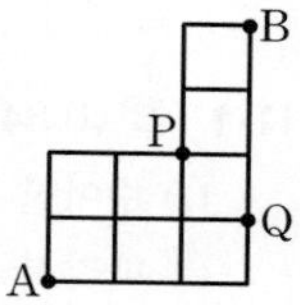

A → P → B 또는 A → Q → B

(i) A → P → B로 가는 경우의 수는

$\frac{4!}{2!\times2!}\times\frac{3!}{1!\times2!}=6\times3=18$

(ii) A → Q → B로 가는 경우의 수는

$\frac{4!}{3!\times1!}\times1=4$

(i), (ii)에서 구하는 경우의 수는

$18+4=22$

3 중복조합

개념 Check 18쪽

1 답 (1) **20** (2) **5** (3) **5** (4) **126**

(1) ${}_4H_3={}_{4+3-1}C_3={}_6C_3=\frac{6\times5\times4}{3\times2\times1}=20$

(2) ${}_2H_4={}_{2+4-1}C_4={}_5C_4={}_5C_1=5$

(3) ${}_5H_1={}_{5+1-1}C_1={}_5C_1=5$

(4) ${}_5H_5={}_{5+5-1}C_5={}_9C_5={}_9C_4=\frac{9\times8\times7\times6}{4\times3\times2\times1}=126$

2 답 (1) **9** (2) **6** (3) **3** (4) **6**

(1) ${}_7H_3={}_{7+3-1}C_3={}_9C_3$이므로

$n=9$

(2) ${}_3H_4={}_{3+4-1}C_4={}_6C_4$이므로

$n=6$

(3) ${}_6H_r={}_{6+r-1}C_r={}_{r+5}C_r$이므로 ${}_{r+5}C_r={}_8C_3$에서

$r+5=8$ $\quad\therefore r=3$

(4) ${}_4H_r={}_{4+r-1}C_r={}_{r+3}C_r={}_{r+3}C_3$이므로 ${}_{r+3}C_3={}_9C_3$에서

$r+3=9$ $\quad\therefore r=6$

3 답 (1) **24** (2) **64** (3) **4** (4) **20**

(1) ${}_4P_3=4\times3\times2=24$

(2) ${}_4\Pi_3=4^3=64$

(3) ${}_4C_3={}_4C_1=4$

(4) ${}_4H_3={}_{4+3-1}C_3={}_6C_3=\frac{6\times5\times4}{3\times2\times1}=20$

문제 19~22쪽

08-1 답 (1) **45** (2) **21**

(1) 구하는 경우의 수는 서로 다른 3개에서 8개를 택하는 중복조합의 수와 같으므로

${}_3H_8={}_{10}C_8={}_{10}C_2=\frac{10\times9}{2\times1}=45$

(2) 각 색깔의 장미를 한 송이씩 먼저 사고 나머지 5송이를 사면 된다.

따라서 구하는 경우의 수는 서로 다른 3개에서 5개를 택하는 중복조합의 수와 같으므로

${}_3H_5={}_7C_5={}_7C_2=\frac{7\times6}{2\times1}=21$

08-2 답 **220**

구하는 경우의 수는 서로 다른 4개에서 9개를 택하는 중복조합의 수와 같으므로

${}_4H_9={}_{12}C_9={}_{12}C_3=\frac{12\times11\times10}{3\times2\times1}=220$

08-3 답 **165**

바둑통 A, B에 각각 3개, 2개의 바둑돌을 먼저 담고 나머지 8개의 바둑돌을 나누어 담으면 된다.

따라서 구하는 경우의 수는 서로 다른 4개에서 8개를 택하는 중복조합의 수와 같으므로

${}_4H_8={}_{11}C_8={}_{11}C_3=\frac{11\times10\times9}{3\times2\times1}=165$

09-1 답 **286**

$(x+y+z+w)^{10}$의 전개식에서 각 항은 4개의 문자 x, y, z, w에서 중복을 허용하여 10개를 택하여 곱한 것이므로 구하는 항의 개수는

${}_4H_{10}={}_{13}C_{10}={}_{13}C_3=\frac{13\times12\times11}{3\times2\times1}=286$

09-2 답 **84**

$(x+y)^3(a+b+c)^5$의 전개식에서 각 항은 $(x+y)^3$의 항과 $(a+b+c)^5$의 항을 곱한 것이다.

$(x+y)^3$의 전개식에서 각 항은 2개의 문자 x, y에서 중복을 허용하여 3개를 택하여 곱한 것이므로 항의 개수는

${}_2H_3={}_4C_3={}_4C_1=4$

$(a+b+c)^5$의 전개식에서 각 항은 3개의 문자 a, b, c에서 중복을 허용하여 5개를 택하여 곱한 것이므로 항의 개수는

${}_3H_5={}_7C_5={}_7C_2=\dfrac{7\times6}{2\times1}=21$

따라서 구하는 항의 개수는 $4\times21=84$

09-3 답 **15**

$(x+y+z)^{14}$의 전개식에서 x를 포함하지 않는 항은 x를 제외한 2개의 문자 y, z에서 중복을 허용하여 14개를 택하여 곱한 것이므로 구하는 항의 개수는

${}_2H_{14}={}_{15}C_{14}={}_{15}C_1=15$

09-4 답 **10**

$(x+y+z)^n$의 전개식에서 각 항은 3개의 문자 x, y, z에서 중복을 허용하여 n개를 택하여 곱한 것이고, 항의 개수가 66이므로

${}_3H_n=66$, ${}_{n+2}C_n=66$

${}_{n+2}C_2=66$

$\dfrac{(n+2)(n+1)}{2\times1}=66$

$(n+2)(n+1)=132=12\times11$

$\therefore n=10$ ($\because n$은 자연수)

10-1 답 (1) **220** (2) **56**

(1) 구하는 해의 개수는 4개의 문자 x, y, z, w에서 9개를 택하는 중복조합의 수와 같으므로

${}_4H_9={}_{12}C_9={}_{12}C_3=\dfrac{12\times11\times10}{3\times2\times1}=220$

(2) $x-1=a$, $y-1=b$, $z-1=c$, $w-1=d$라 하면

$x=a+1$, $y=b+1$, $z=c+1$, $w=d+1$

이를 방정식 $x+y+z+w=9$에 대입하면

$(a+1)+(b+1)+(c+1)+(d+1)=9$

$\therefore a+b+c+d=5$ (단, a, b, c, d는 음이 아닌 정수)

따라서 구하는 해의 개수는 방정식 $a+b+c+d=5$의 음이 아닌 정수인 해의 개수, 즉 4개의 문자 a, b, c, d에서 5개를 택하는 중복조합의 수와 같으므로

${}_4H_5={}_8C_5={}_8C_3=\dfrac{8\times7\times6}{3\times2\times1}=56$

10-2 답 **91**

$x+1=a$, $y+1=b$, $z+1=c$라 하면

$x=a-1$, $y=b-1$, $z=c-1$

이를 방정식 $x+y+z=9$에 대입하면

$(a-1)+(b-1)+(c-1)=9$

$\therefore a+b+c=12$ (단, a, b, c는 음이 아닌 정수)

따라서 구하는 해의 개수는 방정식 $a+b+c=12$의 음이 아닌 정수인 해의 개수, 즉 3개의 문자 a, b, c에서 12개를 택하는 중복조합의 수와 같으므로

${}_3H_{12}={}_{14}C_{12}={}_{14}C_2=\dfrac{14\times13}{2\times1}=91$

11-1 답 (1) **840** (2) **35** (3) **210**

(1) 주어진 조건을 만족시키는 함수는 일대일함수이다.

따라서 집합 Y의 원소 1, 2, 3, 4, 5, 6, 7에서 서로 다른 4개를 택하여 집합 X의 원소 1, 2, 3, 4에 대응시키면 되므로 구하는 함수의 개수는

${}_7P_4=840$

(2) 주어진 조건에 의하여

$f(1)<f(2)<f(3)<f(4)$

따라서 집합 Y의 원소 1, 2, 3, 4, 5, 6, 7에서 서로 다른 4개를 택하여 작은 수부터 차례대로 집합 X의 원소 1, 2, 3, 4에 대응시키면 되므로 구하는 함수의 개수는

${}_7C_4={}_7C_3=\dfrac{7\times6\times5}{3\times2\times1}=35$

(3) 주어진 조건에 의하여

$f(1)\le f(2)\le f(3)\le f(4)$

따라서 집합 Y의 원소 1, 2, 3, 4, 5, 6, 7에서 중복을 허용하여 4개를 택하여 작거나 같은 수부터 차례대로 집합 X의 원소 1, 2, 3, 4에 대응시키면 되므로 구하는 함수의 개수는

${}_7H_4={}_{10}C_4=\dfrac{10\times9\times8\times7}{4\times3\times2\times1}=210$

11-2 답 **63**

주어진 조건에 의하여

$f(1)\le f(2)\le f(3)=6\le f(4)$

집합 Y의 원소 1, 2, 3, 4, 5, 6에서 중복을 허용하여 2개를 택하여 작거나 같은 수부터 차례대로 집합 X의 원소 1, 2에 대응시키는 경우의 수는

${}_6H_2={}_7C_2=\dfrac{7\times6}{2\times1}=21$

또 집합 Y의 원소 6, 7, 8에서 1개를 택하여 집합 X의 원소 4에 대응시키는 경우의 수는 ${}_3C_1=3$

따라서 구하는 함수의 개수는

$21\times3=63$

연습문제 23~25쪽

1 ⑤	2 8	3 ⑤	4 ③	5 30
6 192	7 ⑤	8 33	9 ⑤	10 45
11 3	12 ②	13 25	14 ④	15 35
16 36	17 ④	18 42	19 ③	20 44

1 A 지역의 중학생 2명에게 고등학교를 배정하는 경우의 수는 서로 다른 3개의 고등학교에서 2개를 택하는 중복순열의 수와 같으므로

$_3\Pi_2=3^2=9$

B 지역의 중학생 4명에게 고등학교를 배정하는 경우의 수는 서로 다른 2개의 고등학교에서 4개를 택하는 중복순열의 수와 같으므로

$_2\Pi_4=2^4=16$

따라서 구하는 경우의 수는

$9\times16=144$

2 두 기호 •와 −를 n개 사용하여 만들 수 있는 서로 다른 신호의 개수는

$_2\Pi_n=2^n$

만들 수 있는 서로 다른 신호가 200개 이상이므로

$2^n\geq200$ …… ㉠

이때 $2^7=128$, $2^8=256$이므로 ㉠을 만족시키는 n의 최솟값은 8이다.

3 서로 다른 공 6개 중에서 주머니 A에 넣을 공 3개를 택하는 경우의 수는

$_6C_3=20$

남은 공 3개를 두 주머니 B, C에 나누어 넣는 경우의 수는 2개의 주머니에서 3개를 택하는 중복순열의 수와 같으므로

$_2\Pi_3=2^3=8$

따라서 구하는 경우의 수는

$20\times8=160$

4 5의 배수이므로 일의 자리에 올 수 있는 숫자는 5로 정해진다.

천의 자리, 백의 자리, 십의 자리에 5개의 숫자 중에서 중복을 허용하여 3개를 택하여 배열하면 되므로 구하는 자연수의 개수는

$_5\Pi_3=5^3=125$

5 (i) 맨 앞자리에는 0이 올 수 없으므로 0, 1, 2, 3으로 중복을 허용하여 만들 수 있는 세 자리의 자연수의 개수는

$3\times{}_4\Pi_2=3\times4^2=48$

(ii) 숫자 1을 포함하지 않는 자연수, 즉 0, 2, 3으로 중복을 허용하여 만들 수 있는 세 자리의 자연수의 개수는

$2\times{}_3\Pi_2=2\times3^2=18$

(i), (ii)에서 구하는 자연수의 개수는

$48-18=30$

6 $f(2)=0$으로 정해지고, $f(3)\neq0$이므로 $f(3)$의 값이 될 수 있는 것은 1, 2, 3의 3가지

또 집합 Y의 원소 0, 1, 2, 3의 4개에서 중복을 허용하여 3개를 택하여 집합 X의 원소 1, 4, 5에 대응시키는 경우의 수는

$_4\Pi_3=4^3=64$

따라서 구하는 함수의 개수는

$3\times64=192$

7 w, n, s, y를 모두 X로 바꾸어 생각하여 X, e, d, X, e, X, d, a, X의 9개의 문자를 일렬로 배열한 후 4개의 X를 앞에서부터 순서대로 w, n, s, y로 바꾸면 되므로 구하는 경우의 수는

$\frac{9!}{4!\times2!\times2!}=3780$

8 (i) 문자 a가 두 번 나오는 경우

a를 2개 택하고 b, c에서 2개를 택하는 경우는

(a, a, b, b) 또는 (a, a, b, c) 또는 (a, a, c, c)

ⓘ a, a, b, b를 일렬로 배열하는 경우의 수는

$\frac{4!}{2!\times2!}=6$

ⓘⓘ a, a, b, c를 일렬로 배열하는 경우의 수는

$\frac{4!}{2!}=12$

ⓘⓘⓘ a, a, c, c를 일렬로 배열하는 경우의 수는

$\frac{4!}{2!\times2!}=6$

ⓘ, ⓘⓘ, ⓘⓘⓘ에서 문자 a가 두 번 나오는 경우의 수는

$6+12+6=24$

(ii) 문자 a가 세 번 나오는 경우

a를 3개 택하고 b, c에서 1개를 택하는 경우는

(a, a, a, b) 또는 (a, a, a, c)

ⓘ a, a, a, b를 일렬로 배열하는 경우의 수는

$\frac{4!}{3!}=4$

ⓘⓘ a, a, a, c를 일렬로 배열하는 경우의 수는

$\frac{4!}{3!}=4$

ⓘ, ⓘⓘ에서 문자 a가 세 번 나오는 경우의 수는

$4+4=8$

(iii) 문자 a가 네 번 나오는 경우

a를 4개 택하는 경우는 (a, a, a, a)

a, a, a, a를 일렬로 배열하는 경우의 수는

$\frac{4!}{4!}=1$

따라서 문자 a가 네 번 나오는 경우의 수는 1

(i), (ii), (iii)에서 문자 a가 두 번 이상 나오는 경우의 수는

$24+8+1=33$

9 3의 배수의 각 자리의 숫자의 합은 3의 배수이다.

1, 1, 2, 2, 2, 3, 3에서 합이 3의 배수가 되도록 4개의 숫자를 택하는 경우는

(1, 1, 2, 2) 또는 (1, 2, 3, 3) 또는 (2, 2, 2, 3)

(i) 1, 1, 2, 2를 일렬로 배열하여 만들 수 있는 자연수의 개수는 $\frac{4!}{2!\times2!}=6$

(ii) 1, 2, 3, 3을 일렬로 배열하여 만들 수 있는 자연수의 개수는 $\frac{4!}{2!}=12$

(iii) 2, 2, 2, 3을 일렬로 배열하여 만들 수 있는 자연수의 개수는 $\frac{4!}{3!}=4$

(i), (ii), (iii)에서 구하는 자연수의 개수는

$6+12+4=22$

10 A 지점에서 P 지점까지는 오른쪽으로 4칸, 위쪽으로 2칸 가야 하므로 그 경우의 수는 $\frac{6!}{4!\times2!}=15$

P 지점에서 B 지점까지는 오른쪽으로 2칸, 위쪽으로 1칸 가야 하므로 그 경우의 수는 $\frac{3!}{2!\times1!}=3$

따라서 구하는 경우의 수는

$15\times3=45$

11 ${}_{10-r}H_{r+1}={}_{10-r+r+1-1}C_{r+1}={}_{10}C_{r+1}$

${}_{11-2r}H_{2r}={}_{11-2r+2r-1}C_{2r}={}_{10}C_{2r}$

이때 ${}_{10-r}H_{r+1}={}_{11-2r}H_{2r}$에서

${}_{10}C_{r+1}={}_{10}C_{2r}$

즉, $r+1=2r$ 또는 $10-(r+1)=2r$이므로

$r=1$ 또는 $r=3$

그런데 $r>1$이므로 $r=3$

12 구하는 자연수의 개수는 서로 다른 4개에서 12개를 택하는 중복조합의 수와 같으므로

${}_{4}H_{12}={}_{15}C_{12}={}_{15}C_{3}=455$

13 파란색 카드가 1장이므로 파란색 카드를 택하지 않는 경우와 택하는 경우로 나누어 생각한다.

(i) 파란색 카드를 택하지 않는 경우

빨간색, 노란색, 초록색 카드의 3종류의 카드에서 중복을 허용하여 4장을 택하면 되므로 그 경우의 수는

${}_{3}H_{4}={}_{6}C_{4}={}_{6}C_{2}=15$

(ii) 파란색 카드를 1장 택하는 경우

빨간색, 노란색, 초록색 카드의 3종류의 카드에서 중복을 허용하여 나머지 3장을 택하면 되므로 그 경우의 수는

${}_{3}H_{3}={}_{5}C_{3}={}_{5}C_{2}=10$

(i), (ii)에서 구하는 경우의 수는

$15+10=25$

14 a를 포함하는 항의 개수는 모든 항의 개수에서 a를 포함하지 않는 항의 개수를 뺀 것과 같다.

(i) $(a+b+c+d)^8$의 전개식에서 각 항은 4개의 문자 a, b, c, d에서 중복을 허용하여 8개를 택하여 곱한 것이므로 모든 항의 개수는

${}_{4}H_{8}={}_{11}C_{8}={}_{11}C_{3}=165$

(ii) $(a+b+c+d)^8$의 전개식에서 a를 포함하지 않는 항은 a를 제외한 3개의 문자 b, c, d에서 중복을 허용하여 8개를 택하여 곱한 것이므로 항의 개수는

${}_{3}H_{8}={}_{10}C_{8}={}_{10}C_{2}=45$

(i), (ii)에서 a를 포함하는 항의 개수는

$165-45=120$

다른 풀이

$(a+b+c+d)^8$의 전개식에서 a를 포함하는 항은 a를 먼저 하나 택하고 남은 7개의 문자를 택하여 곱하면 된다.

따라서 구하는 항의 개수는 서로 다른 4개에서 7개를 택하는 중복조합의 수와 같으므로

${}_{4}H_{7}={}_{10}C_{7}={}_{10}C_{3}=120$

15 x, y, z, w가 음이 아닌 정수이므로

$x+y+z+w=0$ 또는 $x+y+z+w=1$

또는 $x+y+z+w=2$ 또는 $x+y+z+w=3$

(i) $x+y+z+w=0$을 만족시키는 순서쌍은

(0, 0, 0, 0)의 1개

(ii) $x+y+z+w=1$을 만족시키는 순서쌍의 개수는

${}_{4}H_{1}={}_{4}C_{1}=4$

(iii) $x+y+z+w=2$를 만족시키는 순서쌍의 개수는

${}_{4}H_{2}={}_{5}C_{2}=10$

(iv) $x+y+z+w=3$을 만족시키는 순서쌍의 개수는

${}_{4}H_{3}={}_{6}C_{3}=20$

(i)~(iv)에서 구하는 순서쌍의 개수는

$1+4+10+20=35$

16 치역과 공역이 같은 함수의 개수는 모든 함수의 개수에서 치역과 공역이 같지 않은 함수의 개수를 뺀 것과 같다.

(i) X에서 Y로의 함수의 개수는

${}_3\Pi_4=3^4=81$

(ii) 치역의 원소가 1개인 함수

치역이 $\{a\}$ 또는 $\{b\}$ 또는 $\{c\}$인 함수의 개수는 3

(iii) 치역의 원소가 2개인 함수

치역이 $\{a, b\}$인 함수의 개수는 공역이 $\{a, b\}$인 함수의 개수에서 치역이 $\{a\}$ 또는 $\{b\}$인 함수의 개수를 뺀 것과 같으므로

${}_2\Pi_4-2=2^4-2=14$

같은 방법으로 치역이 $\{a, c\}$, $\{b, c\}$인 함수의 개수도 각각 14이므로 치역의 원소가 2개인 함수의 개수는

$14\times3=42$

(i), (ii), (iii)에서 구하는 함수의 개수는

$81-(3+42)=36$

17 (나)에서 B가 받는 사탕의 개수는 0 또는 1 또는 2

(i) B가 받는 사탕의 개수가 0인 경우

두 명의 학생 A, C에게 5개의 사탕을 나누어 주는 경우의 수는 서로 다른 2개에서 5개를 택하는 중복순열의 수와 같으므로

${}_2\Pi_5=2^5=32$

이때 A가 사탕을 받지 못하는 경우의 수는 1

따라서 (가)를 만족시키고 B가 받는 사탕의 개수가 0인 경우의 수는

$32-1=31$

(ii) B가 받는 사탕의 개수가 1인 경우

B가 받는 사탕을 정하는 경우의 수는

${}_5C_1=5$

두 명의 학생 A, C에게 남은 4개의 사탕을 나누어 주는 경우의 수는 서로 다른 2개에서 4개를 택하는 중복순열의 수와 같으므로

${}_2\Pi_4=2^4=16$

이때 A가 사탕을 받지 못하는 경우의 수는 1

따라서 (가)를 만족시키고 B가 받는 사탕의 개수가 1인 경우의 수는

$5\times(16-1)=75$

(iii) B가 받는 사탕의 개수가 2인 경우

B가 받는 사탕을 정하는 경우의 수는

${}_5C_2=10$

두 명의 학생 A, C에게 남은 3개의 사탕을 나누어 주는 경우의 수는 서로 다른 2개에서 3개를 택하는 중복순열의 수와 같으므로

${}_2\Pi_3=2^3=8$

이때 A가 사탕을 받지 못하는 경우의 수는 1

따라서 (가)를 만족시키고 B가 받는 사탕의 개수가 2인 경우의 수는

$10\times(8-1)=70$

(i), (ii), (iii)에서 구하는 경우의 수는

$31+75+70=176$

18 오른쪽 그림과 같이 세 지점 P, Q, R를 잡으면 P, Q, R 중에서 어느 한 지점은 반드시 거치지만 두 지점 이상을 동시에 거쳐 최단 거리로 가는 경우는 없으므로 A 지점에서 B 지점까지 최단 거리로 가는 경우는

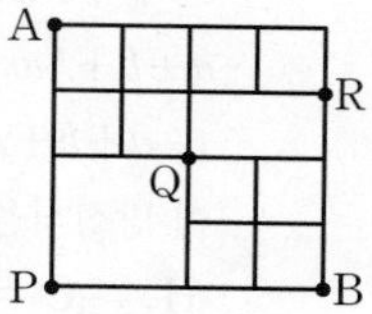

A → P → B 또는 A → Q → B

또는 A → R → B

(i) A → P → B로 가는 경우의 수는

$1\times1=1$

(ii) A → Q → B로 가는 경우의 수는

$\dfrac{4!}{2!\times2!}\times\dfrac{4!}{2!\times2!}=6\times6=36$

(iii) A → R → B로 가는 경우의 수는

$\dfrac{5!}{4!\times1!}\times1=5$

(i), (ii), (iii)에서 구하는 경우의 수는

$1+36+5=42$

19 (가)에서 $a+b+c=9+d$ ······ ㉠

(나)에서 $d\le4$이고 d는 음이 아닌 정수이므로

(i) $d=0$인 경우

(나)에서 $c\ge d=0$이므로 ㉠에서

$a+b+c=9$ (단, a, b, c는 음이 아닌 정수)

이 방정식을 만족시키는 순서쌍의 개수는

${}_3H_9={}_{11}C_9={}_{11}C_2=55$

(ii) $d=1$인 경우

(나)에서 $c\ge d=1$이므로 $c-1=x$라 하면 ㉠에서

$a+b+(x+1)=9+1$

$\therefore a+b+x=9$ (단, a, b, x는 음이 아닌 정수)

이 방정식을 만족시키는 순서쌍의 개수는

${}_3H_9={}_{11}C_9={}_{11}C_2=55$

(iii) $d=2$인 경우

(나)에서 $c\ge d=2$이므로 $c-2=y$라 하면 ㉠에서

$a+b+(y+2)=9+2$

$\therefore a+b+y=9$ (단, a, b, y는 음이 아닌 정수)

이 방정식을 만족시키는 순서쌍의 개수는

${}_3H_9={}_{11}C_9={}_{11}C_2=55$

(iv) $d=3$인 경우

(나)에서 $c \ge d=3$이므로 $c-3=z$라 하면 ㉠에서

$a+b+(z+3)=9+3$

$\therefore a+b+z=9$ (단, a, b, z는 음이 아닌 정수)

이 방정식을 만족시키는 순서쌍의 개수는

${}_3H_9={}_{11}C_9={}_{11}C_2=55$

(v) $d=4$인 경우

(나)에서 $c \ge d=4$이므로 $c-4=w$라 하면 ㉠에서

$a+b+(w+4)=9+4$

$\therefore a+b+w=9$ (단, a, b, w는 음이 아닌 정수)

이 방정식을 만족시키는 순서쌍의 개수는

${}_3H_9={}_{11}C_9={}_{11}C_2=55$

(i)~(v)에서 구하는 순서쌍의 개수는

$55+55+55+55+55=275$

20 $f(1)+f(3)=5$이고

$f(1) \le f(2) \le f(3) \le f(4) \le f(5)$이므로

$f(1)=1$, $f(3)=4$ 또는 $f(1)=2$, $f(3)=3$

(i) $f(1)=1$, $f(3)=4$인 경우

$1 \le f(2) \le 4 \le f(4) \le f(5)$

$1 \le f(2) \le 4$에서 $f(2)$의 값이 될 수 있는 것은 1, 2, 3, 4의 4가지

$4 \le f(4) \le f(5)$에서 $f(4)$, $f(5)$의 값은 집합 Y의 원소 4, 5, 6에서 중복을 허용하여 2개를 택하여 작거나 같은 수부터 차례대로 대응시키면 되므로 그 경우의 수는 ${}_3H_2={}_4C_2=6$

따라서 $f(1)=1$, $f(3)=4$인 함수의 개수는

$4\times 6=24$

(ii) $f(1)=2$, $f(3)=3$인 경우

$2 \le f(2) \le 3 \le f(4) \le f(5)$

$2 \le f(2) \le 3$에서 $f(2)$의 값이 될 수 있는 것은 2, 3의 2가지

$3 \le f(4) \le f(5)$에서 $f(4)$, $f(5)$의 값은 집합 Y의 원소 3, 4, 5, 6에서 중복을 허용하여 2개를 택하여 작거나 같은 수부터 차례대로 대응시키면 되므로 그 경우의 수는 ${}_4H_2={}_5C_2=10$

따라서 $f(1)=2$, $f(3)=3$인 함수의 개수는

$2\times 10=20$

(i), (ii)에서 구하는 함수의 개수는

$24+20=44$

Ⅰ-1 02 이항정리

1 이항정리

개념 Check 26쪽

1 답 (1) $\boldsymbol{8x^3+12x^2y+6xy^2+y^3}$

(2) $\boldsymbol{x^5-5x^4+10x^3-10x^2+5x-1}$

(1) $(2x+y)^3={}_3C_0(2x)^3+{}_3C_1(2x)^2y+{}_3C_2(2x)y^2+{}_3C_3y^3$

$=8x^3+12x^2y+6xy^2+y^3$

(2) $(x-1)^5={}_5C_0x^5+{}_5C_1x^4\times(-1)+{}_5C_2x^3\times(-1)^2$

$+{}_5C_3x^2\times(-1)^3+{}_5C_4x\times(-1)^4$

$+{}_5C_5\times(-1)^5$

$=x^5-5x^4+10x^3-10x^2+5x-1$

문제 27~28쪽

01-1 답 (1) **60** (2) **250**

(1) $(2x-y)^6$의 전개식의 일반항은

${}_6C_r(2x)^{6-r}(-y)^r={}_6C_r2^{6-r}(-1)^rx^{6-r}y^r$

x^2y^4항은 $6-r=2$, $r=4$일 때이다.

따라서 구하는 x^2y^4의 계수는

${}_6C_4 2^2(-1)^4=15\times 4\times 1=60$

(2) $\left(x^2+\dfrac{5}{x}\right)^5$의 전개식의 일반항은

${}_5C_r(x^2)^{5-r}\left(\dfrac{5}{x}\right)^r={}_5C_r5^r\dfrac{x^{10-2r}}{x^r}$

x^4항은 $10-2r-r=4$일 때이므로

$r=2$

따라서 구하는 x^4의 계수는

${}_5C_2 5^2=10\times 25=250$

01-2 답 **2**

$(2x+a)^6$의 전개식의 일반항은

${}_6C_r(2x)^{6-r}a^r={}_6C_r2^{6-r}a^rx^{6-r}$

x^2항은 $6-r=2$일 때이므로

$r=4$

따라서 x^2의 계수는

${}_6C_4 2^2a^4=15\times 4\times a^4=60a^4$

한편 x^4항은 $6-r=4$일 때이므로

$r=2$

따라서 x^4의 계수는

${}_6C_2 2^4a^2=15\times 16\times a^2=240a^2$

이때 x^2의 계수와 x^4의 계수가 같으므로

$60a^4=240a^2$, $a^4-4a^2=0$

$a^2(a+2)(a-2)=0$ $\therefore a=2$ ($\because a>0$)

01-3 답 **−2**

$\left(ax-\frac{1}{x}\right)^4$의 전개식의 일반항은

${}_4C_r(ax)^{4-r}\left(-\frac{1}{x}\right)^r={}_4C_r a^{4-r}(-1)^r\frac{x^{4-r}}{x^r}$

x^2항은 $4-r-r=2$일 때이므로

$r=1$

이때 x^2의 계수가 32이므로

${}_4C_1 a^3(-1)=32$

$-4a^3=32,\ a^3=-8$

$\therefore a=-2$ ($\because a$는 실수)

02-1 답 (1) **16** (2) **−10**

(1) $(x+1)^3$의 전개식의 일반항은 ${}_3C_r x^{3-r}$

$(x-2)^4$의 전개식의 일반항은

${}_4C_s x^{4-s}(-2)^s={}_4C_s(-2)^s x^{4-s}$

따라서 $(x+1)^3(x-2)^4$의 전개식의 일반항은

${}_3C_r x^{3-r}\times{}_4C_s(-2)^s x^{4-s}={}_3C_r\times{}_4C_s(-2)^s x^{7-r-s}$ …… ㉠

x항은 $7-r-s=1$ (r, s는 $0\le r\le 3$, $0\le s\le 4$인 정수) 일 때이므로 $r+s=6$에서

$r=2,\ s=4$ 또는 $r=3,\ s=3$

(i) $r=2,\ s=4$일 때, ㉠에서

${}_3C_2\times{}_4C_4(-2)^4x=48x$

(ii) $r=3,\ s=3$일 때, ㉠에서

${}_3C_3\times{}_4C_3(-2)^3x=-32x$

(i), (ii)에서 구하는 x의 계수는

$48+(-32)=16$

(2) $\left(x-\frac{1}{x}\right)^5$의 전개식의 일반항은

${}_5C_r x^{5-r}\left(-\frac{1}{x}\right)^r={}_5C_r(-1)^r\frac{x^{5-r}}{x^r}$ …… ㉠

이때 $(x^2-x)\left(x-\frac{1}{x}\right)^5=x^2\left(x-\frac{1}{x}\right)^5-x\left(x-\frac{1}{x}\right)^5$이므로 전개식에서 x^2항은

(i) x^2과 ㉠의 상수항의 곱

(ii) $-x$와 ㉠의 x항의 곱

일 때 나타난다.

(i) ㉠의 상수항은 $5-r=r$일 때이므로 $r=\frac{5}{2}$

그런데 r는 $0\le r\le 5$인 정수이므로 ㉠의 상수항은 존재하지 않는다.

(ii) ㉠의 x항은 $5-r-r=1$일 때이므로 $r=2$

㉠에서 ${}_5C_2(-1)^2x=10x$

(i), (ii)에서 구하는 x^2의 계수는

$-1\times 10=-10$

02-2 답 **−3**

$(1+x)^4$의 전개식의 일반항은

${}_4C_r x^r$

$(x^3+a)^2$의 전개식의 일반항은

${}_2C_s(x^3)^{2-s}a^s={}_2C_s a^s x^{6-3s}$

따라서 $(1+x)^4(x^3+a)^2$의 전개식의 일반항은

${}_4C_r x^r\times{}_2C_s a^s x^{6-3s}={}_4C_r\times{}_2C_s a^s x^{r-3s+6}$ …… ㉠

x^6항은 $r-3s+6=6$ (r, s는 $0\le r\le 4$, $0\le s\le 2$인 정수) 일 때이므로 $r-3s=0$에서

$r=0,\ s=0$ 또는 $r=3,\ s=1$

(i) $r=0,\ s=0$일 때, ㉠에서

${}_4C_0\times{}_2C_0 a^0x^6=x^6$

(ii) $r=3,\ s=1$일 때, ㉠에서

${}_4C_3\times{}_2C_1 a^1x^6=8ax^6$

(i), (ii)에서 x^6의 계수는 $1+8a$이므로

$1+8a=-23$

$\therefore a=-3$

2 이항계수의 성질

개념 Check 30쪽

1 답 **2, 3, 6, 10, 10**

(1) $\boldsymbol{x^4+4x^3y+6x^2y^2+4xy^3+y^4}$

(2) $\boldsymbol{a^5+5a^4b+10a^3b^2+10a^2b^3+5ab^4+b^5}$

파스칼의 삼각형의 각 행에서 이웃하는 두 수의 합은 그 다음 행에서 두 수의 중앙에 있는 수와 같으므로 파스칼의 삼각형을 완성하면 다음과 같다.

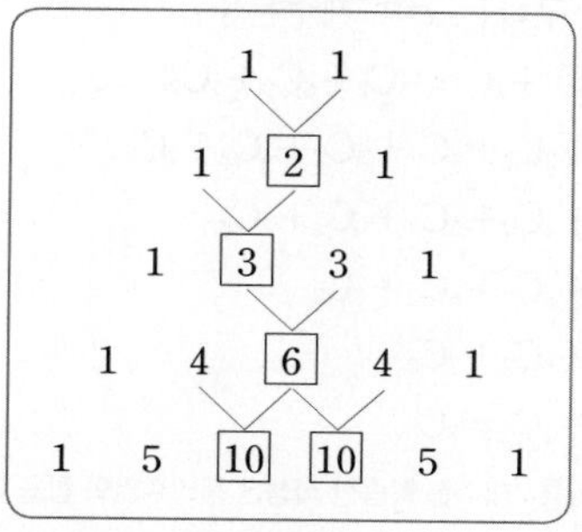

(1) 파스칼의 삼각형에서 4행의 수는 1, 4, 6, 4, 1이므로

$(x+y)^4=x^4+4x^3y+6x^2y^2+4xy^3+y^4$

(2) 파스칼의 삼각형에서 5행의 수는 1, 5, 10, 10, 5, 1이므로

$(a+b)^5=a^5+5a^4b+10a^3b^2+10a^2b^3+5ab^4+b^5$

문제 31~34쪽

03-1 답 ④

$$\begin{aligned}&{}_2C_2+{}_3C_2+{}_4C_2+\cdots+{}_{10}C_2\\&={}_3C_3+{}_3C_2+{}_4C_2+\cdots+{}_{10}C_2\\&={}_4C_3+{}_4C_2+\cdots+{}_{10}C_2\\&={}_5C_3+\cdots+{}_{10}C_2\\&\quad\vdots\\&={}_{10}C_3+{}_{10}C_2={}_{11}C_3\end{aligned}$$

${}_2C_2={}_3C_3$, ${}_3C_2+{}_3C_3={}_4C_3$, ${}_4C_2+{}_4C_3={}_5C_3$

03-2 답 (1) **35** (2) **70**

(1) $$\begin{aligned}&{}_2C_0+{}_3C_1+{}_4C_2+{}_5C_3+{}_6C_4\\&={}_3C_0+{}_3C_1+{}_4C_2+{}_5C_3+{}_6C_4\\&={}_4C_1+{}_4C_2+{}_5C_3+{}_6C_4\\&={}_5C_2+{}_5C_3+{}_6C_4\\&={}_6C_3+{}_6C_4\\&={}_7C_4={}_7C_3=35\end{aligned}$$

${}_2C_0={}_3C_0$, ${}_3C_0+{}_3C_1={}_4C_1$, ${}_4C_1+{}_4C_2={}_5C_2$, ${}_5C_2+{}_5C_3={}_6C_3$

(2) $$\begin{aligned}&{}_3C_3+{}_4C_3+{}_5C_3+{}_6C_3+{}_7C_3\\&={}_4C_4+{}_4C_3+{}_5C_3+{}_6C_3+{}_7C_3\\&={}_5C_4+{}_5C_3+{}_6C_3+{}_7C_3\\&={}_6C_4+{}_6C_3+{}_7C_3\\&={}_7C_4+{}_7C_3\\&={}_8C_4=70\end{aligned}$$

${}_3C_3={}_4C_4$, ${}_4C_3+{}_4C_4={}_5C_4$, ${}_5C_3+{}_5C_4={}_6C_4$, ${}_6C_3+{}_6C_4={}_7C_4$

04-1 답 ④

$(1+x)^n$의 전개식의 일반항은 ${}_nC_rx^r$

x^2항은 $(1+x)^2$의 전개식에서부터 나오므로

$(1+x)^2$의 전개식에서 x^2의 계수는 ${}_2C_2$

$(1+x)^3$의 전개식에서 x^2의 계수는 ${}_3C_2$

$\vdots$

$(1+x)^7$의 전개식에서 x^2의 계수는 ${}_7C_2$

따라서 구하는 x^2의 계수는

$$\begin{aligned}&{}_2C_2+{}_3C_2+{}_4C_2+{}_5C_2+{}_6C_2+{}_7C_2\\&={}_3C_3+{}_3C_2+{}_4C_2+{}_5C_2+{}_6C_2+{}_7C_2\\&={}_4C_3+{}_4C_2+{}_5C_2+{}_6C_2+{}_7C_2\\&={}_5C_3+{}_5C_2+{}_6C_2+{}_7C_2\\&={}_6C_3+{}_6C_2+{}_7C_2\\&={}_7C_3+{}_7C_2={}_8C_3\end{aligned}$$

다른 풀이 대수를 학습한 학생은 등비수열의 합을 이용하여 다음과 같이 풀 수 있습니다.

$$\begin{aligned}&(1+x)+(1+x)^2+(1+x)^3+\cdots+(1+x)^7\\&=\frac{(1+x)\{(1+x)^7-1\}}{(1+x)-1}\\&=\frac{(1+x)^8-(1+x)}{x}\end{aligned}$$

전개식에서 x^2의 계수는 $(1+x)^8$의 전개식에서 x^3의 계수와 같다.

$(1+x)^8$의 전개식의 일반항은 ${}_8C_rx^r$

따라서 $(1+x)^8$의 전개식에서 x^3의 계수는 ${}_8C_3$이므로 구하는 x^2의 계수도 ${}_8C_3$이다.

04-2 답 **210**

주어진 다항식의 전개식에서 x^7항은 x와 $(1+x^2)^n$의 x^6항의 곱일 때 나타나므로 x^7의 계수는 $(1+x^2)^n$의 전개식에서 x^6의 계수와 같다.

$(1+x^2)^n$의 전개식의 일반항은 ${}_nC_rx^{2r}$

x^6항은 $(1+x^2)^3$의 전개식에서부터 나오므로

$(1+x^2)^3$의 전개식에서 x^6의 계수는 ${}_3C_3$

$(1+x^2)^4$의 전개식에서 x^6의 계수는 ${}_4C_3$

$\vdots$

$(1+x^2)^9$의 전개식에서 x^6의 계수는 ${}_9C_3$

따라서 구하는 계수는

$$\begin{aligned}&{}_3C_3+{}_4C_3+{}_5C_3+\cdots+{}_9C_3\\&={}_4C_4+{}_4C_3+{}_5C_3+\cdots+{}_9C_3\\&={}_5C_4+{}_5C_3+\cdots+{}_9C_3\\&={}_6C_4+\cdots+{}_9C_3\\&\quad\vdots\\&={}_9C_4+{}_9C_3\\&={}_{10}C_4=210\end{aligned}$$

05-1 답 (1) **8** (2) **1**

(1) ${}_nC_0+{}_nC_1+{}_nC_2+\cdots+{}_nC_n=2^n$이므로

$$\begin{aligned}{}_nC_1+{}_nC_2+\cdots+{}_nC_n&=2^n-{}_nC_0\\&=2^n-1\end{aligned}$$

$200<{}_nC_1+{}_nC_2+\cdots+{}_nC_n<300$에서

$200<2^n-1<300$

$\therefore 201<2^n<301$

이때 $2^7=128$, $2^8=256$, $2^9=512$이므로

$n=8$

(2) ${}_nC_0-{}_nC_1+{}_nC_2-\cdots+(-1)^n{}_nC_n=0$이므로

${}_{30}C_0-{}_{30}C_1+{}_{30}C_2-\cdots-{}_{30}C_{29}+{}_{30}C_{30}=0$

${}_{30}C_0-({}_{30}C_1-{}_{30}C_2+\cdots+{}_{30}C_{29}-{}_{30}C_{30})=0$

$\therefore {}_{30}C_1-{}_{30}C_2+\cdots+{}_{30}C_{29}-{}_{30}C_{30}={}_{30}C_0=1$

05-2 답 **9**

${}_nC_0+{}_nC_1+{}_nC_2+{}_nC_3+\cdots+{}_nC_n=2^n$이므로

$$\begin{aligned}{}_nC_1+{}_nC_2+{}_nC_3+\cdots+{}_nC_{n-1}&=2^n-({}_nC_0+{}_nC_n)\\&=2^n-2\end{aligned}$$

즉, $2^n-2=510$이므로

$2^n=512=2^9$ $\qquad\therefore n=9$

05-3 답 7

${}_nC_0+{}_nC_2+{}_nC_4+\cdots=2^{n-1}$이므로

${}_{16}C_0+{}_{16}C_2+{}_{16}C_4+\cdots+{}_{16}C_{16}=2^{16-1}=2^{15}$

또 ${}_nC_0+{}_nC_1+{}_nC_2+\cdots+{}_nC_n=2^n$이므로

${}_9C_0+{}_9C_1+{}_9C_2+\cdots+{}_9C_9=2^9$

이때 ${}_9C_0={}_9C_9$, ${}_9C_1={}_9C_8$, $\cdots$, ${}_9C_4={}_9C_5$이므로

$({}_9C_0+{}_9C_1+\cdots+{}_9C_4)+({}_9C_5+{}_9C_6+\cdots+{}_9C_9)=2^9$에서

$2({}_9C_0+{}_9C_1+\cdots+{}_9C_4)=2^9$

$\therefore\ {}_9C_0+{}_9C_1+\cdots+{}_9C_4=2^8$

따라서 $\dfrac{{}_{16}C_0+{}_{16}C_2+{}_{16}C_4+\cdots+{}_{16}C_{16}}{{}_9C_0+{}_9C_1+{}_9C_2+{}_9C_3+{}_9C_4}=\dfrac{2^{15}}{2^8}=2^7$이므로

$n=7$

다른 풀이

${}_nC_0+{}_nC_2+{}_nC_4+\cdots=2^{n-1}$이므로

${}_{16}C_0+{}_{16}C_2+{}_{16}C_4+\cdots+{}_{16}C_{16}=2^{16-1}=2^{15}$

${}_nC_1+{}_nC_3+{}_nC_5+\cdots=2^{n-1}$이므로

${}_9C_1+{}_9C_3+{}_9C_5+{}_9C_7+{}_9C_9=2^{9-1}=2^8$

이때 ${}_9C_0={}_9C_9$, ${}_9C_2={}_9C_7$, ${}_9C_4={}_9C_5$이므로

${}_9C_0+{}_9C_1+{}_9C_2+{}_9C_3+{}_9C_4={}_9C_9+{}_9C_1+{}_9C_7+{}_9C_3+{}_9C_5$

$\therefore\ {}_9C_0+{}_9C_1+{}_9C_2+{}_9C_3+{}_9C_4=2^8$

따라서 $\dfrac{{}_{16}C_0+{}_{16}C_2+{}_{16}C_4+\cdots+{}_{16}C_{16}}{{}_9C_0+{}_9C_1+{}_9C_2+{}_9C_3+{}_9C_4}=\dfrac{2^{15}}{2^8}=2^7$이므로

$n=7$

06-1 답 (1) 4^{10} (2) 21

(1) $(1+x)^n={}_nC_0+{}_nC_1x+{}_nC_2x^2+\cdots+{}_nC_nx^n$의 양변에 $x=3$, $n=10$을 대입하면

$(1+3)^{10}={}_{10}C_0+3\,{}_{10}C_1+3^2\,{}_{10}C_2+\cdots+3^{10}\,{}_{10}C_{10}$

$\therefore\ {}_{10}C_0+3\,{}_{10}C_1+3^2\,{}_{10}C_2+\cdots+3^{10}\,{}_{10}C_{10}=4^{10}$

(2) $(1+x)^n={}_nC_0+{}_nC_1x+{}_nC_2x^2+\cdots+{}_nC_nx^n$의 양변에 $x=20$, $n=21$을 대입하면

$21^{21}={}_{21}C_0+20\,{}_{21}C_1+20^2\,{}_{21}C_2+20^3\,{}_{21}C_3+\cdots+20^{21}\,{}_{21}C_{21}$

$=1+20\times21+20^2({}_{21}C_2+20\,{}_{21}C_3+\cdots+20^{19}\,{}_{21}C_{21})$

$=21+400+400({}_{21}C_2+20\,{}_{21}C_3+\cdots+20^{19}\,{}_{21}C_{21})$

$=21+400(1+{}_{21}C_2+20\,{}_{21}C_3+\cdots+20^{19}\,{}_{21}C_{21})$

따라서 21^{21}을 400으로 나누었을 때의 나머지는 21이다.

06-2 답 ⑤

$f(1)+f(2)+\cdots+f(10)$

$={}_{10}C_1\,4^9+{}_{10}C_2\,4^8+\cdots+{}_{10}C_{10}\,4^0$ ...... ㉠

$(x+1)^n={}_nC_0x^n+{}_nC_1x^{n-1}+{}_nC_2x^{n-2}+\cdots+{}_nC_nx^0$의 양변에 $x=4$, $n=10$을 대입하면

$5^{10}={}_{10}C_0\,4^{10}+{}_{10}C_1\,4^9+{}_{10}C_2\,4^8+\cdots+{}_{10}C_{10}\,4^0$

따라서 ㉠에서

$f(1)+f(2)+\cdots+f(10)=5^{10}-{}_{10}C_0\,4^{10}$

$=5^{10}-4^{10}$

연습문제

35~36쪽

1 15	2 80	3 ②	4 ㄴ, ㄷ	5 ②
6 81	7 ④	8 126	9 ㄴ	10 ⑤
11 0	12 69	13 ②	14 ①	

1 $\left(x+\dfrac{3}{x^2}\right)^5$의 전개식의 일반항은

${}_5C_r\,x^{5-r}\left(\dfrac{3}{x^2}\right)^r={}_5C_r\,3^r\dfrac{x^{5-r}}{x^{2r}}$

x^2항은 $5-r-2r=2$일 때이므로 $r=1$

따라서 x^2의 계수는

${}_5C_1\,3^1=5\times3=15$

2 $(1+2x)^n$의 전개식의 일반항은

${}_nC_r(2x)^r={}_nC_r\,2^rx^r$

x^4항은 $r=4$일 때이고, x^4의 계수가 80이므로

${}_nC_4\,2^4=80$

${}_nC_4=5$ $\quad\therefore\ n=5$

따라서 x^3의 계수는

${}_5C_3\,2^3=10\times8=80$

3 $(1+5x)^2$의 전개식의 일반항은

${}_2C_r(5x)^r={}_2C_r\,5^rx^r$

$(1-x)^5$의 전개식의 일반항은

${}_5C_s(-x)^s={}_5C_s(-1)^sx^s$

따라서 $(1+5x)^2(1-x)^5$의 전개식의 일반항은

${}_2C_r\,5^rx^r\times{}_5C_s(-1)^sx^s={}_2C_r\times{}_5C_s\,5^r(-1)^sx^{r+s}$ ...... ㉠

x^2항은 $r+s=2$ (r, s는 $0\le r\le2$, $0\le s\le5$인 정수)일 때이므로

$r=0$, $s=2$ 또는 $r=1$, $s=1$ 또는 $r=2$, $s=0$

(i) $r=0$, $s=2$일 때, ㉠에서

${}_2C_0\times{}_5C_2\,5^0(-1)^2x^2=10x^2$

(ii) $r=1$, $s=1$일 때, ㉠에서

${}_2C_1\times{}_5C_1\,5^1(-1)^1x^2=-50x^2$

(iii) $r=2$, $s=0$일 때, ㉠에서

${}_2C_2\times{}_5C_0\,5^2(-1)^0x^2=25x^2$

(i), (ii), (iii)에서 구하는 x^2의 계수는

$10+(-50)+25=-15$

4 ㄱ. $\left(x+\dfrac{1}{x^2}\right)^{10}$의 전개식의 일반항은

${}_{10}C_r\,x^{10-r}\left(\dfrac{1}{x^2}\right)^r={}_{10}C_r\dfrac{x^{10-r}}{x^{2r}}$

이때 상수항은 $10-r=2r$일 때이므로

$r=\dfrac{10}{3}$

그런데 r는 $0 \le r \le 10$인 정수이므로 상수항은 존재하지 않는다.

ㄴ. $\left(x^2+\frac{4}{x}\right)^{10}$의 전개식의 일반항은

$${}_{10}C_r(x^2)^{10-r}\left(\frac{4}{x}\right)^r={}_{10}C_r 4^r \frac{x^{20-2r}}{x^r} \quad \cdots\cdots ㉠$$

이때 $(1+x)\left(x^2+\frac{4}{x}\right)^{10}=\left(x^2+\frac{4}{x}\right)^{10}+x\left(x^2+\frac{4}{x}\right)^{10}$

이므로 전개식에서 상수항은

(i) 1과 ㉠의 상수항의 곱

(ii) x와 ㉠의 $\frac{1}{x}$항의 곱

일 때 나타난다.

(i) ㉠의 상수항은 $20-2r=r$일 때이므로

$r=\frac{20}{3}$

그런데 r는 $0 \le r \le 10$인 정수이므로 ㉠에서 상수항은 존재하지 않는다.

(ii) ㉠의 $\frac{1}{x}$항은 $r-(20-2r)=1$일 때이므로

$r=7$

즉, $\frac{1}{x}$항이 존재한다.

따라서 주어진 식의 전개식에서 상수항이 존재한다.

ㄷ. $\left(x^2-\frac{1}{x}\right)^8$의 전개식의 일반항은

$${}_8C_r(x^2)^{8-r}\left(-\frac{1}{x}\right)^r={}_8C_r(-1)^r \frac{x^{16-2r}}{x^r} \quad \cdots\cdots ㉡$$

이때 $\left(1+\frac{1}{x}\right)\left(x^2-\frac{1}{x}\right)^8=\left(x^2-\frac{1}{x}\right)^8+\frac{1}{x}\left(x^2-\frac{1}{x}\right)^8$

이므로 전개식에서 상수항은

(i) 1과 ㉡의 상수항의 곱

(ii) $\frac{1}{x}$과 ㉡의 x항의 곱

일 때 나타난다.

(i) ㉡의 상수항은 $16-2r=r$일 때이므로

$r=\frac{16}{3}$

그런데 r는 $0 \le r \le 8$인 정수이므로 ㉡에서 상수항은 존재하지 않는다.

(ii) ㉡의 x항은 $16-2r-r=1$일 때이므로

$r=5$

즉, x항이 존재한다.

따라서 주어진 식의 전개식에서 상수항이 존재한다.

따라서 보기에서 상수항이 존재하는 것은 ㄴ, ㄷ이다.

5 $\left(x+\frac{a}{x^2}\right)^4$의 전개식의 일반항은

$${}_4C_r x^{4-r}\left(\frac{a}{x^2}\right)^r={}_4C_r a^r \frac{x^{4-r}}{x^{2r}} \quad \cdots\cdots ㉠$$

이때 $\left(x^2-\frac{1}{x}\right)\left(x+\frac{a}{x^2}\right)^4=x^2\left(x+\frac{a}{x^2}\right)^4-\frac{1}{x}\left(x+\frac{a}{x^2}\right)^4$

이므로 전개식에서 x^3항은

(i) x^2과 ㉠의 x항의 곱

(ii) $-\frac{1}{x}$과 ㉠의 x^4항의 곱

일 때 나타난다.

(i) ㉠의 x항은 $4-r-2r=1$일 때이므로 $r=1$

㉠에서 ${}_4C_1 a^1 x=4ax$

(ii) ㉠의 x^4항은 $4-r-2r=4$일 때이므로 $r=0$

㉠에서 ${}_4C_0 a^0 x^4=x^4$

(i), (ii)에서 x^3항은

$x^2\times 4ax+\left(-\frac{1}{x}\right)\times x^4=4ax^3-x^3=(4a-1)x^3$

이때 x^3의 계수가 7이므로

$4a-1=7$

$\therefore a=2$

6 ${}_1C_0+{}_2C_1+{}_3C_2+\cdots+{}_7C_6={}_2C_0+{}_2C_1+{}_3C_2+\cdots+{}_7C_6$

$={}_3C_1+{}_3C_2+\cdots+{}_7C_6$

$={}_4C_2+\cdots+{}_7C_6$

$\vdots$

$={}_7C_5+{}_7C_6$

$={}_8C_6={}_8C_2$

${}_2C_2+{}_3C_2+{}_4C_2+\cdots+{}_7C_2={}_3C_3+{}_3C_2+{}_4C_2+\cdots+{}_7C_2$

$={}_4C_3+{}_4C_2+\cdots+{}_7C_2$

$={}_5C_3+\cdots+{}_7C_2$

$\vdots$

$={}_7C_3+{}_7C_2$

$={}_8C_3$

따라서 색칠한 부분에 있는 모든 수의 합은

$({}_1C_0+{}_2C_1+{}_3C_2+\cdots+{}_7C_6)$

$+({}_2C_2+{}_3C_2+{}_4C_2+\cdots+{}_7C_2)-{}_3C_2$

중복이므로 1번 빼 준다.

$={}_8C_2+{}_8C_3-{}_3C_2$

$={}_9C_3-{}_3C_2$

$=84-3=81$

7 ${}_{100}C_{40}+{}_{99}C_{39}+{}_{98}C_{38}+{}_{97}C_{37}+{}_{96}C_{36}+{}_{96}C_{35}$

$={}_{100}C_{40}+{}_{99}C_{39}+{}_{98}C_{38}+{}_{97}C_{37}+{}_{97}C_{36}$

$={}_{100}C_{40}+{}_{99}C_{39}+{}_{98}C_{38}+{}_{98}C_{37}$

$={}_{100}C_{40}+{}_{99}C_{39}+{}_{99}C_{38}$

$={}_{100}C_{40}+{}_{100}C_{39}$

$={}_{101}C_{40}$

8 $(1+x)^n$의 전개식의 일반항은 ${}_nC_r x^r$

x^4항은 $(1+x)^4$의 전개식에서부터 나오므로

$(1+x)^4$의 전개식에서 x^4의 계수는 ${}_4C_4$

$(1+x)^5$의 전개식에서 x^4의 계수는 ${}_5C_4$

⋮

$(1+x)^8$의 전개식에서 x^4의 계수는 ${}_8C_4$

따라서 구하는 x^4의 계수는

$$\begin{aligned}{}_4C_4+{}_5C_4+{}_6C_4+{}_7C_4+{}_8C_4&={}_5C_5+{}_5C_4+{}_6C_4+{}_7C_4+{}_8C_4\\&={}_6C_5+{}_6C_4+{}_7C_4+{}_8C_4\\&={}_7C_5+{}_7C_4+{}_8C_4\\&={}_8C_5+{}_8C_4\\&={}_9C_5=126\end{aligned}$$

9 ㄱ. ${}_{50}C_0-{}_{50}C_1+{}_{50}C_2-\cdots-{}_{50}C_{49}+{}_{50}C_{50}=0$이므로

${}_{50}C_0-({}_{50}C_1-{}_{50}C_2+\cdots+{}_{50}C_{49}-{}_{50}C_{50})=0$

$\therefore\ {}_{50}C_1-{}_{50}C_2+\cdots+{}_{50}C_{49}-{}_{50}C_{50}={}_{50}C_0=1$

ㄴ. ${}_{13}C_1+{}_{13}C_3+{}_{13}C_5+\cdots+{}_{13}C_{13}=2^{13-1}=2^{12}$

ㄷ. ${}_{30}C_0+{}_{30}C_2+{}_{30}C_4+\cdots+{}_{30}C_{30}=2^{30-1}=2^{29}$이므로

${}_{30}C_2+{}_{30}C_4+\cdots+{}_{30}C_{30}=2^{29}-{}_{30}C_0=2^{29}-1$

따라서 보기에서 옳은 것은 ㄴ이다.

10 집합 A의 부분집합 중 두 원소 1, 2를 모두 포함하고 원소의 개수가 홀수인 부분집합의 개수는 집합 $\{3, 4, 5, \cdots, 25\}$의 부분집합 중 원소의 개수가 홀수인 것의 개수와 같다.

집합 $\{3, 4, 5, \cdots, 25\}$에 대하여

원소가 1개인 부분집합의 개수는 ${}_{23}C_1$

원소가 3개인 부분집합의 개수는 ${}_{23}C_3$

⋮

원소가 23개인 부분집합의 개수는 ${}_{23}C_{23}$

따라서 구하는 부분집합의 개수는

${}_{23}C_1+{}_{23}C_3+\cdots+{}_{23}C_{23}=2^{23-1}=2^{22}$

11 $(1+x)^n={}_nC_0+{}_nC_1x+{}_nC_2x^2+\cdots+{}_nC_nx^n$ …… ㉠

㉠의 양변에 $x=4$, $n=10$을 대입하면

$5^{10}={}_{10}C_0+4\,{}_{10}C_1+4^2\,{}_{10}C_2+\cdots+4^{10}\,{}_{10}C_{10}$

$\therefore\ A=5^{10}$

㉠의 양변에 $x=-6$, $n=10$을 대입하면

$(-5)^{10}={}_{10}C_0+(-6)\,{}_{10}C_1+(-6)^2\,{}_{10}C_2+\cdots+(-6)^{10}\,{}_{10}C_{10}$

즉, $5^{10}={}_{10}C_0-6\,{}_{10}C_1+6^2\,{}_{10}C_2-\cdots+6^{10}\,{}_{10}C_{10}$이므로

$B=5^{10}$

$\therefore\ A-B=5^{10}-5^{10}=0$

12 $(1+x)^n$의 전개식의 일반항은 ${}_nC_rx^r$

$(1+x)^4$의 전개식에서 x의 계수는 ${}_4C_1$

5 이상의 자연수 n에 대하여

$\dfrac{(1+x)^n}{x^{n-4}}$의 전개식에서 x의 계수는 $(1+x)^n$의 전개식에서 x^{n-3}의 계수와 같다.

$(1+x)^5$의 전개식에서 x^2의 계수는 ${}_5C_2$

$(1+x)^6$의 전개식에서 x^3의 계수는 ${}_6C_3$

$(1+x)^7$의 전개식에서 x^4의 계수는 ${}_7C_4$

따라서 구하는 x의 계수는

$$\begin{aligned}{}_4C_1+{}_5C_2+{}_6C_3+{}_7C_4&={}_5C_1+{}_5C_2+{}_6C_3+{}_7C_4-1 \quad ◀\ {}_4C_1={}_5C_1-1\\&={}_6C_2+{}_6C_3+{}_7C_4-1\\&={}_7C_3+{}_7C_4-1\\&={}_8C_4-1=70-1=69\end{aligned}$$

13 $(-1+x)^n=(-1)^n\,{}_nC_0+(-1)^{n-1}\,{}_nC_1x+\cdots+{}_nC_nx^n$의 양변에 $x=15$, $n=20$을 대입하면

$14^{20}={}_{20}C_0-15\,{}_{20}C_1+15^2\,{}_{20}C_2-15^3\,{}_{20}C_3+\cdots+15^{20}\,{}_{20}C_{20}$ …… ㉠

$(1+x)^n={}_nC_0+{}_nC_1x+{}_nC_2x^2+\cdots+{}_nC_nx^n$의 양변에 $x=15$, $n=20$을 대입하면

$16^{20}={}_{20}C_0+15\,{}_{20}C_1+15^2\,{}_{20}C_2+15^3\,{}_{20}C_3+\cdots+15^{20}\,{}_{20}C_{20}$ …… ㉡

㉠+㉡을 한 후 우변을 정리하면

$$\begin{aligned}&14^{20}+16^{20}\\&=2\times({}_{20}C_0+15^2\,{}_{20}C_2+\cdots+15^{20}\,{}_{20}C_{20})\\&=2+2\times(15^2\,{}_{20}C_2+15^4\,{}_{20}C_4+\cdots+15^{20}\,{}_{20}C_{20})\\&=2+2\times15^2({}_{20}C_2+15^2\,{}_{20}C_4+\cdots+15^{18}\,{}_{20}C_{20})\\&=2+2\times225({}_{20}C_2+15^2\,{}_{20}C_4+\cdots+15^{18}\,{}_{20}C_{20})\end{aligned}$$

따라서 $14^{20}+16^{20}$을 225로 나누었을 때의 나머지는 2이다.

14 $(1+x)^n={}_nC_0+{}_nC_1x+{}_nC_2x^2+\cdots+{}_nC_nx^n$의 양변에 $x=10$, $n=11$을 대입하면

$$\begin{aligned}11^{11}&={}_{11}C_0+10\,{}_{11}C_1+10^2\,{}_{11}C_2+10^3\,{}_{11}C_3+\cdots+10^{11}\,{}_{11}C_{11}\\&=1+10\times11+100\times55+10^3({}_{11}C_3+10\,{}_{11}C_4+\cdots+10^8\,{}_{11}C_{11})\\&=611+5000+1000({}_{11}C_3+10\,{}_{11}C_4+\cdots+10^8\,{}_{11}C_{11})\\&=611+\underbrace{1000(5+{}_{11}C_3+10\,{}_{11}C_4+\cdots+10^8\,{}_{11}C_{11})}_{㉠}\end{aligned}$$

이때 ㉠은 1000의 배수이므로 11^{11}의 백의 자리의 숫자, 십의 자리의 숫자, 일의 자리의 숫자는 각각 6, 1, 1이다.

따라서 $a=6$, $b=1$, $c=1$이므로

$a+b+c=8$

Ⅱ-1 01 확률의 개념과 활용

1 시행과 사건

개념 Check 38쪽

1 답 (1) $S=\{1, 2, 3, 4, 5\}$
(2) $A=\{1, 3\}$

문제 39쪽

01-1 답 ㄱ, ㄴ

세 사건 A, B, C에 대하여

$A=\{8, 16\}$

$B=\{1, 3, 5, 7, 9, 11, 13, 15, 17, 19\}$

$C=\{1, 2, 3, 6, 9, 18\}$

ㄱ. $A\cap B=\varnothing$이므로 A와 B는 서로 배반사건이다.

ㄴ. $A\cap C=\varnothing$이므로 A와 C는 서로 배반사건이다.

ㄷ. $B\cap C=\{1, 3, 9\}$이므로 B와 C는 서로 배반사건이 아니다.

따라서 보기에서 서로 배반사건인 것은 ㄱ, ㄴ이다.

01-2 답 4

동전의 앞면을 H, 뒷면을 T라 하고 한 개의 동전을 2번 던질 때, 표본공간을 S라 하면

$S=\{HH, HT, TH, TT\}$

2번 모두 같은 면이 나오는 사건 A는

$A=\{HH, TT\}$

사건 A의 여사건 A^C은

$A^C=\{HT, TH\}$

사건 A와 서로 배반인 사건은 A^C의 부분집합이고, A^C의 원소가 2개이므로 구하는 사건의 개수는

$2^2=4$

01-3 답 8

사건 A와 서로 배반인 사건은 A^C의 부분집합이고, 사건 B와 서로 배반인 사건은 B^C의 부분집합이므로 두 사건 A, B와 모두 배반인 사건은 $A^C\cap B^C$의 부분집합이다.

이때 $A^C=\{1, 3, 5, 7, 9, 10\}$, $B^C=\{2, 5, 8, 9, 10\}$이므로

$A^C\cap B^C=\{5, 9, 10\}$

따라서 $A^C\cap B^C$의 원소가 3개이므로 구하는 사건의 개수는

$2^3=8$

2 확률의 개념과 기본 성질

개념 Check 41쪽

1 답 (1) $\frac{1}{6}$ (2) $\frac{1}{200}$

(1) 서로 다른 두 개의 주사위를 동시에 던져서 나오는 모든 경우의 수는

$6\times6=36$

서로 같은 수의 눈이 나오는 경우는 (1, 1), (2, 2), (3, 3), (4, 4), (5, 5), (6, 6)의 6가지이다.

따라서 구하는 확률은

$\frac{6}{36}=\frac{1}{6}$

(2) 1000개당 5개꼴로 불량품이 있으므로 구하는 확률은

$\frac{5}{1000}=\frac{1}{200}$

2 답 (1) $\frac{3}{8}$ (2) 1 (3) 0

문제 42~45쪽

02-1 답 (1) $\frac{1}{6}$ (2) $\frac{11}{36}$

서로 다른 두 개의 주사위를 동시에 던져서 나오는 모든 경우의 수는

$6\times6=36$

(1) 나오는 두 눈의 수의 차가 3인 경우는 (1, 4), (2, 5), (3, 6), (4, 1), (5, 2), (6, 3)의 6가지이다.

따라서 구하는 확률은

$\frac{6}{36}=\frac{1}{6}$

(2) 나오는 두 눈의 수의 곱이 5의 배수인 경우는 (1, 5), (2, 5), (3, 5), (4, 5), (5, 1), (5, 2), (5, 3), (5, 4), (5, 5), (5, 6), (6, 5)의 11가지이다.

따라서 구하는 확률은 $\frac{11}{36}$

02-2 답 $\frac{1}{2}$

집합 A의 원소가 4개이므로 집합 A의 모든 부분집합의 개수는

$2^4=16$

원소 3이 포함되어 있는 집합 A의 부분집합의 개수는

$2^{4-1}=2^3=8$

따라서 구하는 확률은

$\frac{8}{16}=\frac{1}{2}$

02-**3** 답 $\frac{1}{4}$

서로 다른 두 개의 주사위 A, B를 동시에 던져서 나오는 모든 경우의 수는

$6\times6=36$

이차방정식 $x^2-ax+2b=0$이 서로 다른 두 실근을 가지려면 판별식을 D라 할 때, $D>0$이어야 하므로

$D=a^2-8b>0$ $\therefore a^2>8b$

$a^2>8b$를 만족시키는 순서쌍 (a, b)는

(3, 1), (4, 1), (5, 1), (5, 2), (5, 3), (6, 1), (6, 2), (6, 3), (6, 4)의 9개이다.

따라서 구하는 확률은 $\frac{9}{36}=\frac{1}{4}$

03-**1** 답 (1) $\frac{1}{5}$ (2) $\frac{8}{25}$ (3) $\frac{1}{28}$

(1) 6명이 일렬로 서는 경우의 수는 $6!$

A, B, C를 한 묶음으로 생각하여 나머지 3명과 함께 일렬로 서는 경우의 수는 $4!$

A, B, C의 자리를 바꾸는 경우의 수는 $3!$

따라서 구하는 확률은 $\frac{4!\times3!}{6!}=\frac{1}{5}$

(2) 맨 앞자리에는 0이 올 수 없으므로 다섯 개의 숫자 0, 1, 2, 3, 4로 중복을 허용하여 만들 수 있는 다섯 자리의 자연수의 개수는

$4\times{}_5\Pi_4=4\times5^4$

4의 배수는 끝의 두 자리의 수가 00이거나 4의 배수이므로 □□□00, □□□04, □□□12, □□□20, □□□24, □□□32, □□□40, □□□44의 꼴이다. 각각의 경우에 맨 앞자리에는 0이 올 수 없으므로 4의 배수의 개수는

$8\times(4\times{}_5\Pi_2)=32\times5^2$

따라서 구하는 확률은

$\frac{32\times5^2}{4\times5^4}=\frac{8}{25}$

(3) a, m, b, i, t, i, o, n을 일렬로 배열하는 경우의 수는

$\frac{8!}{2!}$

양 끝에 a, o를 고정시키고 그 사이에 나머지 문자 m, b, i, t, i, n을 일렬로 배열하는 경우의 수는

$\frac{6!}{2!}$

a와 o의 자리를 바꾸는 경우의 수는 $2!=2$

따라서 구하는 확률은

$\frac{\frac{6!}{2!}\times2}{\frac{8!}{2!}}=\frac{1}{28}$

04-**1** 답 (1) $\frac{1}{70}$ (2) $\frac{2}{7}$

(1) 10개의 사탕 중에서 4개를 꺼내는 경우의 수는

${}_{10}C_4=210$

포도맛 사탕 3개 중에서 2개를 꺼내고, 딸기맛 사탕 2개 중에서 2개를 꺼내는 경우의 수는

${}_3C_2\times{}_2C_2=3\times1=3$

따라서 구하는 확률은

$\frac{3}{210}=\frac{1}{70}$

(2) 네 종류의 볼펜에서 중복을 허용하여 4개의 볼펜을 고르는 경우의 수는

${}_4H_4={}_7C_4={}_7C_3=35$

볼펜 A, B가 적어도 1개씩 포함되어야 하므로 볼펜 A, B를 각각 1개씩 고른 후, 네 종류의 볼펜에서 중복을 허용하여 나머지 2개의 볼펜을 고르는 경우의 수는

${}_4H_2={}_5C_2=10$

따라서 구하는 확률은

$\frac{10}{35}=\frac{2}{7}$

04-**2** 답 $\frac{3}{22}$

방정식 $x+y+z=10$을 만족시키는 순서쌍의 개수는

${}_3H_{10}={}_{12}C_{10}={}_{12}C_2=66$

$x=2$이면 $x+y+z=10$에서

$y+z=8$

이 방정식을 만족시키는 순서쌍의 개수는

${}_2H_8={}_9C_8={}_9C_1=9$

따라서 구하는 확률은

$\frac{9}{66}=\frac{3}{22}$

04-**3** 답 4

6개의 구슬 중에서 2개를 꺼내는 경우의 수는

${}_6C_2=15$

주머니에 들어 있는 빨간 구슬의 개수를 n이라 하면 n개의 빨간 구슬 중에서 2개를 꺼내는 경우의 수는 ${}_nC_2$

모두 빨간 구슬이 나올 확률이 $\frac{2}{5}$이므로

$\frac{{}_nC_2}{15}=\frac{2}{5}$

$\frac{n(n-1)}{30}=\frac{2}{5}$

$n(n-1)=12=4\times3$

$\therefore n=4$ ($\because$ n은 자연수)

따라서 빨간 구슬의 개수는 4이다.

05-**1** 답 $\mathbf{\frac{21}{80}}$

전체 학생 400명 중에서 B 통신사를 이용하고 있는 학생 수는 105

따라서 구하는 확률은

$\frac{105}{400}=\frac{21}{80}$

05-**2** 답 $\mathbf{\frac{11}{50}}$

수면 시간이 7시간 이상 9시간 미만인 학생 수는

$24+20=44$

따라서 구하는 확률은

$\frac{44}{200}=\frac{11}{50}$

05-**3** 답 **6개**

주머니에 들어 있는 당첨 제비의 개수를 n이라 하면 10개의 제비 중에서 2개를 꺼낼 때, 모두 당첨 제비일 확률은

$\frac{{}_nC_2}{{}_{10}C_2}=\frac{n(n-1)}{90}$ …… ㉠

이 시행에서 3번에 1번꼴로 모두 당첨 제비를 꺼냈으므로

통계적 확률은 $\frac{1}{3}$ …… ㉡

㉠, ㉡에서

$\frac{n(n-1)}{90}=\frac{1}{3}$

$n(n-1)=30=6\times5$

$\therefore n=6$ ($\because n$은 자연수)

따라서 주머니에 당첨 제비는 6개가 들어 있다고 볼 수 있다.

3 확률의 덧셈 정리

문제 48~51쪽

06-**1** 답 $\mathbf{\frac{1}{4}}$

두 사건 A, B가 서로 배반사건이므로 확률의 덧셈 정리에 의하여

$P(A\cup B)=P(A)+P(B)$

$\frac{3}{4}=2P(B)+P(B)$

$3P(B)=\frac{3}{4}$

$\therefore P(B)=\frac{1}{4}$

06-**2** 답 $\mathbf{\frac{1}{5}}$

$P(B^C)=\frac{7}{10}$에서 여사건의 확률에 의하여

$1-P(B)=\frac{7}{10}$

$\therefore P(B)=\frac{3}{10}$

따라서 확률의 덧셈 정리에 의하여

$P(A\cup B)=P(A)+P(B)-P(A\cap B)$

$\frac{9}{20}=P(A)+\frac{3}{10}-\frac{1}{20}$

$\therefore P(A)=\frac{1}{5}$

06-**3** 답 $\mathbf{\frac{5}{6}}$

$P(A^C)=\frac{1}{2}$에서 여사건의 확률에 의하여

$1-P(A)=\frac{1}{2}$

$\therefore P(A)=\frac{1}{2}$

확률의 덧셈 정리에 의하여

$P(A\cup B)=P(A)+P(B)-P(A\cap B)$

$\frac{3}{4}=\frac{1}{2}+\frac{5}{12}-P(A\cap B)$

$\therefore P(A\cap B)=\frac{1}{6}$

$A\cap B=(A^C\cup B^C)^C$이므로

$P((A^C\cup B^C)^C)=P(A\cap B)=\frac{1}{6}$

이때 여사건의 확률에 의하여

$1-P(A^C\cup B^C)=\frac{1}{6}$

$\therefore P(A^C\cup B^C)=\frac{5}{6}$

07-**1** 답 $\mathbf{\frac{11}{12}}$

요리 강좌를 듣는 사람인 사건을 A, 미술 강좌를 듣는 사람인 사건을 B라 하면

$P(A)=\frac{2}{3}$

$P(B)=\frac{1}{2}$

$P(A\cap B)=\frac{1}{4}$

따라서 구하는 확률은

$P(A\cup B)=P(A)+P(B)-P(A\cap B)$

$=\frac{2}{3}+\frac{1}{2}-\frac{1}{4}=\frac{11}{12}$

07-**2** 답 $\frac{5}{6}$

6의 약수의 눈이 나오는 사건을 A, 짝수의 눈이 나오는 사건을 B라 하면

$A=\{1, 2, 3, 6\}$, $B=\{2, 4, 6\}$

$\therefore P(A)=\frac{4}{6}$, $P(B)=\frac{3}{6}$

이때 $A\cap B=\{2, 6\}$이므로

$P(A\cap B)=\frac{2}{6}$

따라서 구하는 확률은

$P(A\cup B)=P(A)+P(B)-P(A\cap B)$

$=\frac{4}{6}+\frac{3}{6}-\frac{2}{6}=\frac{5}{6}$

07-**3** 답 $\frac{7}{9}$

천의 자리에는 0이 올 수 없으므로 네 개의 숫자 0, 1, 4, 5를 모두 사용하여 만들 수 있는 네 자리의 자연수의 개수는

$3\times3!=18$

네 자리의 자연수가 홀수인 사건을 A, 5의 배수인 사건을 B라 하자.

이때 홀수는 일의 자리의 숫자가 1 또는 5이고, 5의 배수는 일의 자리의 숫자가 0 또는 5이다.

(i) □□□1 꼴의 자연수

천의 자리에는 0이 올 수 없으므로 자연수의 개수는

$2\times2!=4$

(ii) □□□5 꼴의 자연수

천의 자리에는 0이 올 수 없으므로 자연수의 개수는

$2\times2!=4$

(iii) □□□0 꼴의 자연수의 개수는

$3!=6$

(i), (ii)에서 홀수의 개수는 $4+4=8$이므로

$P(A)=\frac{8}{18}$

(ii), (iii)에서 5의 배수의 개수는 $4+6=10$이므로

$P(B)=\frac{10}{18}$

$A\cap B$는 홀수이고 5의 배수인 수, 즉 일의 자리의 숫자가 5인 수인 사건이므로

$P(A\cap B)=\frac{4}{18}$

따라서 구하는 확률은

$P(A\cup B)=P(A)+P(B)-P(A\cap B)$

$=\frac{8}{18}+\frac{10}{18}-\frac{4}{18}=\frac{7}{9}$

08-**1** 답 $\frac{4}{9}$

두 수의 합이 짝수이려면 두 수가 모두 짝수 또는 모두 홀수이어야 한다.

공에 적힌 두 수가 모두 짝수인 사건을 A, 모두 홀수인 사건을 B라 하면

$P(A)=\frac{{}_5C_2}{{}_{10}C_2}=\frac{10}{45}$

$P(B)=\frac{{}_5C_2}{{}_{10}C_2}=\frac{10}{45}$

두 사건 A, B는 서로 배반사건이므로 구하는 확률은

$P(A\cup B)=P(A)+P(B)$

$=\frac{10}{45}+\frac{10}{45}=\frac{4}{9}$

08-**2** 답 $\frac{3}{7}$

t, e, n, s, i, o, n을 일렬로 배열하는 경우의 수는

$\frac{7!}{2!}$

맨 앞에 t가 오는 사건을 A, 맨 앞에 n이 오는 사건을 B라 하면

$P(A)=\frac{\frac{6!}{2!}}{\frac{7!}{2!}}=\frac{1}{7}$

$P(B)=\frac{6!}{\frac{7!}{2!}}=\frac{2}{7}$

두 사건 A, B는 서로 배반사건이므로 구하는 확률은

$P(A\cup B)=P(A)+P(B)$

$=\frac{1}{7}+\frac{2}{7}=\frac{3}{7}$

08-**3** 답 $\frac{13}{66}$

1학년 학생이 2학년 학생보다 많이 뽑히려면 뽑은 4명 중에서 1학년 학생이 3명 또는 4명이어야 한다.

1학년 학생 3명, 2학년 학생 1명을 뽑는 사건을 A, 1학년 학생 4명을 뽑는 사건을 B라 하면

$P(A)=\frac{{}_5C_3\times{}_6C_1}{{}_{11}C_4}=\frac{60}{330}$

$P(B)=\frac{{}_5C_4}{{}_{11}C_4}=\frac{5}{330}$

두 사건 A, B는 서로 배반사건이므로 구하는 확률은

$P(A\cup B)=P(A)+P(B)$

$=\frac{60}{330}+\frac{5}{330}=\frac{13}{66}$

09-1 답 (1) $\frac{5}{6}$ (2) $\frac{8}{15}$

(1) 나오는 두 눈의 수의 곱이 10의 배수가 아닌 사건을 A라 하면 A^C은 두 눈의 수의 곱이 10의 배수인 사건이다.

서로 다른 두 개의 주사위를 던져서 나오는 두 눈의 수의 곱이 10의 배수인 경우는 (2, 5), (4, 5), (5, 2), (5, 4), (5, 6), (6, 5)의 6가지이므로

$\mathrm{P}(A^C)=\frac{6}{36}=\frac{1}{6}$

따라서 구하는 확률은

$\mathrm{P}(A)=1-\mathrm{P}(A^C)$

$=1-\frac{1}{6}=\frac{5}{6}$

(2) 적어도 한 개가 당첨 제비인 사건을 A라 하면 A^C은 모두 당첨 제비가 아닌 사건이므로

$\mathrm{P}(A^C)=\frac{{}_7\mathrm{C}_2}{{}_{10}\mathrm{C}_2}=\frac{21}{45}=\frac{7}{15}$

따라서 구하는 확률은

$\mathrm{P}(A)=1-\mathrm{P}(A^C)$

$=1-\frac{7}{15}=\frac{8}{15}$

09-2 답 $\frac{19}{20}$

네 자리의 자연수가 1300 이상인 사건을 A라 하면 A^C은 1300 미만인 사건이다.

5개의 숫자 중에서 서로 다른 4개를 택하여 만들 수 있는 네 자리의 자연수의 개수는

${}_5\mathrm{P}_4=120$

1300 미만인 네 자리의 자연수는 12□□ 꼴의 자연수이므로 그 개수는

${}_3\mathrm{P}_2=6$

$\therefore \mathrm{P}(A^C)=\frac{6}{120}=\frac{1}{20}$

따라서 구하는 확률은

$\mathrm{P}(A)=1-\mathrm{P}(A^C)$

$=1-\frac{1}{20}=\frac{19}{20}$

09-3 답 6

여학생이 1명 이하인 사건을 A라 하면 A^C은 여학생이 2명인 사건이므로

$\mathrm{P}(A^C)=\frac{{}_{10}\mathrm{C}_2}{{}_{n+10}\mathrm{C}_2}$

$=\frac{90}{(n+10)(n+9)}$

이때 $\mathrm{P}(A)=\frac{5}{8}$이므로

$\mathrm{P}(A^C)=1-\mathrm{P}(A)$

$\frac{90}{(n+10)(n+9)}=1-\frac{5}{8}=\frac{3}{8}$

$(n+10)(n+9)=240=16\times15$

$\therefore n=6$ ($\because$ n은 자연수)

연습문제 52~54쪽

1 ④	2 $\frac{1}{9}$	3 ④	4 $\frac{15}{64}$	5 ④
6 ⑤	7 $\frac{2}{5}$	8 $\frac{59}{256}$	9 ③	10 ①
11 $\frac{1}{5}$	12 ②	13 $\frac{8}{15}$	14 $\frac{5}{12}$	15 $\frac{9}{14}$
16 $\frac{34}{55}$	17 ⑤	18 $\frac{1}{3}$	19 $\frac{7}{15}$	20 $\frac{5}{12}$
21 $\frac{43}{100}$				

1 사건 A와 서로 배반인 사건은 A^C의 부분집합이고 A^C은 두 눈의 수의 합이 10 이상인 사건이므로

$A^C=\{\underbrace{(4, 6), (5, 5), (6, 4)}_{\text{합이 10}}, \underbrace{(5, 6), (6, 5)}_{\text{합이 11}}, \underbrace{(6, 6)}_{\text{합이 12}}\}$

따라서 A^C의 원소가 6개이므로 구하는 사건의 개수는

$2^6=64$

2 한 개의 주사위를 2번 던져서 나오는 모든 경우의 수는

$6\times6=36$

두 직선 $ax+6y-1=0$, $x+by-3=0$이 서로 평행하기 위한 조건은

$\frac{1}{a}=\frac{b}{6}\neq\frac{-3}{-1}$

$\therefore ab=6$

$ab=6$을 만족시키는 순서쌍 (a, b)는 (1, 6), (2, 3), (3, 2), (6, 1)의 4개이다.

따라서 구하는 확률은

$\frac{4}{36}=\frac{1}{9}$

3 9장의 카드를 일렬로 배열하는 경우의 수는 9!

문자 A가 적혀 있는 카드의 양옆에 숫자가 적혀 있는 2장의 카드를 배열하는 경우의 수는

${}_4\mathrm{P}_2=12$

문자 A가 적혀 있는 카드와 그 양옆에 놓이는 카드를 한 묶음으로 생각하여 나머지 6장의 카드와 함께 일렬로 배열하는 경우의 수는 $7!$

따라서 구하는 확률은

$\frac{12\times 7!}{9!}=\frac{1}{6}$

4 2개의 문자에서 중복을 허용하여 6개를 택하여 일렬로 배열하는 경우의 수는

${}_2\Pi_6=2^6=64$

a가 2번 나오면 b는 4번 나오므로 a, a, b, b, b, b를 일렬로 배열하는 경우의 수는

$\frac{6!}{2!\times 4!}=15$

따라서 구하는 확률은 $\frac{15}{64}$

5 6개의 과목을 복습할 순서를 정하는 경우의 수는

$6!=720$

국어, 수학, 영어를 모두 X로 바꾸어 생각하여 X, X, X, 한국사, 사회, 과학을 일렬로 배열한 후 3개의 X를 앞에서부터 순서대로 수학, 국어, 영어 또는 수학, 영어, 국어로 바꾸면 되므로 그 경우의 수는

$\frac{6!}{3!}\times 2=240$

따라서 구하는 확률은

$\frac{240}{720}=\frac{1}{3}$

6 9개의 공 중에서 4개를 꺼내는 경우의 수는

${}_9C_4=126$

꺼낸 공에 적힌 수 중 가장 작은 수가 3, 가장 큰 수가 8이려면 3이 적힌 공과 8이 적힌 공은 반드시 꺼내고, 4, 5, 6, 7이 적힌 4개의 공 중에서 나머지 2개를 꺼내면 되므로 그 경우의 수는

${}_4C_2=6$

따라서 구하는 확률은

$\frac{6}{126}=\frac{1}{21}$

7 남자 6명 중에서 3명, 여자 4명 중에서 2명을 뽑아서 일렬로 세우는 경우의 수는

${}_6C_3\times{}_4C_2\times 5!$

이때 여자끼리 이웃하는 경우의 수는

${}_6C_3\times{}_4C_2\times 4!\times 2!$

따라서 구하는 확률은

$\frac{{}_6C_3\times{}_4C_2\times 4!\times 2!}{{}_6C_3\times{}_4C_2\times 5!}=\frac{2}{5}$

8 X에서 Y로의 함수의 개수는

${}_4\Pi_4=4^4=256$

이때 $i\neq j$이면 $f(i)\neq f(j)$인 함수의 개수는

${}_4P_4=4!=24$

$\therefore a=\frac{24}{256}$

또 $i<j$이면 $f(i)\leq f(j)$인 함수의 개수는

${}_4H_4={}_7C_4={}_7C_3=35$

$\therefore b=\frac{35}{256}$

$\therefore a+b=\frac{24}{256}+\frac{35}{256}=\frac{59}{256}$

9 상자에 들어 있는 흰 바둑돌의 개수를 n이라 하면 8개의 바둑돌 중에서 3개를 꺼낼 때, 모두 흰 바둑돌이 나올 확률은

$\frac{{}_nC_3}{{}_8C_3}=\frac{n(n-1)(n-2)}{336}$ …… ㉠

이 시행에서 14번에 1번꼴로 모두 흰 바둑돌이 나왔으므로 통계적 확률은 $\frac{1}{14}$ …… ㉡

㉠, ㉡에서

$\frac{n(n-1)(n-2)}{336}=\frac{1}{14}$

$n(n-1)(n-2)=24=4\times 3\times 2$

$\therefore n=4$ ($\because$ n은 자연수)

따라서 상자에 흰 바둑돌은 4개가 들어 있다고 볼 수 있다.

10 ㄱ. $\varnothing\subset(A\cup B)\subset S$이므로

$P(\varnothing)\leq P(A\cup B)\leq P(S)$

$\therefore 0\leq P(A\cup B)\leq 1$

ㄴ. [반례] $S=\{1, 2, 3\}$, $A=\{1, 2\}$, $B=\{2, 3\}$이면 $A\cup B=S$이지만

$P(A)+P(B)=\frac{2}{3}+\frac{2}{3}=\frac{4}{3}$

ㄷ. [반례] $S=\{1, 2, 3, 4\}$, $A=\{1, 2\}$, $B=\{2, 3\}$이면 $P(A)+P(B)=\frac{1}{2}+\frac{1}{2}=1$이지만

$A\cap B=\{2\}\neq\varnothing$이므로 두 사건 A, B는 서로 배반사건이 아니다.

따라서 보기에서 옳은 것은 ㄱ이다.

11 $A^C\cup B=(A\cap B^C)^C$이므로 $P(A^C\cup B)=\frac{13}{15}$에서

$1-P(A\cap B^C)=\frac{13}{15}$ $\therefore P(A\cap B^C)=\frac{2}{15}$

$\therefore P(A\cap B)=P(A)-P(A\cap B^C)$

$=\frac{1}{3}-\frac{2}{15}=\frac{1}{5}$

12 $A^C \cap B = (A \cup B^C)^C$이므로 $P(A^C \cap B) = \frac{1}{6}$에서

$1 - P(A \cup B^C) = \frac{1}{6}$

$\therefore P(A \cup B^C) = \frac{5}{6}$

이때 두 사건 A, B^C이 서로 배반사건이므로

$P(A \cup B^C) = P(A) + P(B^C)$

$\frac{5}{6} = \frac{1}{3} + P(B^C)$

$P(B^C) = \frac{1}{2}$

$1 - P(B) = \frac{1}{2}$

$\therefore P(B) = \frac{1}{2}$

다른 풀이

두 사건 A, B^C이 서로 배반사건이므로

$A \cap B^C = \varnothing$

즉, $A \subset B$이므로

$B = A \cup (A^C \cap B)$

이때 $A \cap (A^C \cap B) = \varnothing$, 즉 A와 $A^C \cap B$는 서로 배반사건이므로

$P(B) = P(A) + P(A^C \cap B)$

$= \frac{1}{3} + \frac{1}{6} = \frac{1}{2}$

13 m, e, m, b, e, r를 일렬로 배열하는 경우의 수는

$\frac{6!}{2! \times 2!} = 180$

m끼리 서로 이웃하는 사건을 A, e끼리 서로 이웃하는 사건을 B라 하자.

(i) 2개의 m을 한 묶음으로 생각하여 나머지 문자 e, b, e, r와 함께 일렬로 배열하는 경우의 수는

$\frac{5!}{2!} = 60$

$\therefore P(A) = \frac{60}{180}$

(ii) 2개의 e를 한 묶음으로 생각하여 나머지 문자 m, m, b, r와 함께 일렬로 배열하는 경우의 수는

$\frac{5!}{2!} = 60$

$\therefore P(B) = \frac{60}{180}$

(iii) 2개의 m을 한 묶음으로, 2개의 e를 다른 한 묶음으로 생각하여 나머지 문자 b, r와 함께 일렬로 배열하는 경우의 수는

$4! = 24$

$\therefore P(A \cap B) = \frac{24}{180}$

(i), (ii), (iii)에서 구하는 확률은

$P(A \cup B) = P(A) + P(B) - P(A \cap B)$

$= \frac{60}{180} + \frac{60}{180} - \frac{24}{180} = \frac{8}{15}$

14 서로 다른 두 개의 주사위를 동시에 던져서 나오는 모든 경우의 수는

$6 \times 6 = 36$

두 눈의 수의 합이 6인 사건을 A, 차가 1인 사건을 B라 하자.

(i) 두 눈의 수의 합이 6인 경우는 (1, 5), (2, 4), (3, 3), (4, 2), (5, 1)의 5가지이므로

$P(A) = \frac{5}{36}$

(ii) 두 눈의 수의 차가 1인 경우는 (1, 2), (2, 1), (2, 3), (3, 2), (3, 4), (4, 3), (4, 5), (5, 4), (5, 6), (6, 5)의 10가지이므로

$P(B) = \frac{10}{36}$

두 사건 A, B는 서로 배반사건이므로 (i), (ii)에서 구하는 확률은

$P(A \cup B) = P(A) + P(B)$

$= \frac{5}{36} + \frac{10}{36} = \frac{15}{36} = \frac{5}{12}$

15 A 지점에서 B 지점까지 최단 거리로 가는 경우의 수는

$\frac{9!}{5! \times 4!} = 126$

A 지점에서 P 지점을 거치지 않고 B 지점까지 최단 거리로 가는 사건을 A라 하면 A^C은 A 지점에서 P 지점을 거쳐 B 지점까지 최단 거리로 가는 사건이다.

A 지점에서 P 지점을 거쳐 B 지점까지 최단 거리로 가는 경우의 수는

$\frac{6!}{4! \times 2!} \times \frac{3!}{2!} = 45$

$\therefore P(A^C) = \frac{45}{126} = \frac{5}{14}$

따라서 구하는 확률은

$P(A) = 1 - P(A^C)$

$= 1 - \frac{5}{14} = \frac{9}{14}$

16 적어도 한 개의 검정 볼펜을 꺼내는 사건을 A라 하면 A^C은 모두 검정이 아닌 색의 볼펜을 꺼내는 사건, 즉 검정이 아닌 색의 볼펜 9개 중에서 3개를 꺼내는 사건이므로

$P(A^C) = \frac{{}_9C_3}{{}_{12}C_3} = \frac{21}{55}$

따라서 구하는 확률은

$P(A)=1-P(A^C)$

$=1-\frac{21}{55}=\frac{34}{55}$

17 (가), (나)를 만족시키는 점 (a, b)의 개수는 $4\times3=12$이므로 12개의 점 중에서 서로 다른 2개를 택하는 경우의 수는

${}_{12}C_2=66$

서로 다른 두 점 사이의 거리가 1보다 큰 사건을 A라 하면 A^C은 두 점 사이의 거리가 1인 사건이다.

두 점 사이의 거리가 1이려면 두 점의 x좌표가 같고 y좌표가 연속하는 두 자연수이거나 y좌표가 같고 x좌표가 연속하는 두 자연수이어야 한다.

두 점의 x좌표가 같고 y좌표가 연속하는 두 자연수인 경우의 수는 ${}_4C_1\times2=8$

두 점의 y좌표가 같고 x좌표가 연속하는 두 자연수인 경우의 수는 ${}_3C_1\times3=9$

$\therefore P(A^C)=\frac{8+9}{66}=\frac{17}{66}$

따라서 구하는 확률은

$P(A)=1-P(A^C)$

$=1-\frac{17}{66}=\frac{49}{66}$

18 방정식 $x+y+z=8$을 만족시키는 순서쌍의 개수는

${}_3H_8={}_{10}C_8={}_{10}C_2=45$

$(x-y)(y-z)(z-x)=0$에서

$x=y$ 또는 $y=z$ 또는 $z=x$

이때 $x=y$를 만족시키는 순서쌍 (x, y, z)는

$(0, 0, 8)$, $(1, 1, 6)$, $(2, 2, 4)$, $(3, 3, 2)$, $(4, 4, 0)$

의 5개이다.

$y=z$와 $z=x$를 만족시키는 순서쌍도 각각 5개이므로 $(x-y)(y-z)(z-x)=0$을 만족시키는 순서쌍의 개수는 $5\times3=15$

따라서 구하는 확률은 $\frac{15}{45}=\frac{1}{3}$

19 $15x^2-8nx+n^2=0$에서

$(5x-n)(3x-n)=0$

$\therefore x=\frac{n}{5}$ 또는 $x=\frac{n}{3}$

이때 이차방정식이 정수인 해를 가지려면 자연수 n이 5의 배수 또는 3의 배수이어야 한다.

n이 5의 배수인 사건을 A, 3의 배수인 사건을 B라 하면 $A\cap B$는 n이 5와 3의 공배수, 즉 15의 배수인 사건이므로

$P(A)=\frac{6}{30}$, $P(B)=\frac{10}{30}$, $P(A\cap B)=\frac{2}{30}$

따라서 구하는 확률은

$P(A\cup B)=P(A)+P(B)-P(A\cap B)$

$=\frac{6}{30}+\frac{10}{30}-\frac{2}{30}$

$=\frac{7}{15}$

20 $P(A\cup B)=P(A)+P(B)-P(A\cap B)$이므로

$P(A\cap B)=P(A)+P(B)-P(A\cup B)$

$=\frac{3}{4}+\frac{1}{3}-P(A\cup B)$

$=\frac{13}{12}-P(A\cup B)$

즉, $P(A\cup B)$가 최소일 때 $P(A\cap B)$가 최대이고 $P(A\cup B)$가 최대일 때 $P(A\cap B)$가 최소이다.

$P(A\cup B)\geq P(A)$이므로 $P(A\cup B)\geq\frac{3}{4}$ …… ㉠

$P(A\cup B)\geq P(B)$이므로 $P(A\cup B)\geq\frac{1}{3}$ …… ㉡

㉠, ㉡에서 $P(A\cup B)\geq\frac{3}{4}$

이때 $0\leq P(A\cup B)\leq1$이므로

$\frac{3}{4}\leq P(A\cup B)\leq1$

$\frac{1}{12}\leq\frac{13}{12}-P(A\cup B)\leq\frac{1}{3}$

$\therefore \frac{1}{12}\leq P(A\cap B)\leq\frac{1}{3}$

따라서 $M=\frac{1}{3}$, $m=\frac{1}{12}$이므로

$M+m=\frac{5}{12}$

21 $14=2\times7$이므로 14와 서로소이려면 2의 배수도 아니고 7의 배수도 아니어야 한다.

카드에 적힌 수가 2의 배수인 사건을 A, 7의 배수인 사건을 B라 하면 2의 배수도 아니고 7의 배수도 아닌 사건은 $A^C\cap B^C=(A\cup B)^C$이다.

이때 $P(A)=\frac{50}{100}$, $P(B)=\frac{14}{100}$이고, $A\cap B$는 카드에 적힌 수가 2와 7의 공배수, 즉 14의 배수인 사건이므로

$P(A\cap B)=\frac{7}{100}$

$\therefore P(A\cup B)=P(A)+P(B)-P(A\cap B)$

$=\frac{50}{100}+\frac{14}{100}-\frac{7}{100}=\frac{57}{100}$

따라서 구하는 확률은

$P(A^C\cap B^C)=P((A\cup B)^C)$

$=1-P(A\cup B)$

$=1-\frac{57}{100}=\frac{43}{100}$

Ⅱ-2 01 조건부확률

조건부확률

개념 Check 57쪽

1 답 (1) **0.75** (2) **0.6**

(1) $P(B|A)=\frac{P(A\cap B)}{P(A)}=\frac{0.3}{0.4}=0.75$

(2) $P(A|B)=\frac{P(A\cap B)}{P(B)}=\frac{0.3}{0.5}=0.6$

2 답 (1) $\frac{1}{6}$ (2) $\frac{2}{3}$

(1) $P(A\cap B)=P(A)P(B|A)=\frac{1}{3}\times\frac{1}{2}=\frac{1}{6}$

(2) $P(A|B)=\frac{P(A\cap B)}{P(B)}=\frac{\frac{1}{6}}{\frac{1}{4}}=\frac{2}{3}$

문제 58~62쪽

01-1 답 (1) $\frac{3}{4}$ (2) **0.5**

(1) $A^C\cap B^C=(A\cup B)^C$이므로 $P(A^C\cap B^C)=\frac{1}{5}$에서

$P((A\cup B)^C)=\frac{1}{5}$

$1-P(A\cup B)=\frac{1}{5}$

$\therefore P(A\cup B)=\frac{4}{5}$

$P(A\cup B)=P(A)+P(B)-P(A\cap B)$이므로

$\frac{4}{5}=\frac{7}{10}+\frac{2}{5}-P(A\cap B)$

$\therefore P(A\cap B)=\frac{3}{10}$

$\therefore P(A|B)=\frac{P(A\cap B)}{P(B)}=\frac{\frac{3}{10}}{\frac{2}{5}}=\frac{3}{4}$

(2) $P(A\cup B)=P(A)+P(B)-P(A\cap B)$이므로

$0.7=0.5+P(B)-0.2$

$\therefore P(B)=0.4$

$P(B^C)=1-P(B)$이므로

$P(B^C)=1-0.4=0.6$

또 $A\cap B^C=A-(A\cap B)$이므로

$P(A\cap B^C)=P(A)-P(A\cap B)$

$=0.5-0.2=0.3$

$\therefore P(A|B^C)=\frac{P(A\cap B^C)}{P(B^C)}=\frac{0.3}{0.6}=0.5$

01-2 답 $\frac{1}{5}$

$P(B|A)=\frac{1}{4}$에서 $\frac{P(A\cap B)}{P(A)}=\frac{1}{4}$

$\therefore P(A)=4P(A\cap B)$

$P(A\cup B)=P(A)+P(B)-P(A\cap B)$이므로

$\frac{4}{5}=4P(A\cap B)+\frac{1}{2}-P(A\cap B)$

$\therefore P(A\cap B)=\frac{1}{10}$

$\therefore P(A|B)=\frac{P(A\cap B)}{P(B)}=\frac{\frac{1}{10}}{\frac{1}{2}}=\frac{1}{5}$

02-1 답 **0.3**

혈액형이 A형인 학생인 사건을 A, 여학생인 사건을 B라 하면

$P(A)=0.4$, $P(A\cap B)=0.12$

따라서 구하는 확률은

$P(B|A)=\frac{P(A\cap B)}{P(A)}=\frac{0.12}{0.4}=0.3$

다른 풀이

전체 학생 수가 a일 때, 구하는 확률은

$\frac{(\text{A형인 여학생의 수})}{(\text{A형인 학생의 수})}=\frac{0.12a}{0.4a}=0.3$

02-2 답 $\frac{4}{7}$

2학년 학생인 사건을 A, B 책을 선택한 학생인 사건을 B라 하면

$P(A)=\frac{14}{30}$, $P(A\cap B)=\frac{8}{30}$

따라서 구하는 확률은

$P(B|A)=\frac{P(A\cap B)}{P(A)}=\frac{\frac{8}{30}}{\frac{14}{30}}=\frac{4}{7}$

02-3 답 $\frac{2}{5}$

두 눈의 수의 합이 8인 사건을 A, 두 눈의 수의 곱이 홀수인 사건을 B라 하면

$A=\{(2, 6), (3, 5), (4, 4), (5, 3), (6, 2)\}$

$A\cap B=\{(3, 5), (5, 3)\}$

$\therefore P(A)=\frac{5}{36}$, $P(A\cap B)=\frac{2}{36}$

따라서 구하는 확률은

$P(B|A)=\frac{P(A\cap B)}{P(A)}=\frac{\frac{2}{36}}{\frac{5}{36}}=\frac{2}{5}$

03-**1** 답 $\frac{21}{55}$

첫 번째에 정상 제품을 꺼내는 사건을 A, 두 번째에 정상 제품을 꺼내는 사건을 B라 하자.

첫 번째에 정상 제품을 꺼낼 확률은

$P(A)=\frac{7}{11}$

첫 번째에 꺼낸 제품이 정상 제품이었을 때, 두 번째에도 정상 제품을 꺼낼 확률은

$P(B|A)=\frac{6}{10}=\frac{3}{5}$

따라서 구하는 확률은

$P(A\cap B)=P(A)P(B|A)=\frac{7}{11}\times\frac{3}{5}=\frac{21}{55}$

03-**2** 답 $\frac{24}{95}$

대표로 여자 회원을 뽑는 사건을 A, 부대표로 남자 회원을 뽑는 사건을 B라 하자.

대표로 여자 회원을 뽑을 확률은

$P(A)=\frac{12}{20}=\frac{3}{5}$

대표로 뽑은 회원이 여자 회원이었을 때, 부대표로 남자 회원을 뽑을 확률은

$P(B|A)=\frac{8}{19}$

따라서 구하는 확률은

$P(A\cap B)=P(A)P(B|A)=\frac{3}{5}\times\frac{8}{19}=\frac{24}{95}$

03-**3** 답 10

첫 번째에 파란 구슬을 꺼내는 사건을 A, 두 번째에 빨간 구슬을 꺼내는 사건을 B라 하자.

첫 번째에 파란 구슬을 꺼낼 확률은

$P(A)=\frac{n}{n+6}$

첫 번째에 꺼낸 구슬이 파란 구슬이었을 때, 두 번째에 빨간 구슬을 꺼낼 확률은

$P(B|A)=\frac{6}{n+5}$

첫 번째는 파란 구슬, 두 번째는 빨간 구슬을 꺼낼 확률은

$$P(A\cap B)=P(A)P(B|A)=\frac{n}{n+6}\times\frac{6}{n+5}=\frac{6n}{(n+6)(n+5)}$$

즉, $\frac{6n}{(n+6)(n+5)}=\frac{1}{4}$이므로

$n^2-13n+30=0$, $(n-3)(n-10)=0$

$\therefore n=10$ ($\because n>6$)

04-**1** 답 0.54

토요일에 비가 오는 사건을 A, 경기에서 이기는 사건을 B라 하자.

(i) 토요일에 비가 오고 경기에서 이길 확률은

$$P(A\cap B)=P(A)P(B|A)=0.3\times0.4=0.12$$

(ii) 토요일에 비가 오지 않고 경기에서 이길 확률은

$$P(A^C\cap B)=P(A^C)P(B|A^C)=(1-0.3)\times0.6=0.42$$

(i), (ii)에서 구하는 확률은

$$P(B)=P(A\cap B)+P(A^C\cap B)=0.12+0.42=0.54$$

04-**2** 답 $\frac{3}{10}$

A, B가 당첨 제비를 뽑는 사건을 각각 A, B라 하자.

(i) A가 당첨 제비를 뽑고 B도 당첨 제비를 뽑을 확률은

$$P(A\cap B)=P(A)P(B|A)=\frac{3}{10}\times\frac{2}{9}=\frac{1}{15}$$

(ii) A가 당첨 제비를 뽑지 않고 B가 당첨 제비를 뽑을 확률은

$$P(A^C\cap B)=P(A^C)P(B|A^C)=\frac{7}{10}\times\frac{3}{9}=\frac{7}{30}$$

(i), (ii)에서 구하는 확률은

$$P(B)=P(A\cap B)+P(A^C\cap B)=\frac{1}{15}+\frac{7}{30}=\frac{3}{10}$$

04-**3** 답 $\frac{9}{28}$

A 주머니를 택하는 사건을 A, 2개 모두 파란 공을 꺼내는 사건을 B라 하자.

(i) A 주머니를 택하고 A 주머니에서 2개의 파란 공을 꺼낼 확률은

$$P(A\cap B)=P(A)P(B|A)=\frac{1}{2}\times\frac{{}_5C_2}{{}_8C_2}=\frac{1}{2}\times\frac{5}{14}=\frac{5}{28}$$

(ii) B 주머니를 택하고 B 주머니에서 2개의 파란 공을 꺼낼 확률은

$$P(A^C\cap B)=P(A^C)P(B|A^C)=\frac{1}{2}\times\frac{{}_4C_2}{{}_7C_2}=\frac{1}{2}\times\frac{2}{7}=\frac{1}{7}$$

(i), (ii)에서 구하는 확률은

$$P(B)=P(A\cap B)+P(A^C\cap B)=\frac{5}{28}+\frac{1}{7}=\frac{9}{28}$$

05-1 답 $\frac{7}{19}$

A 구장에서 경기를 치르는 사건을 A, 경기에서 승리하는 사건을 B라 하자.

(i) A 구장에서 승리할 확률은

$\mathrm{P}(A\cap B)=\mathrm{P}(A)\mathrm{P}(B|A)=0.2\times0.7=0.14$

(ii) 타 구장에서 승리할 확률은

$$\begin{aligned}\mathrm{P}(A^C\cap B)&=\mathrm{P}(A^C)\mathrm{P}(B|A^C)\\&=(1-0.2)\times0.3=0.24\end{aligned}$$

(i), (ii)에서 이 팀이 승리할 확률은

$\mathrm{P}(B)=\mathrm{P}(A\cap B)+\mathrm{P}(A^C\cap B)=0.14+0.24=0.38$

따라서 구하는 확률은

$$\mathrm{P}(A|B)=\frac{\mathrm{P}(A\cap B)}{\mathrm{P}(B)}=\frac{0.14}{0.38}=\frac{7}{19}$$

05-2 답 $\frac{6}{13}$

꽃무늬 상자를 택하는 사건을 A, 2개 모두 흰 공을 꺼내는 사건을 B라 하자.

(i) 꽃무늬 상자를 택하고 꽃무늬 상자에서 2개의 흰 공을 꺼낼 확률은

$$\begin{aligned}\mathrm{P}(A\cap B)&=\mathrm{P}(A)\mathrm{P}(B|A)\\&=\frac{1}{2}\times\frac{{}_4\mathrm{C}_2}{{}_9\mathrm{C}_2}=\frac{1}{2}\times\frac{1}{6}=\frac{1}{12}\end{aligned}$$

(ii) 별무늬 상자를 택하고 별무늬 상자에서 2개의 흰 공을 꺼낼 확률은

$$\begin{aligned}\mathrm{P}(A^C\cap B)&=\mathrm{P}(A^C)\mathrm{P}(B|A^C)\\&=\frac{1}{2}\times\frac{{}_3\mathrm{C}_2}{{}_7\mathrm{C}_2}=\frac{1}{2}\times\frac{1}{7}=\frac{1}{14}\end{aligned}$$

(i), (ii)에서 2개 모두 흰 공을 꺼낼 확률은

$$\mathrm{P}(B)=\mathrm{P}(A\cap B)+\mathrm{P}(A^C\cap B)=\frac{1}{12}+\frac{1}{14}=\frac{13}{84}$$

따라서 구하는 확률은

$$\mathrm{P}(A^C|B)=\frac{\mathrm{P}(A^C\cap B)}{\mathrm{P}(B)}=\frac{\frac{1}{14}}{\frac{13}{84}}=\frac{6}{13}$$

2 사건의 독립과 종속

개념 Check 64쪽

1 답 (1) 종속 (2) 독립

(1) $\mathrm{P}(A)\mathrm{P}(B)=0.2\times0.5=0.1$이므로

$\mathrm{P}(A\cap B)\neq\mathrm{P}(A)\mathrm{P}(B)$

따라서 두 사건 A, B는 서로 종속이다.

(2) $\mathrm{P}(A)\mathrm{P}(B)=0.4\times0.6=0.24$이므로

$\mathrm{P}(A\cap B)=\mathrm{P}(A)\mathrm{P}(B)$

따라서 두 사건 A, B는 서로 독립이다.

2 답 (1) $\frac{1}{3}$ (2) $\frac{1}{2}$ (3) $\frac{1}{6}$

두 사건 A, B가 서로 독립이므로

(1) $\mathrm{P}(A|B)=\mathrm{P}(A)=\frac{1}{3}$

(2) $\mathrm{P}(B|A)=\mathrm{P}(B)=\frac{1}{2}$

(3) $$\begin{aligned}\mathrm{P}(A\cap B)&=\mathrm{P}(A)\mathrm{P}(B)\\&=\frac{1}{3}\times\frac{1}{2}=\frac{1}{6}\end{aligned}$$

문제 65~67쪽

06-1 답 ㄴ, ㄷ

표본공간 S는 $S=\{1, 2, 3, \cdots, 29, 30\}$이므로

$A=\{1, 3, 5, \cdots, 27, 29\}$

$B=\{2, 3, 5, 7, 11, 13, 17, 19, 23, 29\}$

$C=\{11, 12, 13, \cdots, 19, 20\}$

$\therefore\ \mathrm{P}(A)=\frac{1}{2},\ \mathrm{P}(B)=\frac{1}{3},\ \mathrm{P}(C)=\frac{1}{3}$

ㄱ. $A\cap B=\{3, 5, 7, 11, 13, 17, 19, 23, 29\}$이므로

$\mathrm{P}(A\cap B)=\frac{3}{10}$

$\mathrm{P}(A)\mathrm{P}(B)=\frac{1}{2}\times\frac{1}{3}=\frac{1}{6}$이므로

$\mathrm{P}(A\cap B)\neq\mathrm{P}(A)\mathrm{P}(B)$

따라서 A와 B는 서로 종속이다.

ㄴ. $A\cap C=\{11, 13, 15, 17, 19\}$이므로

$\mathrm{P}(A\cap C)=\frac{1}{6}$

$\mathrm{P}(A)\mathrm{P}(C)=\frac{1}{2}\times\frac{1}{3}=\frac{1}{6}$이므로

$\mathrm{P}(A\cap C)=\mathrm{P}(A)\mathrm{P}(C)$

따라서 A와 C는 서로 독립이다.

ㄷ. $A^C\cap C^C=\{2, 4, 6, 8, 10, 22, 24, 26, 28, 30\}$이므로

$\mathrm{P}(A^C\cap C^C)=\frac{1}{3}$

$\mathrm{P}(A^C)\mathrm{P}(C^C)=\left(1-\frac{1}{2}\right)\times\left(1-\frac{1}{3}\right)=\frac{1}{3}$이므로

$\mathrm{P}(A^C\cap C^C)=\mathrm{P}(A^C)\mathrm{P}(C^C)$

따라서 A^C과 C^C은 서로 독립이다.

ㄹ. $B^C\cap C=\{12, 14, 15, 16, 18, 20\}$이므로

$\mathrm{P}(B^C\cap C)=\frac{1}{5}$

$P(B^C)P(C)=\left(1-\frac{1}{3}\right)\times\frac{1}{3}=\frac{2}{9}$이므로

$P(B^C\cap C)\neq P(B^C)P(C)$

따라서 B^C과 C는 서로 종속이다.

따라서 보기에서 서로 독립인 사건은 ㄴ, ㄷ이다.

06-2 답 ㄴ

표본공간 S는 $S=\{1, 2, 3, 4, 6, 12\}$이므로

$A=\{1, 2, 3, 4\}$라 하면

$P(A)=\frac{2}{3}$

ㄱ. $B=\{1, 4\}$라 하면 $P(B)=\frac{1}{3}$

$\therefore P(A)P(B)=\frac{2}{3}\times\frac{1}{3}=\frac{2}{9}$

$A\cap B=\{1, 4\}$이므로

$P(A\cap B)=\frac{1}{3}$

$\therefore P(A\cap B)\neq P(A)P(B)$

따라서 두 사건 A, B는 서로 종속이다.

ㄴ. $C=\{3, 4, 12\}$라 하면 $P(C)=\frac{1}{2}$

$\therefore P(A)P(C)=\frac{2}{3}\times\frac{1}{2}=\frac{1}{3}$

$A\cap C=\{3, 4\}$이므로

$P(A\cap C)=\frac{1}{3}$

$\therefore P(A\cap C)=P(A)P(C)$

따라서 두 사건 A, C는 서로 독립이다.

ㄷ. $D=\{1, 3, 6, 12\}$라 하면 $P(D)=\frac{2}{3}$

$\therefore P(A)P(D)=\frac{2}{3}\times\frac{2}{3}=\frac{4}{9}$

$A\cap D=\{1, 3\}$이므로

$P(A\cap D)=\frac{1}{3}$

$\therefore P(A\cap D)\neq P(A)P(D)$

따라서 두 사건 A, D는 서로 종속이다.

ㄹ. $E=\{1, 2, 3, 4, 6\}$이라 하면 $P(E)=\frac{5}{6}$

$\therefore P(A)P(E)=\frac{2}{3}\times\frac{5}{6}=\frac{5}{9}$

$A\cap E=\{1, 2, 3, 4\}$이므로

$P(A\cap E)=\frac{2}{3}$

$\therefore P(A\cap E)\neq P(A)P(E)$

따라서 두 사건 A, E는 서로 종속이다.

따라서 보기에서 사건 $\{1, 2, 3, 4\}$와 서로 독립인 사건은 ㄴ이다.

07-1 답 $\frac{1}{2}$

두 사건 A, B가 서로 독립이므로

$P(A|B)=P(A)=\frac{1}{4}$

$P(A\cup B)=P(A)+P(B)-P(A\cap B)$에서

$P(A\cup B)=P(A)+P(B)-P(A)P(B)$

$\frac{5}{8}=\frac{1}{4}+P(B)-\frac{1}{4}P(B)$

$\frac{3}{4}P(B)=\frac{3}{8}\quad\therefore P(B)=\frac{1}{2}$

07-2 답 $\frac{1}{3}$

$P(A^C\cap B^C)=\frac{1}{2}$에서 $P((A\cup B)^C)=\frac{1}{2}$

$1-P(A\cup B)=\frac{1}{2}\quad\therefore P(A\cup B)=\frac{1}{2}$

$P(A\cap B^C)=\frac{1}{4}$에서

$P(A\cup B)-P(B)=\frac{1}{4}$

$\frac{1}{2}-P(B)=\frac{1}{4}\quad\therefore P(B)=\frac{1}{4}$

두 사건 A, B가 서로 독립이므로

$P(A\cup B)=P(A)+P(B)-P(A\cap B)$에서

$P(A\cup B)=P(A)+P(B)-P(A)P(B)$

$\frac{1}{2}=P(A)+\frac{1}{4}-\frac{1}{4}P(A)$, $\frac{3}{4}P(A)=\frac{1}{4}$

$\therefore P(A)=\frac{1}{3}$

07-3 답 $\frac{1}{16}$

두 사건 A, B가 서로 독립이므로

$P(A)=P(B|A)=P(B)$

$P(A\cup B)=P(A)+P(B)-P(A\cap B)$에서

$P(A\cup B)=P(A)+P(B)-P(A)P(B)$

$\frac{7}{16}=P(A)+P(A)-P(A)P(A)$

이때 $P(A)=k$라 하면

$\frac{7}{16}=k+k-k^2$

$16k^2-32k+7=0$, $(4k-1)(4k-7)=0$

$\therefore k=\frac{1}{4}$ 또는 $k=\frac{7}{4}$

그런데 $0\leq P(A)\leq 1$이므로

$k=P(A)=\frac{1}{4}$

$\therefore P(A\cap B)=P(A)P(B)=P(A)P(A)$

$=\frac{1}{4}\times\frac{1}{4}=\frac{1}{16}$

08-**1** 답 (1) **0.35** (2) **0.5** (3) **0.85**

A, B가 10점에 명중시키는 사건을 각각 A, B라 하면 두 사건 A, B는 서로 독립이다.

(1) 구하는 확률은

$\mathrm{P}(A\cap B)=\mathrm{P}(A)\mathrm{P}(B)=0.7\times0.5=0.35$

(2) A만 10점에 명중시키는 사건은 $A\cap B^C$이고 두 사건 A, B^C은 서로 독립이므로

$\mathrm{P}(A\cap B^C)=\mathrm{P}(A)\mathrm{P}(B^C)=0.7\times(1-0.5)=0.35$

B만 10점에 명중시키는 사건은 $A^C\cap B$이고 두 사건 A^C, B는 서로 독립이므로

$\mathrm{P}(A^C\cap B)=\mathrm{P}(A^C)\mathrm{P}(B)=(1-0.7)\times0.5=0.15$

따라서 구하는 확률은 $0.35+0.15=0.5$

(3) 적어도 한 선수는 10점에 명중시킬 확률은

1−(모두 10점에 명중시키지 못할 확률)

A, B 모두 10점에 명중시키지 못하는 사건은 $A^C\cap B^C$이고 두 사건 A^C, B^C은 서로 독립이므로

$\mathrm{P}(A^C\cap B^C)=\mathrm{P}(A^C)\mathrm{P}(B^C)$

$=(1-0.7)\times(1-0.5)=0.15$

따라서 구하는 확률은

$1-\mathrm{P}(A^C\cap B^C)=1-0.15=0.85$

08-**2** 답 $\mathbf{\frac{2}{3}}$

A, B가 승부차기를 성공하는 사건을 각각 A, B라 하면 두 사건 A, B는 서로 독립이다.

이때 A만 성공할 확률은

$\mathrm{P}(A\cap B^C)=\mathrm{P}(A)\mathrm{P}(B^C)=\frac{3}{4}\times(1-p)$

즉, $\frac{3}{4}(1-p)=\frac{1}{4}$이므로 $1-p=\frac{1}{3}$ $\qquad\therefore p=\frac{2}{3}$

3 독립시행의 확률

개념 Check 68쪽

1 답 (1) $\mathbf{\frac{7}{32}}$ (2) $\mathbf{\frac{40}{243}}$

(1) 한 개의 동전을 던져서 앞면이 나올 확률은 $\frac{1}{2}$이므로 구하는 확률은

${}_8\mathrm{C}_3\left(\frac{1}{2}\right)^3\left(\frac{1}{2}\right)^5=\frac{7}{32}$

(2) 한 개의 주사위를 던져서 3의 배수의 눈이 나올 확률은 $\frac{2}{6}=\frac{1}{3}$이므로 구하는 확률은

${}_5\mathrm{C}_3\left(\frac{1}{3}\right)^3\left(\frac{2}{3}\right)^2=\frac{40}{243}$

문제 69~71쪽

09-**1** 답 (1) **0.972** (2) **0.999**

(1) (i) 2번 성공할 확률은 ${}_3\mathrm{C}_2 0.9^2 0.1^1=0.243$

(ii) 3번 성공할 확률은 ${}_3\mathrm{C}_3 0.9^3 0.1^0=0.729$

(i), (ii)에서 구하는 확률은

$0.243+0.729=0.972$

(2) 적어도 1번 성공할 확률은

1−(모두 성공하지 못할 확률)

모두 성공하지 못할 확률은

${}_3\mathrm{C}_0 0.9^0 0.1^3=0.001$

따라서 구하는 확률은

$1-0.001=0.999$

09-**2** 답 $\mathbf{\frac{112}{243}}$

(i) 4문제를 맞힐 확률은 ${}_5\mathrm{C}_4\left(\frac{2}{3}\right)^4\left(\frac{1}{3}\right)^1=\frac{80}{243}$

(ii) 5문제를 맞힐 확률은 ${}_5\mathrm{C}_5\left(\frac{2}{3}\right)^5\left(\frac{1}{3}\right)^0=\frac{32}{243}$

(i), (ii)에서 구하는 확률은

$\frac{80}{243}+\frac{32}{243}=\frac{112}{243}$

09-**3** 답 $\mathbf{\frac{1}{8}}$

A 팀이 5번째 경기에서 우승하려면 4번째 경기까지 3번 이기고, 5번째 경기에서 이겨야 하므로 구하는 확률은

${}_4\mathrm{C}_3\left(\frac{1}{2}\right)^3\left(\frac{1}{2}\right)^1\times\frac{1}{2}=\frac{1}{4}\times\frac{1}{2}=\frac{1}{8}$

10-**1** 답 $\mathbf{\frac{7}{144}}$

한 개의 동전을 던져서 앞면이 나올 확률은 $\frac{1}{2}$, 뒷면이 나올 확률은 $\frac{1}{2}$이고, 한 개의 주사위를 던져서 1의 눈이 나올 확률은 $\frac{1}{6}$이다.

(i) 동전의 앞면이 나오고 한 개의 주사위를 2번 던져서 1의 눈이 2번 나올 확률은

$\frac{1}{2}\times{}_2\mathrm{C}_2\left(\frac{1}{6}\right)^2\left(\frac{5}{6}\right)^0=\frac{1}{2}\times\frac{1}{36}=\frac{1}{72}$

(ii) 동전의 뒷면이 나오고 한 개의 주사위를 3번 던져서 1의 눈이 2번 나올 확률은

$\frac{1}{2}\times{}_3\mathrm{C}_2\left(\frac{1}{6}\right)^2\left(\frac{5}{6}\right)^1=\frac{1}{2}\times\frac{5}{72}=\frac{5}{144}$

(i), (ii)에서 구하는 확률은

$\frac{1}{72}+\frac{5}{144}=\frac{7}{144}$

10-2 답 $\frac{61}{224}$

상자에서 2개의 공을 꺼낼 때, 흰 공이 나오지 않는 경우는 2개 모두 검은 공이 나오는 경우이므로 흰 공이 나오지 않을 확률은 $\frac{{}_5C_2}{{}_8C_2}=\frac{5}{14}$

흰 공이 적어도 한 개 나올 확률은

$1-$(모두 검은 공이 나올 확률)$=1-\frac{5}{14}=\frac{9}{14}$

한 개의 주사위를 던져서 짝수의 눈이 나올 확률은 $\frac{1}{2}$

(i) 흰 공이 적어도 한 개 나오고 한 개의 주사위를 4번 던져서 짝수의 눈이 3번 나올 확률은

$\frac{9}{14}\times{}_4C_3\left(\frac{1}{2}\right)^3\left(\frac{1}{2}\right)^1=\frac{9}{14}\times\frac{1}{4}=\frac{9}{56}$

(ii) 흰 공이 나오지 않고 한 개의 주사위를 5번 던져서 짝수의 눈이 3번 나올 확률은

$\frac{5}{14}\times{}_5C_3\left(\frac{1}{2}\right)^3\left(\frac{1}{2}\right)^2=\frac{5}{14}\times\frac{5}{16}=\frac{25}{224}$

(i), (ii)에서 구하는 확률은 $\frac{9}{56}+\frac{25}{224}=\frac{61}{224}$

11-1 답 $\frac{3}{8}$

한 개의 동전을 던져서 앞면이 나올 확률은 $\frac{1}{2}$이다.

동전을 3번 던져서 앞면이 나오는 횟수를 x, 뒷면이 나오는 횟수를 y라 하면

$x+y=3$ ······ ㉠

또 정사각형의 네 변의 길이의 합이 4이므로 점 P가 점 A로 돌아오려면 4의 배수만큼 움직여야 한다. 이때 동전을 3번만 던지므로 점 P의 이동 거리의 최댓값은 6이다.

$\therefore 2x+y=4$ ······ ㉡

㉠, ㉡을 연립하여 풀면 $x=1$, $y=2$

따라서 구하는 확률은 동전을 3번 던져서 앞면이 1번, 뒷면이 2번 나올 확률과 같으므로 ${}_3C_1\left(\frac{1}{2}\right)^1\left(\frac{1}{2}\right)^2=\frac{3}{8}$

11-2 답 $\frac{5}{16}$

한 개의 동전을 던져서 앞면이 나올 확률은 $\frac{1}{2}$이다.

동전을 5번 던져서 앞면이 나오는 횟수를 x, 뒷면이 나오는 횟수를 y라 하자. 점 P가 원점에서 점 (4, 3)까지 이동하려면 x축의 방향으로 4칸, y축의 방향으로 3칸 이동해야 하므로

$2x=4$, $y=3$ $\therefore x=2$, $y=3$

따라서 구하는 확률은 동전을 5번 던져서 앞면이 2번, 뒷면이 3번 나올 확률과 같으므로

${}_5C_2\left(\frac{1}{2}\right)^2\left(\frac{1}{2}\right)^3=\frac{5}{16}$

연습문제

72~74쪽

1 ③	2 $\frac{3}{4}$	3 ②	4 158	5 ⑤
6 $\frac{5}{16}$	7 ④	8 6	9 8	10 ㄴ, ㄷ
11 ④	12 $\frac{24}{625}$	13 $\frac{13}{125}$	14 137	15 $\frac{19}{45}$
16 $\frac{12}{37}$	17 ⑤	18 $\frac{25}{81}$		

1 $P(A|B)=P(B|A)$에서

$\frac{P(A\cap B)}{P(B)}=\frac{P(A\cap B)}{P(A)}$ $\therefore P(A)=P(B)$

$P(A\cup B)=P(A)+P(B)-P(A\cap B)$에서

$1=P(A)+P(A)-\frac{1}{4}$

$2P(A)=\frac{5}{4}$ $\therefore P(A)=\frac{5}{8}$

2 $P(A\cap B)=P(B)P(A|B)=\frac{3}{5}\times\frac{1}{3}=\frac{1}{5}$

$P(A\cap B^C)=P(A)-P(A\cap B)=\frac{1}{2}-\frac{1}{5}=\frac{3}{10}$

$\therefore P(A|B^C)=\frac{P(A\cap B^C)}{P(B^C)}=\frac{P(A\cap B^C)}{1-P(B)}$

$=\frac{\frac{3}{10}}{1-\frac{3}{5}}=\frac{3}{4}$

3 진로활동 B를 선택한 학생인 사건을 A, 1학년 학생인 사건을 B라 하면

$P(A)=\frac{9}{20}$, $P(A\cap B)=\frac{5}{20}$

따라서 구하는 확률은

$P(B|A)=\frac{P(A\cap B)}{P(A)}=\frac{\frac{5}{20}}{\frac{9}{20}}=\frac{5}{9}$

4 안경을 쓰지 않은 여학생 수를 a라 하고 안경을 쓴 학생과 쓰지 않은 학생 수를 표로 나타내면 다음과 같다.

(단위: 명)

	남학생	여학생	합계
안경 씀	50	70	120
안경 쓰지 않음	$180-a$	a	180
합계	$230-a$	$a+70$	300

임의로 택한 한 명이 안경을 쓰지 않은 학생인 사건을 A, 여학생인 사건을 B라 하면

$P(A)=\frac{180}{300}$, $P(A\cap B)=\frac{a}{300}$

$\therefore \mathrm{P}(B|A)=\dfrac{\mathrm{P}(A\cap B)}{\mathrm{P}(A)}=\dfrac{\frac{a}{300}}{\frac{180}{300}}=\dfrac{a}{180}$

즉, $\dfrac{a}{180}=\dfrac{2}{5}$이므로

$5a=360 \qquad \therefore a=72$

따라서 3학년 남학생 수는

$230-a=230-72=158$

5 A가 당첨 제비를 뽑는 사건을 A, B가 당첨 제비를 뽑는 사건을 B라 하면

$\mathrm{P}(A)=\dfrac{3}{9}=\dfrac{1}{3}$, $\mathrm{P}(B|A)=\dfrac{2}{8}=\dfrac{1}{4}$

따라서 구하는 확률은

$\mathrm{P}(A\cap B)=\mathrm{P}(A)\mathrm{P}(B|A)=\dfrac{1}{3}\times\dfrac{1}{4}=\dfrac{1}{12}$

6 첫 번째에 검사한 마우스가 불량품인 사건을 A, 두 번째에 검사한 마우스가 불량품인 사건을 B라 하자.

(i) 첫 번째에 검사한 마우스가 불량품이고, 두 번째에 검사한 마우스도 불량품일 확률은

$\mathrm{P}(A\cap B)=\mathrm{P}(A)\mathrm{P}(B|A)=\dfrac{5}{16}\times\dfrac{4}{15}=\dfrac{1}{12}$

(ii) 첫 번째에 검사한 마우스가 정상품이고, 두 번째에 검사한 마우스가 불량품일 확률은

$\mathrm{P}(A^C\cap B)=\mathrm{P}(A^C)\mathrm{P}(B|A^C)$

$=\dfrac{11}{16}\times\dfrac{5}{15}=\dfrac{11}{48}$

(i), (ii)에서 구하는 확률은

$\mathrm{P}(B)=\mathrm{P}(A\cap B)+\mathrm{P}(A^C\cap B)=\dfrac{1}{12}+\dfrac{11}{48}=\dfrac{5}{16}$

7 어떤 사람이 참말을 하는 사건을 A, 거짓말 탐지기가 거짓으로 판정하는 사건을 B라 하자.

(i) 참말을 하고, 그 말을 거짓말 탐지기가 거짓으로 판정할 확률은

$\mathrm{P}(A\cap B)=\mathrm{P}(A)\mathrm{P}(B|A)$

$=(1-0.2)\times(1-0.85)=0.12$

(ii) 거짓말을 하고, 그 말을 거짓말 탐지기가 거짓으로 판정할 확률은

$\mathrm{P}(A^C\cap B)=\mathrm{P}(A^C)\mathrm{P}(B|A^C)$

$=0.2\times0.85=0.17$

(i), (ii)에서 거짓말 탐지기가 거짓으로 판정할 확률은

$\mathrm{P}(B)=\mathrm{P}(A\cap B)+\mathrm{P}(A^C\cap B)$

$=0.12+0.17=0.29$

따라서 구하는 확률은

$\mathrm{P}(A|B)=\dfrac{\mathrm{P}(A\cap B)}{\mathrm{P}(B)}=\dfrac{0.12}{0.29}=\dfrac{12}{29}$

8 A 회사의 제품을 택하는 사건을 A, USB 메모리에서 오류가 발생하는 사건을 B라 하자.

(i) A 회사 제품을 택하고, 그 USB 메모리에서 오류가 발생할 확률은

$\mathrm{P}(A\cap B)=\mathrm{P}(A)\mathrm{P}(B|A)$

$=\dfrac{20}{50}\times\dfrac{5}{100}=\dfrac{1}{50}$

(ii) B 회사 제품을 택하고, 그 USB 메모리에서 오류가 발생할 확률은

$\mathrm{P}(A^C\cap B)=\mathrm{P}(A^C)\mathrm{P}(B|A^C)$

$=\dfrac{30}{50}\times\dfrac{x}{100}=\dfrac{3x}{500}$

(i), (ii)에서 USB 메모리에서 오류가 발생할 확률은

$\mathrm{P}(B)=\mathrm{P}(A\cap B)+\mathrm{P}(A^C\cap B)$

$=\dfrac{1}{50}+\dfrac{3x}{500}=\dfrac{10+3x}{500}$

따라서 USB 메모리에서 오류가 발생하였을 때, 그것이 A 회사의 제품일 확률은

$\mathrm{P}(A|B)=\dfrac{\mathrm{P}(A\cap B)}{\mathrm{P}(B)}=\dfrac{\frac{1}{50}}{\frac{10+3x}{500}}=\dfrac{10}{10+3x}$

즉, $\dfrac{10}{10+3x}=\dfrac{5}{14}$이므로

$50+15x=140$

$\therefore x=6$

9 표본공간 S는 $S=\{1, 2, 3, 4, 5, 6\}$

$A=\{1, 3, 5\}$이므로 $\mathrm{P}(A)=\dfrac{1}{2}$

(i) $m=1$이면 $B=\{1\}$, $A\cap B=\{1\}$이므로

$\mathrm{P}(B)=\dfrac{1}{6}$, $\mathrm{P}(A\cap B)=\dfrac{1}{6}$

$\therefore \mathrm{P}(A)\mathrm{P}(B)\neq\mathrm{P}(A\cap B)$

(ii) $m=2$이면 $B=\{1, 2\}$, $A\cap B=\{1\}$이므로

$\mathrm{P}(B)=\dfrac{1}{3}$, $\mathrm{P}(A\cap B)=\dfrac{1}{6}$

$\therefore \mathrm{P}(A)\mathrm{P}(B)=\mathrm{P}(A\cap B)$

(iii) $m=3$이면 $B=\{1, 3\}$, $A\cap B=\{1, 3\}$이므로

$\mathrm{P}(B)=\dfrac{1}{3}$, $\mathrm{P}(A\cap B)=\dfrac{1}{3}$

$\therefore \mathrm{P}(A)\mathrm{P}(B)\neq\mathrm{P}(A\cap B)$

(iv) $m=4$이면 $B=\{1, 2, 4\}$, $A\cap B=\{1\}$이므로

$\mathrm{P}(B)=\dfrac{1}{2}$, $\mathrm{P}(A\cap B)=\dfrac{1}{6}$

$\therefore \mathrm{P}(A)\mathrm{P}(B)\neq\mathrm{P}(A\cap B)$

(v) $m=5$이면 $B=\{1, 5\}$, $A\cap B=\{1, 5\}$이므로

$\mathrm{P}(B)=\dfrac{1}{3}$, $\mathrm{P}(A\cap B)=\dfrac{1}{3}$

$\therefore \mathrm{P}(A)\mathrm{P}(B)\neq\mathrm{P}(A\cap B)$

(vi) $m=6$이면 $B=\{1, 2, 3, 6\}$, $A\cap B=\{1, 3\}$이므로

$P(B)=\frac{2}{3}$, $P(A\cap B)=\frac{1}{3}$

$\therefore P(A)P(B)=P(A\cap B)$

(i)~(vi)에서 두 사건 A와 B가 서로 독립이 되도록 하는 m의 값은 2, 6이므로 그 합은

$2+6=8$

10 ㄱ. A, B가 서로 배반사건이면 $P(A\cap B)=0$

이때 $P(A)\neq 0$, $P(B)\neq 0$이므로

$P(A)P(B)\neq 0$

$\therefore P(A\cap B)\neq P(A)P(B)$

따라서 두 사건 A, B는 서로 종속이다.

ㄴ. A, B가 서로 배반사건이면 $P(A\cap B)=0$이므로

$P(A|B)=\frac{P(A\cap B)}{P(B)}=0$

$P(B|A)=\frac{P(A\cap B)}{P(A)}=0$

$\therefore P(A|B)=P(B|A)$

ㄷ. A, B가 서로 독립이면 $P(A\cap B)=P(A)P(B)$이므로

$\{1-P(A)\}\{1-P(B)\}$

$=1-P(A)-P(B)+P(A)P(B)$

$=1-\{P(A)+P(B)-P(A)P(B)\}$

$=1-\{P(A)+P(B)-P(A\cap B)\}$

$=1-P(A\cup B)$

따라서 보기에서 옳은 것은 ㄴ, ㄷ이다.

11 $P(A^C)=2P(A)$에서

$1-P(A)=2P(A)$ $\quad\therefore P(A)=\frac{1}{3}$

두 사건 A, B가 서로 독립이므로

$P(A\cap B)=P(A)P(B)$

$\frac{1}{4}=\frac{1}{3}P(B)$

$\therefore P(B)=\frac{3}{4}$

12 A가 이긴 경기를 ○, 진 경기를 ×로 나타내면 4번째 경기에서 A가 우승하는 경우는 ○×○○이다.

이때 한 경기에서 A가 B를 이길 확률이 $\frac{2}{5}$이므로 구하는 확률은

$\frac{2}{5}\times\left(1-\frac{2}{5}\right)\times\frac{2}{5}\times\frac{2}{5}=\frac{24}{625}$

13 (i) 3경기 중 1경기도 이기지 못할 확률은

${}_3C_0\left(\frac{4}{5}\right)^0\left(\frac{1}{5}\right)^3=\frac{1}{125}$

(ii) 3경기 중 1경기만 이길 확률은

${}_3C_1\left(\frac{4}{5}\right)^1\left(\frac{1}{5}\right)^2=\frac{12}{125}$

(i), (ii)에서 구하는 확률은

$\frac{1}{125}+\frac{12}{125}=\frac{13}{125}$

14 $0\leq a\leq 5$, $0\leq b\leq 4$에 대하여 $a-b=3$이므로

$a=3$, $b=0$ 또는 $a=4$, $b=1$ 또는 $a=5$, $b=2$

한 개의 주사위를 던져서 홀수의 눈이 나올 확률은 $\frac{1}{2}$, 한 개의 동전을 던져서 앞면이 나올 확률은 $\frac{1}{2}$이다.

(i) $a=3$, $b=0$인 경우

$a=3$일 확률은 주사위를 5번 던져서 홀수의 눈이 3번 나올 확률이므로 ${}_5C_3\left(\frac{1}{2}\right)^3\left(\frac{1}{2}\right)^2=\frac{5}{16}$

$b=0$일 확률은 동전을 4번 던져서 앞면이 나오지 않을 확률이므로 ${}_4C_0\left(\frac{1}{2}\right)^0\left(\frac{1}{2}\right)^4=\frac{1}{16}$

따라서 $a=3$, $b=0$일 확률은 $\frac{5}{16}\times\frac{1}{16}=\frac{5}{256}$

(ii) $a=4$, $b=1$인 경우

$a=4$일 확률은 주사위를 5번 던져서 홀수의 눈이 4번 나올 확률이므로 ${}_5C_4\left(\frac{1}{2}\right)^4\left(\frac{1}{2}\right)^1=\frac{5}{32}$

$b=1$일 확률은 동전을 4번 던져서 앞면이 1번 나올 확률이므로 ${}_4C_1\left(\frac{1}{2}\right)^1\left(\frac{1}{2}\right)^3=\frac{1}{4}$

따라서 $a=4$, $b=1$일 확률은 $\frac{5}{32}\times\frac{1}{4}=\frac{5}{128}$

(iii) $a=5$, $b=2$인 경우

$a=5$일 확률은 주사위를 5번 던져서 홀수의 눈이 5번 나올 확률이므로 ${}_5C_5\left(\frac{1}{2}\right)^5\left(\frac{1}{2}\right)^0=\frac{1}{32}$

$b=2$일 확률은 동전을 4번 던져서 앞면이 2번 나올 확률이므로 ${}_4C_2\left(\frac{1}{2}\right)^2\left(\frac{1}{2}\right)^2=\frac{3}{8}$

따라서 $a=5$, $b=2$일 확률은 $\frac{1}{32}\times\frac{3}{8}=\frac{3}{256}$

(i), (ii), (iii)에서 $a-b=3$일 확률은

$\frac{5}{256}+\frac{5}{128}+\frac{3}{256}=\frac{9}{128}$

따라서 $p=128$, $q=9$이므로

$p+q=137$

15 A 주머니에서 흰 구슬 2개를 꺼내는 사건을 A_1, A 주머니에서 흰 구슬 1개와 검은 구슬 1개를 꺼내는 사건을 A_2, A 주머니에서 검은 구슬 2개를 꺼내는 사건을 A_3, B 주머니에서 흰 구슬 1개를 꺼내는 사건을 B라 하자.

(i) A 주머니에서 흰 구슬 2개를 꺼낸 경우

흰 구슬 2개를 B 주머니에 더 넣었으므로 B 주머니에는 흰 구슬 5개와 검은 구슬 4개가 들어 있다.

A 주머니에서 흰 구슬 2개를 꺼내고 B 주머니에서 흰 구슬 1개를 꺼낼 확률은

$$\begin{aligned}P(A_1\cap B)&=P(A_1)P(B|A_1)\\&=\frac{{}_2C_2}{{}_5C_2}\times\frac{5}{9}=\frac{1}{10}\times\frac{5}{9}=\frac{1}{18}\end{aligned}$$

(ii) A 주머니에서 흰 구슬 1개, 검은 구슬 1개를 꺼낸 경우

흰 구슬 1개와 검은 구슬 1개를 B 주머니에 더 넣었으므로 B 주머니에는 흰 구슬 4개와 검은 구슬 5개가 들어 있다.

A 주머니에서 흰 구슬 1개와 검은 구슬 1개를 꺼내고 B 주머니에서 흰 구슬 1개를 꺼낼 확률은

$$\begin{aligned}P(A_2\cap B)&=P(A_2)P(B|A_2)\\&=\frac{{}_2C_1\times{}_3C_1}{{}_5C_2}\times\frac{4}{9}=\frac{3}{5}\times\frac{4}{9}=\frac{4}{15}\end{aligned}$$

(iii) A 주머니에서 검은 구슬 2개를 꺼낸 경우

검은 구슬 2개를 B 주머니에 더 넣었으므로 B 주머니에는 흰 구슬 3개와 검은 구슬 6개가 들어 있다.

A 주머니에서 검은 구슬 2개를 꺼내고 B 주머니에서 흰 구슬 1개를 꺼낼 확률은

$$\begin{aligned}P(A_3\cap B)&=P(A_3)P(B|A_3)\\&=\frac{{}_3C_2}{{}_5C_2}\times\frac{3}{9}=\frac{3}{10}\times\frac{1}{3}=\frac{1}{10}\end{aligned}$$

(i), (ii), (iii)에서 구하는 확률은

$$\begin{aligned}P(B)&=P(A_1\cap B)+P(A_2\cap B)+P(A_3\cap B)\\&=\frac{1}{18}+\frac{4}{15}+\frac{1}{10}=\frac{19}{45}\end{aligned}$$

16 학교를 방문하는 사건을 A, 도서관을 방문하는 사건을 B, 편의점을 방문하는 사건을 C, 우산을 잃어버리는 사건을 D라 하면

$$P(A\cap D)=\frac{1}{4}$$

$$P(B\cap D)=\left(1-\frac{1}{4}\right)\times\frac{1}{4}=\frac{3}{16}$$

◀ 학교에서 잃어버리지 않고 도서관에서 잃어버릴 확률

$$P(C\cap D)=\left(1-\frac{1}{4}\right)\times\left(1-\frac{1}{4}\right)\times\frac{1}{4}=\frac{9}{64}$$

◀ 학교와 도서관에서 잃어버리지 않고 편의점에서 잃어버릴 확률

즉, 우산을 잃어버릴 확률은

$$\begin{aligned}P(D)&=P(A\cap D)+P(B\cap D)+P(C\cap D)\\&=\frac{1}{4}+\frac{3}{16}+\frac{9}{64}=\frac{37}{64}\end{aligned}$$

따라서 구하는 확률은

$$P(B|D)=\frac{P(B\cap D)}{P(D)}=\frac{\frac{3}{16}}{\frac{37}{64}}=\frac{12}{37}$$

17 꺼낸 공에 적혀 있는 숫자의 합이 소수인 사건을 A, 동전의 앞면이 2번 나오는 사건을 B라 하자.

2개의 공을 동시에 꺼낼 때, 꺼낸 공에 적혀 있는 숫자의 합이 소수인 경우는 (1, 2), (1, 4), (2, 3), (3, 4)의 4가지이므로

$$P(A)=\frac{4}{{}_4C_2}=\frac{2}{3}$$

한 개의 동전을 던져서 앞면이 나올 확률은 $\frac{1}{2}$

(i) 꺼낸 공에 적혀 있는 숫자의 합이 소수이고, 동전을 2번 던져서 앞면이 2번 나올 확률은

$$\begin{aligned}P(A\cap B)&=P(A)P(B|A)\\&=\frac{2}{3}\times{}_2C_2\left(\frac{1}{2}\right)^2\left(\frac{1}{2}\right)^0=\frac{2}{3}\times\frac{1}{4}=\frac{1}{6}\end{aligned}$$

(ii) 꺼낸 공에 적혀 있는 숫자의 합이 소수가 아니고, 동전을 3번 던져서 앞면이 2번 나올 확률은

$$\begin{aligned}P(A^C\cap B)&=P(A^C)P(B|A^C)\\&=\left(1-\frac{2}{3}\right)\times{}_3C_2\left(\frac{1}{2}\right)^2\left(\frac{1}{2}\right)^1=\frac{1}{3}\times\frac{3}{8}=\frac{1}{8}\end{aligned}$$

(i), (ii)에서 동전의 앞면이 2번 나올 확률은

$$P(B)=P(A\cap B)+P(A^C\cap B)=\frac{1}{6}+\frac{1}{8}=\frac{7}{24}$$

따라서 구하는 확률은

$$P(A|B)=\frac{P(A\cap B)}{P(B)}=\frac{\frac{1}{6}}{\frac{7}{24}}=\frac{4}{7}$$

18 정육면체를 던져서 1, 3이 나올 확률은 각각 $\frac{2}{3}$, $\frac{1}{3}$

정육면체를 6번 던져서 1, 3이 나오는 횟수를 각각 a, b라 하면 $a+b=6$

a, b는 6 이하의 음이 아닌 정수이고 점 P가 처음 출발한 위치로 다시 돌아오려면 움직인 거리가 6의 배수이어야 하므로 $a+3b=6$ 또는 $a+3b=12$ 또는 $a+3b=18$

(i) $a+b=6$, $a+3b=6$을 연립하여 풀면 $a=6$, $b=0$

따라서 정육면체를 6번 던져서 1이 6번 나올 확률은

$${}_6C_6\left(\frac{2}{3}\right)^6\left(\frac{1}{3}\right)^0=\frac{64}{729}$$

(ii) $a+b=6$, $a+3b=12$를 연립하여 풀면 $a=3$, $b=3$

따라서 정육면체를 6번 던져서 1이 3번 나올 확률은

$${}_6C_3\left(\frac{2}{3}\right)^3\left(\frac{1}{3}\right)^3=\frac{160}{729}$$

(iii) $a+b=6$, $a+3b=18$을 연립하여 풀면 $a=0$, $b=6$

따라서 정육면체를 6번 던져서 1이 나오지 않을 확률은

$${}_6C_0\left(\frac{2}{3}\right)^0\left(\frac{1}{3}\right)^6=\frac{1}{729}$$

(i), (ii), (iii)에서 구하는 확률은

$$\frac{64}{729}+\frac{160}{729}+\frac{1}{729}=\frac{25}{81}$$

Ⅲ-1 01 이산확률변수와 이항분포

이산확률변수와 확률질량함수

개념 Check 77쪽

1 답 ㄱ, ㄴ, ㄹ

2 답 (1) **0, 1, 2** (2) **풀이 참조** (3) **풀이 참조**

(1) 한 개의 주사위를 2번 던지므로 확률변수 X가 가질 수 있는 값은 0, 1, 2이다.

(2) 한 개의 주사위를 던져서 소수의 눈이 나올 확률은 $\frac{1}{2}$, 그 외의 눈이 나올 확률은 $\frac{1}{2}$이므로

$P(X=0)=\frac{1}{2}\times\frac{1}{2}=\frac{1}{4}$

$P(X=1)=\frac{1}{2}\times\frac{1}{2}+\frac{1}{2}\times\frac{1}{2}=\frac{1}{2}$

$P(X=2)=\frac{1}{2}\times\frac{1}{2}=\frac{1}{4}$

(3)

X	0	1	2	합계
$P(X=x)$	$\frac{1}{4}$	$\frac{1}{2}$	$\frac{1}{4}$	1

3 답 (1) $\mathbf{\frac{1}{8}}$ (2) $\mathbf{\frac{1}{2}}$ (3) $\mathbf{\frac{5}{8}}$

(1) 확률의 총합은 1이므로

$\frac{1}{4}+a+\frac{1}{4}+\frac{3}{8}=1 \quad \therefore a=\frac{1}{8}$

(2) $P(X=1$ 또는 $X=3)=P(X=1)+P(X=3)$

$=\frac{1}{8}+\frac{3}{8}=\frac{1}{2}$

(3) $P(X\geq 2)=P(X=2)+P(X=3)$

$=\frac{1}{4}+\frac{3}{8}=\frac{5}{8}$

문제 78~79쪽

01-1 답 (1) **10** (2) $\mathbf{\frac{3}{10}}$

(1) 확률변수 X의 확률분포를 표로 나타내면 다음과 같다.

X	1	2	3	4	합계
$P(X=x)$	$\frac{1}{k}$	$\frac{2}{k}$	$\frac{3}{k}$	$\frac{4}{k}$	1

확률의 총합은 1이므로

$\frac{1}{k}+\frac{2}{k}+\frac{3}{k}+\frac{4}{k}=1 \quad \therefore k=10$

(2) $P(X\leq 2)=P(X=1)+P(X=2)=\frac{1}{10}+\frac{2}{10}=\frac{3}{10}$

01-2 답 $\mathbf{\frac{5}{8}}$

확률은 0에서 1까지의 값을 가지므로

$0\leq a^2\leq 1,\ 0\leq\frac{a}{2}\leq 1$

$\therefore 0\leq a\leq 1 \quad \cdots\cdots$ ㉠

확률의 총합은 1이므로

$\frac{1}{8}+\frac{3}{8}+a^2+\frac{a}{2}=1,\ 2a^2+a-1=0$

$(a+1)(2a-1)=0 \quad \therefore a=\frac{1}{2}\ (\because$ ㉠$)$

$X^2-X-2<0$에서

$(X+1)(X-2)<0 \quad \therefore -1<X<2$

$\therefore P(X^2-X-2<0)=P(-1<X<2)$

$=P(X=0)+P(X=1)$

$=\frac{3}{8}+\frac{1}{4}=\frac{5}{8}$

01-3 답 $\mathbf{\frac{9}{8}}$

확률의 총합은 1이므로

$P(X=2)+P(X=3)+P(X=4)+\cdots+P(X=9)=1$

$\frac{k}{2\times 1}+\frac{k}{3\times 2}+\frac{k}{4\times 3}+\cdots+\frac{k}{9\times 8}=1$

$k\left\{\left(1-\frac{1}{2}\right)+\left(\frac{1}{2}-\frac{1}{3}\right)+\left(\frac{1}{3}-\frac{1}{4}\right)+\cdots+\left(\frac{1}{8}-\frac{1}{9}\right)\right\}=1$

$k\left(1-\frac{1}{9}\right)=1,\ \frac{8}{9}k=1$

$\therefore k=\frac{9}{8}$

02-1 답 (1) $\mathbf{P(X=x)=\frac{{}_3C_x\times{}_4C_{3-x}}{{}_7C_3}\ (x=0,\ 1,\ 2,\ 3)}$

(2) **풀이 참조** (3) $\mathbf{\frac{16}{35}}$

(1) 3명의 대표를 뽑으므로 확률변수 X가 가질 수 있는 값은 0, 1, 2, 3이다.

이때 7명 중에서 3명의 대표를 뽑는 경우의 수는 ${}_7C_3$이고, 뽑힌 여학생이 x명인 경우의 수는 ${}_3C_x\times{}_4C_{3-x}$이다.

따라서 X의 확률질량함수는

$P(X=x)=\frac{{}_3C_x\times{}_4C_{3-x}}{{}_7C_3}\ (x=0,\ 1,\ 2,\ 3)$

(2) 확률변수 X가 가질 수 있는 각 값에 대한 확률은

$P(X=0)=\frac{{}_3C_0\times{}_4C_3}{{}_7C_3}=\frac{4}{35}$

$P(X=1)=\frac{{}_3C_1\times{}_4C_2}{{}_7C_3}=\frac{18}{35}$

$P(X=2)=\frac{{}_3C_2\times{}_4C_1}{{}_7C_3}=\frac{12}{35}$

$P(X=3)=\frac{{}_3C_3\times{}_4C_0}{{}_7C_3}=\frac{1}{35}$

따라서 X의 확률분포를 표로 나타내면 다음과 같다.

X	0	1	2	3	합계
$\mathrm{P}(X=x)$	$\frac{4}{35}$	$\frac{18}{35}$	$\frac{12}{35}$	$\frac{1}{35}$	1

(3) 구하는 확률은

$\mathrm{P}(X=0$ 또는 $X=2)=\mathrm{P}(X=0)+\mathrm{P}(X=2)$

$=\frac{4}{35}+\frac{12}{35}=\frac{16}{35}$

02-2 답 $\frac{7}{36}$

$X^2-10X+24=0$에서 $(X-4)(X-6)=0$

$\therefore X=4$ 또는 $X=6$

$\therefore \mathrm{P}(X^2-10X+24=0)$

$=\mathrm{P}(X=4$ 또는 $X=6)$

$=\mathrm{P}(X=4)+\mathrm{P}(X=6)$ …… ㉠

서로 다른 두 개의 주사위를 던질 때, 나오는 모든 경우의 수는 $6\times6=36$

(i) $X=4$인 경우

(1, 4), (2, 2), (4, 1)의 3가지이므로

$\mathrm{P}(X=4)=\frac{3}{36}$

(ii) $X=6$인 경우

(1, 6), (2, 3), (3, 2), (6, 1)의 4가지이므로

$\mathrm{P}(X=6)=\frac{4}{36}$

따라서 ㉠에서

$\mathrm{P}(X^2-10X+24=0)=\frac{3}{36}+\frac{4}{36}=\frac{7}{36}$

2 이산확률변수의 기댓값과 표준편차

개념 Check 81쪽

1 답 (1) **9** (2) **3**

(1) $\mathrm{V}(X)=\mathrm{E}(X^2)-\{\mathrm{E}(X)\}^2=13-2^2=9$

(2) $\sigma(X)=\sqrt{\mathrm{V}(X)}=\sqrt{9}=3$

2 답 (1) **2** (2) **5** (3) **1** (4) **1**

(1) $\mathrm{E}(X)=1\times\frac{3}{8}+2\times\frac{3}{8}+3\times\frac{1}{8}+4\times\frac{1}{8}=2$

(2) $\mathrm{E}(X^2)=1^2\times\frac{3}{8}+2^2\times\frac{3}{8}+3^2\times\frac{1}{8}+4^2\times\frac{1}{8}=5$

(3) $\mathrm{V}(X)=\mathrm{E}(X^2)-\{\mathrm{E}(X)\}^2=5-2^2=1$

(4) $\sigma(X)=\sqrt{\mathrm{V}(X)}=\sqrt{1}=1$

문제 82~83쪽

03-1 답 (1) $a=2,\ b=\frac{1}{4}$ (2) $\frac{\sqrt{11}}{2}$

(1) 확률의 총합은 1이므로

$\frac{1}{2}+b+\frac{1}{4}=1 \quad \therefore b=\frac{1}{4}$

$\mathrm{E}(X)=-\frac{1}{2}$이므로

$-a\times\frac{1}{2}+0\times\frac{1}{4}+a\times\frac{1}{4}=-\frac{1}{2} \quad \therefore a=2$

(2) $\mathrm{E}(X^2)=(-2)^2\times\frac{1}{2}+0^2\times\frac{1}{4}+2^2\times\frac{1}{4}=3$이므로

$\mathrm{V}(X)=\mathrm{E}(X^2)-\{\mathrm{E}(X)\}^2=3-\left(-\frac{1}{2}\right)^2=\frac{11}{4}$

$\therefore \sigma(X)=\sqrt{\mathrm{V}(X)}=\sqrt{\frac{11}{4}}=\frac{\sqrt{11}}{2}$

03-2 답 **1**

확률의 총합은 1이므로

$\frac{4}{a}+\frac{3}{a}+\frac{2}{a}+\frac{1}{a}=1 \quad \therefore a=10$

확률변수 X의 확률분포를 표로 나타내면 다음과 같다.

X	0	1	2	3	합계
$\mathrm{P}(X=x)$	$\frac{2}{5}$	$\frac{3}{10}$	$\frac{1}{5}$	$\frac{1}{10}$	1

$\mathrm{E}(X)=0\times\frac{2}{5}+1\times\frac{3}{10}+2\times\frac{1}{5}+3\times\frac{1}{10}=1$

$\mathrm{E}(X^2)=0^2\times\frac{2}{5}+1^2\times\frac{3}{10}+2^2\times\frac{1}{5}+3^2\times\frac{1}{10}=2$

$\therefore \mathrm{V}(X)=\mathrm{E}(X^2)-\{\mathrm{E}(X)\}^2=2-1^2=1$

04-1 답 $\frac{28}{75}$

확률변수 X가 가질 수 있는 값은 0, 1, 2이고 각각의 확률은

$\mathrm{P}(X=0)=\frac{{}_3\mathrm{C}_0\times{}_7\mathrm{C}_2}{{}_{10}\mathrm{C}_2}=\frac{7}{15}$

$\mathrm{P}(X=1)=\frac{{}_3\mathrm{C}_1\times{}_7\mathrm{C}_1}{{}_{10}\mathrm{C}_2}=\frac{7}{15}$

$\mathrm{P}(X=2)=\frac{{}_3\mathrm{C}_2\times{}_7\mathrm{C}_0}{{}_{10}\mathrm{C}_2}=\frac{1}{15}$

따라서 X의 확률분포를 표로 나타내면 다음과 같다.

X	0	1	2	합계
$\mathrm{P}(X=x)$	$\frac{7}{15}$	$\frac{7}{15}$	$\frac{1}{15}$	1

$\mathrm{E}(X)=0\times\frac{7}{15}+1\times\frac{7}{15}+2\times\frac{1}{15}=\frac{3}{5}$

$\mathrm{E}(X^2)=0^2\times\frac{7}{15}+1^2\times\frac{7}{15}+2^2\times\frac{1}{15}=\frac{11}{15}$

$\therefore \mathrm{V}(X)=\mathrm{E}(X^2)-\{\mathrm{E}(X)\}^2=\frac{11}{15}-\left(\frac{3}{5}\right)^2=\frac{28}{75}$

04-**2** 답 $\frac{2}{3}$

확률변수 X가 가질 수 있는 값은 0, 1, 2이고 각각의 확률은

$P(X=0)={}_2C_0\left(\frac{1}{3}\right)^0\left(\frac{2}{3}\right)^2=\frac{4}{9}$

$P(X=1)={}_2C_1\left(\frac{1}{3}\right)^1\left(\frac{2}{3}\right)^1=\frac{4}{9}$

$P(X=2)={}_2C_2\left(\frac{1}{3}\right)^2\left(\frac{2}{3}\right)^0=\frac{1}{9}$

따라서 X의 확률분포를 표로 나타내면 다음과 같다.

X	0	1	2	합계
$P(X=x)$	$\frac{4}{9}$	$\frac{4}{9}$	$\frac{1}{9}$	1

$E(X)=0\times\frac{4}{9}+1\times\frac{4}{9}+2\times\frac{1}{9}=\frac{2}{3}$

$E(X^2)=0^2\times\frac{4}{9}+1^2\times\frac{4}{9}+2^2\times\frac{1}{9}=\frac{8}{9}$

$\therefore V(X)=E(X^2)-\{E(X)\}^2$

$=\frac{8}{9}-\left(\frac{2}{3}\right)^2=\frac{4}{9}$

$\therefore \sigma(X)=\sqrt{V(X)}=\sqrt{\frac{4}{9}}=\frac{2}{3}$

3 이산확률변수 $aX+b$의 평균, 분산, 표준편차

개념 Check 84쪽

1 답 (1) **평균: 10, 분산: 36, 표준편차: 6**

(2) **평균: 11, 분산: 81, 표준편차: 9**

$E(X)=5$, $V(X)=9$, $\sigma(X)=\sqrt{9}=3$이므로

(1) $E(2X)=2E(X)=2\times5=10$

$V(2X)=2^2V(X)=4\times9=36$

$\sigma(2X)=|2|\sigma(X)=2\times3=6$

(2) $E(3X-4)=3E(X)-4=3\times5-4=11$

$V(3X-4)=3^2V(X)=9\times9=81$

$\sigma(3X-4)=|3|\sigma(X)=3\times3=9$

문제 85~87쪽

05-**1** 답 **32**

$E(X)=5$, $E(X^2)=27$에서

$V(X)=E(X^2)-\{E(X)\}^2$

$=27-5^2=2$

$\therefore V(-4X+5)=(-4)^2V(X)$

$=16\times2=32$

05-**2** 답 **1**

$E(Y)=-2$에서 $E(5X+3)=-2$

$5E(X)+3=-2$ $\therefore E(X)=-1$

$V(Y)=100$에서 $V(5X+3)=100$

$5^2V(X)=100$ $\therefore V(X)=4$

$\therefore \sigma(X)=\sqrt{V(X)}=\sqrt{4}=2$

$\therefore E(X)+\sigma(X)=-1+2=1$

05-**3** 답 **70**

$E(Y)=30$에서 $E(aX+b)=30$

$aE(X)+b=30$

이때 $E(X)=1$이므로 $a+b=30$ …… ㉠

또 $V(Y)=1600$에서 $V(aX+b)=1600$

$a^2V(X)=1600$

이때 $V(X)=4$이므로

$4a^2=1600$, $a^2=400$ $\therefore a=-20$ ($\because a<0$)

이를 ㉠에 대입하면

$-20+b=30$ $\therefore b=50$

$\therefore b-a=50-(-20)=70$

06-**1** 답 **평균: 2, 분산: 13, 표준편차: $\sqrt{13}$**

확률의 총합은 1이므로

$a+\frac{1}{8}+2a+\frac{1}{8}=1$, $3a=\frac{3}{4}$ $\therefore a=\frac{1}{4}$

확률변수 X의 확률분포를 나타낸 표를 완성하면

X	-2	0	1	4	합계
$P(X=x)$	$\frac{1}{4}$	$\frac{1}{8}$	$\frac{1}{2}$	$\frac{1}{8}$	1

확률변수 X에 대하여

$E(X)=-2\times\frac{1}{4}+0\times\frac{1}{8}+1\times\frac{1}{2}+4\times\frac{1}{8}=\frac{1}{2}$

$E(X^2)=(-2)^2\times\frac{1}{4}+0^2\times\frac{1}{8}+1^2\times\frac{1}{2}+4^2\times\frac{1}{8}=\frac{7}{2}$

$\therefore V(X)=E(X^2)-\{E(X)\}^2=\frac{7}{2}-\left(\frac{1}{2}\right)^2=\frac{13}{4}$

$\therefore \sigma(X)=\sqrt{V(X)}=\sqrt{\frac{13}{4}}=\frac{\sqrt{13}}{2}$

따라서 $Y=2X+1$의 평균, 분산, 표준편차는

$E(Y)=E(2X+1)=2E(X)+1$

$=2\times\frac{1}{2}+1=2$

$V(Y)=V(2X+1)=2^2V(X)$

$=4\times\frac{13}{4}=13$

$\sigma(Y)=\sigma(2X+1)=|2|\sigma(X)$

$=2\times\frac{\sqrt{13}}{2}=\sqrt{13}$

06-2 답 **−13**

확률의 총합은 1이므로

$k+2k+3k+4k=1$, $10k=1$ $\quad\therefore k=\frac{1}{10}$

확률변수 X의 확률분포를 표로 나타내면 다음과 같다.

X	2	3	4	5	합계
$P(X=x)$	$\frac{1}{10}$	$\frac{1}{5}$	$\frac{3}{10}$	$\frac{2}{5}$	1

$E(X)=2\times\frac{1}{10}+3\times\frac{1}{5}+4\times\frac{3}{10}+5\times\frac{2}{5}=4$

$\therefore E(-5X+7)=-5E(X)+7$

$=-5\times4+7=-13$

07-1 답 **평균: 8, 분산: 3**

확률변수 X가 가질 수 있는 값은 0, 1, 2이고 각각의 확률은

$P(X=0)=\frac{{}_2C_0\times{}_2C_2}{{}_4C_2}=\frac{1}{6}$

$P(X=1)=\frac{{}_2C_1\times{}_2C_1}{{}_4C_2}=\frac{2}{3}$

$P(X=2)=\frac{{}_2C_2\times{}_2C_0}{{}_4C_2}=\frac{1}{6}$

따라서 X의 확률분포를 표로 나타내면 다음과 같다.

X	0	1	2	합계
$P(X=x)$	$\frac{1}{6}$	$\frac{2}{3}$	$\frac{1}{6}$	1

확률변수 X에 대하여

$E(X)=0\times\frac{1}{6}+1\times\frac{2}{3}+2\times\frac{1}{6}=1$

$E(X^2)=0^2\times\frac{1}{6}+1^2\times\frac{2}{3}+2^2\times\frac{1}{6}=\frac{4}{3}$

$\therefore V(X)=E(X^2)-\{E(X)\}^2=\frac{4}{3}-1^2=\frac{1}{3}$

따라서 $Y=3X+5$의 평균 $E(Y)$와 분산 $V(Y)$는

$E(Y)=E(3X+5)=3E(X)+5=3\times1+5=8$

$V(Y)=V(3X+5)=3^2V(X)=9\times\frac{1}{3}=3$

07-2 답 $\mathbf{\frac{11}{3}}$

확률변수 X가 가질 수 있는 값은 0, 1, 2, 3이고 각각의 확률은

$P(X=0)=\frac{1}{6}$, $P(X=1)=\frac{2}{6}=\frac{1}{3}$,

$P(X=2)=\frac{2}{6}=\frac{1}{3}$, $P(X=3)=\frac{1}{6}$

따라서 X의 확률분포를 표로 나타내면 다음과 같다.

X	0	1	2	3	합계
$P(X=x)$	$\frac{1}{6}$	$\frac{1}{3}$	$\frac{1}{3}$	$\frac{1}{6}$	1

$E(X)=0\times\frac{1}{6}+1\times\frac{1}{3}+2\times\frac{1}{3}+3\times\frac{1}{6}=\frac{3}{2}$

$E(X^2)=0^2\times\frac{1}{6}+1^2\times\frac{1}{3}+2^2\times\frac{1}{3}+3^2\times\frac{1}{6}=\frac{19}{6}$

$\therefore V(X)=E(X^2)-\{E(X)\}^2$

$=\frac{19}{6}-\left(\frac{3}{2}\right)^2=\frac{11}{12}$

$\therefore V(-2X+4)=(-2)^2V(X)$

$=4\times\frac{11}{12}=\frac{11}{3}$

4 이항분포

개념 Check 90쪽

1 답 (1) **B(10, 0.4)** (2) **이항분포를 따르지 않는다.**

2 답 (1) $\mathbf{P(X=x)={}_6C_x\left(\frac{1}{3}\right)^x\left(\frac{2}{3}\right)^{6-x}}$ **(x=0, 1, 2, ⋯, 6)**

(2) $\mathbf{\frac{20}{243}}$

(2) $P(X=4)={}_6C_4\left(\frac{1}{3}\right)^4\left(\frac{2}{3}\right)^2=\frac{20}{243}$

3 답 (1) **평균: 180, 분산: 90, 표준편차: $3\sqrt{10}$**

(2) **평균: 12, 분산: 9, 표준편차: 3**

(1) $E(X)=360\times\frac{1}{2}=180$

$V(X)=360\times\frac{1}{2}\times\frac{1}{2}=90$

$\sigma(X)=\sqrt{90}=3\sqrt{10}$

(2) $E(X)=48\times\frac{1}{4}=12$

$V(X)=48\times\frac{1}{4}\times\frac{3}{4}=9$

$\sigma(X)=\sqrt{9}=3$

문제 91~93쪽

08-1 답 (1) $\mathbf{B\left(10, \frac{1}{10}\right)}$

(2) $\mathbf{P(X=x)={}_{10}C_x\left(\frac{1}{10}\right)^x\left(\frac{9}{10}\right)^{10-x}}$

(x=0, 1, 2, ⋯, 10)

(3) **91**

(1) 10개의 제품을 조사하므로 10회의 독립시행이다. 또한 개의 제품이 불량품일 확률은 $\frac{1}{10}$이므로 확률변수 X는 이항분포 $B\left(10, \frac{1}{10}\right)$을 따른다.

(3) 불량품이 9개 이상일 확률은

$$P(X\geq 9)=P(X=9)+P(X=10)$$
$$={}_{10}C_9\left(\frac{1}{10}\right)^9\left(\frac{9}{10}\right)^1+{}_{10}C_{10}\left(\frac{1}{10}\right)^{10}\left(\frac{9}{10}\right)^0$$
$$=\frac{90}{10^{10}}+\frac{1}{10^{10}}=\frac{91}{10^{10}}$$

$\therefore a=91$

08-2 답 $\mathbf{\frac{113}{625}}$

타석에 4번 서므로 4회의 독립시행이다. 또 한 번의 타석에서 안타를 칠 확률은 $\frac{1}{5}$이므로 안타를 치는 횟수를 X라 하면 확률변수 X는 이항분포 $B\left(4,\ \frac{1}{5}\right)$을 따른다.

이때 X의 확률질량함수는

$$P(X=x)={}_4C_x\left(\frac{1}{5}\right)^x\left(\frac{4}{5}\right)^{4-x}\ (x=0,\ 1,\ 2,\ 3,\ 4)$$

따라서 구하는 확률은

$$P(X\geq 2)=1-P(X<2)$$
$$=1-\{P(X=0)+P(X=1)\}$$
$$=1-\left\{{}_4C_0\left(\frac{1}{5}\right)^0\left(\frac{4}{5}\right)^4+{}_4C_1\left(\frac{1}{5}\right)^1\left(\frac{4}{5}\right)^3\right\}$$
$$=1-\left(\frac{256}{625}+\frac{256}{625}\right)$$
$$=\frac{113}{625}$$

09-1 답 (1) $\mathbf{\frac{4}{3}}$ (2) $\mathbf{\frac{16}{3}}$

(1) $E(X)=2$에서

$n\times\frac{1}{3}=2 \qquad \therefore n=6$

따라서 확률변수 X는 이항분포 $B\left(6,\ \frac{1}{3}\right)$을 따르므로 X의 분산은

$$V(X)=6\times\frac{1}{3}\times\frac{2}{3}=\frac{4}{3}$$

(2) $V(X)=E(X^2)-\{E(X)\}^2$이므로

$$E(X^2)=V(X)+\{E(X)\}^2$$
$$=\frac{4}{3}+2^2=\frac{16}{3}$$

09-2 답 **평균: 20, 표준편차: 2**

확률변수 X는 이항분포 $B\left(25,\ \frac{4}{5}\right)$를 따르므로 X의 평균과 표준편차는

$$E(X)=25\times\frac{4}{5}=20$$
$$\sigma(X)=\sqrt{25\times\frac{4}{5}\times\frac{1}{5}}=2$$

09-3 답 $\mathbf{n=64,\ p=\frac{3}{4}}$

$E(X)=48,\ V(X)=12$이므로

$E(X)=np=48 \quad \cdots\cdots$ ㉠

$V(X)=np(1-p)=12 \quad \cdots\cdots$ ㉡

㉠을 ㉡에 대입하면

$48(1-p)=12$

$\therefore p=\frac{3}{4}$

$p=\frac{3}{4}$을 ㉠에 대입하면

$\frac{3}{4}n=48 \qquad \therefore n=64$

09-4 답 $\mathbf{\frac{143}{2048}}$

$V(X)=3$에서 $n\times\frac{1}{2}\times\frac{1}{2}=3 \qquad \therefore n=12$

따라서 확률변수 X는 이항분포 $B\left(12,\ \frac{1}{2}\right)$을 따르므로 X의 확률질량함수는

$$P(X=x)={}_{12}C_x\left(\frac{1}{2}\right)^x\left(\frac{1}{2}\right)^{12-x}\quad (x=0,\ 1,\ 2,\ \cdots,\ 12)$$

$X^2-5X+4<0$에서 $(X-1)(X-4)<0$

$\therefore 1<X<4$

$$\therefore P(X^2-5X+4<0)$$
$$=P(1<X<4)$$
$$=P(X=2)+P(X=3)$$
$$={}_{12}C_2\left(\frac{1}{2}\right)^2\left(\frac{1}{2}\right)^{10}+{}_{12}C_3\left(\frac{1}{2}\right)^3\left(\frac{1}{2}\right)^9$$
$$=\frac{33}{2048}+\frac{55}{1024}=\frac{143}{2048}$$

10-1 답 (1) **평균: 6, 표준편차: 2**
(2) **평균: 1000, 표준편차: 30**

(1) 18번 전화를 거므로 18회의 독립시행이다. 또 한 번 전화를 걸 때 통화가 연결되지 않을 확률은 $\frac{1}{3}$이므로 확률변수 X는 이항분포 $B\left(18,\ \frac{1}{3}\right)$을 따른다.

따라서 X의 평균과 표준편차는

$$E(X)=18\times\frac{1}{3}=6$$
$$\sigma(X)=\sqrt{18\times\frac{1}{3}\times\frac{2}{3}}=2$$

(2) 씨앗 10000개를 뿌리므로 10000회의 독립시행이다. 또 한 개의 씨앗이 발아할 확률은 $\frac{1}{10}$이므로 확률변수 X는 이항분포 $B\left(10000,\ \frac{1}{10}\right)$을 따른다.

따라서 X의 평균과 표준편차는

$E(X)=10000\times\frac{1}{10}=1000$

$\sigma(X)=\sqrt{10000\times\frac{1}{10}\times\frac{9}{10}}=30$

10-2 답 **154**

주사위를 n번 던지므로 n회의 독립시행이다. 또 주사위를 한 번 던져서 2의 눈이 나올 확률은 $\frac{1}{6}$이므로 확률변수 X는 이항분포 $B\left(n, \frac{1}{6}\right)$을 따른다.

이때 $E(X)=12$에서

$n\times\frac{1}{6}=12 \qquad \therefore n=72$

$\therefore V(X)=72\times\frac{1}{6}\times\frac{5}{6}=10$

이때 $V(X)=E(X^2)-\{E(X)\}^2$이므로

$E(X^2)=V(X)+\{E(X)\}^2=10+12^2=154$

10-3 답 **평균: 59, 분산: 108**

한 개의 전구를 꺼내어 확인한 후 다시 넣는 시행을 50회 반복하므로 50회의 독립시행이다. 또 두 개의 전구를 꺼낼 때 모두 불량인 전구가 나올 확률은 $\frac{{}_4C_2}{{}_6C_2}=\frac{2}{5}$이므로 확률변수 X는 이항분포 $B\left(50, \frac{2}{5}\right)$를 따른다.

$\therefore E(X)=50\times\frac{2}{5}=20,\ V(X)=50\times\frac{2}{5}\times\frac{3}{5}=12$

따라서 $Y=3X-1$의 평균 $E(Y)$와 분산 $V(Y)$는

$E(Y)=E(3X-1)=3E(X)-1=3\times20-1=59$

$V(Y)=V(3X-1)=3^2V(X)=9\times12=108$

연습문제 94~96쪽

1 $\frac{1}{11}$	**2** $\frac{3}{5}$	**3** 6	**4** 3	**5** $\frac{5}{12}$
6 ①	**7** 6	**8** 150원	**9** 25	
10 평균: 50점, 표준편차: 10점			**11** ③	**12** 10
13 $3\sqrt{5}$	**14** ②	**15** $\frac{1013}{1024}$	**16** 153	**17** 17
18 $\frac{3}{5}$	**19** 28	**20** ③	**21** 18	**22** 135

1 확률의 총합은 1이므로

$2a+4a+3a+2a=1 \qquad \therefore a=\frac{1}{11}$

2 확률의 총합은 1이므로

$\frac{1}{10}+a+\frac{1}{5}+b+\frac{3}{10}=1$

$\therefore a+b=\frac{2}{5}$

$X^2-1\le0$에서

$(X+1)(X-1)\le0$

$\therefore -1\le X\le1$

$\therefore P(X^2-1\le0)$

$=P(-1\le X\le1)$

$=P(X=-1)+P(X=0)+P(X=1)$

$=a+\frac{1}{5}+b=\frac{2}{5}+\frac{1}{5}=\frac{3}{5}$

다른 풀이

$P(X^2-1\le0)=1-P(X^2-1>0)$

$=1-P(X<-1$ 또는 $X>1)$

$=1-\{P(X=-2)+P(X=2)\}$

$=1-\left(\frac{1}{10}+\frac{3}{10}\right)=\frac{3}{5}$

3 확률변수 X가 가질 수 있는 값은 2, 3, 4, 5, 6, 7, 8이다.

정사면체를 2번 던질 때, 나오는 모든 경우의 수는

$4\times4=16$

$X=2$인 경우는 (1, 1)의 1가지이므로

$P(X=2)=\frac{1}{16}$

$X=3$인 경우는 (1, 2), (2, 1)의 2가지이므로

$P(X=3)=\frac{2}{16}=\frac{1}{8}$

$X=4$인 경우는 (1, 3), (2, 2), (3, 1)의 3가지이므로

$P(X=4)=\frac{3}{16}$

$X=5$인 경우는 (1, 4), (2, 3), (3, 2), (4, 1)의 4가지이므로

$P(X=5)=\frac{4}{16}=\frac{1}{4}$

$X=6$인 경우는 (2, 4), (3, 3), (4, 2)의 3가지이므로

$P(X=6)=\frac{3}{16}$

$X=7$인 경우는 (3, 4), (4, 3)의 2가지이므로

$P(X=7)=\frac{2}{16}=\frac{1}{8}$

$X=8$인 경우는 (4, 4)의 1가지이므로

$P(X=8)=\frac{1}{16}$

따라서 X의 확률분포를 표로 나타내면 다음과 같다.

X	2	3	4	5	6	7	8	합계
$P(X=x)$	$\frac{1}{16}$	$\frac{1}{8}$	$\frac{3}{16}$	$\frac{1}{4}$	$\frac{3}{16}$	$\frac{1}{8}$	$\frac{1}{16}$	1

이때 $P(X=6)+P(X=7)+P(X=8)=\frac{3}{8}$이므로

$P(X\ge6)=\frac{3}{8}$ $\quad\therefore a=6$

4 $P(3\le X\le7)=\frac{3}{5}$에서

$P(X=3)+P(X=5)+P(X=7)=\frac{3}{5}$

$\frac{3}{10}+\frac{a+1}{10}+\frac{1}{10}=\frac{3}{5}$ $\quad\therefore a=1$

$\therefore E(X)=1\times\frac{2}{5}+3\times\frac{3}{10}+5\times\frac{1}{5}+7\times\frac{1}{10}=3$

5 확률의 총합은 1이므로

$a+\frac{1}{3}+b=1$

$\therefore a=\frac{2}{3}-b$ $\quad\cdots\cdots$ ㉠

$E(X)=0\times a+3\times\frac{1}{3}+4\times b=1+4b$

$E(X^2)=0^2\times a+3^2\times\frac{1}{3}+4^2\times b=3+16b$

$$\begin{aligned}\therefore V(X)&=E(X^2)-\{E(X)\}^2\\&=3+16b-(1+4b)^2\\&=-16b^2+8b+2\\&=-16\left(b-\frac{1}{4}\right)^2+3\end{aligned}$$

따라서 분산 $V(X)$는 $b=\frac{1}{4}$일 때 최대이므로 이를 ㉠에 대입하면

$a=\frac{2}{3}-\frac{1}{4}=\frac{5}{12}$

6 홀수가 적힌 공은 3개, 짝수가 적힌 공은 2개이므로 3개의 공을 꺼낼 때, 홀수가 적힌 공은 적어도 1개 나온다.
즉, 확률변수 X가 가질 수 있는 값은 1, 2, 3이고 각각의 확률은

$P(X=1)=\frac{{}_3C_1\times{}_2C_2}{{}_5C_3}=\frac{3}{10}$

$P(X=2)=\frac{{}_3C_2\times{}_2C_1}{{}_5C_3}=\frac{3}{5}$

$P(X=3)=\frac{{}_3C_3\times{}_2C_0}{{}_5C_3}=\frac{1}{10}$

따라서 X의 확률분포를 표로 나타내면 다음과 같다.

X	1	2	3	합계
$P(X=x)$	$\frac{3}{10}$	$\frac{3}{5}$	$\frac{1}{10}$	1

$E(X)=1\times\frac{3}{10}+2\times\frac{3}{5}+3\times\frac{1}{10}=\frac{9}{5}$

$E(X^2)=1^2\times\frac{3}{10}+2^2\times\frac{3}{5}+3^2\times\frac{1}{10}=\frac{18}{5}$

$$\begin{aligned}\therefore V(X)&=E(X^2)-\{E(X)\}^2\\&=\frac{18}{5}-\left(\frac{9}{5}\right)^2=\frac{9}{25}\end{aligned}$$

$\therefore \sigma(X)=\sqrt{V(X)}=\sqrt{\frac{9}{25}}=\frac{3}{5}$

7 확률변수 X가 가질 수 있는 값은 1, 2, 3, 4, 5, 6, 7이다.
8장의 카드 중에서 2장을 택하는 경우의 수는
${}_8C_2=28$
$X=1$인 경우는 (1, 2), (2, 3), (3, 4), (4, 5), (5, 6), (6, 7), (7, 8)의 7가지이므로

$P(X=1)=\frac{7}{28}=\frac{1}{4}$

$X=2$인 경우는 (1, 3), (2, 4), (3, 5), (4, 6), (5, 7), (6, 8)의 6가지이므로

$P(X=2)=\frac{6}{28}=\frac{3}{14}$

$X=3$인 경우는 (1, 4), (2, 5), (3, 6), (4, 7), (5, 8)의 5가지이므로

$P(X=3)=\frac{5}{28}$

$X=4$인 경우는 (1, 5), (2, 6), (3, 7), (4, 8)의 4가지이므로

$P(X=4)=\frac{4}{28}=\frac{1}{7}$

$X=5$인 경우는 (1, 6), (2, 7), (3, 8)의 3가지이므로

$P(X=5)=\frac{3}{28}$

$X=6$인 경우는 (1, 7), (2, 8)의 2가지이므로

$P(X=6)=\frac{2}{28}=\frac{1}{14}$

$X=7$인 경우는 (1, 8)의 1가지이므로

$P(X=7)=\frac{1}{28}$

따라서 X의 확률분포를 표로 나타내면 다음과 같다.

X	1	2	3	4	5	6	7	합계
$P(X=x)$	$\frac{1}{4}$	$\frac{3}{14}$	$\frac{5}{28}$	$\frac{1}{7}$	$\frac{3}{28}$	$\frac{1}{14}$	$\frac{1}{28}$	1

$$\begin{aligned}E(X)&=1\times\frac{1}{4}+2\times\frac{3}{14}+3\times\frac{5}{28}+4\times\frac{1}{7}+5\times\frac{3}{28}\\&\quad+6\times\frac{1}{14}+7\times\frac{1}{28}\\&=3\end{aligned}$$

$$\begin{aligned}E(X^2)&=1^2\times\frac{1}{4}+2^2\times\frac{3}{14}+3^2\times\frac{5}{28}+4^2\times\frac{1}{7}\\&\quad+5^2\times\frac{3}{28}+6^2\times\frac{1}{14}+7^2\times\frac{1}{28}\\&=12\end{aligned}$$

$\therefore V(X)=E(X^2)-\{E(X)\}^2=12-3^2=3$

$\therefore E(X)+V(X)=3+3=6$

8 동전의 앞면을 H, 뒷면을 T라 할 때, 서로 다른 3개의 동전을 동시에 던져서 나오는 각 경우에 따라 받을 수 있는 상금은

HHH ➡ 300원
HHT, HTH, THH ➡ 200원
HTT, THT, TTH ➡ 100원
TTT ➡ 0원

받을 수 있는 상금을 X원이라 하면 확률변수 X가 가질 수 있는 값은 0, 100, 200, 300이고 각각의 확률은

$P(X=0)=\frac{1}{8}$, $P(X=100)=\frac{3}{8}$,

$P(X=200)=\frac{3}{8}$, $P(X=300)=\frac{1}{8}$

따라서 X의 확률분포를 표로 나타내면 다음과 같다.

X	0	100	200	300	합계
$P(X=x)$	$\frac{1}{8}$	$\frac{3}{8}$	$\frac{3}{8}$	$\frac{1}{8}$	1

$E(X)=0\times\frac{1}{8}+100\times\frac{3}{8}+200\times\frac{3}{8}+300\times\frac{1}{8}$
$=150$

따라서 구하는 기댓값은 150원이다.

9 $E(2X-1)=7$에서
$2E(X)-1=7$ $\quad\therefore E(X)=4$
$\sigma(-2X+4)=6$에서
$|-2|\sigma(X)=6$
$\therefore \sigma(X)=3$
$\therefore V(X)=\{\sigma(X)\}^2=9$
$V(X)=E(X^2)-\{E(X)\}^2$이므로
$E(X^2)=V(X)+\{E(X)\}^2$
$=9+4^2=25$

10 $E(X)=m$, $\sigma(X)=\sigma$이므로 표준점수 T의 평균, 표준편차는

$E(T)=E\left(10\times\frac{X-m}{\sigma}+50\right)$
$=\frac{10}{\sigma}E(X)-\frac{10m}{\sigma}+50$
$=\frac{10m}{\sigma}-\frac{10m}{\sigma}+50$
$=50$(점)

$\sigma(T)=\sigma\left(10\times\frac{X-m}{\sigma}+50\right)$
$=\left|\frac{10}{\sigma}\right|\sigma(X)$
$=\frac{10}{\sigma}\times\sigma$
$=10$(점)

11 $E(X)=-1$에서 $-3\times\frac{1}{2}+0\times\frac{1}{4}+a\times\frac{1}{4}=-1$

$\frac{1}{4}a-\frac{3}{2}=-1$ $\quad\therefore a=2$

$E(X^2)=(-3)^2\times\frac{1}{2}+0^2\times\frac{1}{4}+2^2\times\frac{1}{4}=\frac{11}{2}$이므로

$V(X)=E(X^2)-\{E(X)\}^2$
$=\frac{11}{2}-(-1)^2=\frac{9}{2}$

$\therefore V(aX)=V(2X)=2^2V(X)=4\times\frac{9}{2}=18$

12 확률변수 X의 확률분포를 표로 나타내면 다음과 같다.

X	-2	-1	0	1	합계
$P(X=x)$	$\frac{1}{10}$	$\frac{1}{5}$	$\frac{3}{10}$	$\frac{2}{5}$	1

$E(X)=-2\times\frac{1}{10}+(-1)\times\frac{1}{5}+0\times\frac{3}{10}+1\times\frac{2}{5}=0$

$E(X^2)=(-2)^2\times\frac{1}{10}+(-1)^2\times\frac{1}{5}+0^2\times\frac{3}{10}+1^2\times\frac{2}{5}$
$=1$

$\therefore V(X)=E(X^2)-\{E(X)\}^2=1-0^2=1$
$E(Y)=2$에서 $E(aX+b)=2$
$aE(X)+b=2$ $\quad\therefore b=2$
$V(Y)=6$에서 $V(aX+b)=6$
$a^2V(X)=6$ $\quad\therefore a^2=6$
$\therefore a^2+b^2=6+2^2=10$

13 확률변수 X가 가질 수 있는 값은 1, 2, 3이다.

$X=1$인 경우는 1이 적힌 카드는 반드시 뽑고 2, 3, 4, 5가 적힌 카드 중에서 2장을 뽑으면 되므로

$P(X=1)=\frac{{}_4C_2}{{}_5C_3}=\frac{3}{5}$

$X=2$인 경우는 2가 적힌 카드는 반드시 뽑고 3, 4, 5가 적힌 카드 중에서 2장을 뽑으면 되므로

$P(X=2)=\frac{{}_3C_2}{{}_5C_3}=\frac{3}{10}$

$X=3$인 경우는 3이 적힌 카드는 반드시 뽑고 4, 5가 적힌 카드 중에서 2장을 뽑으면 되므로

$P(X=3)=\frac{{}_2C_2}{{}_5C_3}=\frac{1}{10}$

따라서 X의 확률분포를 표로 나타내면 다음과 같다.

X	1	2	3	합계
$P(X=x)$	$\frac{3}{5}$	$\frac{3}{10}$	$\frac{1}{10}$	1

$E(X)=1\times\frac{3}{5}+2\times\frac{3}{10}+3\times\frac{1}{10}=\frac{3}{2}$

$E(X^2)=1^2\times\frac{3}{5}+2^2\times\frac{3}{10}+3^2\times\frac{1}{10}=\frac{27}{10}$

$\therefore$ $V(X)=E(X^2)-\{E(X)\}^2$

$=\frac{27}{10}-\left(\frac{3}{2}\right)^2=\frac{9}{20}$

따라서 $\sigma(X)=\sqrt{V(X)}=\sqrt{\frac{9}{20}}=\frac{3\sqrt{5}}{10}$이므로

$\sigma(-10X+3)=|-10|\sigma(X)$

$=10\times\frac{3\sqrt{5}}{10}=3\sqrt{5}$

14 확률변수 X는 이항분포 $B\left(8, \frac{1}{2}\right)$을 따르므로 X의 확률질량함수는

$P(X=x)={}_8C_x\left(\frac{1}{2}\right)^x\left(\frac{1}{2}\right)^{8-x}$ $(x=0, 1, 2, \cdots, 8)$

$X^2-8X+7>0$에서 $(X-1)(X-7)>0$

$\therefore$ $X<1$ 또는 $X>7$

$\therefore$ $P(X^2-8X+7>0)=P(X<1)+P(X>7)$

$=P(X=0)+P(X=8)$

$={}_8C_0\left(\frac{1}{2}\right)^0\left(\frac{1}{2}\right)^8+{}_8C_8\left(\frac{1}{2}\right)^8\left(\frac{1}{2}\right)^0$

$=\frac{1}{256}+\frac{1}{256}=\frac{1}{128}$

15 10개의 문제에 답하므로 10회의 독립시행이다. 또 한 개의 문제를 맞힐 확률은 $\frac{1}{2}$이므로 맞힌 문제의 개수를 X라 하면 확률변수 X는 이항분포 $B\left(10, \frac{1}{2}\right)$을 따른다.

이때 X의 확률질량함수는

$P(X=x)={}_{10}C_x\left(\frac{1}{2}\right)^x\left(\frac{1}{2}\right)^{10-x}$ $(x=0, 1, 2, \cdots, 10)$

따라서 구하는 확률은

$P(X\geq2)=1-P(X<2)$

$=1-\{P(X=0)+P(X=1)\}$

$=1-\left\{{}_{10}C_0\left(\frac{1}{2}\right)^0\left(\frac{1}{2}\right)^{10}+{}_{10}C_1\left(\frac{1}{2}\right)^1\left(\frac{1}{2}\right)^9\right\}$

$=1-\frac{11}{1024}=\frac{1013}{1024}$

16 확률변수 X는 이항분포 $B\left(48, \frac{1}{4}\right)$을 따르므로 X의 평균과 분산은

$E(X)=48\times\frac{1}{4}=12$, $V(X)=48\times\frac{1}{4}\times\frac{3}{4}=9$

$\therefore$ $E(X^2)=V(X)+\{E(X)\}^2$

$=9+12^2=153$

17 주사위를 30번 던지므로 30회의 독립시행이다. 또 주사위를 한 번 던져서 6의 눈이 나올 확률은 $\frac{1}{6}$이므로 확률변수 X는 이항분포 $B\left(30, \frac{1}{6}\right)$을 따른다.

$\therefore$ $V(X)=30\times\frac{1}{6}\times\frac{5}{6}=\frac{25}{6}$

동전을 n번 던지므로 n회의 독립시행이다. 또 동전을 한 번 던져서 앞면이 나올 확률은 $\frac{1}{2}$이므로 확률변수 Y는 이항분포 $B\left(n, \frac{1}{2}\right)$을 따른다.

$\therefore$ $V(Y)=n\times\frac{1}{2}\times\frac{1}{2}=\frac{n}{4}$

X의 분산이 Y의 분산보다 작으므로

$\frac{25}{6}<\frac{n}{4}$ $\therefore$ $n>\frac{50}{3}=16.6\cdots$

따라서 자연수 n의 최솟값은 17이다.

18 확률변수 X가 가질 수 있는 값은 2, 3, 4, 5, 6이므로

$P(X>4)=P(X=5)+P(X=6)$

(i) $X=5$일 때

4번째 시행까지 새 건전지 1개와 폐건전지 3개를 꺼내고 5번째 시행에서 새 건전지를 꺼내야 하므로

$P(X=5)=\frac{{}_2C_1\times{}_4C_3}{{}_6C_4}\times\frac{1}{2}=\frac{4}{15}$

(ii) $X=6$일 때

5번째 시행까지 새 건전지 1개와 폐건전지 4개를 꺼내고 6번째 시행에서 새 건전지를 꺼내야 하므로

$P(X=6)=\frac{{}_2C_1\times{}_4C_4}{{}_6C_5}\times1=\frac{1}{3}$

(i), (ii)에서

$P(X>4)=P(X=5)+P(X=6)$

$=\frac{4}{15}+\frac{1}{3}=\frac{3}{5}$

다른 풀이

확률변수 X가 가질 수 있는 값은 2, 3, 4, 5, 6이다.

새 건전지를 꺼내는 것을 ○, 폐건전지를 꺼내는 것을 × 로 나타내면

(i) $X=5$인 경우

○×××○의 순서로 꺼낼 확률은

$\frac{2}{6}\times\frac{4}{5}\times\frac{3}{4}\times\frac{2}{3}\times\frac{1}{2}=\frac{1}{15}$

×○××○의 순서로 꺼낼 확률은

$\frac{4}{6}\times\frac{2}{5}\times\frac{3}{4}\times\frac{2}{3}\times\frac{1}{2}=\frac{1}{15}$

××○×○의 순서로 꺼낼 확률은

$\frac{4}{6}\times\frac{3}{5}\times\frac{2}{4}\times\frac{2}{3}\times\frac{1}{2}=\frac{1}{15}$

×××○○의 순서로 꺼낼 확률은

$\frac{4}{6}\times\frac{3}{5}\times\frac{2}{4}\times\frac{2}{3}\times\frac{1}{2}=\frac{1}{15}$

$\therefore$ $P(X=5)=\frac{4}{15}$

(ii) $X=6$인 경우

○××××○의 순서로 꺼낼 확률은

$\frac{2}{6}\times\frac{4}{5}\times\frac{3}{4}\times\frac{2}{3}\times\frac{1}{2}\times1=\frac{1}{15}$

같은 방법으로 ×○×××○, ××○××○,

×××○×○, ××××○○의 순서로 꺼낼 확률도

각각 $\frac{1}{15}$이므로

$\mathrm{P}(X=6)=5\times\frac{1}{15}=\frac{1}{3}$

(i), (ii)에서

$\mathrm{P}(X>4)=\mathrm{P}(X=5)+\mathrm{P}(X=6)$

$=\frac{4}{15}+\frac{1}{3}=\frac{3}{5}$

19 확률변수 X의 확률분포를 표로 나타내면 다음과 같다고 하자.

X	1	2	3	4	5	합계
$\mathrm{P}(X=x)$	p_1	p_2	p_3	p_4	p_5	1

$\mathrm{E}(X)=4$에서

$p_1+2p_2+3p_3+4p_4+5p_5=4$ …… ㉠

$\mathrm{P}(Y=k)=\frac{1}{2}\mathrm{P}(X=k)+\frac{1}{10}$ ($k=1, 2, 3, 4, 5$)이므로 확률변수 Y의 확률분포를 표로 나타내면 다음과 같다.

Y	1	2	3	4	5	합계
$\mathrm{P}(Y=y)$	$\frac{1}{2}p_1+\frac{1}{10}$	$\frac{1}{2}p_2+\frac{1}{10}$	$\frac{1}{2}p_3+\frac{1}{10}$	$\frac{1}{2}p_4+\frac{1}{10}$	$\frac{1}{2}p_5+\frac{1}{10}$	1

$\mathrm{E}(Y)=\frac{1}{2}p_1+\frac{1}{10}+2\left(\frac{1}{2}p_2+\frac{1}{10}\right)+3\left(\frac{1}{2}p_3+\frac{1}{10}\right)$

$+4\left(\frac{1}{2}p_4+\frac{1}{10}\right)+5\left(\frac{1}{2}p_5+\frac{1}{10}\right)$

$=\frac{1}{2}(p_1+2p_2+3p_3+4p_4+5p_5)$

$+\frac{1}{10}\times(1+2+3+4+5)$

$=\frac{1}{2}\times4+\frac{3}{2}$ ($\because$ ㉠)

$=\frac{7}{2}$

따라서 $a=\frac{7}{2}$이므로 $8a=28$

20 40명이 예약하였으므로 40회의 독립시행이다. 또 예약 취소율은 0.1이므로 예약한 사람이 유람선에 탑승할 확률은 0.9이다.

즉, 탑승하는 사람 수를 X라 하면 확률변수 X는 이항분포 $\mathrm{B}(40, 0.9)$를 따른다.

이때 X의 확률질량함수는

$\mathrm{P}(X=x)={}_{40}\mathrm{C}_x\,0.9^x\,0.1^{40-x}$ ($x=0, 1, 2, \cdots, 40$)

따라서 구하는 확률은

$\mathrm{P}(X>38)=\mathrm{P}(X=39)+\mathrm{P}(X=40)$

$={}_{40}\mathrm{C}_{39}\,0.9^{39}\,0.1^1+{}_{40}\mathrm{C}_{40}\,0.9^{40}\,0.1^0$

$=40\times0.0164\times0.1+0.0148$

$=0.0656+0.0148$

$=0.0804$

21 $\mathrm{E}(3X)=18$에서

$3\mathrm{E}(X)=18$, $\mathrm{E}(X)=6$

$\therefore np=6$ …… ㉠

$\mathrm{E}(3X^2)=120$에서

$3\mathrm{E}(X^2)=120$

$\therefore \mathrm{E}(X^2)=40$

$\therefore \mathrm{V}(X)=\mathrm{E}(X^2)-\{\mathrm{E}(X)\}^2=40-6^2=4$

$\therefore np(1-p)=4$ …… ㉡

㉠을 ㉡에 대입하면

$6(1-p)=4$

$\therefore p=\frac{1}{3}$

$p=\frac{1}{3}$을 ㉠에 대입하면

$\frac{1}{3}n=6$

$\therefore n=18$

22 주사위를 한 번 던져서 소수의 눈이 나올 확률은 $\frac{1}{2}$이므로 A가 주사위를 60번 던져서 소수의 눈이 나오는 횟수를 A라 하면 확률변수 A는 이항분포 $\mathrm{B}\left(60, \frac{1}{2}\right)$을 따른다.

$\therefore \mathrm{V}(A)=60\times\frac{1}{2}\times\frac{1}{2}=15$

이때 A의 점수가 확률변수 X이므로

$X=3A+2(60-A)=A+120$

$\therefore \mathrm{V}(X)=\mathrm{V}(A+120)=\mathrm{V}(A)=15$

주사위를 한 번 던져서 3의 배수의 눈이 나올 확률은 $\frac{1}{3}$이므로 B가 주사위를 60번 던져서 3의 배수의 눈이 나오는 횟수를 B라 하면 확률변수 B는 이항분포 $\mathrm{B}\left(60, \frac{1}{3}\right)$을 따른다.

$\therefore \mathrm{V}(B)=60\times\frac{1}{3}\times\frac{2}{3}=\frac{40}{3}$

이때 B의 점수가 확률변수 Y이므로

$Y=4B+(60-B)=3B+60$

$\therefore \mathrm{V}(Y)=\mathrm{V}(3B+60)=3^2\mathrm{V}(B)$

$=9\times\frac{40}{3}=120$

$\therefore \mathrm{V}(X)+\mathrm{V}(Y)=15+120=135$

연속확률변수와 확률밀도함수

개념 Check 98쪽

1 답 ㄱ, ㄴ, ㄹ

2 답 ㄴ, ㄹ

ㄱ. $y=f(x)$의 그래프와 x축 및 직선 $x=1$로 둘러싸인 부분의 넓이가 1이 아니다.

ㄷ. $0\le x<1$에서 $f(x)<0$이다.

따라서 보기에서 확률밀도함수가 될 수 있는 것은 ㄴ, ㄹ이다.

3 답 (1) $\dfrac{2}{5}$ (2) $\dfrac{3}{5}$

(1) 구하는 확률은 $y=f(x)$의 그래프와 x축 및 두 직선 $x=1$, $x=3$으로 둘러싸인 부분의 넓이와 같으므로

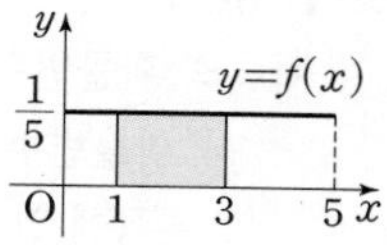

$P(1\le X\le 3)=2\times\dfrac{1}{5}=\dfrac{2}{5}$

(2) 구하는 확률은 $y=f(x)$의 그래프와 x축 및 두 직선 $x=2$, $x=5$로 둘러싸인 부분의 넓이와 같으므로

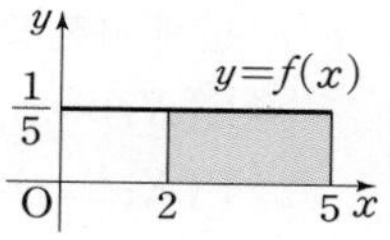

$P(X\ge 2)=3\times\dfrac{1}{5}=\dfrac{3}{5}$

문제 99쪽

01-1 답 (1) $\dfrac{1}{4}$ (2) $\dfrac{5}{8}$

(1) $f(x)\ge 0$이어야 하므로 $a\ge 0$

$y=f(x)$의 그래프와 x축, y축 및 직선 $x=2$로 둘러싸인 부분의 넓이가 1이어야 하므로

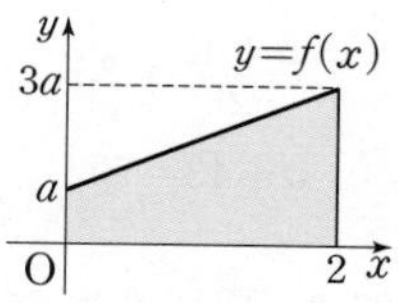

$\dfrac{1}{2}\times(a+3a)\times 2=1 \qquad \therefore a=\dfrac{1}{4}$

(2) 구하는 확률은 $y=f(x)$의 그래프와 x축 및 두 직선 $x=1$, $x=2$로 둘러싸인 부분의 넓이와 같으므로

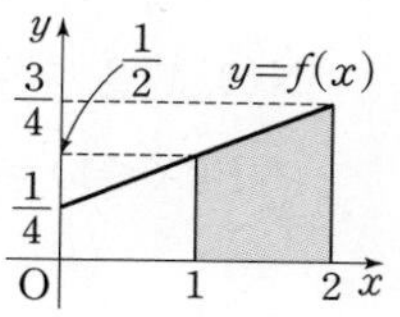

$P(X\ge 1)=\dfrac{1}{2}\times\left(\dfrac{1}{2}+\dfrac{3}{4}\right)\times 1$

$=\dfrac{5}{8}$

01-2 답 $\dfrac{3}{4}$

$y=f(x)$의 그래프와 x축으로 둘러싸인 부분의 넓이가 1이어야 하므로

$\dfrac{1}{2}\times 4\times a=1 \qquad \therefore a=\dfrac{1}{2}$

$0\le x\le 2$에서 $y=f(x)$의 그래프는 두 점 $(0, 0)$, $\left(2, \dfrac{1}{2}\right)$을 지나는 직선이므로 이 직선의 방정식은

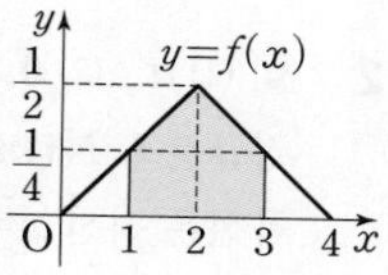

$y=\dfrac{\frac{1}{2}}{2}x \qquad \therefore y=\dfrac{1}{4}x$

즉, $f(x)=\dfrac{1}{4}x\,(0\le x\le 2)$이므로

$f(1)=\dfrac{1}{4}$

구하는 확률은 $y=f(x)$의 그래프와 x축 및 두 직선 $x=1$, $x=3$으로 둘러싸인 부분의 넓이와 같고, $y=f(x)$의 그래프는 직선 $x=2$에 대하여 대칭이므로

$$\begin{aligned}P(1\le X\le 3)&=1-P(0\le X\le 1)-P(3\le X\le 4)\\&=1-2P(0\le X\le 1)\\&=1-2\times\left(\dfrac{1}{2}\times 1\times\dfrac{1}{4}\right)=\dfrac{3}{4}\end{aligned}$$

01-3 답 $\dfrac{13}{72}$

$f(x)\ge 0$이어야 하므로 $a\ge 0$

$y=f(x)$의 그래프와 x축, y축 및 직선 $x=2$로 둘러싸인 부분의 넓이가 1이어야 하므로

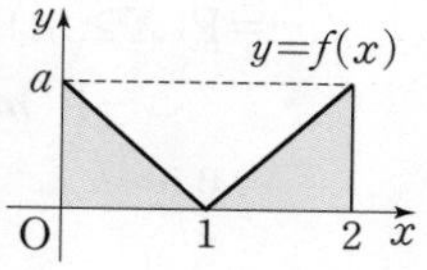

$2\times\left(\dfrac{1}{2}\times 1\times a\right)=1$

$\therefore a=1$

즉, $f(x)=|x-1|\,(0\le x\le 2)$이므로

$f\left(\dfrac{1}{2}\right)=\left|\dfrac{1}{2}-1\right|=\dfrac{1}{2}$

$f\left(\dfrac{4}{3}\right)=\left|\dfrac{4}{3}-1\right|=\dfrac{1}{3}$

구하는 확률은 $y=f(x)$의 그래프와 x축 및 두 직선 $x=\dfrac{1}{2}$, $x=\dfrac{4}{3}$로 둘러싸인 부분의 넓이와 같으므로

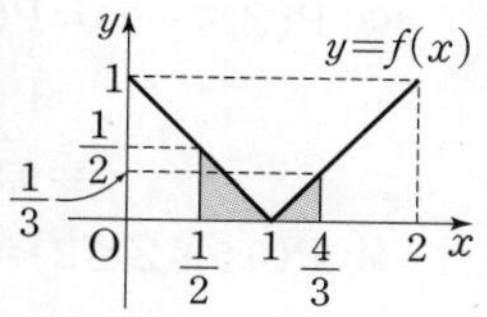

$$\begin{aligned}P\left(\dfrac{1}{2}\le X\le\dfrac{4}{3}\right)&=P\left(\dfrac{1}{2}\le X\le 1\right)+P\left(1\le X\le\dfrac{4}{3}\right)\\&=\dfrac{1}{2}\times\dfrac{1}{2}\times\dfrac{1}{2}+\dfrac{1}{2}\times\dfrac{1}{3}\times\dfrac{1}{3}\\&=\dfrac{13}{72}\end{aligned}$$

2 정규분포

개념 Check 103쪽

1 답 (1) $\mathbf{N(8,\ 2^2)}$ (2) $\mathbf{N(-10,\ 5^2)}$

2 답 (1) $\boldsymbol{a}$ (2) $\mathbf{0.5}-\boldsymbol{a}$ (3) $\boldsymbol{b-a}$ (4) $\mathbf{0.5}-\boldsymbol{b}$

정규분포 $\mathrm{N}(m,\ \sigma^2)$을 따르는 확률변수 X의 정규분포 곡선은 직선 $x=m$에 대하여 대칭이므로

$\mathrm{P}(X\geq m)=\mathrm{P}(X\leq m)=0.5$

(1) $\mathrm{P}(m-\sigma\leq X\leq m)$
$=\mathrm{P}(m\leq X\leq m+\sigma)$
$=a$

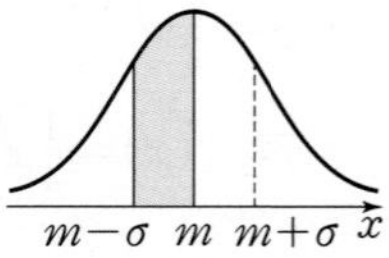

(2) $\mathrm{P}(X\geq m+\sigma)$
$=\mathrm{P}(X\geq m)$
$\quad-\mathrm{P}(m\leq X\leq m+\sigma)$
$=0.5-a$

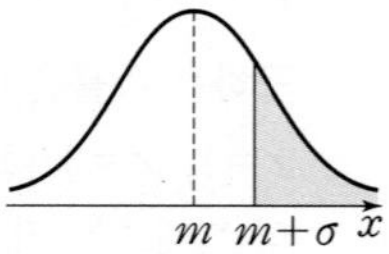

(3) $\mathrm{P}(m+\sigma\leq X\leq m+2\sigma)$
$=\mathrm{P}(m\leq X\leq m+2\sigma)$
$\quad-\mathrm{P}(m\leq X\leq m+\sigma)$
$=b-a$

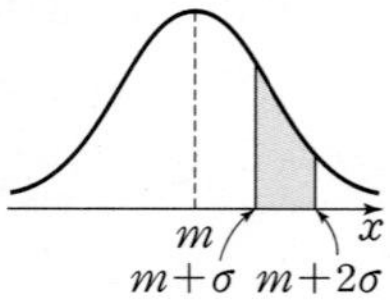

(4) $\mathrm{P}(X\leq m-2\sigma)$
$=\mathrm{P}(X\geq m+2\sigma)$
$=\mathrm{P}(X\geq m)$
$\quad-\mathrm{P}(m\leq X\leq m+2\sigma)$
$=0.5-b$

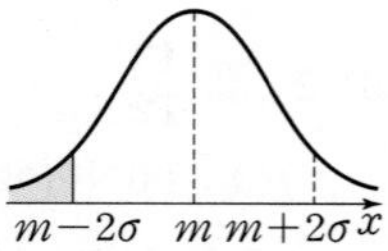

3 답 (1) **0.0668** (2) **0.9987** (3) **0.0228** (4) **0.2857** (5) **0.1525** (6) **0.1574** (7) **0.8664** (8) **0.9759**

(1) $\mathrm{P}(Z\geq 1.5)=\mathrm{P}(Z\geq 0)-\mathrm{P}(0\leq Z\leq 1.5)$
$=0.5-0.4332=0.0668$

(2) $\mathrm{P}(Z\leq 3)=\mathrm{P}(Z\leq 0)+\mathrm{P}(0\leq Z\leq 3)$
$=0.5+0.4987=0.9987$

(3) $\mathrm{P}(Z\leq -2)=\mathrm{P}(Z\geq 2)$
$=\mathrm{P}(Z\geq 0)-\mathrm{P}(0\leq Z\leq 2)$
$=0.5-0.4772=0.0228$

(4) $\mathrm{P}(0.5\leq Z\leq 2)=\mathrm{P}(0\leq Z\leq 2)-\mathrm{P}(0\leq Z\leq 0.5)$
$=0.4772-0.1915=0.2857$

(5) $\mathrm{P}(1\leq Z\leq 2.5)=\mathrm{P}(0\leq Z\leq 2.5)-\mathrm{P}(0\leq Z\leq 1)$
$=0.4938-0.3413=0.1525$

(6) $\mathrm{P}(-3\leq Z\leq -1)=\mathrm{P}(1\leq Z\leq 3)$
$=\mathrm{P}(0\leq Z\leq 3)-\mathrm{P}(0\leq Z\leq 1)$
$=0.4987-0.3413=0.1574$

(7) $\mathrm{P}(-1.5\leq Z\leq 1.5)$
$=\mathrm{P}(-1.5\leq Z\leq 0)+\mathrm{P}(0\leq Z\leq 1.5)$
$=\mathrm{P}(0\leq Z\leq 1.5)+\mathrm{P}(0\leq Z\leq 1.5)$
$=2\mathrm{P}(0\leq Z\leq 1.5)=2\times 0.4332=0.8664$

(8) $\mathrm{P}(-2\leq Z\leq 3)=\mathrm{P}(-2\leq Z\leq 0)+\mathrm{P}(0\leq Z\leq 3)$
$=\mathrm{P}(0\leq Z\leq 2)+\mathrm{P}(0\leq Z\leq 3)$
$=0.4772+0.4987=0.9759$

4 답 (1) $\boldsymbol{Z=\dfrac{X-5}{3}}$ (2) $\boldsymbol{Z=\dfrac{X+12}{4}}$

문제 104~108쪽

02-1 답 ③

①, ② 확률변수 X_1의 정규분포 곡선의 대칭축 $x=x_1$보다 확률변수 X_2의 정규분포 곡선의 대칭축 $x=x_2$가 오른쪽에 있으므로 $\mathrm{E}(X_1)<\mathrm{E}(X_2)$

③, ④ 확률변수 X_1의 정규분포 곡선보다 확률변수 X_2의 정규분포 곡선이 가운데 부분의 높이가 낮고 양쪽으로 넓게 퍼진 모양이므로 $\sigma(X_1)<\sigma(X_2)$

⑤ $\mathrm{E}(X_1)=x_1$, $\mathrm{E}(X_2)=x_2$이므로
$\mathrm{P}(X_1\leq x_1)=\mathrm{P}(X_2\geq x_2)=0.5$

따라서 옳은 것은 ③이다.

02-2 답 **27**

정규분포 $\mathrm{N}(35,\ 4^2)$을 따르는 확률변수 X의 정규분포 곡선은 직선 $x=35$에 대하여 대칭이다.

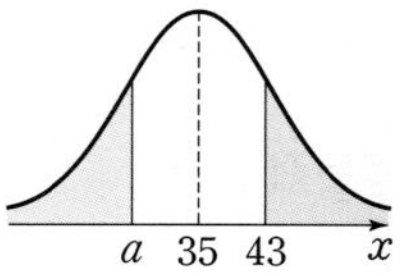

따라서 $\mathrm{P}(X\leq a)=\mathrm{P}(X\geq 43)$을 만족시키려면

$\dfrac{a+43}{2}=35$

$a+43=70 \qquad \therefore a=27$

03-1 답 (1) **0.3085** (2) **0.9332** (3) **0.1359** (4) **0.6247**

$Z=\dfrac{X-3}{4}$으로 놓으면 확률변수 Z는 표준정규분포 $\mathrm{N}(0,\ 1)$을 따른다.

(1) $\mathrm{P}(X\leq 1)=\mathrm{P}\left(Z\leq \dfrac{1-3}{4}\right)$
$=\mathrm{P}(Z\leq -0.5)$
$=\mathrm{P}(Z\geq 0.5)$
$=\mathrm{P}(Z\geq 0)-\mathrm{P}(0\leq Z\leq 0.5)$
$=0.5-0.1915=0.3085$

(2) $P(X \geq -3) = P\left(Z \geq \frac{-3-3}{4}\right)$
$= P(Z \geq -1.5)$
$= P(Z \leq 1.5)$
$= P(Z \leq 0) + P(0 \leq Z \leq 1.5)$
$= 0.5 + 0.4332 = 0.9332$

(3) $P(7 \leq X \leq 11) = P\left(\frac{7-3}{4} \leq Z \leq \frac{11-3}{4}\right)$
$= P(1 \leq Z \leq 2)$
$= P(0 \leq Z \leq 2) - P(0 \leq Z \leq 1)$
$= 0.4772 - 0.3413 = 0.1359$

(4) $P(1 \leq X \leq 9) = P\left(\frac{1-3}{4} \leq Z \leq \frac{9-3}{4}\right)$
$= P(-0.5 \leq Z \leq 1.5)$
$= P(-0.5 \leq Z \leq 0) + P(0 \leq Z \leq 1.5)$
$= P(0 \leq Z \leq 0.5) + P(0 \leq Z \leq 1.5)$
$= 0.1915 + 0.4332 = 0.6247$

04-1 답 **29**

$Z = \frac{X-20}{3}$으로 놓으면 확률변수 Z는 표준정규분포 $N(0, 1)$을 따르므로 $P(17 \leq X \leq k) = 0.84$에서

$P\left(\frac{17-20}{3} \leq Z \leq \frac{k-20}{3}\right) = 0.84$

$P\left(-1 \leq Z \leq \frac{k-20}{3}\right) = 0.84$

$P(-1 \leq Z \leq 0) + P\left(0 \leq Z \leq \frac{k-20}{3}\right) = 0.84$

$P(0 \leq Z \leq 1) + P\left(0 \leq Z \leq \frac{k-20}{3}\right) = 0.84$

$0.3413 + P\left(0 \leq Z \leq \frac{k-20}{3}\right) = 0.84$

$\therefore P\left(0 \leq Z \leq \frac{k-20}{3}\right) = 0.4987$

이때 $P(0 \leq Z \leq 3) = 0.4987$이므로

$\frac{k-20}{3} = 3$

$k-20 = 9 \qquad \therefore k = 29$

04-2 답 **15**

$Z = \frac{X-m}{6}$으로 놓으면 확률변수 Z는 표준정규분포 $N(0, 1)$을 따르므로 $P(X \leq 6) = 0.0668$에서

$P\left(Z \leq \frac{6-m}{6}\right) = 0.0668$, $P\left(Z \geq \frac{m-6}{6}\right) = 0.0668$

$P(Z \geq 0) - P\left(0 \leq Z \leq \frac{m-6}{6}\right) = 0.0668$

$0.5 - P\left(0 \leq Z \leq \frac{m-6}{6}\right) = 0.0668$

$\therefore P\left(0 \leq Z \leq \frac{m-6}{6}\right) = 0.4332$

이때 $P(0 \leq Z \leq 1.5) = 0.4332$이므로

$\frac{m-6}{6} = 1.5$

$m-6 = 9 \qquad \therefore m = 15$

05-1 답 **0.927**

생산된 파이프의 지름의 길이를 X mm라 하면 확률변수 X는 정규분포 $N(150, 2^2)$을 따르므로 $Z = \frac{X-150}{2}$으로 놓으면 확률변수 Z는 표준정규분포 $N(0, 1)$을 따른다.
이때 출고 합격을 받는 파이프의 지름의 길이는 $147 \leq X \leq 155$이므로 구하는 확률은

$P(147 \leq X \leq 155)$
$= P\left(\frac{147-150}{2} \leq Z \leq \frac{155-150}{2}\right)$
$= P(-1.5 \leq Z \leq 2.5)$
$= P(-1.5 \leq Z \leq 0) + P(0 \leq Z \leq 2.5)$
$= P(0 \leq Z \leq 1.5) + P(0 \leq Z \leq 2.5)$
$= 0.4332 + 0.4938 = 0.927$

05-2 답 (1) **24.17 %** (2) **8413명**

학생의 키를 X cm라 하면 확률변수 X는 정규분포 $N(165, 4^2)$을 따르므로 $Z = \frac{X-165}{4}$로 놓으면 확률변수 Z는 표준정규분포 $N(0, 1)$을 따른다.

(1) 키가 159 cm 이상 163 cm 이하일 확률은
$P(159 \leq X \leq 163)$
$= P\left(\frac{159-165}{4} \leq Z \leq \frac{163-165}{4}\right)$
$= P(-1.5 \leq Z \leq -0.5)$
$= P(0.5 \leq Z \leq 1.5)$
$= P(0 \leq Z \leq 1.5) - P(0 \leq Z \leq 0.5)$
$= 0.4332 - 0.1915 = 0.2417$
따라서 구하는 학생은 전체의 24.17 %이다.

(2) 키가 169 cm 이하일 확률은
$P(X \leq 169) = P\left(Z \leq \frac{169-165}{4}\right)$
$= P(Z \leq 1)$
$= P(Z \leq 0) + P(0 \leq Z \leq 1)$
$= 0.5 + 0.3413 = 0.8413$
따라서 구하는 학생 수는
$10000 \times 0.8413 = 8413$(명)

06-1 답 **209점**

지원자의 면접 점수를 X점이라 하면 확률변수 X는 정규분포 $N(160, 25^2)$을 따르므로 $Z = \frac{X-160}{25}$으로 놓으면 확률변수 Z는 표준정규분포 $N(0, 1)$을 따른다.

이때 전체 지원자 1000명에 대하여 합격자 25명이 차지하는 비율은 $\frac{25}{1000}=0.025$이므로 합격자의 최저 점수를 a점이라 하면 $P(X\geq a)=0.025$에서

$P\left(Z\geq \frac{a-160}{25}\right)=0.025$

$P(Z\geq 0)-P\left(0\leq Z\leq \frac{a-160}{25}\right)=0.025$

$0.5-P\left(0\leq Z\leq \frac{a-160}{25}\right)=0.025$

$\therefore P\left(0\leq Z\leq \frac{a-160}{25}\right)=0.475$

이때 $P(0\leq Z\leq 1.96)=0.475$이므로

$\frac{a-160}{25}=1.96$, $a-160=49$ $\quad\therefore a=209$

따라서 구하는 최저 점수는 209점이다.

06-2 답 **156 cm**

남학생의 키를 X cm라 하면 확률변수 X는 정규분포 $N(170,\ 10^2)$을 따르므로 $Z=\frac{X-170}{10}$으로 놓으면 확률변수 Z는 표준정규분포 $N(0,\ 1)$을 따른다.

키가 작은 쪽에서 80번째인 학생의 키를 a cm라 하면

$P(X\leq a)=\frac{80}{1000}=0.08$에서

$P\left(Z\leq \frac{a-170}{10}\right)=0.08$, $P\left(Z\geq \frac{170-a}{10}\right)=0.08$

$P(Z\geq 0)-P\left(0\leq Z\leq \frac{170-a}{10}\right)=0.08$

$0.5-P\left(0\leq Z\leq \frac{170-a}{10}\right)=0.08$

$\therefore P\left(0\leq Z\leq \frac{170-a}{10}\right)=0.42$

이때 $P(0\leq Z\leq 1.4)=0.42$이므로

$\frac{170-a}{10}=1.4$, $170-a=14$ $\quad\therefore a=156$

따라서 구하는 학생의 키는 156 cm이다.

3 이항분포와 정규분포 사이의 관계

개념 Check 109쪽

1 답 (1) $\mathbf{N(50,\ 5^2)}$ (2) $\mathbf{N(150,\ 10^2)}$

(1) $E(X)=100\times 0.5=50$

$V(X)=100\times 0.5\times 0.5=25=5^2$

이때 시행 횟수 $n=100$은 충분히 크므로 확률변수 X는 근사적으로 정규분포 $N(50,\ 5^2)$을 따른다.

(2) $E(X)=450\times \frac{1}{3}=150$

$V(X)=450\times \frac{1}{3}\times \frac{2}{3}=100=10^2$

이때 시행 횟수 $n=450$은 충분히 크므로 확률변수 X는 근사적으로 정규분포 $N(150,\ 10^2)$을 따른다.

문제 110~111쪽

07-1 답 **0.2857**

확률변수 X가 이항분포 $B\left(432,\ \frac{1}{4}\right)$을 따르므로

$E(X)=432\times \frac{1}{4}=108$

$V(X)=432\times \frac{1}{4}\times \frac{3}{4}=81=9^2$

이때 시행 횟수 $n=432$는 충분히 크므로 확률변수 X는 근사적으로 정규분포 $N(108,\ 9^2)$을 따른다.

따라서 $Z=\frac{X-108}{9}$로 놓으면 확률변수 Z는 표준정규분포 $N(0,\ 1)$을 따르므로 구하는 확률은

$$\begin{aligned}P(90\leq X\leq 103.5)&=P\left(\frac{90-108}{9}\leq Z\leq \frac{103.5-108}{9}\right)\\&=P(-2\leq Z\leq -0.5)\\&=P(0.5\leq Z\leq 2)\\&=P(0\leq Z\leq 2)-P(0\leq Z\leq 0.5)\\&=0.4772-0.1915\\&=0.2857\end{aligned}$$

07-2 답 **0.7745**

확률변수 X가 이항분포 $B\left(169,\ \frac{4}{13}\right)$를 따르므로

$E(X)=169\times \frac{4}{13}=52$

$V(X)=169\times \frac{4}{13}\times \frac{9}{13}=36=6^2$

이때 시행 횟수 $n=169$는 충분히 크므로 확률변수 X는 근사적으로 정규분포 $N(52,\ 6^2)$을 따른다.

따라서 $Z=\frac{X-52}{6}$로 놓으면 확률변수 Z는 표준정규분포 $N(0,\ 1)$을 따르므로 구하는 확률은

$$\begin{aligned}P(46\leq X\leq 61)&=P\left(\frac{46-52}{6}\leq Z\leq \frac{61-52}{6}\right)\\&=P(-1\leq Z\leq 1.5)\\&=P(-1\leq Z\leq 0)+P(0\leq Z\leq 1.5)\\&=P(0\leq Z\leq 1)+P(0\leq Z\leq 1.5)\\&=0.3413+0.4332\\&=0.7745\end{aligned}$$

08-**1** 답 **0.0668**

150명의 환자 중 치유되는 환자의 수를 X라 하면 환자마다 치유될 확률이 $\frac{60}{100}=\frac{3}{5}$이므로 확률변수 X는 이항분포 $\mathrm{B}\left(150, \frac{3}{5}\right)$을 따른다.

$\therefore \mathrm{E}(X)=150\times\frac{3}{5}=90$,

$\mathrm{V}(X)=150\times\frac{3}{5}\times\frac{2}{5}=36=6^2$

이때 시행 횟수 $n=150$은 충분히 크므로 확률변수 X는 근사적으로 정규분포 $\mathrm{N}(90, 6^2)$을 따른다.

따라서 $Z=\frac{X-90}{6}$으로 놓으면 확률변수 Z는 표준정규분포 $\mathrm{N}(0, 1)$을 따르므로 구하는 확률은

$$\begin{aligned}\mathrm{P}(X\ge 99)&=\mathrm{P}\left(Z\ge\frac{99-90}{6}\right)\\&=\mathrm{P}(Z\ge 1.5)\\&=\mathrm{P}(Z\ge 0)-\mathrm{P}(0\le Z\le 1.5)\\&=0.5-\mathrm{P}(0\le Z\le 1.5)\\&=0.5-0.4332=0.0668\end{aligned}$$

08-**2** 답 **31**

관람객 400명 중 초대권으로 입장하는 관람객의 수를 X라 하면 각 관람객이 초대권으로 입장할 확률이 $\frac{1}{10}$이므로 확률변수 X는 이항분포 $\mathrm{B}\left(400, \frac{1}{10}\right)$을 따른다.

$\therefore \mathrm{E}(X)=400\times\frac{1}{10}=40$,

$\mathrm{V}(X)=400\times\frac{1}{10}\times\frac{9}{10}=36=6^2$

이때 시행 횟수 $n=400$은 충분히 크므로 확률변수 X는 근사적으로 정규분포 $\mathrm{N}(40, 6^2)$을 따른다.

따라서 $Z=\frac{X-40}{6}$으로 놓으면 확률변수 Z는 표준정규분포 $\mathrm{N}(0, 1)$을 따르므로 $\mathrm{P}(X\le a)=0.07$에서

$\mathrm{P}\left(Z\le\frac{a-40}{6}\right)=0.07$

$\mathrm{P}\left(Z\ge\frac{40-a}{6}\right)=0.07$

$\mathrm{P}(Z\ge 0)-\mathrm{P}\left(0\le Z\le\frac{40-a}{6}\right)=0.07$

$0.5-\mathrm{P}\left(0\le Z\le\frac{40-a}{6}\right)=0.07$

$\therefore \mathrm{P}\left(0\le Z\le\frac{40-a}{6}\right)=0.43$

이때 $\mathrm{P}(0\le Z\le 1.5)=0.43$이므로

$\frac{40-a}{6}=1.5$

$40-a=9\quad\therefore a=31$

연습문제

112~114쪽

1 $\frac{1}{3}$	**2** ④	**3** ①	**4** 8	**5** ⑤
6 3	**7** ②	**8** ②	**9** 16370	**10** 360점
11 영어	**12** 0.1587	**13** 0.1359	**14** 16	**15** $\frac{1}{9}$
16 155	**17** ⑤	**18** 14	**19** 0.16	**20** 0.9772

1 구하는 확률은 $y=f(x)$의 그래프와 x축 및 두 직선 $x=1$, $x=2$로 둘러싸인 부분의 넓이와 같으므로

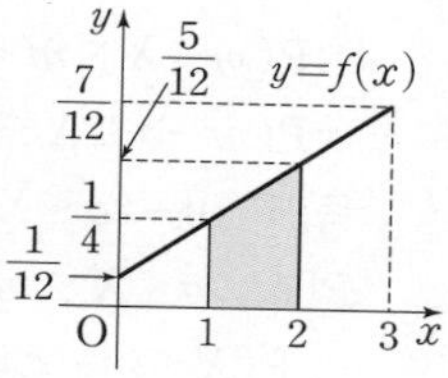

$\mathrm{P}(1\le X\le 2)$

$=\frac{1}{2}\times\left(\frac{1}{4}+\frac{5}{12}\right)\times(2-1)$

$=\frac{1}{3}$

2 주어진 그래프와 x축으로 둘러싸인 부분의 넓이가 1이어야 하므로

$\frac{1}{2}\times\left\{\left(a-\frac{1}{3}\right)+2\right\}\times\frac{3}{4}=1$

$\frac{3}{8}\left(a+\frac{5}{3}\right)=1$

$a+\frac{5}{3}=\frac{8}{3}\qquad\therefore a=1$

$\therefore \mathrm{P}\left(\frac{1}{3}\le X\le a\right)=\mathrm{P}\left(\frac{1}{3}\le X\le 1\right)$

따라서 구하는 확률은 오른쪽 그림의 색칠한 부분의 넓이와 같으므로

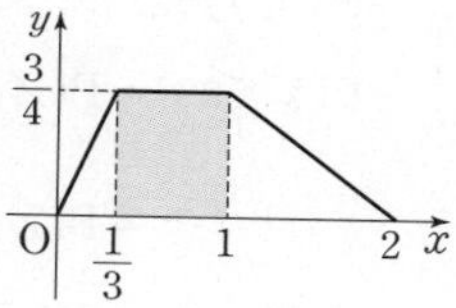

$\mathrm{P}\left(\frac{1}{3}\le X\le 1\right)$

$=\left(1-\frac{1}{3}\right)\times\frac{3}{4}=\frac{1}{2}$

3 ㄱ. $\mathrm{E}(X_1)=\mathrm{E}(X_2)=m_1$, $\mathrm{E}(X_3)=m_2$이므로

$\mathrm{E}(X_1)=\mathrm{E}(X_2)<\mathrm{E}(X_3)$

ㄴ. 표준편차가 클수록 곡선은 가운데 부분의 높이는 낮아지고 양쪽으로 넓게 퍼진 모양이므로

$\sigma(X_1)>\sigma(X_2)$

ㄷ. $\mathrm{P}(X_1>m_1)=0.5$, $\mathrm{P}(X_3>m_2)=0.5$이므로

$\mathrm{P}(X_1>m_1)=\mathrm{P}(X_3>m_2)$

따라서 보기에서 옳은 것은 ㄱ이다.

4 정규분포 $\mathrm{N}(m, 4)$를 따르는 확률변수 X의 확률밀도함수는 $x=m$에서 최댓값을 갖고, 정규분포 곡선은 직선 $x=m$에 대하여 대칭이다.

따라서 $g(k)=\mathrm{P}(k-8\le X\le k)$가 최대가 되려면

$\dfrac{(k-8)+k}{2}=m$

$k=12$일 때 최댓값을 가지므로

$m=\dfrac{4+12}{2}=8$

5 $\mathrm{P}(m-2\sigma\le X\le m+\sigma)$

$=\mathrm{P}(m-2\sigma\le X\le m)+\mathrm{P}(m\le X\le m+\sigma)$

$=\mathrm{P}(m\le X\le m+2\sigma)+\mathrm{P}(m-\sigma\le X\le m)$

$=\mathrm{P}(m-\sigma\le X\le m+2\sigma)$

즉, $\mathrm{P}(m-2\sigma\le \mathrm{X}\le m+\sigma)=a$에서

$\mathrm{P}(m-\sigma\le X\le m+2\sigma)=a$

$\therefore \mathrm{P}(X\le m-\sigma)$

$=1-\mathrm{P}(X\ge m-\sigma)$

$=1-\{\mathrm{P}(m-\sigma\le X\le m+2\sigma)+\mathrm{P}(X\ge m+2\sigma)\}$

$=1-(a+b)$

$=1-a-b$

6 $Z_X=\dfrac{X-72}{6}$로 놓으면 확률변수 Z_X는 표준정규분포 $\mathrm{N}(0,\ 1)$을 따르므로

$\mathrm{P}(X\le 78)=\mathrm{P}\left(Z_X\le\dfrac{78-72}{6}\right)$

$=\mathrm{P}(Z_X\le 1)$ …… ㉠

$Z_Y=\dfrac{Y-80}{\sigma}$으로 놓으면 확률변수 Z_Y는 표준정규분포 $\mathrm{N}(0,\ 1)$을 따르므로

$\mathrm{P}(Y\le 83)=\mathrm{P}\left(Z_Y\le\dfrac{83-80}{\sigma}\right)$

$=\mathrm{P}\left(Z_Y\le\dfrac{3}{\sigma}\right)$ …… ㉡

$\mathrm{P}(X\le 78)=\mathrm{P}(Y\le 83)$이므로 ㉠, ㉡에서

$\mathrm{P}(Z_X\le 1)=\mathrm{P}\left(Z_Y\le\dfrac{3}{\sigma}\right)$

따라서 $1=\dfrac{3}{\sigma}$이므로 $\sigma=3$

7 확률변수 X가 정규분포 $\mathrm{N}(74,\ 6^2)$을 따르므로 $Z=\dfrac{X-74}{6}$로 놓으면 확률변수 Z는 표준정규분포 $\mathrm{N}(0,\ 1)$을 따른다.

따라서 구하는 확률은

$\mathrm{P}(68\le X\le 77)=\mathrm{P}\left(\dfrac{68-74}{6}\le Z\le\dfrac{77-74}{6}\right)$

$=\mathrm{P}(-1\le Z\le 0.5)$

$=\mathrm{P}(-1\le Z\le 0)+\mathrm{P}(0\le Z\le 0.5)$

$=\mathrm{P}(0\le Z\le 1)+\mathrm{P}(0\le Z\le 0.5)$

$=0.3413+0.1915=0.5328$

8 시험 점수를 X점이라 하면 확률변수 X는 정규분포 $\mathrm{N}(68,\ 10^2)$을 따르므로 $Z=\dfrac{X-68}{10}$로 놓으면 확률변수 Z는 표준정규분포 $\mathrm{N}(0,\ 1)$을 따른다.

따라서 구하는 확률은

$\mathrm{P}(55\le X\le 78)=\mathrm{P}\left(\dfrac{55-68}{10}\le Z\le\dfrac{78-68}{10}\right)$

$=\mathrm{P}(-1.3\le Z\le 1)$

$=\mathrm{P}(-1.3\le Z\le 0)+\mathrm{P}(0\le Z\le 1)$

$=\mathrm{P}(0\le Z\le 1.3)+\mathrm{P}(0\le Z\le 1)$

$=0.4032+0.3413$

$=0.7445$

9 제품의 무게를 X g이라 하면 확률변수 X는 정규분포 $\mathrm{N}(170,\ 5^2)$을 따르므로 $Z=\dfrac{X-170}{5}$으로 놓으면 확률변수 Z는 표준정규분포 $\mathrm{N}(0,\ 1)$을 따른다.

이때 합격품일 확률은

$\mathrm{P}(165\le X\le 180)=\mathrm{P}\left(\dfrac{165-170}{5}\le Z\le\dfrac{180-170}{5}\right)$

$=\mathrm{P}(-1\le Z\le 2)$

$=\mathrm{P}(-1\le Z\le 0)+\mathrm{P}(0\le Z\le 2)$

$=\mathrm{P}(0\le Z\le 1)+\mathrm{P}(0\le Z\le 2)$

$=0.3413+0.4772$

$=0.8185$

따라서 구하는 합격품의 개수는

$20000\times 0.8185=16370$

10 지원자의 점수를 X점이라 하면 확률변수 X는 정규분포 $\mathrm{N}(278,\ 41^2)$을 따르므로 $Z=\dfrac{X-278}{41}$로 놓으면 확률변수 Z는 표준정규분포 $\mathrm{N}(0,\ 1)$을 따른다.

이때 전체 1000명의 지원자 중에서 선발되는 23명이 차지하는 비율은 $\dfrac{23}{1000}=0.023$이므로 선별된 학생의 최저 점수를 a점이라 하면 $\mathrm{P}(X\ge a)=0.023$에서

$\mathrm{P}\left(Z\ge\dfrac{a-278}{41}\right)=0.023$

$\mathrm{P}(Z\ge 0)-\mathrm{P}\left(0\le Z\le\dfrac{a-278}{41}\right)=0.023$

$0.5-\mathrm{P}\left(0\le Z\le\dfrac{a-278}{41}\right)=0.023$

$\therefore \mathrm{P}\left(0\le Z\le\dfrac{a-278}{41}\right)=0.477$

이때 $\mathrm{P}(0\le Z\le 2)=0.477$이므로

$\dfrac{a-278}{41}=2$

$a-278=82 \qquad \therefore a=360$

따라서 구하는 최저 점수는 360점이다.

개념편

11 학생들의 영어, 수학, 과학 성적을 각각 X_1점, X_2점, X_3점이라 하면 확률변수 X_1, X_2, X_3은 각각 정규분포 $\mathrm{N}(60,\ 20^2)$, $\mathrm{N}(70,\ 20^2)$, $\mathrm{N}(63,\ 16^2)$을 따르므로

$Z_1=\dfrac{X_1-60}{20}$, $Z_2=\dfrac{X_2-70}{20}$, $Z_3=\dfrac{X_3-63}{16}$으로 놓으면 확률변수 Z_1, Z_2, Z_3은 모두 표준정규분포 $\mathrm{N}(0,\ 1)$을 따른다.

A보다 영어, 수학, 과학 성적이 낮을 확률은 각각

$\mathrm{P}(X_1<82)=\mathrm{P}\left(Z_1<\dfrac{82-60}{20}\right)=\mathrm{P}(Z_1<1.1)$

$\mathrm{P}(X_2<90)=\mathrm{P}\left(Z_2<\dfrac{90-70}{20}\right)=\mathrm{P}(Z_2<1)$

$\mathrm{P}(X_3<75)=\mathrm{P}\left(Z_3<\dfrac{75-63}{16}\right)=\mathrm{P}(Z_3<0.75)$

이때 $\mathrm{P}(Z_1<1.1)>\mathrm{P}(Z_2<1)>\mathrm{P}(Z_3<0.75)$이므로

$\mathrm{P}(X_1<82)>\mathrm{P}(X_2<90)>\mathrm{P}(X_3<75)$

따라서 A의 성적이 상대적으로 가장 높은 과목은 영어이다.

12 확률변수 X가 이항분포 $\mathrm{B}\left(100,\ \dfrac{9}{10}\right)$를 따르므로

$\mathrm{E}(X)=100\times\dfrac{9}{10}=90$

$\mathrm{V}(X)=100\times\dfrac{9}{10}\times\dfrac{1}{10}=9$

이때 시행 횟수 $n=100$은 충분히 크므로 확률변수 X는 근사적으로 정규분포 $\mathrm{N}(90,\ 3^2)$을 따른다.

따라서 $Z=\dfrac{X-90}{3}$으로 놓으면 확률변수 Z는 표준정규분포 $\mathrm{N}(0,\ 1)$을 따르므로 구하는 확률은

$$\begin{aligned}\mathrm{P}(X\le 87)&=\mathrm{P}\left(Z\le\dfrac{87-90}{3}\right)\\&=\mathrm{P}(Z\le -1)\\&=\mathrm{P}(Z\ge 1)\\&=\mathrm{P}(Z\ge 0)-\mathrm{P}(0\le Z\le 1)\\&=0.5-0.3413\\&=0.1587\end{aligned}$$

13 한 개의 주사위를 720번 던져서 1의 눈이 나오는 횟수를 X라 하면 주사위를 한 번 던질 때 1의 눈이 나올 확률이 $\dfrac{1}{6}$이므로 확률변수 X는 이항분포 $\mathrm{B}\left(720,\ \dfrac{1}{6}\right)$을 따른다.

$\therefore\ \mathrm{E}(X)=720\times\dfrac{1}{6}=120$,

$\mathrm{V}(X)=720\times\dfrac{1}{6}\times\dfrac{5}{6}=100$

이때 시행 횟수 $n=720$은 충분히 크므로 확률변수 X는 근사적으로 정규분포 $\mathrm{N}(120,\ 10^2)$을 따른다.

따라서 $Z=\dfrac{X-120}{10}$으로 놓으면 확률변수 Z는 표준정규분포 $\mathrm{N}(0,\ 1)$을 따르므로 구하는 확률은

$$\begin{aligned}\mathrm{P}(130\le X\le 140)&=\mathrm{P}\left(\dfrac{130-120}{10}\le Z\le\dfrac{140-120}{10}\right)\\&=\mathrm{P}(1\le Z\le 2)\\&=\mathrm{P}(0\le Z\le 2)-\mathrm{P}(0\le Z\le 1)\\&=0.4772-0.3413=0.1359\end{aligned}$$

14 100번의 슛 블록을 시도하여 성공하는 횟수를 X라 하면 한 번의 시도에서 슛 블록을 성공할 확률이 $\dfrac{20}{100}=\dfrac{1}{5}$이므로 확률변수 X는 이항분포 $\mathrm{B}\left(100,\ \dfrac{1}{5}\right)$을 따른다.

$\therefore\ \mathrm{E}(X)=100\times\dfrac{1}{5}=20$,

$\mathrm{V}(X)=100\times\dfrac{1}{5}\times\dfrac{4}{5}=16$

이때 시행 횟수 $n=100$은 충분히 크므로 확률변수 X는 근사적으로 정규분포 $\mathrm{N}(20,\ 4^2)$을 따른다.

따라서 $Z=\dfrac{X-20}{4}$으로 놓으면 확률변수 Z는 표준정규분포 $\mathrm{N}(0,\ 1)$을 따르므로 $\mathrm{P}(X\le k)=0.1587$에서

$\mathrm{P}\left(Z\le\dfrac{k-20}{4}\right)=0.1587$

$\mathrm{P}\left(Z\ge\dfrac{20-k}{4}\right)=0.1587$

$0.5-\mathrm{P}\left(0\le Z\le\dfrac{20-k}{4}\right)=0.1587$

$\therefore\ \mathrm{P}\left(0\le Z\le\dfrac{20-k}{4}\right)=0.3413$

이때 $\mathrm{P}(0\le Z\le 1)=0.3413$이므로

$\dfrac{20-k}{4}=1$

$20-k=4\quad\therefore\ k=16$

15 연속확률변수 X가 갖는 값의 범위가 $0\le X\le 3$이고 확률의 총합은 1이므로

$\mathrm{P}(0\le X\le 3)=1$

$\mathrm{P}(x\le X\le 3)=a(3-x)$의 양변에 $x=0$을 대입하면

$\mathrm{P}(0\le X\le 3)=3a$

즉, $1=3a$이므로 $a=\dfrac{1}{3}$

따라서 $\mathrm{P}(x\le X\le 3)=\dfrac{1}{3}(3-x)\ (0\le x\le 3)$이므로

$$\begin{aligned}\mathrm{P}(0\le X\le a)&=\mathrm{P}\left(0\le X\le\dfrac{1}{3}\right)\\&=\mathrm{P}(0\le X\le 3)-\mathrm{P}\left(\dfrac{1}{3}\le X\le 3\right)\\&=1-\dfrac{1}{3}\times\left(3-\dfrac{1}{3}\right)=\dfrac{1}{9}\end{aligned}$$

16 확률변수 X는 정규분포 $\mathrm{N}(m,\ \sigma^2)$을 따르므로

$Z=\frac{X-m}{\sigma}$으로 놓으면 확률변수 Z는 표준정규분포

$\mathrm{N}(0,\ 1)$을 따른다.

$\mathrm{P}(X\le 3)=0.3$에서

$\mathrm{P}\left(Z\le\frac{3-m}{\sigma}\right)=0.3$, $\mathrm{P}\left(Z\ge\frac{m-3}{\sigma}\right)=0.3$

$\mathrm{P}(Z\ge 0)-\mathrm{P}\left(0\le Z\le\frac{m-3}{\sigma}\right)=0.3$

$0.5-\mathrm{P}\left(0\le Z\le\frac{m-3}{\sigma}\right)=0.3$

$\therefore \mathrm{P}\left(0\le Z\le\frac{m-3}{\sigma}\right)=0.2$

이때 $\mathrm{P}(0\le Z\le 0.52)=0.2$이므로

$\frac{m-3}{\sigma}=0.52 \qquad \therefore m-3=0.52\sigma$ ⋯⋯ ㉠

한편 $\mathrm{P}(X\le 3)+\mathrm{P}(3\le X\le 80)=\mathrm{P}(X\le 80)$이므로

$\mathrm{P}(X\le 80)=0.3+0.3=0.6$에서

$\mathrm{P}\left(Z\le\frac{80-m}{\sigma}\right)=0.6$

$\mathrm{P}(Z\le 0)+\mathrm{P}\left(0\le Z\le\frac{80-m}{\sigma}\right)=0.6$

$0.5+\mathrm{P}\left(0\le Z\le\frac{80-m}{\sigma}\right)=0.6$

$\therefore \mathrm{P}\left(0\le Z\le\frac{80-m}{\sigma}\right)=0.1$

이때 $\mathrm{P}(0\le Z\le 0.25)=0.1$이므로

$\frac{80-m}{\sigma}=0.25 \qquad \therefore 80-m=0.25\sigma$ ⋯⋯ ㉡

㉠, ㉡을 연립하여 풀면

$m=55,\ \sigma=100$

$\therefore m+\sigma=155$

17 직원들의 출근 시간을 X분이라 하면 확률변수 X는 정규분포 $\mathrm{N}(66.4,\ 15^2)$을 따르므로 $Z=\frac{X-66.4}{15}$로 놓으면 확률변수 Z는 표준정규분포 $\mathrm{N}(0,\ 1)$을 따른다.

출근 시간이 73분 이상인 직원일 확률은

$$\begin{aligned}\mathrm{P}(X\ge 73)&=\mathrm{P}\left(Z\ge\frac{73-66.4}{15}\right)\\&=\mathrm{P}(Z\ge 0.44)\\&=\mathrm{P}(Z\ge 0)-\mathrm{P}(0\le Z\le 0.44)\\&=0.5-0.17=0.33\end{aligned}$$

임의로 선택한 1명이 출근 시간이 73분 이상인 직원인 사건을 A, 지하철을 이용하는 직원인 사건을 B라 하면

$$\begin{aligned}\mathrm{P}(A\cap B)&=\mathrm{P}(A)\mathrm{P}(B|A) \quad \blacktriangleleft\ \mathrm{P}(A)=\mathrm{P}(X\ge 73)\\&=0.33\times 0.4=0.132\end{aligned}$$

$$\begin{aligned}\mathrm{P}(A^C\cap B)&=\mathrm{P}(A^C)\mathrm{P}(B|A^C)\\&=(1-0.33)\times 0.2=0.134\end{aligned}$$

따라서 구하는 확률은

$$\begin{aligned}\mathrm{P}(B)&=\mathrm{P}(A\cap B)+\mathrm{P}(A^C\cap B)\\&=0.132+0.134\\&=0.266\end{aligned}$$

18 확률변수 X의 확률질량함수가

$\mathrm{P}(X=x)={}_n\mathrm{C}_x\left(\frac{1}{5}\right)^x\left(\frac{4}{5}\right)^{n-x}$ $(x=0,\ 1,\ 2,\ \cdots,\ n)$이므로 X는 이항분포 $\mathrm{B}\left(n,\ \frac{1}{5}\right)$을 따른다.

$\therefore \mathrm{E}(X)=n\times\frac{1}{5}=\frac{n}{5}$, $\mathrm{V}(X)=n\times\frac{1}{5}\times\frac{4}{5}=\frac{4}{25}n$

$\mathrm{V}(X)=\mathrm{E}(X^2)-\{\mathrm{E}(X)\}^2$이므로

$$\begin{aligned}\mathrm{E}(X^2)&=\mathrm{V}(X)+\{\mathrm{E}(X)\}^2\\&=\frac{4}{25}n+\left(\frac{n}{5}\right)^2=\frac{1}{25}n^2+\frac{4}{25}n\end{aligned}$$

$\mathrm{E}\left(\frac{X^2}{8}\right)=52$에서 $\frac{1}{8}\mathrm{E}(X^2)=52$

$\frac{1}{8}\left(\frac{1}{25}n^2+\frac{4}{25}n\right)=52$

$n^2+4n-10400=0$

$(n+104)(n-100)=0$

$\therefore n=100$ ($\because$ n은 자연수)

이때 시행 횟수 $n=100$은 충분히 크므로 확률변수 X는 근사적으로 정규분포 $\mathrm{N}(20,\ 4^2)$을 따른다.

따라서 $Z=\frac{X-20}{4}$으로 놓으면 확률변수 Z는 표준정규분포 $\mathrm{N}(0,\ 1)$을 따르므로 $\mathrm{P}(X\le k)=0.0668$에서

$\mathrm{P}\left(Z\le\frac{k-20}{4}\right)=0.0668$

$\mathrm{P}\left(Z\ge\frac{20-k}{4}\right)=0.0668$

$\mathrm{P}(Z\ge 0)-\mathrm{P}\left(0\le Z\le\frac{20-k}{4}\right)=0.0668$

$0.5-\mathrm{P}\left(0\le Z\le\frac{20-k}{4}\right)=0.0668$

$\therefore \mathrm{P}\left(0\le Z\le\frac{20-k}{4}\right)=0.4332$

이때 $\mathrm{P}(0\le Z\le 1.5)=0.4332$이므로

$\frac{20-k}{4}=1.5$

$20-k=6$

$\therefore k=14$

19 휴대폰 케이스의 무게를 Xg이라 하면 확률변수 X는 정규분포 $\mathrm{N}(30,\ 5^2)$을 따르므로 $Z_X=\frac{X-30}{5}$으로 놓으면 확률변수 Z_X는 표준정규분포 $\mathrm{N}(0,\ 1)$을 따른다.

따라서 불량품일 확률은

$P(X\geq 40)=P\left(Z_X\geq \frac{40-30}{5}\right)$
$=P(Z_X\geq 2)$
$=P(Z_X\geq 0)-P(0\leq Z_X\leq 2)$
$=0.5-0.48=0.02$

생산된 휴대폰 케이스 2500개 중에서 불량품의 개수를 Y라 하면 불량품일 확률이 0.02이므로 확률변수 Y는 이항분포 $B(2500,\ 0.02)$를 따른다.

$\therefore\ E(Y)=2500\times 0.02=50,$
$V(Y)=2500\times 0.02\times 0.98=49$

이때 시행 횟수 $n=2500$은 충분히 크므로 확률변수 Y는 근사적으로 정규분포 $N(50,\ 7^2)$을 따른다.

따라서 $Z_Y=\frac{Y-50}{7}$으로 놓으면 확률변수 Z_Y는 표준정규분포 $N(0,\ 1)$을 따르므로 구하는 확률은

$P(Y\geq 57)=P\left(Z_Y\geq \frac{57-50}{7}\right)$
$=P(Z_Y\geq 1)$
$=P(Z_Y\geq 0)-P(0\leq Z_Y\leq 1)$
$=0.5-0.34=0.16$

20 1600회의 게임에서 흰 바둑돌이 나오는 횟수를 X라 하면 1회의 게임에서 흰 바둑돌이 나올 확률이 $\frac{5}{25}=\frac{1}{5}$이므로 확률변수 X는 이항분포 $B\left(1600,\ \frac{1}{5}\right)$을 따른다.

$\therefore\ E(X)=1600\times\frac{1}{5}=320,$

$V(X)=1600\times\frac{1}{5}\times\frac{4}{5}=256$

이때 시행 횟수 $n=1600$은 충분히 크므로 확률변수 X는 근사적으로 정규분포 $N(320,\ 16^2)$을 따른다.

따라서 $Z=\frac{X-320}{16}$으로 놓으면 확률변수 Z는 표준정규분포 $N(0,\ 1)$을 따른다.

한편 검은 바둑돌이 나오는 횟수는 $1600-X$이므로 점수가 1024점 이하이려면

$10\times X+(-2)\times(1600-X)\leq 1024$
$12X-3200\leq 1024$
$\therefore\ X\leq 352$

따라서 구하는 확률은

$P(X\leq 352)=P\left(Z\leq \frac{352-320}{16}\right)$
$=P(Z\leq 2)$
$=P(Z\leq 0)+P(0\leq Z\leq 2)$
$=0.5+0.4772=0.9772$

Ⅲ-2 01 통계적 추정

1 모평균과 표본평균

개념 Check

119쪽

1 답 ㄷ

2 답 **(1) 216 (2) 120 (3) 20**

(1) 한 개씩 복원추출하는 경우의 수는 서로 다른 6개에서 중복을 허용하여 3개를 택하는 중복순열의 수와 같으므로

$_6\Pi_3=6^3=216$

(2) 한 개씩 비복원추출하는 경우의 수는 서로 다른 6개에서 서로 다른 3개를 택하는 순열의 수와 같으므로

$_6P_3=120$

(3) 동시에 추출하는 경우의 수는 서로 다른 6개에서 서로 다른 3개를 택하는 조합의 수와 같으므로

$_6C_3=20$

3 답 **(1) 0, 1, 2, 3, 4**
(2) 풀이 참조
(3) 평균: 2, 분산: $\frac{4}{3}$, 표준편차: $\frac{2\sqrt{3}}{3}$

(1) 모집단 $\{0,\ 2,\ 4\}$에서 크기가 2인 표본 $X_1,\ X_2$를 임의추출할 때, 표본평균 $\overline{X}$는 $\overline{X}=\frac{X_1+X_2}{2}$이므로 추출한 표본에 따른 표본평균 $\overline{X}$는 다음 표와 같다.

X_2 \ X_1	0	2	4
0	0	1	2
2	1	2	3
4	2	3	4

따라서 $\overline{X}$가 가질 수 있는 값은 0, 1, 2, 3, 4이다.

(2) 표본평균 $\overline{X}$의 확률분포를 표로 나타내면 다음과 같다.

$\overline{X}$	0	1	2	3	4	합계
$P(\overline{X}=\overline{x})$	$\frac{1}{9}$	$\frac{2}{9}$	$\frac{1}{3}$	$\frac{2}{9}$	$\frac{1}{9}$	1

(3) $E(\overline{X})=0\times\frac{1}{9}+1\times\frac{2}{9}+2\times\frac{1}{3}+3\times\frac{2}{9}+4\times\frac{1}{9}=2$

$V(\overline{X})=0^2\times\frac{1}{9}+1^2\times\frac{2}{9}+2^2\times\frac{1}{3}+3^2\times\frac{2}{9}+4^2\times\frac{1}{9}-2^2$
$=\frac{4}{3}$

$\sigma(\overline{X})=\sqrt{\frac{4}{3}}=\frac{2\sqrt{3}}{3}$

4 답 (1) **평균: 30, 분산: 25, 표준편차: 5**

(2) **평균: 30, 분산: 4, 표준편차: 2**

(3) **평균: 30, 분산: 1, 표준편차: 1**

모평균 $m=30$, 모표준편차 $\sigma=10$이므로

(1) $E(\overline{X})=m=30$

$V(\overline{X})=\frac{\sigma^2}{n}=\frac{10^2}{4}=25$

$\sigma(\overline{X})=\frac{\sigma}{\sqrt{n}}=\frac{10}{\sqrt{4}}=5$

(2) $E(\overline{X})=m=30$

$V(\overline{X})=\frac{\sigma^2}{n}=\frac{10^2}{25}=4$

$\sigma(\overline{X})=\frac{\sigma}{\sqrt{n}}=\frac{10}{\sqrt{25}}=2$

(3) $E(\overline{X})=m=30$

$V(\overline{X})=\frac{\sigma^2}{n}=\frac{10^2}{100}=1$

$\sigma(\overline{X})=\frac{\sigma}{\sqrt{n}}=\frac{10}{\sqrt{100}}=1$

5 답 (1) $\mathbf{E(\overline{X})=7,\ V(\overline{X})=4,\ \sigma(\overline{X})=2}$

(2) $\mathbf{N(7,\ 2^2)}$

(1) 모평균 $m=7$, 모표준편차 $\sigma=12$, 표본의 크기 $n=36$이므로

$E(\overline{X})=m=7$

$V(\overline{X})=\frac{\sigma^2}{n}=\frac{12^2}{36}=4$

$\sigma(\overline{X})=\frac{\sigma}{\sqrt{n}}=\frac{12}{\sqrt{36}}=2$

문제 120~123쪽

01-1 답 **12**

모평균 $m=15$, 모표준편차 $\sigma=4$, 표본의 크기 $n=25$이므로

$E(\overline{X})=m=15$

$\sigma(\overline{X})=\frac{\sigma}{\sqrt{n}}=\frac{4}{\sqrt{25}}=\frac{4}{5}$

$\therefore E(\overline{X})\sigma(\overline{X})=15\times\frac{4}{5}=12$

01-2 답 **110**

모평균 $m=10$, 모표준편차 $\sigma=8$이므로

$E(\overline{X})=m=10$

$V(\overline{X})=\frac{\sigma^2}{n}=\frac{64}{n}$

즉, $\frac{64}{n}=\frac{16}{25}$이므로 $n=100$

$\therefore E(\overline{X})+n=10+100=110$

01-3 답 **400**

모표준편차 $\sigma=10$이므로

$\sigma(\overline{X})=\frac{\sigma}{\sqrt{n}}=\frac{10}{\sqrt{n}}$

즉, $\frac{10}{\sqrt{n}}\le0.5$이므로

$\sqrt{n}\ge20 \qquad \therefore n\ge400$

따라서 n의 최솟값은 400이다.

01-4 답 **964**

모평균 $m=30$, 모표준편차 $\sigma=16$, 표본의 크기 $n=4$이므로

$E(\overline{X})=m=30$

$V(\overline{X})=\frac{\sigma^2}{n}=\frac{16^2}{4}=64$

$V(\overline{X})=E(\overline{X}^2)-\{E(\overline{X})\}^2$이므로

$E(\overline{X}^2)=V(\overline{X})+\{E(\overline{X})\}^2=64+30^2=964$

02-1 답 **평균: 1, 분산:** $\mathbf{\frac{1}{12}}$

모평균 m과 모분산 σ^2을 구하면

$m=0\times\frac{1}{4}+1\times\frac{1}{2}+2\times\frac{1}{4}=1$

$\sigma^2=0^2\times\frac{1}{4}+1^2\times\frac{1}{2}+2^2\times\frac{1}{4}-1^2=\frac{1}{2}$

이때 표본의 크기 $n=6$이므로

$E(\overline{X})=m=1$

$V(\overline{X})=\frac{\sigma^2}{n}=\frac{\frac{1}{2}}{6}=\frac{1}{12}$

02-2 답 **4**

상자에서 한 장의 카드를 꺼낼 때, 카드에 적힌 숫자를 확률변수 X라 하고, X의 확률분포를 표로 나타내면 다음과 같다.

X	2	4	6	8	합계
$P(X=x)$	$\frac{2}{5}$	$\frac{3}{10}$	$\frac{1}{5}$	$\frac{1}{10}$	1

모평균 m과 모분산 σ^2을 구하면

$m=2\times\frac{2}{5}+4\times\frac{3}{10}+6\times\frac{1}{5}+8\times\frac{1}{10}=4$

$\sigma^2=2^2\times\frac{2}{5}+4^2\times\frac{3}{10}+6^2\times\frac{1}{5}+8^2\times\frac{1}{10}-4^2=4$

이때 표본의 크기 $n=4$이므로

$E(\overline{X})=m=4$

$\sigma(\overline{X})=\frac{\sigma}{\sqrt{n}}=\frac{2}{\sqrt{4}}=1$

$\therefore E(\overline{X})\sigma(\overline{X})=4\times1=4$

03-1 답 $\mathbf{0.8413}$

모집단이 정규분포 $N(84, 14^2)$을 따르고 표본의 크기 $n=4$이므로 표본평균 $\overline{X}$는 정규분포 $N\left(84, \frac{14^2}{4}\right)$, 즉 $N(84, 7^2)$을 따른다.

따라서 $Z=\frac{\overline{X}-84}{7}$로 놓으면 확률변수 Z는 표준정규분포 $N(0, 1)$을 따르므로 구하는 확률은

$$\begin{aligned}P(\overline{X}\le 91)&=P\left(Z\le\frac{91-84}{7}\right)\\&=P(Z\le 1)\\&=P(Z\le 0)+P(0\le Z\le 1)\\&=0.5+0.3413=0.8413\end{aligned}$$

03-2 답 $\mathbf{0.2857}$

모집단이 정규분포 $N(71, 16^2)$을 따르고 표본의 크기 $n=64$이므로 64명의 하루 TV 시청 시간의 평균을 $\overline{X}$분이라 하면 표본평균 $\overline{X}$는 정규분포 $N\left(71, \frac{16^2}{64}\right)$, 즉 $N(71, 2^2)$을 따른다.

따라서 $Z=\frac{\overline{X}-71}{2}$로 놓으면 확률변수 Z는 표준정규분포 $N(0, 1)$을 따르므로 구하는 확률은

$$\begin{aligned}P(72\le\overline{X}\le 75)&=P\left(\frac{72-71}{2}\le Z\le\frac{75-71}{2}\right)\\&=P(0.5\le Z\le 2)\\&=P(0\le Z\le 2)-P(0\le Z\le 0.5)\\&=0.4772-0.1915=0.2857\end{aligned}$$

04-1 답 $\mathbf{81}$

모집단이 정규분포 $N(80, 12^2)$을 따르고 표본의 크기가 n이므로 표본평균 $\overline{X}$는 정규분포 $N\left(80, \frac{12^2}{n}\right)$, 즉 $N\left(80, \left(\frac{12}{\sqrt{n}}\right)^2\right)$을 따른다.

따라서 $Z=\frac{\overline{X}-80}{\frac{12}{\sqrt{n}}}$으로 놓으면 확률변수 Z는 표준정규분포 $N(0, 1)$을 따르므로 $P(\overline{X}\ge 82)=0.0668$에서

$P\left(Z\ge\frac{82-80}{\frac{12}{\sqrt{n}}}\right)=0.0668$, $P\left(Z\ge\frac{\sqrt{n}}{6}\right)=0.0668$

$P(Z\ge 0)-P\left(0\le Z\le\frac{\sqrt{n}}{6}\right)=0.0668$

$0.5-P\left(0\le Z\le\frac{\sqrt{n}}{6}\right)=0.0668$

$\therefore P\left(0\le Z\le\frac{\sqrt{n}}{6}\right)=0.4332$

이때 $P(0\le Z\le 1.5)=0.4332$이므로

$\frac{\sqrt{n}}{6}=1.5$, $\sqrt{n}=9$ $\quad\therefore n=81$

04-2 답 $\mathbf{296}$

모집단이 정규분포 $N(300, 40^2)$을 따르고 표본의 크기 $n=100$이므로 표본평균 $\overline{X}$는 정규분포 $N\left(300, \frac{40^2}{100}\right)$, 즉 $N(300, 4^2)$을 따른다.

따라서 $Z=\frac{\overline{X}-300}{4}$으로 놓으면 확률변수 Z는 표준정규분포 $N(0, 1)$을 따르므로 $P(\overline{X}\ge a)=0.8413$에서

$P\left(Z\ge\frac{a-300}{4}\right)=0.8413$, $P\left(Z\le\frac{300-a}{4}\right)=0.8413$

$P(Z\le 0)+P\left(0\le Z\le\frac{300-a}{4}\right)=0.8413$

$0.5+P\left(0\le Z\le\frac{300-a}{4}\right)=0.8413$

$\therefore P\left(0\le Z\le\frac{300-a}{4}\right)=0.3413$

이때 $P(0\le Z\le 1)=0.3413$이므로

$\frac{300-a}{4}=1$ $\quad\therefore a=296$

2 표본비율

개념 Check 125쪽

1 답 (1) $\mathbf{\frac{1}{5}}$ (2) $\mathbf{\frac{5}{24}}$

(1) $p=\frac{200}{1000}=\frac{1}{5}$

(2) $\hat{p}=\frac{50}{240}=\frac{5}{24}$

2 답 (1) $\mathbf{\frac{1}{4}}$ (2) $\mathbf{\frac{3}{400}}$ (3) $\mathbf{\frac{\sqrt{3}}{20}}$

모비율 $p=\frac{1}{4}$, 표본의 크기 $n=25$이므로

(1) $E(\hat{p})=p=\frac{1}{4}$

(2) $V(\hat{p})=\frac{pq}{n}=\frac{\frac{1}{4}\times\frac{3}{4}}{25}=\frac{3}{400}$ ◀ $q=1-p$

(3) $\sigma(\hat{p})=\sqrt{\frac{pq}{n}}=\sqrt{\frac{3}{400}}=\frac{\sqrt{3}}{20}$

3 답 (1) $\mathbf{E(\hat{p})=0.1}$, $\mathbf{V(\hat{p})=0.0009}$, $\mathbf{\sigma(\hat{p})=0.03}$
(2) $\mathbf{N(0.1, 0.03^2)}$ (3) $\mathbf{0.9772}$

모비율 $p=0.1$, 표본의 크기 $n=100$이므로

(1) $E(\hat{p})=p=0.1$

$V(\hat{p})=\frac{pq}{n}=\frac{0.1\times 0.9}{100}=0.0009$ ◀ $q=1-p$

$\sigma(\hat{p})=\sqrt{\frac{pq}{n}}=\sqrt{0.0009}=0.03$

(3) $\mathrm{P}(\hat{p}\ge 0.04)=\mathrm{P}\left(Z\ge\frac{0.04-0.1}{0.03}\right)$
$=\mathrm{P}(Z\ge -2)$
$=\mathrm{P}(Z\le 2)$
$=\mathrm{P}(Z\le 0)+\mathrm{P}(0\le Z\le 2)$
$=0.5+0.4772=0.9772$

문제 126쪽

05-1 답 **0.8185**

임의추출한 학생 50명 중 방과 후 학교를 하는 학생의 비율을 $\hat{p}$이라 하면 모비율 $p=\frac{2}{3}$, 표본의 크기 $n=50$이므로

$\mathrm{E}(\hat{p})=\frac{2}{3}$

$\mathrm{V}(\hat{p})=\frac{\frac{2}{3}\times\frac{1}{3}}{50}=\frac{1}{225}=\left(\frac{1}{15}\right)^2$

표본의 크기 $n=50$은 충분히 크므로 표본비율 $\hat{p}$은 근사적으로 정규분포 $\mathrm{N}\left(\frac{2}{3}, \left(\frac{1}{15}\right)^2\right)$을 따른다.

따라서 $Z=\frac{\hat{p}-\frac{2}{3}}{\frac{1}{15}}$로 놓으면 확률변수 Z는 표준정규분포 $\mathrm{N}(0, 1)$을 따르므로 구하는 확률은

$\mathrm{P}\left(\frac{60}{100}\le\hat{p}\le\frac{80}{100}\right)=\mathrm{P}\left(\frac{3}{5}\le\hat{p}\le\frac{4}{5}\right)$
$=\mathrm{P}\left(\frac{\frac{3}{5}-\frac{2}{3}}{\frac{1}{15}}\le Z\le\frac{\frac{4}{5}-\frac{2}{3}}{\frac{1}{15}}\right)$
$=\mathrm{P}(-1\le Z\le 2)$
$=\mathrm{P}(-1\le Z\le 0)+\mathrm{P}(0\le Z\le 2)$
$=\mathrm{P}(0\le Z\le 1)+\mathrm{P}(0\le Z\le 2)$
$=0.3413+0.4772=0.8185$

05-2 답 **0.106**

임의추출한 직원 100명 중 인터넷 중독 판정을 받지 않은 직원의 비율을 $\hat{p}$이라 하면 모비율 $p=0.8$, 표본의 크기 $n=100$이므로

$\mathrm{E}(\hat{p})=0.8$

$\mathrm{V}(\hat{p})=\frac{0.8\times 0.2}{100}=0.0016=0.04^2$

표본의 크기 $n=100$은 충분히 크므로 표본비율 $\hat{p}$은 근사적으로 정규분포 $\mathrm{N}(0.8, 0.04^2)$을 따른다.

따라서 $Z=\frac{\hat{p}-0.8}{0.04}$로 놓으면 확률변수 Z는 표준정규분포 $\mathrm{N}(0, 1)$을 따르므로 구하는 확률은

$\mathrm{P}\left(\hat{p}\le\frac{75}{100}\right)=\mathrm{P}(\hat{p}\le 0.75)=\mathrm{P}\left(Z\le\frac{0.75-0.8}{0.04}\right)$
$=\mathrm{P}(Z\le -1.25)$
$=\mathrm{P}(Z\ge 1.25)$
$=\mathrm{P}(Z\ge 0)-\mathrm{P}(0\le Z\le 1.25)$
$=0.5-0.394=0.106$

3 모평균의 추정

개념 Check 128쪽

1 답 (1) $\mathbf{7.02\le m\le 8.98}$ (2) $\mathbf{6.71\le m\le 9.29}$

표본의 크기 $n=16$, 표본평균 $\overline{x}=8$, 모표준편차 $\sigma=2$이므로

(1) 모평균 m에 대한 신뢰도 95 %의 신뢰구간은

$8-1.96\times\frac{2}{\sqrt{16}}\le m\le 8+1.96\times\frac{2}{\sqrt{16}}$

$\therefore 7.02\le m\le 8.98$

(2) 모평균 m에 대한 신뢰도 99 %의 신뢰구간은

$8-2.58\times\frac{2}{\sqrt{16}}\le m\le 8+2.58\times\frac{2}{\sqrt{16}}$

$\therefore 6.71\le m\le 9.29$

2 답 (1) **1.47** (2) **1.935**

표본의 크기 $n=64$, 모표준편차 $\sigma=3$이므로

(1) 모평균 m에 대한 신뢰도 95 %의 신뢰구간의 길이는

$2\times 1.96\times\frac{3}{\sqrt{64}}=1.47$

(2) 모평균 m에 대한 신뢰도 99 %의 신뢰구간의 길이는

$2\times 2.58\times\frac{3}{\sqrt{64}}=1.935$

문제 129~131쪽

06-1 답 (1) $\mathbf{492.16\le m\le 507.84}$
(2) $\mathbf{489.68\le m\le 510.32}$

표본의 크기 $n=100$, 표본평균 $\overline{x}=500$이고, n은 충분히 크므로 모표준편차 σ 대신 표본표준편차 40을 이용하면

(1) 모평균 m에 대한 신뢰도 95 %의 신뢰구간은

$500-1.96\times\frac{40}{\sqrt{100}}\le m\le 500+1.96\times\frac{40}{\sqrt{100}}$

$\therefore 492.16\le m\le 507.84$

(2) 모평균 m에 대한 신뢰도 99 %의 신뢰구간은

$$500-2.58\times\frac{40}{\sqrt{100}}\le m\le 500+2.58\times\frac{40}{\sqrt{100}}$$

$\therefore\ 489.68\le m\le 510.32$

06-**2** 답 **$3.51\le m\le 4.49$**

표본의 크기 $n=64$, 표본평균 $\bar{x}=4$, 모표준편차 $\sigma=2$이므로 모평균 m에 대한 신뢰도 95 %의 신뢰구간은

$$4-1.96\times\frac{2}{\sqrt{64}}\le m\le 4+1.96\times\frac{2}{\sqrt{64}}$$

$\therefore\ 3.51\le m\le 4.49$

07-**1** 답 **64**

표본평균 $\bar{x}=167$, 모표준편차 $\sigma=16$이므로 모평균 m에 대한 신뢰도 95 %의 신뢰구간은

$$167-1.96\times\frac{16}{\sqrt{n}}\le m\le 167+1.96\times\frac{16}{\sqrt{n}}$$

이 신뢰구간이 $163.08\le m\le 170.92$와 일치하므로

$1.96\times\frac{16}{\sqrt{n}}=3.92,\ \sqrt{n}=8\qquad\therefore\ n=64$

07-**2** 답 **74.71**

표본평균 $\bar{x}=12$, 모표준편차 $\sigma=4$이므로 모평균 m에 대한 신뢰도 99 %의 신뢰구간은

$$12-2.58\times\frac{4}{\sqrt{n}}\le m\le 12+2.58\times\frac{4}{\sqrt{n}}$$

이 신뢰구간이 $a\le m\le 13.29$와 일치하므로

$2.58\times\frac{4}{\sqrt{n}}=1.29,\ \sqrt{n}=8\qquad\therefore\ n=64$

$a=12-2.58\times\frac{4}{\sqrt{n}}=12-1.29=10.71$이므로

$n+a=64+10.71=74.71$

08-**1** 답 **12.4**

표본의 크기 $n=25$, 모표준편차 $\sigma=50$이므로 신뢰도 95 %의 신뢰구간의 길이는

$a=2\times1.96\times\frac{50}{\sqrt{25}}=39.2$

신뢰도 99 %의 신뢰구간의 길이는

$b=2\times2.58\times\frac{50}{\sqrt{25}}=51.6$

$\therefore\ b-a=51.6-39.2=12.4$

08-**2** 답 **4**

표본의 크기를 n이라 할 때, 모표준편차 $\sigma=2$이므로 신뢰도 99 %의 신뢰구간의 길이는

$2\times2.58\times\frac{2}{\sqrt{n}}$

신뢰구간의 길이가 5.16이 되어야 하므로

$2\times2.58\times\frac{2}{\sqrt{n}}=5.16,\ \sqrt{n}=2\qquad\therefore\ n=4$

08-**3** 답 **16**

모표준편차 $\sigma=5$이므로 신뢰도 95 %의 신뢰구간의 길이는

$2\times1.96\times\frac{5}{\sqrt{n}}$

이때 신뢰구간의 길이가 4.9 mg 이하가 되어야 하므로

$2\times1.96\times\frac{5}{\sqrt{n}}\le4.9,\ \sqrt{n}\ge4\qquad\therefore\ n\ge16$

따라서 n의 최솟값은 16이다.

4 모비율의 추정

개념 Check 133쪽

1 답 (1) **$0.451\le p\le 0.549$** (2) **$0.4355\le p\le 0.5645$**

표본의 크기 $n=400$, 표본비율 $\hat{p}=0.5$이고, n은 충분히 크므로

(1) 모비율 p에 대한 신뢰도 95 %의 신뢰구간은

$$0.5-1.96\sqrt{\frac{0.5\times0.5}{400}}\le p\le 0.5+1.96\sqrt{\frac{0.5\times0.5}{400}}$$

$\therefore\ 0.451\le p\le 0.549$

(2) 모비율 p에 대한 신뢰도 99 %의 신뢰구간은

$$0.5-2.58\sqrt{\frac{0.5\times0.5}{400}}\le p\le 0.5+2.58\sqrt{\frac{0.5\times0.5}{400}}$$

$\therefore\ 0.4355\le p\le 0.5645$

2 답 (1) **0.098** (2) **0.129**

표본의 크기 $n=300$, 표본비율 $\hat{p}=0.25$이고, n은 충분히 크므로

(1) 모비율 p에 대한 신뢰도 95 %의 신뢰구간의 길이는

$$2\times1.96\sqrt{\frac{0.25\times0.75}{300}}=0.098$$

(2) 모비율 p에 대한 신뢰도 99 %의 신뢰구간의 길이는

$$2\times2.58\sqrt{\frac{0.25\times0.75}{300}}=0.129$$

문제 134~136쪽

09-**1** 답 (1) **$0.1608\le p\le 0.2392$**
(2) **$0.1484\le p\le 0.2516$**

표본의 크기 $n=400$, 표본비율 $\hat{p}=\frac{80}{400}=0.2$이고, n은 충분히 크므로

(1) 모비율 p에 대한 신뢰도 95 %의 신뢰구간은

$$0.2-1.96\sqrt{\frac{0.2\times0.8}{400}}\le p\le 0.2+1.96\sqrt{\frac{0.2\times0.8}{400}}$$

$\therefore\ 0.1608\le p\le 0.2392$

(2) 모비율 p에 대한 신뢰도 99 %의 신뢰구간은

$0.2-2.58\sqrt{\frac{0.2\times0.8}{400}}\le p\le0.2+2.58\sqrt{\frac{0.2\times0.8}{400}}$

$\therefore 0.1484\le p\le0.2516$

09-2 답 **0.0084**

표본의 크기 $n=4900$, 표본비율 $\hat{p}=0.9$이고, n은 충분히 크므로 모비율 p에 대한 신뢰도 95 %의 신뢰구간은

$0.9-1.96\sqrt{\frac{0.9\times0.1}{4900}}\le p\le0.9+1.96\sqrt{\frac{0.9\times0.1}{4900}}$

이 신뢰구간이 $0.9-k\le p\le0.9+k$와 일치하므로

$k=1.96\sqrt{\frac{0.9\times0.1}{4900}}=0.0084$

10-1 답 **100**

표본비율 $\hat{p}=0.8$이므로 모비율 p에 대한 신뢰도 95 %의 신뢰구간은

$0.8-1.96\sqrt{\frac{0.8\times0.2}{n}}\le p\le0.8+1.96\sqrt{\frac{0.8\times0.2}{n}}$

이 신뢰구간이 $0.7216\le p\le0.8784$와 일치하므로

$1.96\sqrt{\frac{0.8\times0.2}{n}}=0.0784$

$\sqrt{n}=10 \qquad \therefore n=100$

10-2 답 **300**

표본비율 $\hat{p}=0.75$이므로 모비율 p에 대한 신뢰도 99 %의 신뢰구간은

$0.75-2.58\sqrt{\frac{0.75\times0.25}{n}}\le p\le0.75+2.58\sqrt{\frac{0.75\times0.25}{n}}$

이 신뢰구간이 $0.6855\le p\le0.8145$와 일치하므로

$2.58\sqrt{\frac{0.75\times0.25}{n}}=0.0645$

$\sqrt{n}=10\sqrt{3} \qquad \therefore n=300$

11-1 답 **0.0774**

표본의 크기 $n=400$, 표본비율 $\hat{p}=0.1$이고, n은 충분히 크므로 모비율 p에 대한 신뢰도 99 %의 신뢰구간의 길이는

$2\times2.58\sqrt{\frac{0.1\times0.9}{400}}=0.0774$

11-2 답 **600**

표본비율 $\hat{p}=0.4$이고, n은 충분히 크므로 신뢰도 95 %의 신뢰구간의 길이가 0.0784 이하가 되려면

$2\times1.96\sqrt{\frac{0.4\times0.6}{n}}\le0.0784$

$\sqrt{n}\ge10\sqrt{6}$

$\therefore n\ge600$

따라서 n의 최솟값은 600이다.

연습문제

137~140쪽

1 ①	2 81	3 ④	4 $\frac{1}{3}$	5 ②
6 0.0062	7 ③	8 252	9 0.0401	10 ②
11 ①	12 400	13 ④	14 10	15 ⑤
16 ⑤	17 $0.2968\le p\le0.5032$	18 1200	19 ③	
20 157	21 98	22 12		

1 크기가 3인 표본 X_1, X_2, X_3을 추출할 때, 표본평균 $\overline{X}$가 $\overline{X}=1$이려면

$\frac{X_1+X_2+X_3}{3}=1 \qquad \therefore X_1+X_2+X_3=3$

이를 만족시키려면 $X_1=1$, $X_2=1$, $X_3=1$을 추출해야 하므로 구하는 확률은

$P(\overline{X}=1)=\frac{1}{4}\times\frac{1}{4}\times\frac{1}{4}=\frac{1}{64}$

2 모표준편차가 3이므로

$\sigma(\overline{X})=\frac{3}{\sqrt{n}}=\frac{1}{3}$, $\sqrt{n}=9 \qquad \therefore n=81$

3 확률의 총합은 1이므로

$\frac{1}{6}+a+b=1 \qquad \therefore a+b=\frac{5}{6}$ …… ㉠

$E(X^2)=\frac{16}{3}$에서 $0^2\times\frac{1}{6}+2^2\times a+4^2\times b=\frac{16}{3}$

$\therefore a+4b=\frac{4}{3}$ …… ㉡

㉠, ㉡을 연립하여 풀면 $a=\frac{2}{3}$, $b=\frac{1}{6}$

따라서 $E(X)=0\times\frac{1}{6}+2\times\frac{2}{3}+4\times\frac{1}{6}=2$이므로 모분산 σ^2을 구하면

$\sigma^2=V(X)=E(X^2)-\{E(X)\}^2=\frac{16}{3}-2^2=\frac{4}{3}$

표본의 크기 $n=20$이므로 $V(\overline{X})=\frac{\sigma^2}{n}=\frac{\frac{4}{3}}{20}=\frac{1}{15}$

4 주머니에서 한 장의 카드를 꺼낼 때, 카드에 적힌 숫자를 확률변수 X라 하고 X의 확률분포를 표로 나타내면 다음과 같다.

X	1	2	3	합계
$P(X=x)$	$\frac{1}{4}$	$\frac{1}{2}$	$\frac{1}{4}$	1

모평균 m과 모분산 σ^2을 구하면

$m=1\times\frac{1}{4}+2\times\frac{1}{2}+3\times\frac{1}{4}=2$

$\sigma^2=1^2\times\frac{1}{4}+2^2\times\frac{1}{2}+3^2\times\frac{1}{4}-2^2=\frac{1}{2}$

이때 표본의 크기 $n=3$이므로

$\mathrm{E}(\overline{X})=m=2$

$\mathrm{V}(\overline{X})=\dfrac{\sigma^2}{n}=\dfrac{\frac{1}{2}}{3}=\dfrac{1}{6}$

$\therefore \mathrm{E}(\overline{X})\mathrm{V}(\overline{X})=2\times\dfrac{1}{6}=\dfrac{1}{3}$

5 주머니에서 한 개의 공을 꺼낼 때, 공에 적힌 숫자를 확률변수 X라 하고 X의 확률분포를 표로 나타내면 다음과 같다.

X	1	2	a	합계
$\mathrm{P}(X=x)$	$\frac{1}{5}$	$\frac{1}{2}$	$\frac{3}{10}$	1

$\mathrm{E}(X)=\mathrm{E}(\overline{X})=3$이므로

$1\times\dfrac{1}{5}+2\times\dfrac{1}{2}+a\times\dfrac{3}{10}=3,\ \dfrac{3}{10}a=\dfrac{9}{5}\qquad \therefore a=6$

따라서 모분산을 구하면

$\sigma^2=1^2\times\dfrac{1}{5}+2^2\times\dfrac{1}{2}+6^2\times\dfrac{3}{10}-3^2=4$

표본의 크기 $n=4$이므로

$\mathrm{V}(\overline{X})=\dfrac{\sigma^2}{n}=\dfrac{4}{4}=1$

$\therefore a+\mathrm{V}(\overline{X})=6+1=7$

6 모집단이 정규분포 $\mathrm{N}(320,\ 32^2)$을 따르고 표본의 크기 $n=64$이므로 64명의 한 달 급여의 평균을 $\overline{X}$만 원이라 하면 표본평균 $\overline{X}$는 정규분포 $\mathrm{N}\left(320,\ \dfrac{32^2}{64}\right)$, 즉 $\mathrm{N}(320,\ 4^2)$을 따른다.

따라서 $Z=\dfrac{\overline{X}-320}{4}$으로 놓으면 확률변수 Z는 표준정규분포 $\mathrm{N}(0,\ 1)$을 따르므로 구하는 확률은

$\mathrm{P}(\overline{X}\le 310)=\mathrm{P}\left(Z\le\dfrac{310-320}{4}\right)$

$=\mathrm{P}(Z\le -2.5)=\mathrm{P}(Z\ge 2.5)$

$=\mathrm{P}(Z\ge 0)-\mathrm{P}(0\le Z\le 2.5)$

$=0.5-0.4938=0.0062$

7 정규분포 $\mathrm{N}(0,\ 4^2)$을 따르는 모집단에서 임의추출한 크기가 9인 표본의 표본평균 $\overline{X}$는 정규분포 $\mathrm{N}\left(0,\ \dfrac{4^2}{9}\right)$, 즉 $\mathrm{N}\left(0,\ \left(\dfrac{4}{3}\right)^2\right)$을 따른다.

따라서 $Z_{\overline{X}}=\dfrac{\overline{X}}{\frac{4}{3}}$로 놓으면 확률변수 $Z_{\overline{X}}$는 표준정규분포 $\mathrm{N}(0,\ 1)$을 따르므로

$\mathrm{P}(\overline{X}\ge 1)=\mathrm{P}\left(Z_{\overline{X}}\ge\dfrac{3}{4}\right)\qquad\cdots\cdots ㉠$

한편 정규분포 $\mathrm{N}(3,\ 2^2)$을 따르는 모집단에서 임의추출한 크기가 16인 표본의 표본평균 $\overline{Y}$는 정규분포 $\mathrm{N}\left(3,\ \dfrac{2^2}{16}\right)$, 즉 $\mathrm{N}\left(3,\ \left(\dfrac{1}{2}\right)^2\right)$을 따른다.

따라서 $Z_{\overline{Y}}=\dfrac{\overline{Y}-3}{\frac{1}{2}}$으로 놓으면 확률변수 $Z_{\overline{Y}}$는 표준정규분포 $\mathrm{N}(0,\ 1)$을 따르므로

$\mathrm{P}(\overline{Y}\le a)=\mathrm{P}\left(Z_{\overline{Y}}\le\dfrac{a-3}{\frac{1}{2}}\right)$

$=\mathrm{P}(Z_{\overline{Y}}\le 2a-6)$

$=\mathrm{P}(Z_{\overline{Y}}\ge 6-2a)\qquad\cdots\cdots ㉡$

$\mathrm{P}(\overline{X}\ge 1)=\mathrm{P}(\overline{Y}\le a)$이므로 ㉠, ㉡에서

$\mathrm{P}\left(Z_{\overline{X}}\ge\dfrac{3}{4}\right)=\mathrm{P}(Z_{\overline{Y}}\ge 6-2a)$

따라서 $\dfrac{3}{4}=6-2a$이므로

$a=\dfrac{21}{8}$

8 모집단이 정규분포 $\mathrm{N}(m,\ 40^2)$을 따르고 표본의 크기 $n=100$이므로 100병의 소스의 용량의 평균을 $\overline{X}$ mL라 하면 표본평균 $\overline{X}$는 정규분포 $\mathrm{N}\left(m,\ \dfrac{40^2}{100}\right)$, 즉 $\mathrm{N}(m,\ 4^2)$을 따른다.

따라서 $Z=\dfrac{\overline{X}-m}{4}$으로 놓으면 확률변수 Z는 표준정규분포 $\mathrm{N}(0,\ 1)$을 따르므로 $\mathrm{P}(\overline{X}\ge 246)=0.9332$에서

$\mathrm{P}\left(Z\ge\dfrac{246-m}{4}\right)=0.9332$

$\mathrm{P}\left(Z\le\dfrac{m-246}{4}\right)=0.9332$

$\mathrm{P}(Z\le 0)+\mathrm{P}\left(0\le Z\le\dfrac{m-246}{4}\right)=0.9332$

$0.5+\mathrm{P}\left(0\le Z\le\dfrac{m-246}{4}\right)=0.9332$

$\therefore \mathrm{P}\left(0\le Z\le\dfrac{m-246}{4}\right)=0.4332$

이때 $\mathrm{P}(0\le Z\le 1.5)=0.4332$이므로

$\dfrac{m-246}{4}=1.5$

$\therefore m=252$

9 임의추출한 400명 중 상담원과 바로 연결되지 않은 고객의 비율을 $\hat{p}$이라 하면 모비율 $p=0.2$, 표본의 크기 $n=400$이므로

$\mathrm{E}(\hat{p})=0.2,\ \mathrm{V}(\hat{p})=\dfrac{0.2\times 0.8}{400}=0.0004=0.02^2$

표본의 크기 $n=400$은 충분히 크므로 표본비율 $\hat{p}$은 근사적으로 정규분포 $\mathrm{N}(0.2,\ 0.02^2)$을 따른다.

따라서 $Z=\frac{\hat{p}-0.2}{0.02}$라 놓으면 확률변수 Z는 근사적으로 표준정규분포 $\mathrm{N}(0,\ 1)$을 따르므로 구하는 확률은

$$\mathrm{P}\left(\hat{p}\le\frac{66}{400}\right)=\mathrm{P}(\hat{p}\le0.165)=\mathrm{P}\left(Z\le\frac{0.165-0.2}{0.02}\right)$$
$$=\mathrm{P}(Z\le-1.75)=\mathrm{P}(Z\ge1.75)$$
$$=\mathrm{P}(Z\ge0)-\mathrm{P}(0\le Z\le1.75)$$
$$=0.5-0.4599=0.0401$$

10 이 고등학교의 학생 300명 중 자전거를 타고 등교하는 학생의 비율을 $\hat{p}$이라 하면 모비율 $p=0.25$, 표본의 크기 $n=300$이므로

$$\mathrm{E}(\hat{p})=0.25,\ \mathrm{V}(\hat{p})=\frac{0.25\times0.75}{300}=0.025^2$$

표본의 크기 $n=300$은 충분히 크므로 표본비율 $\hat{p}$은 근사적으로 정규분포 $\mathrm{N}(0.25,\ 0.025^2)$을 따른다.

따라서 $Z=\frac{\hat{p}-0.25}{0.025}$로 놓으면 확률변수 Z는 근사적으로 표준정규분포 $\mathrm{N}(0,\ 1)$을 따르므로

$\mathrm{P}\left(\hat{p}\ge\frac{a}{100}\right)=0.0228$에서

$$\mathrm{P}\left(Z\ge\frac{\frac{a}{100}-0.25}{0.025}\right)=0.0228$$

$$\mathrm{P}\left(Z\ge\frac{2a-50}{5}\right)=0.0228$$

$$\mathrm{P}(Z\ge0)-\mathrm{P}\left(0\le Z\le\frac{2a-50}{5}\right)=0.0228$$

$$0.5-\mathrm{P}\left(0\le Z\le\frac{2a-50}{5}\right)=0.0228$$

$$\therefore\ \mathrm{P}\left(0\le Z\le\frac{2a-50}{5}\right)=0.4772$$

이때 $\mathrm{P}(0\le Z\le2)=0.4772$이므로

$$\frac{2a-50}{5}=2\qquad\therefore\ a=30$$

11 표본의 크기 $n=100$, 표본평균 $\bar{x}=2570$이고, n은 충분히 크므로 모표준편차 σ 대신 표본표준편차 50을 이용하면 모평균 m에 대한 신뢰도 95 %의 신뢰구간은

$$2570-1.96\times\frac{50}{\sqrt{100}}\le m\le2570+1.96\times\frac{50}{\sqrt{100}}$$

$$\therefore\ 2560.2\le m\le2579.8$$

12 표본의 크기가 n, 표본평균 $\bar{x}=50$, 모표준편차 $\sigma=10$이므로 모평균 m에 대한 신뢰도 99 %의 신뢰구간은

$$50-2.58\times\frac{10}{\sqrt{n}}\le m\le50+2.58\times\frac{10}{\sqrt{n}}$$

이 신뢰구간이 $48.71\le m\le51.29$와 일치하므로

$$2.58\times\frac{10}{\sqrt{n}}=1.29,\ \sqrt{n}=20\qquad\therefore\ n=400$$

13 표본평균을 $\bar{x}$라 할 때, 표본의 크기 $n=36$, 모표준편차 $\sigma=12$이므로 모평균 m에 대한 신뢰도 99 %의 신뢰구간은

$$\bar{x}-2.58\times\frac{12}{\sqrt{36}}\le m\le\bar{x}+2.58\times\frac{12}{\sqrt{36}}$$

$$\bar{x}-5.16\le m\le\bar{x}+5.16$$

$$-5.16\le m-\bar{x}\le5.16\qquad\therefore\ |m-\bar{x}|\le5.16$$

따라서 모평균 m과 표본평균 $\bar{x}$의 차의 최댓값은 5.16이다.

14 표본의 크기 $n=64$, 모표준편차가 σ이고, 신뢰도 95 %의 신뢰구간의 길이가 4.9이므로

$$2\times1.96\times\frac{\sigma}{\sqrt{64}}=4.9\qquad\therefore\ \sigma=10$$

15 모표준편차 $\sigma=4$이고, 표본의 크기가 각각 n_1, n_2인 신뢰도 99 %의 신뢰구간의 길이의 비가 2 : 3이므로

$$\left(2\times2.58\times\frac{4}{\sqrt{n_1}}\right):\left(2\times2.58\times\frac{4}{\sqrt{n_2}}\right)=2:3$$

$$\frac{1}{\sqrt{n_1}}:\frac{1}{\sqrt{n_2}}=2:3$$

$$\frac{2}{\sqrt{n_2}}=\frac{3}{\sqrt{n_1}},\ \frac{\sqrt{n_1}}{\sqrt{n_2}}=\frac{3}{2}\qquad\therefore\ \frac{n_1}{n_2}=\frac{9}{4}$$

16 정규분포 $\mathrm{N}(m,\ \sigma^2)$을 따르는 모집단에서 크기가 n인 표본을 임의추출하여 신뢰도 α %로 추정한 모평균 m에 대한 신뢰구간의 길이는

$$2k\frac{\sigma}{\sqrt{n}}\ \left(단,\ \mathrm{P}(|Z|\le k)=\frac{\alpha}{100}\right)$$

ㄱ. 신뢰도가 일정할 때, 표본의 크기를 크게 하면 $\sqrt{n}$의 값이 커지므로 $2k\frac{\sigma}{\sqrt{n}}$의 값은 작아진다. 즉, 신뢰구간의 길이는 짧아진다.

ㄴ. 신뢰도를 높이면 k의 값이 커지고 표본의 크기를 작게 하면 $\sqrt{n}$의 값이 작아지므로 $2k\frac{\sigma}{\sqrt{n}}$의 값은 커진다. 즉, 신뢰구간의 길이는 길어진다.

ㄷ. 신뢰도를 낮추면 k의 값이 작아지고 표본의 크기를 크게 하면 $\sqrt{n}$의 값이 커지므로 $2k\frac{\sigma}{\sqrt{n}}$의 값은 작아진다. 즉, 신뢰구간의 길이는 짧아진다.

따라서 보기에서 옳은 것은 ㄱ, ㄴ, ㄷ이다.

17 표본의 크기 $n=150$, 표본비율 $\hat{p}=\frac{60}{150}=0.4$이고, n은 충분히 크므로 모비율 p에 대한 신뢰도 99 %의 신뢰구간은

$$0.4-2.58\sqrt{\frac{0.4\times0.6}{150}}\le p\le0.4+2.58\sqrt{\frac{0.4\times0.6}{150}}$$

$$\therefore\ 0.2968\le p\le0.5032$$

18 표본비율 $\hat{p}=\frac{1}{4}=0.25$이므로 모비율 p에 대한 신뢰도 95 %의 신뢰구간은

$$0.25-1.96\sqrt{\frac{0.25\times0.75}{n}}\le p\le 0.25+1.96\sqrt{\frac{0.25\times0.75}{n}}$$

이 신뢰구간이 $0.2255\le p\le 0.2745$와 일치하므로

$$1.96\sqrt{\frac{0.25\times0.75}{n}}=0.0245$$

$\sqrt{n}=20\sqrt{3}$ $\quad\therefore n=1200$

19 모집단이 정규분포 $N(64,\ 2^2)$을 따르고 표본의 크기 $n=4$이므로 4개의 딸기의 무게의 평균을 $\overline{X}$g이라 하면 표본평균 $\overline{X}$는 정규분포 $N\left(64,\ \frac{2^2}{4}\right)$, 즉 $N(64,\ 1)$을 따른다. 따라서 $Z_{\overline{X}}=\frac{\overline{X}-64}{1}$로 놓으면 확률변수 $Z_{\overline{X}}$는 표준정규분포 $N(0,\ 1)$을 따른다.

4개의 딸기의 무게의 합이 248 g 미만이면 판매하지 못하므로 딸기 한 묶음을 판매하지 못하려면 $4\overline{X}<248$, 즉 $\overline{X}<62$이어야 한다.

$$\begin{aligned}\therefore P(\overline{X}<62)&=P\left(Z_{\overline{X}}<\frac{62-64}{1}\right)\\&=P(Z_{\overline{X}}<-2)=P(Z_{\overline{X}}>2)\\&=P(Z_{\overline{X}}\ge 0)-P(0\le Z_{\overline{X}}\le 2)\\&=0.5-0.48=0.02\end{aligned}$$

하루에 만들어지는 딸기 묶음 상품의 개수는 $\frac{40000}{4}=10000$이므로 판매하지 못하는 묶음 개수를 Y라 하면 확률변수 Y는 이항분포 $B(10000,\ 0.02)$를 따른다.

$\therefore E(Y)=10000\times0.02=200,$

$\quad V(Y)=10000\times0.02\times0.98=196=14^2$

이때 시행 횟수 $n=10000$은 충분히 크므로 확률변수 Y는 근사적으로 정규분포 $N(200,\ 14^2)$을 따른다.

따라서 $Z_Y=\frac{Y-200}{14}$으로 놓으면 확률변수 Z_Y는 표준정규분포 $N(0,\ 1)$을 따르므로 구하는 확률은

$$\begin{aligned}P(Y\ge 221)&=P\left(Z_Y\ge\frac{221-200}{14}\right)\\&=P(Z_Y\ge 1.5)\\&=P(Z_Y\ge 0)-P(0\le Z_Y\le 1.5)\\&=0.5-0.43=0.07\end{aligned}$$

20 표본의 크기 n이 충분히 크면 표본비율 $\hat{p}$은 근사적으로 정규분포 $N\left(p,\ \frac{\hat{p}(1-\hat{p})}{n}\right)$을 따르므로

$Z=\dfrac{\hat{p}-p}{\sqrt{\frac{\hat{p}(1-\hat{p})}{n}}}$로 놓으면 확률변수 Z는 표준정규분포 $N(0,\ 1)$을 따른다.

$|\hat{p}-p|\le 0.16\sqrt{\hat{p}(1-\hat{p})}$에서

$$\left|\frac{\hat{p}-p}{\sqrt{\hat{p}(1-\hat{p})}}\right|\le 0.16,\ -0.16\le\frac{\hat{p}-p}{\sqrt{\hat{p}(1-\hat{p})}}\le 0.16$$

$$\therefore -0.16\sqrt{n}\le\frac{\hat{p}-p}{\sqrt{\frac{\hat{p}(1-\hat{p})}{n}}}\le 0.16\sqrt{n}$$

즉, $P(-0.16\sqrt{n}\le Z\le 0.16\sqrt{n})\ge 0.9544$이므로

$P(|Z|\le 0.16\sqrt{n})\ge 0.9544$ $\quad\cdots\cdots$ ㉠

이때 $P(0\le Z\le 2)=0.4772$이므로

$$\begin{aligned}P(|Z|\le 2)&=2P(0\le Z\le 2)\\&=2\times0.4772=0.9544\end{aligned}$$

㉠에서 $P(|Z|\le 0.16\sqrt{n})\ge P(|Z|\le 2)$

$0.16\sqrt{n}\ge 2,\ \sqrt{n}\ge 12.5$ $\quad\therefore n\ge 156.25$

따라서 자연수 n의 최솟값은 157이다.

21 표본의 크기 $n=64$, 표본평균 $\overline{x}=5$이고 n이 충분히 크므로 모표준편차 σ 대신 표본표준편차 1을 이용한다.

$P(-k\le Z\le k)=\frac{\alpha}{100}$라 하면 모평균 m에 대한 신뢰도 α %의 신뢰구간은

$$5-k\times\frac{1}{\sqrt{64}}\le m\le 5+k\times\frac{1}{\sqrt{64}}$$

$$\therefore 5-\frac{k}{8}\le m\le 5+\frac{k}{8}$$

이 신뢰구간이 $4.7\le m\le 5.3$과 일치하므로

$\frac{k}{8}=0.3$ $\quad\therefore k=2.4$

이때 $P(0\le Z\le 2.4)=0.49$이므로

$$\begin{aligned}P(-2.4\le Z\le 2.4)&=2P(0\le Z\le 2.4)\\&=2\times0.49=0.98\end{aligned}$$

따라서 $\frac{\alpha}{100}=0.98$이므로 $\alpha=98$

22 표본의 크기 $n=16$, 표본평균 $\overline{x_1}=75$, 모표준편차가 σ일 때, 모평균 m에 대한 신뢰도 95 %의 신뢰구간은

$$75-1.96\times\frac{\sigma}{\sqrt{16}}\le m\le 75+1.96\times\frac{\sigma}{\sqrt{16}}$$

$\therefore 75-0.49\sigma\le m\le 75+0.49\sigma$

이 신뢰구간이 $a\le m\le b$와 일치하므로 $b=75+0.49\sigma$

표본의 크기 $n=16$, 표본평균 $\overline{x_2}=77$, 모표준편차가 σ일 때, 모평균 m에 대한 신뢰도 99 %의 신뢰구간은

$$77-2.58\times\frac{\sigma}{\sqrt{16}}\le m\le 77+2.58\times\frac{\sigma}{\sqrt{16}}$$

$\therefore 77-0.645\sigma\le m\le 77+0.645\sigma$

이 신뢰구간이 $c\le m\le d$와 일치하므로 $d=77+0.645\sigma$

이때 $d-b=3.86$에서

$(77+0.645\sigma)-(75+0.49\sigma)=3.86$

$0.155\sigma=1.86$ $\quad\therefore \sigma=12$

유형편
정답과 해설

I-1. 순열과 조합

01 여러 가지 순열과 중복조합 4~11쪽

1 ③	**2** 81	**3** ③	**4** ②	**5** ⑤
6 ④	**7** 234	**8** ④	**9** ③	**10** 6
11 ②	**12** ②	**13** 192	**14** 162	**15** ③
16 ⑤	**17** ②	**18** ①	**19** 232	**20** ①
21 60	**22** 120	**23** ③	**24** ②	**25** ①
26 105	**27** 144	**28** ③	**29** 360	**30** ②
31 ②	**32** 10	**33** ①	**34** ⑤	**35** 44
36 ②	**37** 53	**38** 50	**39** 120	**40** ①
41 18	**42** ①	**43** 420	**44** ⑤	**45** 6
46 ②	**47** 105	**48** ②	**49** 8	**50** 94
51 ⑤	**52** ②	**53** 45	**54** 126	**55** 36
56 ③				

1 ${}_{n}\Pi_2+{}_{n}C_2=51$에서 $n^2+\frac{n(n-1)}{2}=51$
$(3n+17)(n-6)=0$
$\therefore n=6$ ($\because n$은 자연수)

2 구하는 경우의 수는
${}_{3}\Pi_4=3^4=81$

3 맨 앞자리에 올 수 있는 문자는 b, c, d, f의 4가지
나머지 두 자리에 문자를 배열하는 경우의 수는
${}_{6}\Pi_2=6^2=36$
따라서 구하는 경우의 수는
$4\times36=144$

4 볼펜 5개를 택하는 경우의 수는
${}_{6}C_5={}_{6}C_1=6$
택한 볼펜을 2개의 필통에 나누어 담는 경우의 수는
${}_{2}\Pi_5=2^5=32$
따라서 구하는 경우의 수는 $6\times32=192$

5 두 꽃병 A, B에 꽂을 꽃을 택하는 경우의 수는
${}_{5}P_2=20$
나머지 꽃을 꽂는 경우의 수는
${}_{2}\Pi_3=2^3=8$
따라서 구하는 경우의 수는 $20\times8=160$

6 기명으로 투표하는 모든 경우의 수는
${}_{4}\Pi_4=4^4=256$
모두 다른 후보에게 투표하는 경우의 수는
${}_{4}P_4=24$
따라서 구하는 경우의 수는 $256-24=232$

7 공을 상자에 넣는 모든 경우의 수는
${}_{3}\Pi_5=3^5=243$
한 상자에 넣은 공에 적힌 수의 합이 13보다 큰 경우는
(1, 2, 3, 4, 5) 또는 (2, 3, 4, 5)
(i) (1, 2, 3, 4, 5)인 경우
3개의 상자에서 1개를 택하여 모든 공을 넣으면 되므로 그 경우의 수는 ${}_{3}C_1=3$
(ii) (2, 3, 4, 5)인 경우
3개의 상자에서 1개를 택하여 2, 3, 4, 5가 적힌 공을 넣고, 나머지 2개의 상자에서 1개를 택하여 1이 적힌 공을 넣으면 되므로 그 경우의 수는
${}_{3}C_1\times{}_{2}C_1=3\times2=6$
(i), (ii)에서 한 상자에 넣은 공에 적힌 수의 합이 13보다 큰 경우의 수는
$3+6=9$
따라서 구하는 경우의 수는 $243-9=234$

8 5개의 전구를 각각 켜거나 끄는 경우의 수는
${}_{2}\Pi_5=2^5=32$
그런데 전구가 모두 꺼진 경우는 제외해야 하므로 구하는 신호의 개수는 $32-1=31$

9 기호 2개를 사용하여 만들 수 있는 신호의 개수는
${}_{4}\Pi_2=4^2=16$
기호 3개를 사용하여 만들 수 있는 신호의 개수는
${}_{4}\Pi_3=4^3=64$
기호 4개를 사용하여 만들 수 있는 신호의 개수는
${}_{4}\Pi_4=4^4=256$
따라서 구하는 신호의 개수는
$16+64+256=336$

10 깃발을 1번 들어 올려서 만들 수 있는 신호의 개수는
${}_{3}\Pi_1=3$

깃발을 2번 들어 올려서 만들 수 있는 신호의 개수는

${}_3\Pi_2=3^2=9$

깃발을 3번 들어 올려서 만들 수 있는 신호의 개수는

${}_3\Pi_3=3^3=27$

같은 방법으로 깃발을 4번, 5번, 6번, … 들어 올려서 만들 수 있는 신호의 개수는 각각 ${}_3\Pi_4$, ${}_3\Pi_5$, ${}_3\Pi_6$, …이다.

깃발을 합해서 5번 이하로 들어 올려서 만들 수 있는 신호의 개수는

${}_3\Pi_1+{}_3\Pi_2+{}_3\Pi_3+{}_3\Pi_4+{}_3\Pi_5$

$=3+9+27+81+243=363<1000$

깃발을 합해서 6번 이하로 들어 올려서 만들 수 있는 신호의 개수는

${}_3\Pi_1+{}_3\Pi_2+{}_3\Pi_3+{}_3\Pi_4+{}_3\Pi_5+{}_3\Pi_6$

$=3+9+27+81+243+729=1092>1000$

따라서 n의 최솟값은 6이다.

11 맨 앞자리에는 0이 올 수 없으므로 구하는 자연수의 개수는

$5\times{}_6\Pi_2=5\times6^2=180$

12 2가 오는 자리를 택하는 경우의 수는 ${}_4P_1=4$이므로 구하는 자연수의 개수는

$4\times{}_4\Pi_3=4\times4^3=256$

13 백의 자리, 일의 자리에 올 수 있는 숫자는 1, 3의 2가지이므로 이 두 자리의 숫자를 정하는 경우의 수는

${}_2\Pi_2=2^2=4$

만의 자리에 0이 올 수 없으므로 만의 자리의 숫자를 정하는 경우의 수는 3

나머지 자리에 4개의 숫자 중에서 중복을 허용하여 배열하는 경우의 수는

${}_4\Pi_2=4^2=16$

따라서 구하는 자연수의 개수는

$4\times3\times16=192$

14 4의 배수는 끝의 두 자리의 수가 00이거나 4의 배수이어야 하므로 □□□□00, □□□□12, □□□□20 꼴이다.

각각의 경우에 맨 앞자리에는 0이 올 수 없으므로 구하는 4의 배수의 개수는

$3\times(2\times{}_3\Pi_3)=3\times2\times3^3=162$

15 맨 앞자리에는 0이 올 수 없다.

(i) 한 자리의 자연수의 개수는 4

(ii) 두 자리의 자연수의 개수는 $4\times{}_5\Pi_1=4\times5=20$

(iii) 세 자리의 자연수의 개수는 $4\times{}_5\Pi_2=4\times5^2=100$

(iv) 네 자리의 자연수의 개수는 $4\times{}_5\Pi_3=4\times5^3=500$

(v) 다섯 자리의 자연수 중에서 만의 자리의 숫자가 1 또는 2인 자연수의 개수는

$2\times{}_5\Pi_4=2\times5^4=1250$

(i)~(v)에서 30000보다 작은 자연수의 개수는

$4+20+100+500+1250=1874$

따라서 30000은 1875번째 수이다.

16 (i) 천의 자리의 숫자가 1인 자연수의 개수는

${}_3\Pi_3=3^3=27$

(ii) 천의 자리의 숫자가 2인 자연수 중 각 자리의 숫자의 합이 7보다 큰 2222의 경우를 제외해야 하므로 그 개수는

${}_3\Pi_3-1=3^3-1=26$

(i), (ii)에서 구하는 자연수의 개수는 $27+26=53$

17 서로 다른 2개의 숫자를 택하는 경우의 수는

${}_4C_2=6$

2개의 숫자로 만들 수 있는 네 자리의 자연수의 개수는

${}_2\Pi_4=2^4=16$

이 16개의 자연수 중에는 1개의 숫자로만 이루어진 네 자리의 자연수 2개가 포함되어 있으므로 서로 다른 2개의 숫자로 이루어진 자연수의 개수는

$16-2=14$

따라서 구하는 자연수의 개수는

$6\times14=84$

18 $f(1)$의 값이 될 수 있는 것은 1, 2, 3, 4의 4가지이므로 구하는 함수의 개수는

$4\times{}_5\Pi_2=4\times5^2=100$

다른 풀이

X에서 Y로의 함수의 개수는 ${}_5\Pi_3=5^3=125$

X에서 Y로의 함수 중에서 $f(1)=5$인 함수의 개수는

${}_5\Pi_2=5^2=25$

따라서 구하는 함수의 개수는

$125-25=100$

19 $f(x_1)=f(x_2)$인 서로 다른 x_1, x_2가 존재하면 함수 f는 일대일함수가 아니다.

X에서 X로의 함수의 개수는 ${}_4\Pi_4=4^4=256$

X에서 X로의 일대일함수의 개수는 ${}_4P_4=24$

따라서 구하는 함수의 개수는

$256-24=232$

유형편

20 (가), (나)에서 치역이 될 수 있는 집합은
$\{1, 3\}$ 또는 $\{1, 5\}$ 또는 $\{3, 5\}$
치역이 $\{1, 3\}$인 함수의 개수는 공역이 $\{1, 3\}$인 함수의 개수에서 치역이 $\{1\}$ 또는 $\{3\}$인 함수의 개수를 뺀 것과 같으므로
${}_2\Pi_5-2=2^5-2=30$
같은 방법으로 치역이 $\{1, 5\}$, $\{3, 5\}$인 함수의 개수도 각각 30이므로 구하는 함수의 개수는
$3\times30=90$

21 가운데를 기준으로 한쪽에 빨간 공 1개, 파란 공 2개, 흰 공 3개를 일렬로 배열하면 반대쪽은 좌우 대칭이 되어야 하므로 공의 순서가 정해진다.
따라서 구하는 경우의 수는 $\dfrac{6!}{2!\times3!}=60$

22 양 끝에 p와 i를 고정시키고 그 사이에 a, s, s, o, n을 배열하는 경우의 수는 $\dfrac{5!}{2!}=60$
p와 i의 자리를 바꾸는 경우의 수는 $2!=2$
따라서 구하는 경우의 수는 $60\times2=120$

23 a, a, b, b, c, c를 일렬로 배열하는 경우의 수는
$\dfrac{6!}{2!\times2!\times2!}=90$
2개의 a를 한 묶음으로 생각하여 나머지 문자와 함께 일렬로 배열하는 경우의 수는 $\dfrac{5!}{2!\times2!}=30$
따라서 구하는 경우의 수는 $90-30=60$

다른 풀이

b, b, c, c를 일렬로 배열하는 경우의 수는
$\dfrac{4!}{2!\times2!}=6$
배열된 네 문자의 사이사이와 양 끝의 5개의 자리 중에서 2개를 택하여 a를 배열하는 경우의 수는 ${}_5C_2=10$
따라서 구하는 경우의 수는 $6\times10=60$

24 집합 X의 원소 중에서 중복을 허용하여 5개를 택할 때 그 곱이 9인 경우는
$(1, 1, 1, 1, 9)$ 또는 $(1, 1, 1, 3, 3)$
(i) 함숫값이 1, 1, 1, 1, 9인 함수의 개수는
$\dfrac{5!}{4!}=5$
(ii) 함숫값이 1, 1, 1, 3, 3인 함수의 개수는
$\dfrac{5!}{3!\times2!}=10$
(i), (ii)에서 구하는 함수의 개수는 $5+10=15$

25 a, b를 모두 X로 바꾸어 생각하여 X, X, c, d, e를 일렬로 배열한 후 첫 번째 X는 a로, 두 번째 X는 b로 바꾸면 되므로 구하는 경우의 수는
$\dfrac{5!}{2!}=60$

26 4, 6을 모두 X로, 1, 3, 5, 7을 모두 Y로 바꾸어 생각하여 Y, 2, Y, X, Y, X, Y를 일렬로 배열한 후 첫 번째 X는 4로, 두 번째 X는 6으로, 4개의 Y는 앞에서부터 순서대로 1, 3, 5, 7로 바꾸면 되므로 구하는 경우의 수는
$\dfrac{7!}{2!\times4!}=105$

27 모음을 한 묶음, 자음을 다른 한 묶음으로 생각하면 모음이 자음보다 앞에 오게 배열하는 경우는 1가지이다.
모음 a, i, o, a끼리 자리를 바꾸는 경우의 수는
$\dfrac{4!}{2!}=12$
자음 n, t, n, l끼리 자리를 바꾸는 경우의 수는
$\dfrac{4!}{2!}=12$
따라서 구하는 경우의 수는 $1\times12\times12=144$

28 A, B를 제외한 6가지 업무 중에서 오늘 할 업무 2가지를 택하는 경우의 수는 ${}_6C_2=15$
이때 택한 업무를 A, B, C, D라 하면 A와 B는 순서가 정해져 있으므로 X로 바꾸어 생각하여 X, X, C, D를 일렬로 배열한 후 첫 번째 X는 A로, 두 번째 X는 B로 바꾸면 되므로 택한 업무의 순서를 정하는 경우의 수는
$\dfrac{4!}{2!}=12$
따라서 구하는 경우의 수는 $15\times12=180$

29 0, 1, 2, 2, 2, 3, 3을 일렬로 배열하는 경우의 수는
$\dfrac{7!}{3!\times2!}=420$
이때 맨 앞자리에 0이 오고 나머지 자리에 1, 2, 2, 2, 3, 3을 배열하는 경우의 수는
$\dfrac{6!}{3!\times2!}=60$
따라서 구하는 자연수의 개수는 $420-60=360$

30 (i) 일의 자리의 숫자가 1인 자연수의 개수는
$\dfrac{5!}{3!}=20$
(ii) 일의 자리의 숫자가 3인 자연수의 개수는
$\dfrac{5!}{2!\times3!}=10$
(i), (ii)에서 구하는 자연수의 개수는 $20+10=30$

31 십의 자리와 일의 자리의 숫자의 합이 4인 일곱 자리의 자연수는

□□□□□13 또는 □□□□□22 또는 □□□□□31

(i) □□□□□13 꼴의 자연수

나머지 자리에 0, 1, 1, 2, 2를 배열하는 경우의 수는

$\frac{5!}{2!\times 2!}=30$

맨 앞자리에 0이 오고 나머지 자리에 1, 1, 2, 2를 배열하는 경우의 수는

$\frac{4!}{2!\times 2!}=6$

따라서 □□□□□13 꼴의 자연수의 개수는

$30-6=24$

(ii) □□□□□22 꼴의 자연수

나머지 자리에 0, 1, 1, 1, 3을 배열하는 경우의 수는

$\frac{5!}{3!}=20$

맨 앞자리에 0이 오고 나머지 자리에 1, 1, 1, 3을 배열하는 경우의 수는

$\frac{4!}{3!}=4$

따라서 □□□□□22 꼴의 자연수의 개수는

$20-4=16$

(iii) □□□□□31 꼴의 자연수

(i)과 같은 방법으로 하면 자연수의 개수는 24

(i), (ii), (iii)에서 구하는 자연수의 개수는

$24+16+24=64$

32 3의 배수는 각 자리의 숫자의 합이 3의 배수이다.

4, 4, 4, 5, 5, 6에서 4개의 숫자를 택하여 그 합이 3의 배수가 되는 경우는

(4, 4, 4, 6) 또는 (4, 4, 5, 5)

(i) (4, 4, 4, 6)을 일렬로 배열하여 만들 수 있는 자연수의 개수는 $\frac{4!}{3!}=4$

(ii) (4, 4, 5, 5)를 일렬로 배열하여 만들 수 있는 자연수의 개수는 $\frac{4!}{2!\times 2!}=6$

(i), (ii)에서 구하는 자연수의 개수는 $4+6=10$

33 A 지점에서 P 지점까지 최단 거리로 가는 경우의 수는

$\frac{5!}{2!\times 3!}=10$

P 지점에서 B 지점까지 최단 거리로 가는 경우의 수는

$\frac{6!}{3!\times 3!}=20$

따라서 구하는 경우의 수는 $10\times 20=200$

34 꼭짓점 A에서 점 C까지 최단 거리로 가는 경우의 수는

$\frac{3!}{1!\times 2!}=3$

모서리 CD를 지나는 경우의 수는 1

점 D에서 꼭짓점 B까지 최단 거리로 가는 경우의 수는

$\frac{5!}{1!\times 3!\times 1!}=20$

따라서 구하는 경우의 수는 $3\times 1\times 20=60$

35 (i) A 지점에서 Q 지점까지 최단 거리로 가는 경우의 수는

$\frac{6!}{3!\times 3!}=20$

A 지점에서 P 지점을 거쳐 Q 지점까지 최단 거리로 가는 경우의 수는

$\frac{3!}{2!\times 1!}\times\frac{3!}{1!\times 2!}=9$

따라서 A 지점에서 P 지점을 거치지 않고 Q 지점까지 최단 거리로 가는 경우의 수는

$20-9=11$

(ii) Q 지점에서 B 지점까지 최단 거리로 가는 경우의 수는

$\frac{4!}{1!\times 3!}=4$

(i), (ii)에서 구하는 경우의 수는 $11\times 4=44$

36 오른쪽 그림과 같이 두 지점 P, Q를 잡으면

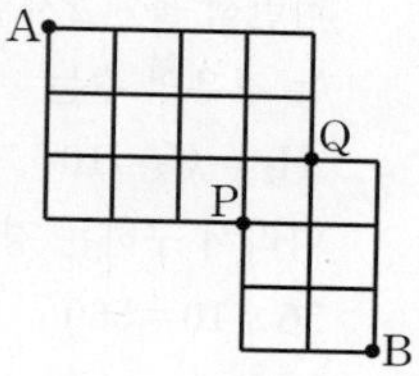

(i) A → P → B로 가는 경우의 수는

$\frac{6!}{3!\times 3!}\times\frac{4!}{2!\times 2!}=120$

(ii) A → Q → B로 가는 경우의 수는

$\frac{6!}{4!\times 2!}\times\frac{4!}{1!\times 3!}=60$

(i), (ii)에서 구하는 경우의 수는 $120+60=180$

37 오른쪽 그림과 같이 세 지점 P, Q, R를 잡으면

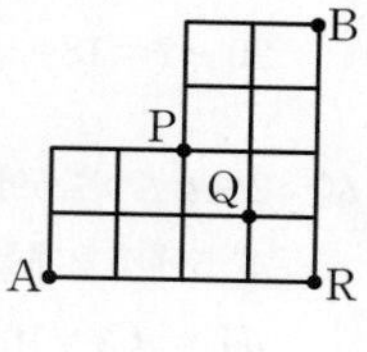

(i) A → P → B로 가는 경우의 수는

$\frac{4!}{2!\times 2!}\times\frac{4!}{2!\times 2!}=36$

(ii) A → Q → B로 가는 경우의 수는

$\frac{4!}{3!\times 1!}\times\frac{4!}{1!\times 3!}=16$

(iii) A → R → B로 가는 경우의 수는

$1\times 1=1$

(i), (ii), (iii)에서 구하는 경우의 수는

$36+16+1=53$

38 오른쪽 그림과 같이 네 지점 P, Q, R, S를 잡으면

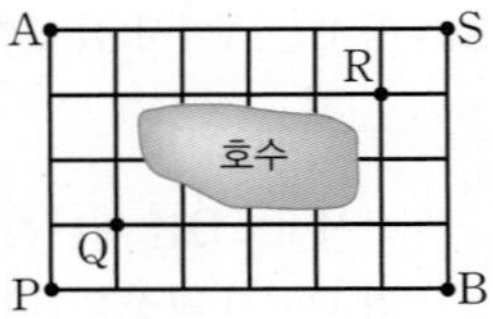

(ⅰ) A → P → B로 가는 경우의 수는

$1\times1=1$

(ⅱ) A → Q → B로 가는 경우의 수는

$\frac{4!}{1!\times3!}\times\frac{6!}{5!\times1!}=24$

(ⅲ) A → R → B로 가는 경우의 수는

$\frac{6!}{5!\times1!}\times\frac{4!}{1!\times3!}=24$

(ⅳ) A → S → B로 가는 경우의 수는

$1\times1=1$

(ⅰ)~(ⅳ)에서 구하는 경우의 수는

$1+24+24+1=50$

39 구하는 경우의 수는 서로 다른 4개에서 7개를 택하는 중복조합의 수와 같으므로

${}_4H_7={}_{10}C_7={}_{10}C_3=120$

40 빨간색 볼펜 5자루를 4명의 학생에게 남김없이 나누어 주는 경우의 수는

${}_4H_5={}_8C_5={}_8C_3=56$

파란색 볼펜 2자루를 4명의 학생에게 남김없이 나누어 주는 경우의 수는

${}_4H_2={}_5C_2=10$

따라서 구하는 경우의 수는

$56\times10=560$

41 서로 다른 4개의 숫자에서 3개를 택하는 중복조합의 수는

${}_4H_3={}_6C_3=20$

이때 세 수의 곱이 200보다 큰 경우는

$(8, 8, 8)$, $(8, 8, 4)$의 2가지

따라서 구하는 경우의 수는

$20-2=18$

42 $2\le a\le b\le5$에서 a, b의 값을 정하는 경우의 수는 2, 3, 4, 5에서 2개를 택하는 중복조합의 수와 같으므로

${}_4H_2={}_5C_2=10$

c는 6 이하의 자연수이므로 $5\le c$에서 c의 값이 될 수 있는 경우는 5, 6의 2가지

따라서 구하는 경우의 수는

$10\times2=20$

43 공을 넣지 않을 빈 상자를 택하는 경우의 수는

${}_5C_1=5$

나머지 상자에 공을 1개씩 먼저 넣고 남은 6개의 공을 공이 든 4개의 상자에 넣는 경우의 수는

${}_4H_6={}_9C_6={}_9C_3=84$

따라서 구하는 경우의 수는

$5\times84=420$

44 서로 다른 종류의 사탕 3개를 각각 1개씩 주머니에 넣으면 주머니는 서로 구별된다.

구슬이 1개 이상씩 들어가려면 서로 다른 3개의 주머니에 구슬을 1개씩 먼저 넣고 남은 4개의 구슬을 나누어 넣으면 되므로 구하는 경우의 수는

${}_3H_4={}_6C_4={}_6C_2=15$

45 3종류의 공에서 k개를 사는 경우의 수가 21이므로

${}_3H_k=21$

${}_{k+2}C_k=21$

${}_{k+2}C_2=21$

$\frac{(k+2)(k+1)}{2\times1}=21$

$(k+2)(k+1)=42=7\times6$

$\therefore k=5$ ($\because k$는 자연수)

3종류의 공을 적어도 1개씩 포함하여 5개의 공을 사려면 3종류의 공을 각각 1개씩 먼저 사고 남은 2개의 공을 사면 되므로 구하는 경우의 수는

${}_3H_2={}_4C_2=6$

46 구하는 항의 개수는 5개의 문자 a, b, c, d, e에서 6개를 택하는 중복조합의 수와 같으므로

${}_5H_6={}_{10}C_6={}_{10}C_4=210$

47 2개의 문자 x, y에서 2개를 택하는 중복조합의 수는

${}_2H_2={}_3C_2={}_3C_1=3$

4개의 문자 a, b, c, d에서 4개를 택하는 중복조합의 수는

${}_4H_4={}_7C_4={}_7C_3=35$

따라서 구하는 항의 개수는

$3\times35=105$

48 x를 먼저 하나 택하고 3개의 문자 x, y, z에서 나머지 2개를 택하는 중복조합의 수는

${}_3H_2={}_4C_2=6$

a를 제외한 2개의 문자 b, c에서 4개를 택하는 중복조합의 수는

${}_2H_4={}_5C_4={}_5C_1=5$

따라서 구하는 항의 개수는

$6\times5=30$

49 3개의 문자 x, y, z에서 n개를 택하는 중복조합의 수가 45이므로

${}_3H_n=45$

${}_{n+2}C_n=45$

${}_{n+2}C_2=45$

$\frac{(n+2)(n+1)}{2\times1}=45$

$(n+2)(n+1)=90=10\times9$

$\therefore n=8$ ($\because$ n은 자연수)

50 x, y, z, w가 모두 음이 아닌 정수일 때,

$m={}_4H_6={}_9C_6={}_9C_3=84$

한편 x, y, z, w가 모두 자연수일 때,

$x-1=a$, $y-1=b$, $z-1=c$, $w-1=d$라 하면

$x=a+1$, $y=b+1$, $z=c+1$, $w=d+1$

이를 방정식 $x+y+z+w=6$에 대입하면

$(a+1)+(b+1)+(c+1)+(d+1)=6$

$\therefore a+b+c+d=2$ (단, a, b, c, d는 음이 아닌 정수)

이 방정식을 만족시키는 순서쌍 (a, b, c, d)의 개수는

$n={}_4H_2={}_5C_2=10$

$\therefore m+n=84+10=94$

51 부등식 $x+y+z<4$에서 x, y, z가 음이 아닌 정수이므로

$x+y+z=0$ 또는 $x+y+z=1$

또는 $x+y+z=2$ 또는 $x+y+z=3$

(i) $x+y+z=0$을 만족시키는 순서쌍은

$(0, 0, 0)$의 1개

(ii) $x+y+z=1$을 만족시키는 순서쌍의 개수는

${}_3H_1={}_3C_1=3$

(iii) $x+y+z=2$를 만족시키는 순서쌍의 개수는

${}_3H_2={}_4C_2=6$

(iv) $x+y+z=3$을 만족시키는 순서쌍의 개수는

${}_3H_3={}_5C_3={}_5C_2=10$

(i)~(iv)에서 구하는 순서쌍의 개수는

$1+3+6+10=20$

52 $3x+y+z+w=11$에서 x는 자연수이므로

$x=1$ 또는 $x=2$ 또는 $x=3$

(i) $x=1$인 경우

$3x+y+z+w=11$에서 $y+z+w=8$ …… ㉠

한편 y, z, w가 모두 자연수일 때

$y-1=a$, $z-1=b$, $w-1=c$라 하면

$y=a+1$, $z=b+1$, $w=c+1$

이를 방정식 ㉠에 대입하면

$(a+1)+(b+1)+(c+1)=8$

$\therefore a+b+c=5$ (단, a, b, c는 음이 아닌 정수)

이 방정식을 만족시키는 순서쌍 (a, b, c)의 개수는

${}_3H_5={}_7C_5={}_7C_2=21$

(ii) $x=2$인 경우

(i)과 같은 방법으로 하면

$a+b+c=2$ (단, a, b, c는 음이 아닌 정수)

이 방정식을 만족시키는 순서쌍 (a, b, c)의 개수는

${}_3H_2={}_4C_2=6$

(iii) $x=3$인 경우

$3x+y+z+w=11$에서 $y+z+w=2$

이 방정식을 만족시키는 자연수 y, z, w는 존재하지 않는다.

(i), (ii), (iii)에서 구하는 순서쌍의 개수는

$21+6=27$

53 x, y, z가 모두 홀수이므로 음이 아닌 정수 a, b, c에 대하여

$x=2a+1$, $y=2b+1$, $z=2c+1$

이라 하고 이를 방정식 $x+y+z=19$에 대입하면

$(2a+1)+(2b+1)+(2c+1)=19$

$\therefore a+b+c=8$ (단, a, b, c는 음이 아닌 정수)

따라서 구하는 순서쌍의 개수는

${}_3H_8={}_{10}C_8={}_{10}C_2=45$

54 주어진 조건에 의하여

$f(1)\geq f(2)\geq f(3)\geq f(4)$

즉, 집합 Y의 원소 6개에서 중복을 허용하여 4개를 택하여 크거나 같은 수부터 차례대로 집합 X의 원소 1, 2, 3, 4에 대응시키면 되므로 구하는 함수의 개수는

${}_6H_4={}_9C_4=126$

55 (가), (나)에서

$f(1)\leq2\leq f(5)\leq4\leq f(9)\leq f(11)$

$f(1)$의 값이 될 수 있는 것은 1, 2의 2가지

$f(5)$의 값이 될 수 있는 것은 2, 3, 4의 3가지

$f(9)$, $f(11)$의 값은 집합 Y의 원소 4, 5, 6에서 중복을 허용하여 2개를 택하여 작거나 같은 수부터 차례대로 대응시키면 되므로 그 경우의 수는 ${}_3H_2={}_4C_2=6$

따라서 구하는 함수의 개수는 $2\times3\times6=36$

56 $f(1)\leq f(3)\leq f(5)\leq f(7)$을 만족시키는 함수의 개수는

${}_6H_4={}_9C_4=126$

$f(1)\leq f(3)=f(5)\leq f(7)$을 만족시키는 함수의 개수는

${}_6H_3={}_8C_3=56$

따라서 구하는 함수의 개수는 $126-56=70$

02 이항정리 12~14쪽

1 135	2 ②	3 3	4 176	5 ②
6 ③	7 ②	8 ④	9 ③	10 216
11 ⑤	12 462	13 ④	14 ③	15 ④
16 7	17 1024	18 ③	19 ⑤	20 화요일
21 ④				

1 $(x+3y^2)^6$의 전개식의 일반항은

${}_6C_r x^{6-r}(3y^2)^r = {}_6C_r 3^r x^{6-r} y^{2r}$

x^4y^4항은 $6-r=4$, $2r=4$일 때이므로 $r=2$

따라서 x^4y^4의 계수는

${}_6C_2 3^2=135$

2 $\left(x^2+\dfrac{a}{x}\right)^5$의 전개식의 일반항은

${}_5C_r(x^2)^{5-r}\left(\dfrac{a}{x}\right)^r = {}_5C_r a^r \dfrac{x^{10-2r}}{x^r}$

$\dfrac{1}{x^2}$항은 $r-(10-2r)=2$일 때이므로 $r=4$

즉, $\dfrac{1}{x^2}$의 계수는 ${}_5C_4 a^4 = {}_5C_1 a^4 = 5a^4$

x항은 $(10-2r)-r=1$일 때이므로 $r=3$

즉, x의 계수는 ${}_5C_3 a^3 = {}_5C_2 a^3 = 10a^3$

이때 $\dfrac{1}{x^2}$의 계수와 x의 계수가 같으므로

$5a^4=10a^3$, $5a^4-10a^3=0$

$5a^3(a-2)=0$

$\therefore a=2$ ($\because a>0$)

3 $\left(x-\dfrac{3}{x^n}\right)^8$의 전개식의 일반항은

${}_8C_r x^{8-r}\left(-\dfrac{3}{x^n}\right)^r = {}_8C_r(-3)^r \dfrac{x^{8-r}}{x^{nr}}$

상수항은 $8-r=nr$일 때이므로

$r(n+1)=8$

이때 r는 $0\le r\le 8$인 정수이고, n은 자연수이므로

$r=1$, $n=7$ 또는 $r=2$, $n=3$ 또는 $r=4$, $n=1$

따라서 구하는 자연수 n의 개수는 3이다.

4 $(\sqrt{5}+x)^5$의 전개식의 일반항은

${}_5C_r(\sqrt{5})^{5-r}x^r$

이때 r는 $0\le r\le 5$인 정수이므로 x^r의 계수 ${}_5C_r(\sqrt{5})^{5-r}$이 정수가 되려면

$5-r=0$ 또는 $5-r=2$ 또는 $5-r=4$

$\therefore r=5$ 또는 $r=3$ 또는 $r=1$

따라서 계수가 정수인 모든 항의 계수의 합은

${}_5C_1(\sqrt{5})^4+{}_5C_3(\sqrt{5})^2+{}_5C_5(\sqrt{5})^0=125+50+1=176$

5 $(1-x)^3$의 전개식의 일반항은

${}_3C_r(-x)^r={}_3C_r(-1)^r x^r$

$(1+2x^2)^5$의 전개식의 일반항은

${}_5C_s(2x^2)^s={}_5C_s 2^s x^{2s}$

따라서 $(1-x)^3(1+2x^2)^5$의 전개식의 일반항은

${}_3C_r(-1)^r x^r \times {}_5C_s 2^s x^{2s} = {}_3C_r \times {}_5C_s(-1)^r 2^s x^{r+2s}$

x^3항은 $r+2s=3$ (r, s는 $0\le r\le 3$, $0\le s\le 5$인 정수)일 때이므로 $r=1$, $s=1$ 또는 $r=3$, $s=0$

따라서 구하는 x^3의 계수는

${}_3C_1\times{}_5C_1(-1)^1 2^1+{}_3C_3\times{}_5C_0(-1)^3 2^0=-30-1=-31$

6 $\left(x+\dfrac{1}{x}\right)^4$의 전개식의 일반항은

${}_4C_r x^{4-r}\left(\dfrac{1}{x}\right)^r = {}_4C_r\dfrac{x^{4-r}}{x^r}$ ...... ㉠

이때 $(ax^2+1)\left(x+\dfrac{1}{x}\right)^4=ax^2\left(x+\dfrac{1}{x}\right)^4+\left(x+\dfrac{1}{x}\right)^4$이므로 전개식에서 상수항은

(i) ax^2과 ㉠의 $\dfrac{1}{x^2}$항의 곱

(ii) 1과 ㉠의 상수항의 곱

일 때 나타난다.

(i) ㉠의 $\dfrac{1}{x^2}$항은 $r-(4-r)=2$일 때이므로 $r=3$

㉠에서 ${}_4C_3\dfrac{1}{x^2}=\dfrac{4}{x^2}$

(ii) ㉠의 상수항은 $4-r=r$일 때이므로 $r=2$

㉠에서 ${}_4C_2=6$

(i), (ii)에서 상수항은 $ax^2\times\dfrac{4}{x^2}+1\times 6=4a+6$

이때 상수항이 14이므로

$4a+6=14$ $\therefore a=2$

7 $(x^2+1)^4$의 전개식의 일반항은

${}_4C_r(x^2)^r 1^{4-r}={}_4C_r x^{2r}$

$(x^3+1)^n$의 전개식의 일반항은

${}_nC_s(x^3)^s 1^{n-s}={}_nC_s x^{3s}$

따라서 $(x^2+1)^4(x^3+1)^n$의 전개식의 일반항은

${}_4C_r x^{2r}\times{}_nC_s x^{3s}={}_4C_r\times{}_nC_s x^{2r+3s}$

x^5항은 $2r+3s=5$ (r, s는 $0\le r\le 4$, $0\le s\le n$인 정수)일 때이므로 $r=1$, $s=1$

이때 x^5의 계수가 12이므로 ${}_4C_1\times{}_nC_1=12$에서

$4\times n=12$ $\therefore n=3$

${}_4C_r\times{}_3C_s x^{2r+3s}$에서 x^6항은 $2r+3s=6$일 때이므로

$r=0$, $s=2$ 또는 $r=3$, $s=0$

따라서 구하는 x^6의 계수는

${}_4C_0\times{}_3C_2+{}_4C_3\times{}_3C_0=3+4=7$

8 ${}_{2}C_{2}+{}_{3}C_{2}+{}_{4}C_{2}+\cdots+{}_{12}C_{2}={}_{3}C_{3}+{}_{3}C_{2}+{}_{4}C_{2}+\cdots+{}_{12}C_{2}$

$={}_{4}C_{3}+{}_{4}C_{2}+\cdots+{}_{12}C_{2}$

$={}_{5}C_{3}+\cdots+{}_{12}C_{2}$

$\vdots$

$={}_{12}C_{3}+{}_{12}C_{2}={}_{13}C_{3}$

9 ${}_{10}C_{0}+{}_{11}C_{1}+{}_{12}C_{2}+\cdots+{}_{30}C_{20}$

$={}_{11}C_{0}+{}_{11}C_{1}+{}_{12}C_{2}+\cdots+{}_{30}C_{20}$

$={}_{12}C_{1}+{}_{12}C_{2}+\cdots+{}_{30}C_{20}$

$={}_{13}C_{2}+\cdots+{}_{30}C_{20}$

$\vdots$

$={}_{30}C_{19}+{}_{30}C_{20}={}_{31}C_{20}$

$\therefore n=31$

10 ${}_{3}C_{1}+{}_{4}C_{1}+\cdots+{}_{10}C_{1}$

$=({}_{2}C_{2}+{}_{2}C_{1})+{}_{3}C_{1}+{}_{4}C_{1}+\cdots+{}_{10}C_{1}-({}_{2}C_{2}+{}_{2}C_{1})$

$={}_{3}C_{2}+{}_{3}C_{1}+{}_{4}C_{1}+\cdots+{}_{10}C_{1}-(1+2)$

$={}_{4}C_{2}+{}_{4}C_{1}+\cdots+{}_{10}C_{1}-3$

$\vdots$

$={}_{10}C_{2}+{}_{10}C_{1}-3$

$={}_{11}C_{2}-3$

${}_{3}C_{2}+{}_{4}C_{2}+\cdots+{}_{10}C_{2}$

$={}_{3}C_{3}+{}_{3}C_{2}+{}_{4}C_{2}+\cdots+{}_{10}C_{2}-{}_{3}C_{3}$

$={}_{4}C_{3}+{}_{4}C_{2}+\cdots+{}_{10}C_{2}-1$

$={}_{5}C_{3}+\cdots+{}_{10}C_{2}-1$

$\vdots$

$={}_{10}C_{3}+{}_{10}C_{2}-1$

$={}_{11}C_{3}-1$

따라서 색칠한 부분에 있는 모든 수의 합은

${}_{11}C_{2}-3+{}_{11}C_{3}-1={}_{11}C_{2}+{}_{11}C_{3}-4$

$={}_{12}C_{3}-4$

$=220-4=216$

11 $(1+x)^n$의 전개식의 일반항은 ${}_{n}C_{r}x^r$

x^6항은 $(1+x)^6$의 전개식에서부터 나오므로

$(1+x)^6$의 전개식에서 x^6의 계수는 ${}_{6}C_{6}$

$(1+x)^7$의 전개식에서 x^6의 계수는 ${}_{7}C_{6}$

$\vdots$

$(1+x)^{20}$의 전개식에서 x^6의 계수는 ${}_{20}C_{6}$

따라서 구하는 x^6의 계수는

${}_{6}C_{6}+{}_{7}C_{6}+{}_{8}C_{6}+\cdots+{}_{20}C_{6}={}_{7}C_{7}+{}_{7}C_{6}+{}_{8}C_{6}+\cdots+{}_{20}C_{6}$

$={}_{8}C_{7}+{}_{8}C_{6}+\cdots+{}_{20}C_{6}$

$={}_{9}C_{7}+\cdots+{}_{20}C_{6}$

$\vdots$

$={}_{20}C_{7}+{}_{20}C_{6}={}_{21}C_{7}$

12 주어진 식의 a_8의 값은 x^8의 계수와 같다.

$(1+x^2)^n$의 전개식의 일반항은 ${}_{n}C_{r}x^{2r}$

x^8항은 $(1+x^2)^4$의 전개식에서부터 나오므로

$(1+x^2)^4$의 전개식에서 x^8의 계수는 ${}_{4}C_{4}$

$(1+x^2)^5$의 전개식에서 x^8의 계수는 ${}_{5}C_{4}$

$\vdots$

$(1+x^2)^{10}$의 전개식에서 x^8의 계수는 ${}_{10}C_{4}$

따라서 구하는 x^8의 계수는

${}_{4}C_{4}+{}_{5}C_{4}+{}_{6}C_{4}+\cdots+{}_{10}C_{4}={}_{5}C_{5}+{}_{5}C_{4}+{}_{6}C_{4}+\cdots+{}_{10}C_{4}$

$={}_{6}C_{5}+{}_{6}C_{4}+\cdots+{}_{10}C_{4}$

$={}_{7}C_{5}+\cdots+{}_{10}C_{4}$

$\vdots$

$={}_{10}C_{5}+{}_{10}C_{4}$

$={}_{11}C_{5}$

$=462$

13 주어진 다항식의 전개식에서 x^5항은 x^3과 $(1+x)^n$의 x^2항의 곱일 때 나타나므로 x^5의 계수는 $(1+x)^n$의 전개식에서 x^2의 계수와 같다.

$(1+x)^n$의 전개식의 일반항은 ${}_{n}C_{r}x^r$

x^2항은 $(1+x)^2$의 전개식에서부터 나오므로

$(1+x)^2$의 전개식에서 x^2의 계수는 ${}_{2}C_{2}$

$(1+x)^3$의 전개식에서 x^2의 계수는 ${}_{3}C_{2}$

$\vdots$

$(1+x)^6$의 전개식에서 x^2의 계수는 ${}_{6}C_{2}$

따라서 구하는 계수는

${}_{2}C_{2}+{}_{3}C_{2}+{}_{4}C_{2}+{}_{5}C_{2}+{}_{6}C_{2}={}_{3}C_{3}+{}_{3}C_{2}+{}_{4}C_{2}+{}_{5}C_{2}+{}_{6}C_{2}$

$={}_{4}C_{3}+{}_{4}C_{2}+{}_{5}C_{2}+{}_{6}C_{2}$

$={}_{5}C_{3}+{}_{5}C_{2}+{}_{6}C_{2}$

$={}_{6}C_{3}+{}_{6}C_{2}$

$={}_{7}C_{3}$

$=35$

14 ${}_{22}C_{0}-{}_{22}C_{1}+{}_{22}C_{2}-\cdots-{}_{22}C_{21}+{}_{22}C_{22}=0$이므로

${}_{22}C_{0}-({}_{22}C_{1}-{}_{22}C_{2}+\cdots+{}_{22}C_{21})+{}_{22}C_{22}=0$

$\therefore {}_{22}C_{1}-{}_{22}C_{2}+{}_{22}C_{3}-\cdots+{}_{22}C_{21}={}_{22}C_{0}+{}_{22}C_{22}$

$=1+1$

$=2$

15 ${}_{17}C_{0}={}_{17}C_{17},\ {}_{17}C_{1}={}_{17}C_{16},\ \cdots,\ {}_{17}C_{8}={}_{17}C_{9}$이고

${}_{17}C_{0}+{}_{17}C_{1}+{}_{17}C_{2}+\cdots+{}_{17}C_{17}=2^{17}$이므로

$({}_{17}C_{0}+{}_{17}C_{1}+{}_{17}C_{2}+\cdots+{}_{17}C_{8})$

$+({}_{17}C_{9}+{}_{17}C_{10}+{}_{17}C_{11}+\cdots+{}_{17}C_{17})=2^{17}$

$2({}_{17}C_{0}+{}_{17}C_{1}+{}_{17}C_{2}+\cdots+{}_{17}C_{8})=2^{17}$

$\therefore {}_{17}C_{0}+{}_{17}C_{1}+{}_{17}C_{2}+\cdots+{}_{17}C_{8}=2^{16}$

16 ${}_{n}C_1+{}_{n}C_2+{}_{n}C_3+\cdots+{}_{n}C_n$

$=({}_{n}C_0+{}_{n}C_1+{}_{n}C_2+{}_{n}C_3+\cdots+{}_{n}C_n)-{}_{n}C_0$

$=2^n-1$

즉, $2^n-1=127$이므로

$2^n=128=2^7$

$\therefore n=7$

17 원소의 개수가 1인 부분집합의 개수는 ${}_{11}C_1$

원소의 개수가 3인 부분집합의 개수는 ${}_{11}C_3$

원소의 개수가 5인 부분집합의 개수는 ${}_{11}C_5$

⋮

원소의 개수가 11인 부분집합의 개수는 ${}_{11}C_{11}$

따라서 원소의 개수가 홀수인 부분집합의 개수는

${}_{11}C_1+{}_{11}C_3+{}_{11}C_5+\cdots+{}_{11}C_{11}=2^{11-1}=2^{10}$

$=1024$

18 $9\,{}_{30}C_0+9^2\,{}_{30}C_1+9^3\,{}_{30}C_2+\cdots+9^{31}\,{}_{30}C_{30}$

$=9({}_{30}C_0+9^1\,{}_{30}C_1+9^2\,{}_{30}C_2+\cdots+9^{30}\,{}_{30}C_{30})$

$=9\times(1+9)^{30}$

$=9\times10^{30}$

19 $(1+x)^n={}_{n}C_0+{}_{n}C_1x+{}_{n}C_2x^2+\cdots+{}_{n}C_nx^n$의 양변에 $x=11$, $n=50$을 대입하면

$12^{50}={}_{50}C_0+11\,{}_{50}C_1+11^2\,{}_{50}C_2+\cdots+11^{50}\,{}_{50}C_{50}$

$=1+11\times50+11^2({}_{50}C_2+11\,{}_{50}C_3+\cdots+11^{48}\,{}_{50}C_{50})$

$=67+11^2(4+{}_{50}C_2+11\,{}_{50}C_3+\cdots+11^{48}\,{}_{50}C_{50})$

따라서 12^{50}을 121로 나누었을 때의 나머지는 67이다.

20 $(1+x)^n={}_{n}C_0+{}_{n}C_1x+{}_{n}C_2x^2+\cdots+{}_{n}C_nx^n$의 양변에 $x=14$, $n=9$를 대입하면

$15^9={}_{9}C_0+14\,{}_{9}C_1+14^2\,{}_{9}C_2+\cdots+14^9\,{}_{9}C_9$

$=1+2\times7({}_{9}C_1+14\,{}_{9}C_2+\cdots+14^8\,{}_{9}C_9)$

즉, 15^9을 7로 나누었을 때의 나머지는 1이다.

따라서 월요일로부터 15^9일째 되는 날은 화요일이다.

21 $n(U)=10$이므로 원소의 개수가 $k\,(0\le k\le10)$인 집합 B를 정하는 경우의 수는 ${}_{10}C_k$

또 $A\subset B$이므로 원소의 개수가 k인 집합 B에 대하여 집합 A를 정하는 경우의 수는 2^k

즉, 집합 B의 원소의 개수가 k일 때, 두 집합 A, B를 정하는 경우의 수는

${}_{10}C_k\times2^k$

따라서 구하는 모든 경우의 수는

${}_{10}C_0\times2^0+{}_{10}C_1\times2^1+{}_{10}C_2\times2^2+\cdots+{}_{10}C_{10}\times2^{10}$

$=(1+2)^{10}=3^{10}$

Ⅱ-1. 확률의 개념과 활용

01 확률의 개념과 활용 16~24쪽

1 ③	2 ③	3 16	4 $\frac{1}{4}$	5 $\frac{5}{18}$
6 $\frac{11}{49}$	7 ④	8 ③	9 $\frac{9}{25}$	10 ②
11 ①	12 $\frac{7}{20}$	13 $\frac{1}{7}$	14 ①	15 $\frac{12}{25}$
16 ③	17 $\frac{21}{64}$	18 $\frac{1}{3}$	19 $\frac{1}{28}$	20 ②
21 $\frac{1}{6}$	22 $\frac{5}{21}$	23 $\frac{4}{15}$	24 $\frac{1}{4}$	25 ②
26 ③	27 1	28 ①	29 $\frac{3}{7}$	30 ③
31 $\frac{5}{12}$	32 ②	33 $\frac{3}{25}$	34 C	35 6개
36 $\frac{5}{8}$	37 $1-\frac{\pi}{8}$	38 $\frac{7}{8}$	39 ④	40 ③
41 $\frac{5}{6}$	42 ③	43 ③	44 0.8	45 $\frac{2}{3}$
46 $\frac{7}{16}$	47 ④	48 ④	49 $\frac{5}{84}$	50 $\frac{1}{3}$
51 $\frac{9}{14}$	52 $\frac{3}{4}$	53 $\frac{9}{10}$	54 $\frac{2}{5}$	55 $\frac{4}{7}$
56 $\frac{15}{16}$	57 ⑤	58 $\frac{4}{5}$	59 $\frac{223}{343}$	60 $\frac{11}{12}$
61 ③	62 $\frac{37}{42}$	63 $\frac{10}{21}$		

1 $A=\{1, 3, 5, 6, 8, 10\}$, $B=\{6, 8, 10\}$, $C=\{3, 5\}$, $D=\{3, 6\}$이므로

① $A\cap B=\{6, 8, 10\}$

② $A\cap C=\{3, 5\}$

③ $B\cap C=\varnothing$

④ $B\cap D=\{6\}$

⑤ $C\cap D=\{3\}$

따라서 서로 배반사건인 것은 ③이다.

2 표본공간을 S라 하면 $S=\{1, 2, 3, \cdots, 10\}$이므로

$A=\{1, 2, 5, 10\}$

사건 A와 서로 배반인 사건은 A^C의 부분집합이고, A^C의 원소가 6개이므로 구하는 사건의 개수는 $2^6=64$

3 $S=\{1, 2, 3, \cdots, 12\}$이므로

$A=\{3, 6, 9, 12\}$, $B=\{2, 3, 5, 7, 11\}$

사건 A와 서로 배반인 사건은 A^C의 부분집합이고, 사건 B와 서로 배반인 사건은 B^C의 부분집합이므로 두 사건 A, B와 모두 배반인 사건은 $A^C\cap B^C$의 부분집합이다.

$A^C \cap B^C=(A \cup B)^C=\{1, 4, 8, 10\}$이므로 $A^C \cap B^C$의 원소가 4개이다.
따라서 구하는 사건의 개수는 $2^4=16$

4 집합 A의 모든 부분집합의 개수는 $2^5=32$
원소 b, e를 모두 원소로 갖는 집합 A의 부분집합의 개수는 $2^{5-2}=2^3=8$
따라서 구하는 확률은 $\frac{8}{32}=\frac{1}{4}$

5 서로 다른 두 개의 주사위를 동시에 던져서 나오는 모든 경우의 수는 $6\times6=36$
나오는 두 눈의 수의 합이 5 이하인 경우는 (1, 1), (1, 2), (1, 3), (1, 4), (2, 1), (2, 2), (2, 3), (3, 1), (3, 2), (4, 1)의 10가지이다.
따라서 구하는 확률은 $\frac{10}{36}=\frac{5}{18}$

6 $x+y=50$을 만족시키는 자연수 x, y의 순서쌍 (x, y)의 개수는 ${}_2H_{48}={}_{49}C_{48}={}_{49}C_1=49$
이때 $y=50-x$이므로 $xy\ge600$에서
$x(50-x)\ge600$, $x^2-50x+600\le0$
$(x-20)(x-30)\le0$ $\quad\therefore 20\le x\le30$
즉, $xy\ge600$을 만족시키는 순서쌍 (x, y)는 (20, 30), (21, 29), (22, 28), $\cdots$, (30, 20)의 11개이다.
따라서 구하는 확률은 $\frac{11}{49}$

7 한 개의 주사위를 두 번 던져서 나오는 모든 경우의 수는 $6\times6=36$
$f(a)f(b)<0$에서
$f(a)>0$, $f(b)<0$ 또는 $f(a)<0$, $f(b)>0$
(i) $f(a)>0$, $f(b)<0$인 경우
$a^2-7a+10>0$에서 $(a-2)(a-5)>0$
$\therefore a<2$ 또는 $a>5$
$b^2-7b+10<0$에서 $(b-2)(b-5)<0$
$\therefore 2<b<5$
즉, a는 1 또는 6이고, b는 3 또는 4이므로 순서쌍 (a, b)의 개수는 $2\times2=4$
(ii) $f(a)<0$, $f(b)>0$인 경우
(i)과 같은 방법으로 하면 a는 3 또는 4이고, b는 1 또는 6이므로 순서쌍 (a, b)의 개수는 $2\times2=4$
(i), (ii)에서 $f(a)f(b)<0$을 만족시키는 경우의 수는 $4+4=8$
따라서 구하는 확률은 $\frac{8}{36}=\frac{2}{9}$

8 8명이 일렬로 서는 경우의 수는 $8!$
맨 앞과 맨 뒤에 남자 3명 중에서 2명이 서고 그 사이에 나머지 6명이 일렬로 서는 경우의 수는
${}_3P_2\times6!$
따라서 구하는 확률은 $\frac{{}_3P_2\times6!}{8!}=\frac{3}{28}$

9 맨 앞자리에는 0이 올 수 없으므로 만들 수 있는 세 자리의 자연수의 개수는
$5\times{}_5P_2=100$
5의 배수는 일의 자리의 숫자가 0 또는 5이다.
□□0 꼴의 자연수의 개수는 ${}_5P_2=20$
□□5 꼴의 자연수의 개수는 $4\times4=16$
따라서 구하는 확률은 $\frac{20+16}{100}=\frac{9}{25}$

10 안내문 6장을 일렬로 붙이는 경우의 수는 $6!$
교내, 교외 대회의 순서로 번갈아 붙이는 경우의 수는
$3!\times3!=6\times6=36$
교외, 교내 대회의 순서로 번갈아 붙이는 경우의 수는
$3!\times3!=6\times6=36$
따라서 구하는 확률은 $\frac{36+36}{6!}=\frac{1}{10}$

11 10권의 책을 일렬로 꽂는 경우의 수는 $10!$
영어 책 6권을 일렬로 꽂는 경우의 수는 $6!$
어느 두 권의 수학 책도 서로 이웃하지 않으려면 영어 책의 사이사이와 양 끝의 7개의 자리 중 4개를 택하여 수학 책 4권을 꽂으면 되므로 그 경우의 수는 ${}_7P_4$
따라서 구하는 확률은 $\frac{6!\times{}_7P_4}{10!}=\frac{1}{6}$

12 3, 4, 5, 6, 7을 모두 사용하여 만들 수 있는 다섯 자리의 자연수의 개수는 $5!=120$
64□□□, 65□□□, 67□□□ 꼴의 자연수의 개수는 각각 $3!$이므로 $3!\times3=18$
7□□□□ 꼴의 자연수의 개수는 $4!=24$
따라서 구하는 확률은 $\frac{18+24}{120}=\frac{7}{20}$

13 7개의 문자를 일렬로 배열하는 경우의 수는 $7!$
s와 t 사이에 나머지 5개의 문자 중에서 3개를 택하여 일렬로 배열하는 경우의 수는 ${}_5P_3=60$
배열된 s□□□t를 한 묶음으로 생각하여 남은 2개의 문자와 함께 일렬로 배열하는 경우의 수는 $3!=6$
s와 t의 자리를 바꾸는 경우의 수는 $2!=2$
따라서 구하는 확률은 $\frac{60\times6\times2}{7!}=\frac{1}{7}$

유형편

14 7개의 좌석에 6명의 학생이 앉는 경우의 수는 ${}_7P_6$

A, B가 같은 열에 서로 이웃하게 앉는 경우는 다음 그림과 같이 5가지가 존재한다.

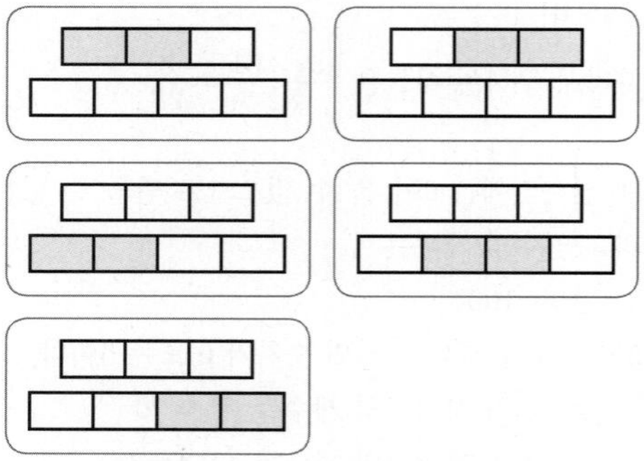

각 경우에 A, B끼리 자리를 바꾸는 경우의 수는 $2!=2$

남은 5개의 좌석에 4명의 학생이 앉는 경우의 수는 ${}_5P_4$

따라서 구하는 확률은 $\dfrac{5\times2\times{}_5P_4}{{}_7P_6}=\dfrac{5}{21}$

15 5가지의 놀이기구 중에서 중복을 허용하여 3개를 택하는 경우의 수는 ${}_5\Pi_3=125$

5가지의 놀이기구 중에서 서로 다른 3개를 택하는 경우의 수는 ${}_5P_3=60$

따라서 구하는 확률은 $\dfrac{60}{125}=\dfrac{12}{25}$

16 X에서 Y로의 함수의 개수는 ${}_4\Pi_4=256$

X에서 Y로의 일대일대응의 개수는 ${}_4P_4=24$

따라서 구하는 확률은 $\dfrac{24}{256}=\dfrac{3}{32}$

17 맨 앞자리에는 0이 올 수 없으므로 만들 수 있는 네 자리의 자연수의 개수는

$3\times{}_4\Pi_3=192$

2000보다 큰 짝수는 천의 자리에 올 수 있는 숫자는 2 또는 3, 일의 자리에 올 수 있는 숫자는 0 또는 2이고, 2000은 제외해야 하므로 그 개수는

$2\times{}_4\Pi_2\times2-1=64-1=63$

따라서 구하는 확률은 $\dfrac{63}{192}=\dfrac{21}{64}$

18 세 사람이 가위바위보를 한 번 할 때, 나오는 모든 경우의 수는 ${}_3\Pi_3=27$

이기는 한 명을 정하는 경우의 수는 3이고, 그 각각에 대하여 이기는 경우는 (가위, 보, 보), (바위, 가위, 가위), (보, 바위, 바위)의 3가지이므로 이긴 사람이 한 명인 경우의 수는 $3\times3=9$

따라서 구하는 확률은 $\dfrac{9}{27}=\dfrac{1}{3}$

19 검은 공 3개, 파란 공 3개, 노란 공 2개를 일렬로 배열하는 경우의 수는

$\dfrac{8!}{3!\times3!\times2!}=560$

양 끝에 노란 공을 고정시키고 그 사이에 검은 공 3개, 파란 공 3개를 일렬로 배열하는 경우의 수는 $\dfrac{6!}{3!\times3!}=20$

따라서 구하는 확률은 $\dfrac{20}{560}=\dfrac{1}{28}$

20 한 개의 주사위를 세 번 던져서 나오는 모든 경우의 수는

$6\times6\times6$

6 이하의 세 자연수 중 곱하여 4가 되는 경우는

(1, 1, 4) 또는 (1, 2, 2)

1, 1, 4와 1, 2, 2를 각각 일렬로 배열하는 경우의 수는

$\dfrac{3!}{2!}+\dfrac{3!}{2!}=3+3=6$

따라서 구하는 확률은 $\dfrac{6}{6\times6\times6}=\dfrac{1}{36}$

21 h, a, p, p, i, n, e, s, s를 일렬로 배열하는 경우의 수는

$\dfrac{9!}{2!\times2!}=\dfrac{9!}{4}$

모음을 알파벳 순서대로 배열하려면 a, i, e를 모두 X로 바꾸어 생각하여 h, X, p, p, X, n, X, s, s를 일렬로 배열한 후 3개의 X를 앞에서부터 순서대로 a, e, i로 바꾸면 되므로 그 경우의 수는

$\dfrac{9!}{3!\times2!\times2!}=\dfrac{9!}{24}$

따라서 구하는 확률은 $\dfrac{\frac{9!}{24}}{\frac{9!}{4}}=\dfrac{1}{6}$

22 A 지점에서 B 지점까지 최단 거리로 가는 경우의 수는

$\dfrac{10!}{6!\times4!}=210$

A 지점에서 P 지점을 거쳐 B 지점까지 최단 거리로 가는 경우의 수는

$\dfrac{5!}{2!\times3!}\times\dfrac{5!}{4!\times1!}=50$

따라서 구하는 확률은 $\dfrac{50}{210}=\dfrac{5}{21}$

23 6장의 사진 중에서 2장을 택하는 경우의 수는 ${}_6C_2=15$

B는 반드시 택하고 D는 택하지 않으려면 B를 먼저 택하고, B와 D를 제외한 나머지 4장 중에서 1장을 택하면 되므로 그 경우의 수는 ${}_4C_1=4$

따라서 구하는 확률은 $\dfrac{4}{15}$

24 10개의 공 중에서 3개를 꺼내는 경우의 수는 ${}_{10}C_3=120$
모두 다른 색의 공을 꺼내는 경우의 수는
${}_3C_1\times{}_2C_1\times{}_5C_1=30$
따라서 구하는 확률은 $\frac{30}{120}=\frac{1}{4}$

25 10장의 카드 중에서 3장을 뽑는 경우의 수는
${}_{10}C_3=120$
세 수의 곱이 홀수이려면 세 수가 모두 홀수이어야 하므로 1, 3, 5, 7, 9가 적힌 카드 5장에서 3장을 뽑는 경우의 수는 ${}_5C_3={}_5C_2=10$
따라서 구하는 확률은 $\frac{10}{120}=\frac{1}{12}$

26 집합 S의 부분집합 중 원소의 개수가 3인 집합의 개수는
${}_7C_3=35$
가장 큰 원소가 5이려면 5를 원소로 택하고 1, 2, 3, 4 중에서 나머지 2개의 원소를 택하면 되므로 그 경우의 수는
${}_4C_2=6$
따라서 구하는 확률은 $\frac{6}{35}$

27 남학생의 수를 n이라 하면
$\frac{{}_nC_1\times{}_{9-n}C_1}{{}_9C_2}=\frac{5}{9}$, $\frac{n(9-n)}{36}=\frac{5}{9}$
$n^2-9n+20=0$, $(n-4)(n-5)=0$
$\therefore n=4$ 또는 $n=5$
따라서 남학생 4명, 여학생 5명 또는 남학생 5명, 여학생 4명이므로 남학생과 여학생 수의 차는 1이다.

28 주사위 2개와 동전 4개를 동시에 던져서 나오는 모든 경우의 수는 $(6\times6)\times(2\times2\times2\times2)=6^2\times2^4$
(i) 주사위의 눈의 수의 곱이 1인 경우
두 주사위에서 나오는 눈의 수의 곱이 1인 경우는
(1, 1)의 1가지
앞면이 나오는 동전 1개를 택하는 경우의 수는
${}_4C_1=4$
따라서 주사위의 눈의 수의 곱과 앞면이 나오는 동전의 개수가 1로 같은 경우의 수는 $1\times4=4$
(ii) 주사위의 눈의 수의 곱이 2인 경우
두 주사위에서 나오는 눈의 수의 곱이 2인 경우는
(1, 2), (2, 1)의 2가지
앞면이 나오는 동전 2개를 택하는 경우의 수는
${}_4C_2=6$
따라서 주사위의 눈의 수의 곱과 앞면이 나오는 동전의 개수가 2로 같은 경우의 수는 $2\times6=12$
(iii) 주사위의 눈의 수의 곱이 3인 경우
두 주사위에서 나오는 눈의 수의 곱이 3인 경우는
(1, 3), (3, 1)의 2가지
앞면이 나오는 동전 3개를 택하는 경우의 수는
${}_4C_3={}_4C_1=4$
따라서 주사위의 눈의 수의 곱과 앞면이 나오는 동전의 개수가 3으로 같은 경우의 수는 $2\times4=8$
(iv) 주사위의 눈의 수의 곱이 4인 경우
두 주사위에서 나오는 눈의 수의 곱이 4인 경우는
(1, 4), (2, 2), (4, 1)의 3가지
앞면이 나오는 동전 4개를 택하는 경우의 수는
${}_4C_4=1$
따라서 주사위의 눈의 수의 곱과 앞면이 나오는 동전의 개수가 4로 같은 경우의 수는 $3\times1=3$
(v) 주사위의 눈의 수의 곱이 5 이상인 경우
앞면이 나오는 동전이 5개 이상일 수 없다.
(i)~(v)에서 조건을 만족시키는 경우의 수는
$4+12+8+3=27$
따라서 구하는 확률은 $\frac{27}{6^2\times2^4}=\frac{3}{64}$

29 8개의 점 중에서 3개를 택하는 경우의 수는
${}_8C_3=56$
이때 오른쪽 그림과 같이 원 위의 한 점 A에 대하여 ∠A를 꼭지각으로 하는 이등변삼각형은 3개이고, 점은 모두 8개이므로 이등변삼각형의 개수는
$3\times8=24$

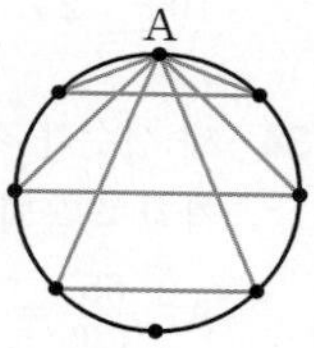

따라서 구하는 확률은 $\frac{24}{56}=\frac{3}{7}$

30 한 개의 주사위를 3번 던져서 나오는 모든 경우의 수는
$6\times6\times6=216$
$a\ge b\ge c$에서 a, b, c의 값을 정하는 경우의 수는 1, 2, 3, 4, 5, 6에서 3개를 택하는 중복조합의 수와 같으므로
${}_6H_3={}_8C_3=56$
따라서 구하는 확률은 $\frac{56}{216}=\frac{7}{27}$

31 방정식 $x+y+z=7$을 만족시키는 음이 아닌 정수의 순서쌍의 개수는
${}_3H_7={}_9C_7={}_9C_2=36$
한편 x, y, z가 모두 자연수일 때,
$x-1=a$, $y-1=b$, $z-1=c$라 하면
$x=a+1$, $y=b+1$, $z=c+1$

유형편

이를 방정식 $x+y+z=7$에 대입하면

$(a+1)+(b+1)+(c+1)=7$

$\therefore a+b+c=4$ (단, a, b, c는 음이 아닌 정수)

이를 만족시키는 순서쌍의 개수는

${}_3H_4={}_6C_4={}_6C_2=15$

따라서 구하는 확률은

$\frac{15}{36}=\frac{5}{12}$

32 X에서 X로의 함수의 개수는 ${}_5\Pi_5=5^5$

(가), (나)에서 $f(3)\le f(5)$이고 $f(3)+f(5)=9$이므로

$f(3)=4$, $f(5)=5$

즉, (가)에서 $f(1)\le f(2)\le 4\le f(4)\le 5$

$f(1)\le f(2)\le 4$를 만족시키는 함수의 개수는

${}_4H_2={}_5C_2=10$

$f(4)$의 값이 될 수 있는 것은 4, 5의 2가지

주어진 조건을 만족시키는 함수의 개수는 $10\times 2=20$

따라서 구하는 확률은

$\frac{20}{5^5}=\frac{4}{625}$

33 전체 100일 중에서 B가 가장 먼저 온 날은 12일이므로 구하는 확률은

$\frac{12}{100}=\frac{3}{25}$

34 세 선수가 각각 자유투를 한 번씩 던질 때, 성공할 확률은 각각 다음과 같다.

A: $\frac{65}{120}=\frac{13}{24}$, B: $\frac{104}{200}=\frac{13}{25}$, C: $\frac{84}{150}=\frac{14}{25}$

$\frac{13}{25}<\frac{13}{24}<\frac{14}{25}$이므로 자유투에 성공할 확률이 가장 큰 선수는 C이다.

35 파란 구슬의 개수를 n이라 하면

$\frac{{}_nC_2}{{}_{10}C_2}=\frac{2}{15}$, $\frac{n(n-1)}{90}=\frac{2}{15}$

$n(n-1)=12=4\times 3$ $\quad\therefore n=4$ ($\because$ n은 자연수)

따라서 파란 구슬은 4개가 들어 있다고 볼 수 있으므로 노란 구슬은 6개가 들어 있다고 볼 수 있다.

36 반지름의 길이가 1, 2, 3, 4인 네 원의 넓이는 각각

π, 4π, 9π, 16π

이때 색칠한 부분의 넓이는

$(16\pi-9\pi)+(4\pi-\pi)=10\pi$

따라서 구하는 확률은

$\frac{10\pi}{16\pi}=\frac{5}{8}$

37 점 P가 변 BC를 지름으로 하는 반원 위에 있을 때 삼각형 PBC는 직각삼각형, 반원의 내부에 있으면 둔각삼각형이 되므로 오른쪽 그림의 색칠한 부분에 점 P를 잡으면 삼각형 PBC는 예각삼각형이 된다.

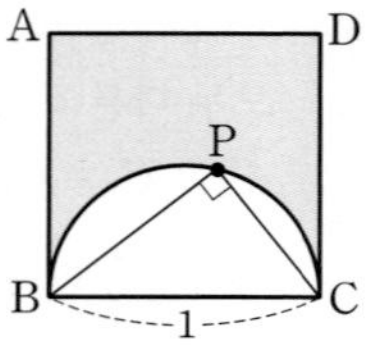

따라서 구하는 확률은

$\frac{(\text{색칠한 부분의 넓이})}{(\square\text{ABCD의 넓이})}=\frac{1-\frac{1}{2}\times\pi\times\left(\frac{1}{2}\right)^2}{1}=1-\frac{\pi}{8}$

38 이차방정식 $x^2+4ax+5a=0$이 실근을 가지려면 판별식을 D라 할 때, $D\ge 0$이어야 하므로

$\frac{D}{4}=(2a)^2-5a\ge 0$

$4a^2-5a\ge 0$, $a(4a-5)\ge 0$

$\therefore a\le 0$ 또는 $a\ge\frac{5}{4}$ $\quad\cdots\cdots$ ㉠

이때 $-4\le a\le 6$과 ㉠을 수직선 위에 나타내면 다음과 같다.

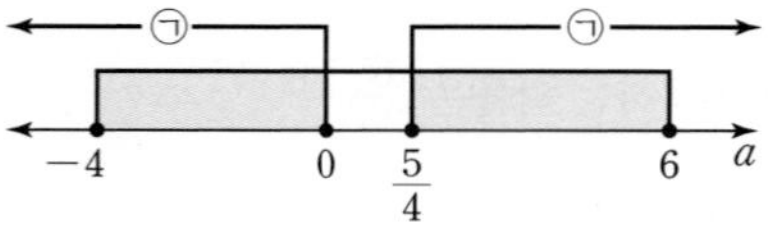

$\therefore -4\le a\le 0$ 또는 $\frac{5}{4}\le a\le 6$ $\quad\cdots\cdots$ ㉡

따라서 구하는 확률은

$\frac{(\text{㉡의 구간의 길이})}{(\text{전체 구간의 길이})}=\frac{\{0-(-4)\}+\left(6-\frac{5}{4}\right)}{6-(-4)}=\frac{7}{8}$

39 표본공간을 S라 하면 $S=\{2, 4, 6, 8, 10\}$이므로

$A=\{2\}$, $B=\varnothing$, $C=\{2, 4, 6, 8, 10\}$, $D=\varnothing$

$\therefore \text{P}(A)=\frac{1}{5}$, $\text{P}(B)=0$, $\text{P}(C)=1$, $\text{P}(D)=0$

따라서 보기에서 확률이 0인 사건은 ㄴ, ㄹ이다.

40 ㄱ. $\text{P}(\varnothing)=0$, $\text{P}(S)=1$이므로

$\text{P}(\varnothing)+\text{P}(S)=1$

ㄴ. $0\le\text{P}(A)\le 1$, $0\le\text{P}(B)\le 1$이므로

$0\le\text{P}(A)+\text{P}(B)\le 2$

ㄷ. [반례] $\text{P}(A)=\frac{1}{4}$, $\text{P}(B)=\frac{1}{2}$이면

$\text{P}(A)+\text{P}(B)=\frac{3}{4}$이고 $\text{P}(S)=1$이므로

$\text{P}(A)+\text{P}(B)<\text{P}(S)$

ㄹ. $0\le\text{P}(A)\le 1$, $0\le\text{P}(B)\le 1$이므로

$\text{P}(A)+\text{P}(B)=2$이면 $\text{P}(A)=1$, $\text{P}(B)=1$

$\therefore A=B=S$

따라서 보기에서 옳은 것은 ㄱ, ㄴ, ㄹ이다.

41 $P(A)=2P(B)=\frac{2}{3}$에서 $P(A)=\frac{2}{3}$, $P(B)=\frac{1}{3}$

$A^C\cup B^C=(A\cap B)^C$이므로 $P(A^C\cup B^C)=\frac{5}{6}$에서

$P((A\cap B)^C)=\frac{5}{6}$, $1-P(A\cap B)=\frac{5}{6}$

$\therefore P(A\cap B)=\frac{1}{6}$

$\therefore P(A\cup B)=P(A)+P(B)-P(A\cap B)$

$=\frac{2}{3}+\frac{1}{3}-\frac{1}{6}=\frac{5}{6}$

42 두 사건 A, B^C이 서로 배반사건이므로

$A\cap B^C=\varnothing$ $\quad\therefore A\subset B$

즉, $A\cap B=A$이므로

$P(A)=P(A\cap B)=\frac{1}{5}$

$P(A)+P(B)=\frac{7}{10}$에서

$\frac{1}{5}+P(B)=\frac{7}{10}$ $\quad\therefore P(B)=\frac{1}{2}$

$\therefore P(A^C\cap B)=P(B)-P(A\cap B)=\frac{1}{2}-\frac{1}{5}=\frac{3}{10}$

43 $P(A\cup B)=P(A)+P(B)-P(A\cap B)$이므로

$P(A\cup B)=\frac{1}{4}+\frac{1}{3}-P(A\cap B)=\frac{7}{12}-P(A\cap B)$

즉, $P(A\cap B)$가 최소일 때 $P(A\cup B)$는 최대이고

$P(A\cap B)$가 최대일 때 $P(A\cup B)$는 최소이다.

$P(A\cap B)\le P(A)$이므로 $P(A\cap B)\le\frac{1}{4}$ …… ㉠

$P(A\cap B)\le P(B)$이므로 $P(A\cap B)\le\frac{1}{3}$ …… ㉡

㉠, ㉡에서 $P(A\cap B)\le\frac{1}{4}$

이때 $0\le P(A\cap B)\le 1$이므로

$0\le P(A\cap B)\le\frac{1}{4}$

$\frac{1}{3}\le\frac{7}{12}-P(A\cap B)\le\frac{7}{12}$

$\therefore \frac{1}{3}\le P(A\cup B)\le\frac{7}{12}$

따라서 $M=\frac{7}{12}$, $m=\frac{1}{3}$이므로 $M+m=\frac{11}{12}$

44 게임을 좋아하는 학생인 사건을 A, 웹툰을 좋아하는 학생인 사건을 B라 하면

$P(A)=0.6$, $P(B)=0.5$, $P(A\cap B)=0.3$

따라서 구하는 확률은

$P(A\cup B)=P(A)+P(B)-P(A\cap B)$

$=0.6+0.5-0.3=0.8$

45 A가 뽑히는 사건을 A, B가 뽑히는 사건을 B라 하면

$P(A)=\frac{{}_9C_3}{{}_{10}C_4}=\frac{2}{5}$, $P(B)=\frac{{}_9C_3}{{}_{10}C_4}=\frac{2}{5}$

$P(A\cap B)=\frac{{}_8C_2}{{}_{10}C_4}=\frac{2}{15}$

따라서 구하는 확률은

$P(A\cup B)=P(A)+P(B)-P(A\cap B)$

$=\frac{2}{5}+\frac{2}{5}-\frac{2}{15}=\frac{2}{3}$

46 $f(1)=2$인 사건을 A, $f(3)=1$인 사건을 B라 하면

$P(A)=\frac{{}_4\Pi_2}{{}_4\Pi_3}=\frac{1}{4}$, $P(B)=\frac{{}_4\Pi_2}{{}_4\Pi_3}=\frac{1}{4}$

$P(A\cap B)=\frac{4}{{}_4\Pi_3}=\frac{1}{16}$

따라서 구하는 확률은

$P(A\cup B)=P(A)+P(B)-P(A\cap B)$

$=\frac{1}{4}+\frac{1}{4}-\frac{1}{16}=\frac{7}{16}$

47 5의 배수인 사건을 A, 3500 이상인 사건을 B라 하자.

5의 배수는 □□□5 꼴이므로

$P(A)=\frac{{}_4P_3}{{}_5P_4}=\frac{1}{5}$

3500 이상인 수는 35□□, 4□□□, 5□□□ 꼴이므로

$P(B)=\frac{{}_3P_2+{}_4P_3+{}_4P_3}{{}_5P_4}=\frac{6+24+24}{120}=\frac{9}{20}$

5의 배수이고 3500 이상인 수는 4□□5 꼴이므로

$P(A\cap B)=\frac{{}_3P_2}{{}_5P_4}=\frac{1}{20}$

따라서 구하는 확률은

$P(A\cup B)=P(A)+P(B)-P(A\cap B)$

$=\frac{1}{5}+\frac{9}{20}-\frac{1}{20}=\frac{3}{5}$

48 서로 다른 두 개의 주사위를 동시에 던져서 나오는 모든 경우의 수는 $6\times6=36$

두 눈의 수의 합이 3인 사건을 A, 차가 3인 사건을 B라 하면

$A=\{(1, 2), (2, 1)\}$

$B=\{(1, 4), (2, 5), (3, 6), (4, 1), (5, 2), (6, 3)\}$

$\therefore P(A)=\frac{2}{36}$, $P(B)=\frac{6}{36}$

A, B는 서로 배반사건이므로 구하는 확률은

$P(A\cup B)=P(A)+P(B)$

$=\frac{2}{36}+\frac{6}{36}=\frac{2}{9}$

49 검정 테이프는 2개 들어 있으므로 3개 모두 검정 테이프를 꺼낼 수는 없다.

따라서 3개 모두 빨강 테이프를 꺼내는 사건을 A, 3개 모두 파랑 테이프를 꺼내는 사건을 B라 하면

$\mathrm{P}(A)=\frac{{}_4\mathrm{C}_3}{{}_9\mathrm{C}_3}=\frac{1}{21}$, $\mathrm{P}(B)=\frac{{}_3\mathrm{C}_3}{{}_9\mathrm{C}_3}=\frac{1}{84}$

두 사건 A, B는 서로 배반사건이므로 구하는 확률은

$\mathrm{P}(A\cup B)=\mathrm{P}(A)+\mathrm{P}(B)=\frac{1}{21}+\frac{1}{84}=\frac{5}{84}$

50 h, o, r, r, o, r를 일렬로 배열하는 경우의 수는

$\frac{6!}{2!\times 3!}=60$

h가 맨 앞에 오는 사건을 A, h가 맨 뒤에 오는 사건을 B라 하자.

h를 맨 앞에 고정시키고 나머지 문자를 일렬로 배열하는 경우의 수는 $\frac{5!}{2!\times 3!}=10$

$\therefore \mathrm{P}(A)=\frac{10}{60}=\frac{1}{6}$

h를 맨 뒤에 고정시키고 나머지 문자를 일렬로 배열하는 경우의 수는 $\frac{5!}{2!\times 3!}=10$

$\therefore \mathrm{P}(B)=\frac{10}{60}=\frac{1}{6}$

두 사건 A, B는 서로 배반사건이므로 구하는 확률은

$\mathrm{P}(A\cup B)=\mathrm{P}(A)+\mathrm{P}(B)=\frac{1}{6}+\frac{1}{6}=\frac{1}{3}$

51 남학생이 여학생보다 많이 뽑히려면 뽑은 6명 중에서 남학생이 4명 또는 5명이어야 한다.

남학생 4명과 여학생 2명을 뽑는 사건을 A, 남학생 5명과 여학생 1명을 뽑는 사건을 B라 하면

$\mathrm{P}(A)=\frac{{}_5\mathrm{C}_4\times{}_3\mathrm{C}_2}{{}_8\mathrm{C}_6}=\frac{15}{28}$, $\mathrm{P}(B)=\frac{{}_5\mathrm{C}_5\times{}_3\mathrm{C}_1}{{}_8\mathrm{C}_6}=\frac{3}{28}$

두 사건 A, B는 서로 배반사건이므로 구하는 확률은

$\mathrm{P}(A\cup B)=\mathrm{P}(A)+\mathrm{P}(B)=\frac{15}{28}+\frac{3}{28}=\frac{9}{14}$

52 8개의 문자를 일렬로 배열하는 경우의 수는

$\frac{8!}{2!}=4\times 7!$

같은 문자가 서로 이웃하지 않게 배열하는 사건을 A라 하면 A^C은 같은 문자가 서로 이웃하게 배열하는 사건이다.

같은 문자인 o, o를 서로 이웃하게 배열할 확률은

$\mathrm{P}(A^C)=\frac{7!}{4\times 7!}=\frac{1}{4}$

따라서 구하는 확률은

$\mathrm{P}(A)=1-\mathrm{P}(A^C)=1-\frac{1}{4}=\frac{3}{4}$

다른 풀이

8개의 문자를 일렬로 배열하는 경우의 수는 $4\times 7!$

같은 문자인 o, o를 제외한 s, l, u, t, i, n을 일렬로 배열하고 그 사이사이와 양 끝의 7개의 자리 중에서 2개의 자리에 o, o를 배열하는 경우의 수는

$6!\times{}_7\mathrm{C}_2=21\times 6!$

따라서 구하는 확률은

$\frac{21\times 6!}{4\times 7!}=\frac{3}{4}$

53 세 수를 택하여 만들 수 있는 삼각형의 개수는

${}_6\mathrm{C}_3=20$

정삼각형이 아닌 사건을 A라 하면 A^C은 정삼각형인 사건이다.

정삼각형이 되는 경우는 (1, 3, 5) 또는 (2, 4, 6)을 붙인 꼭짓점을 연결하는 경우의 2가지이므로

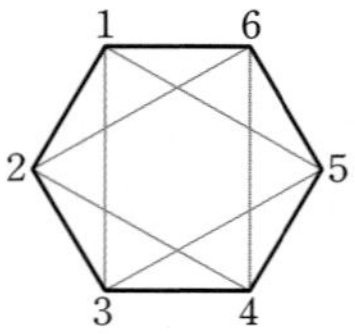

$\mathrm{P}(A^C)=\frac{2}{20}=\frac{1}{10}$

따라서 구하는 확률은

$\mathrm{P}(A)=1-\mathrm{P}(A^C)=1-\frac{1}{10}=\frac{9}{10}$

54 카드에 적힌 수가 2의 배수인 사건을 A, 5의 배수인 사건을 B라 하면 2의 배수도 아니고 5의 배수도 아닌 사건은 $A^C\cap B^C=(A\cup B)^C$이다.

카드에 적힌 수가 2의 배수일 확률은

$\mathrm{P}(A)=\frac{25}{50}$

카드에 적힌 수가 5의 배수일 확률은

$\mathrm{P}(B)=\frac{10}{50}$

카드에 적힌 수가 10의 배수일 확률은

$\mathrm{P}(A\cap B)=\frac{5}{50}$

$\therefore \mathrm{P}(A\cup B)=\mathrm{P}(A)+\mathrm{P}(B)-\mathrm{P}(A\cap B)$

$=\frac{25}{50}+\frac{10}{50}-\frac{5}{50}=\frac{3}{5}$

따라서 구하는 확률은

$\mathrm{P}(A^C\cap B^C)=\mathrm{P}((A\cup B)^C)$

$=1-\mathrm{P}(A\cup B)$

$=1-\frac{3}{5}=\frac{2}{5}$

55 같은 숫자가 적힌 카드는 3이 적힌 카드와 4가 적힌 카드이므로 3이 적힌 카드가 서로 이웃하는 사건을 A, 4가 적힌 카드가 서로 이웃하는 사건을 B라 하면 같은 숫자가 적힌 카드가 서로 이웃하지 않는 사건은 $A^C\cap B^C$이다.

8장의 카드를 일렬로 배열하는 경우의 수는 8!

3이 적힌 카드가 서로 이웃할 확률은

$P(A)=\frac{7!\times2!}{8!}=\frac{1}{4}$

4가 적힌 카드가 서로 이웃할 확률은

$P(B)=\frac{7!\times2!}{8!}=\frac{1}{4}$

3이 적힌 카드가 서로 이웃하고, 4가 적힌 카드도 서로 이웃할 확률은

$P(A\cap B)=\frac{6!\times2!\times2!}{8!}=\frac{1}{14}$

$\therefore P(A\cup B)=P(A)+P(B)-P(A\cap B)$

$=\frac{1}{4}+\frac{1}{4}-\frac{1}{14}=\frac{3}{7}$

따라서 구하는 확률은

$P(A^C\cap B^C)=P((A\cup B)^C)$

$=1-P(A\cup B)$

$=1-\frac{3}{7}=\frac{4}{7}$

56 적어도 하나가 홀수인 사건을 A라 하면 A^C은 모두 짝수인 사건이므로

$P(A^C)=\frac{{}_3\Pi_4}{{}_6\Pi_4}=\frac{1}{16}$

따라서 구하는 확률은

$P(A)=1-P(A^C)=1-\frac{1}{16}=\frac{15}{16}$

57 적어도 한 개가 흰색 마스크인 사건을 A라 하면 A^C은 3개 모두 검은색 마스크인 사건이므로

$P(A^C)=\frac{{}_9C_3}{{}_{14}C_3}=\frac{3}{13}$

따라서 구하는 확률은

$P(A)=1-P(A^C)=1-\frac{3}{13}=\frac{10}{13}$

58 적어도 한쪽 끝에 남학생이 서는 사건을 A라 하면 A^C은 양 끝에 모두 여학생이 서는 사건이므로

$P(A^C)=\frac{{}_3P_2\times4!}{6!}=\frac{1}{5}$

따라서 구하는 확률은

$P(A)=1-P(A^C)=1-\frac{1}{5}=\frac{4}{5}$

59 적어도 2명이 같은 요일을 택하는 사건을 A라 하면 A^C은 모두 다른 요일을 택하는 사건이므로

$P(A^C)=\frac{{}_7P_4}{{}_7\Pi_4}=\frac{120}{343}$

따라서 구하는 확률은

$P(A)=1-P(A^C)=1-\frac{120}{343}=\frac{223}{343}$

60 두 눈의 수의 합이 10 이하인 사건을 A라 하면 A^C은 두 눈의 수의 합이 11 이상인 사건이다.

$A^C=\{(5, 6), (6, 5), (6, 6)\}$이므로

$P(A^C)=\frac{3}{6\times6}=\frac{1}{12}$

따라서 구하는 확률은

$P(A)=1-P(A^C)=1-\frac{1}{12}=\frac{11}{12}$

61 흰색 손수건이 2장 이상인 사건을 A라 하면 A^C은 흰색 손수건이 1장 이하인 사건이다.

(i) 흰색 손수건 0장, 검은색 손수건 4장을 꺼낼 확률은

$\frac{{}_5C_4}{{}_9C_4}=\frac{5}{126}$

(ii) 흰색 손수건 1장, 검은색 손수건 3장을 꺼낼 확률은

$\frac{{}_4C_1\times{}_5C_3}{{}_9C_4}=\frac{20}{63}$

(i), (ii)에서 $P(A^C)=\frac{5}{126}+\frac{20}{63}=\frac{5}{14}$

따라서 구하는 확률은

$P(A)=1-P(A^C)=1-\frac{5}{14}=\frac{9}{14}$

62 꺼낸 동전의 금액의 합이 250원 미만인 사건을 A라 하면 A^C은 250원 이상인 사건이다.

(i) 50원짜리 동전 1개, 100원짜리 동전 2개를 꺼낼 확률은

$\frac{{}_3C_1\times{}_3C_2}{{}_9C_3}=\frac{9}{84}$

(ii) 100원짜리 동전 3개를 꺼낼 확률은

$\frac{{}_3C_3}{{}_9C_3}=\frac{1}{84}$

(i), (ii)에서 $P(A^C)=\frac{9}{84}+\frac{1}{84}=\frac{5}{42}$

따라서 구하는 확률은

$P(A)=1-P(A^C)=1-\frac{5}{42}=\frac{37}{42}$

63 m과 n 사이에 2개 이상의 문자가 오는 사건을 A라 하면 A^C은 m과 n 사이에 1개 이하의 문자가 오는 사건이다.

(i) m과 n이 서로 이웃할 확률은

$\frac{6!\times2!}{7!}=\frac{2}{7}$

(ii) m과 n 사이에 1개의 문자가 올 확률은

$\frac{{}_5P_1\times5!\times2!}{7!}=\frac{5}{21}$

(i), (ii)에서 $P(A^C)=\frac{2}{7}+\frac{5}{21}=\frac{11}{21}$

따라서 구하는 확률은

$P(A)=1-P(A^C)=1-\frac{11}{21}=\frac{10}{21}$

Ⅱ-2. 조건부확률

01 조건부확률 26~32쪽

1 ②	2 ④	3 $\frac{5}{12}$	4 $\frac{3}{5}$	5 ①
6 $\frac{2}{5}$	7 10	8 ②	9 $\frac{4}{11}$	10 $\frac{1}{3}$
11 $\frac{1}{3}$	12 ①	13 11	14 $\frac{14}{25}$	15 4
16 ①	17 $\frac{3}{7}$	18 $\frac{1}{5}$	19 $\frac{1}{34}$	20 5
21 $\frac{8}{11}$	22 ①	23 ⑤	24 ㄱ, ㄴ, ㄷ	
25 12	26 ②	27 $\frac{1}{6}$	28 ③	29 ④
30 ⑤	31 $\frac{4}{15}$	32 $\frac{8}{15}$	33 ③	34 25
35 $\frac{63}{64}$	36 43	37 $\frac{11}{27}$	38 ①	39 ④
40 $\frac{11}{72}$	41 ①	42 $\frac{1}{32}$	43 $\frac{8}{81}$	44 $\frac{1}{2}$

1 $\mathrm{P}(B|A^C)=\dfrac{\mathrm{P}(A^C\cap B)}{\mathrm{P}(A^C)}=\dfrac{\mathrm{P}(A\cup B)-\mathrm{P}(A)}{1-\mathrm{P}(A)}$

$=\dfrac{0.7-0.5}{1-0.5}=0.4$

2 $\mathrm{P}(B|A)=\dfrac{\mathrm{P}(A\cap B)}{\mathrm{P}(A)}$에서

$\dfrac{\mathrm{P}(A\cap B)}{\mathrm{P}(A)}=\dfrac{1}{4}$

$\therefore \mathrm{P}(A)=4\mathrm{P}(A\cap B)$

$\mathrm{P}(A|B)=\dfrac{\mathrm{P}(A\cap B)}{\mathrm{P}(B)}$에서

$\dfrac{\mathrm{P}(A\cap B)}{\mathrm{P}(B)}=\dfrac{1}{3}$

$\therefore \mathrm{P}(B)=3\mathrm{P}(A\cap B)$

$\mathrm{P}(A)+\mathrm{P}(B)=\dfrac{7}{10}$에서

$4\mathrm{P}(A\cap B)+3\mathrm{P}(A\cap B)=\dfrac{7}{10}$

$\therefore \mathrm{P}(A\cap B)=\dfrac{1}{10}$

3 두 사건 A, B가 서로 배반사건이면 $A\cap B=\varnothing$이므로

$A\subset B^C$ $\quad\therefore A\cap B^C=A$

$\therefore \mathrm{P}(A|B^C)=\dfrac{\mathrm{P}(A\cap B^C)}{\mathrm{P}(B^C)}=\dfrac{\mathrm{P}(A)}{1-\mathrm{P}(B)}$

$=\dfrac{\frac{1}{3}}{1-\frac{1}{5}}=\dfrac{5}{12}$

4 꺼낸 공에 적힌 수가 홀수인 사건을 A, 소수인 사건을 B라 하면

$\mathrm{P}(A)=\dfrac{5}{10}$, $\mathrm{P}(A\cap B)=\dfrac{3}{10}$

따라서 구하는 확률은

$\mathrm{P}(B|A)=\dfrac{\mathrm{P}(A\cap B)}{\mathrm{P}(A)}=\dfrac{\frac{3}{10}}{\frac{5}{10}}=\dfrac{3}{5}$

5 생태연구를 선택한 학생인 사건을 A, 여학생인 사건을 B라 하면

$\mathrm{P}(A)=\dfrac{110}{200}$, $\mathrm{P}(A\cap B)=\dfrac{50}{200}$

따라서 구하는 확률은

$\mathrm{P}(B|A)=\dfrac{\mathrm{P}(A\cap B)}{\mathrm{P}(A)}=\dfrac{\frac{50}{200}}{\frac{110}{200}}=\dfrac{5}{11}$

6 여학생인 사건을 A, T 영화를 관람한 학생인 사건을 B라 하면

$\mathrm{P}(A)=\dfrac{5}{3+5}=\dfrac{5}{8}$

$\mathrm{P}(A\cap B)=\dfrac{25}{100}=\dfrac{1}{4}$

따라서 구하는 확률은

$\mathrm{P}(B|A)=\dfrac{\mathrm{P}(A\cap B)}{\mathrm{P}(A)}=\dfrac{\frac{1}{4}}{\frac{5}{8}}=\dfrac{2}{5}$

7 여자 회원인 사건을 A, 프라하를 선호하는 회원인 사건을 B라 하면 전체 동호회 회원 수는 $x+20$이므로

$\mathrm{P}(A)=\dfrac{x+8}{x+20}$

$\mathrm{P}(A\cap B)=\dfrac{x}{x+20}$

$\therefore \mathrm{P}(B|A)=\dfrac{\mathrm{P}(A\cap B)}{\mathrm{P}(A)}=\dfrac{\frac{x}{x+20}}{\frac{x+8}{x+20}}=\dfrac{x}{x+8}$

즉, $\dfrac{x}{x+8}=\dfrac{5}{9}$이므로

$9x=5x+40$

$\therefore x=10$

8 $a\times b$가 4의 배수인 사건을 A, $a+b\le 7$인 사건을 B라 하자.

한 개의 주사위를 두 번 던질 때 나오는 모든 경우의 수는

$6\times 6=36$

$a\times b$가 4의 배수인 경우는

(ⅰ) $ab=4$일 때, (1, 4), (2, 2), (4, 1)의 3가지

(ⅱ) $ab=8$일 때, (2, 4), (4, 2)의 2가지

(ⅲ) $ab=12$일 때, (2, 6), (3, 4), (4, 3), (6, 2)의 4가지

(ⅳ) $ab=16$일 때, (4, 4)의 1가지

(ⅴ) $ab=20$일 때, (4, 5), (5, 4)의 2가지

(ⅵ) $ab=24$일 때, (4, 6), (6, 4)의 2가지

(ⅶ) $ab=36$일 때, (6, 6)의 1가지

(ⅰ)~(ⅶ)에서 그 경우의 수는

$3+2+4+1+2+2+1=15$

$\therefore \mathrm{P}(A)=\frac{15}{36}$

$a\times b$가 4의 배수이고 $a+b\le 7$인 경우는

(1, 4), (2, 2), (2, 4), (3, 4), (4, 1), (4, 2), (4, 3)의 7가지이므로

$\mathrm{P}(A\cap B)=\frac{7}{36}$

$\therefore \mathrm{P}(B|A)=\frac{\mathrm{P}(A\cap B)}{\mathrm{P}(A)}=\frac{\frac{7}{36}}{\frac{15}{36}}=\frac{7}{15}$

9 영화를 본 학생인 사건을 A, 전시를 본 학생인 사건을 B라 하면

$\mathrm{P}(A)=\frac{22}{35}$, $\mathrm{P}(B)=\frac{15}{35}$

$\mathrm{P}(A^C\cap B^C)=\frac{6}{35}$

이때 $A^C\cap B^C=(A\cup B)^C$에서

$\mathrm{P}(A^C\cap B^C)=\mathrm{P}((A\cup B)^C)=1-\mathrm{P}(A\cup B)$이므로

$\frac{6}{35}=1-\mathrm{P}(A\cup B)$

$\therefore \mathrm{P}(A\cup B)=\frac{29}{35}$

$\mathrm{P}(A\cup B)=\mathrm{P}(A)+\mathrm{P}(B)-\mathrm{P}(A\cap B)$에서

$\frac{29}{35}=\frac{22}{35}+\frac{15}{35}-\mathrm{P}(A\cap B)$

$\therefore \mathrm{P}(A\cap B)=\frac{8}{35}$

따라서 구하는 확률은

$\mathrm{P}(B|A)=\frac{\mathrm{P}(A\cap B)}{\mathrm{P}(A)}=\frac{\frac{8}{35}}{\frac{22}{35}}=\frac{4}{11}$

10 3개의 점을 꼭짓점으로 하는 삼각형이 직각삼각형이 되는 사건을 A, 삼각형의 넓이가 1이 되는 사건을 B라 하면

$\mathrm{P}(A)=\frac{4\times 6}{{}_8\mathrm{C}_3}=\frac{3}{7}$

직각삼각형의 넓이가 1이 되려면 오른쪽 그림과 같이 직각이등변 삼각형이 되어야 하므로

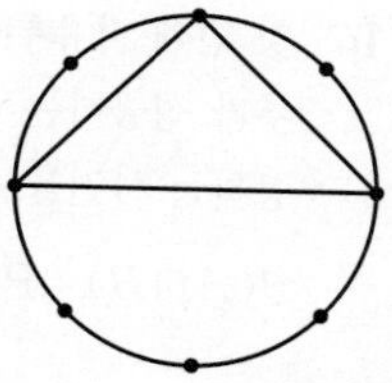

$\mathrm{P}(A\cap B)=\frac{4\times 2}{{}_8\mathrm{C}_3}=\frac{1}{7}$

따라서 구하는 확률은

$\mathrm{P}(B|A)=\frac{\mathrm{P}(A\cap B)}{\mathrm{P}(A)}=\frac{\frac{1}{7}}{\frac{3}{7}}=\frac{1}{3}$

11 B 상자를 택하는 사건을 A, 흰 공을 꺼내는 사건을 B라 하면

$\mathrm{P}(A)=\frac{1}{2}$

$\mathrm{P}(B|A)=\frac{4}{6}=\frac{2}{3}$

따라서 구하는 확률은

$\mathrm{P}(A\cap B)=\mathrm{P}(A)\mathrm{P}(B|A)$

$=\frac{1}{2}\times\frac{2}{3}=\frac{1}{3}$

12 A가 당첨권을 뽑는 사건을 A, B가 당첨권을 뽑는 사건을 B라 하면

$\mathrm{P}(A)=\frac{4}{25}$

$\mathrm{P}(B|A)=\frac{3}{24}=\frac{1}{8}$

따라서 구하는 확률은

$\mathrm{P}(A\cap B)=\mathrm{P}(A)\mathrm{P}(B|A)$

$=\frac{4}{25}\times\frac{1}{8}=\frac{1}{50}$

13 첫 번째에 흰 바둑돌을 꺼내는 사건을 A, 두 번째에 검은 바둑돌을 꺼내는 사건을 B라 하면

$\mathrm{P}(A)=\frac{n}{n+6}$

$\mathrm{P}(B|A)=\frac{6}{n+5}$

첫 번째는 흰 바둑돌, 두 번째는 검은 바둑돌을 꺼낼 확률은

$\mathrm{P}(A\cap B)=\mathrm{P}(A)\mathrm{P}(B|A)$

$=\frac{n}{n+6}\times\frac{6}{n+5}$

$=\frac{6n}{(n+6)(n+5)}$

즉, $\frac{6n}{(n+6)(n+5)}=\frac{3}{11}$이므로

$n^2-11n+30=0$, $(n-5)(n-6)=0$

$\therefore n=5$ 또는 $n=6$

따라서 모든 n의 값의 합은 $5+6=11$

14 첫 번째 자유투를 성공하였을 때, 두 번째 시도에서 자유투가 성공하는 사건을 A, 세 번째 시도에서 자유투가 성공하는 사건을 B라 하면

$\mathrm{P}(A\cap B)=\mathrm{P}(A)\mathrm{P}(B|A)=\frac{3}{5}\times\frac{3}{5}=\frac{9}{25}$

$\mathrm{P}(A^C\cap B)=\mathrm{P}(A^C)\mathrm{P}(B|A^C)=\left(1-\frac{3}{5}\right)\times\frac{1}{2}=\frac{1}{5}$

따라서 구하는 확률은

$\mathrm{P}(B)=\mathrm{P}(A\cap B)+\mathrm{P}(A^C\cap B)$

$=\frac{9}{25}+\frac{1}{5}=\frac{14}{25}$

15 첫 번째에 정상 제품을 꺼내는 사건을 A, 두 번째에 정상 제품을 꺼내는 사건을 B라 하면

$\mathrm{P}(A\cap B)=\mathrm{P}(A)\mathrm{P}(B|A)=\frac{15-n}{15}\times\frac{14-n}{14}$

$\mathrm{P}(A^C\cap B)=\mathrm{P}(A^C)\mathrm{P}(B|A^C)=\frac{n}{15}\times\frac{15-n}{14}$

즉, 두 번째에 꺼낸 제품이 정상 제품일 확률은

$\mathrm{P}(B)=\mathrm{P}(A\cap B)+\mathrm{P}(A^C\cap B)$

$=\frac{(15-n)(14-n)}{15\times14}+\frac{n(15-n)}{15\times14}$

$=\frac{(15-n)(14-n+n)}{15\times14}=\frac{15-n}{15}$

따라서 $\frac{15-n}{15}=\frac{11}{15}$이므로 $n=4$

16 한 개의 동전을 던져서 앞면이 나오는 사건을 A, 주사위를 던져서 나오는 눈의 수의 합이 4인 사건을 B라 하자.

(i) 동전을 던져서 앞면이 나올 확률은 $\mathrm{P}(A)=\frac{1}{2}$

서로 다른 두 개의 주사위를 던져서 나오는 눈의 수의 합이 4인 경우는 (1, 3), (2, 2), (3, 1)의 3가지이므로

$\mathrm{P}(B|A)=\frac{3}{6\times6}=\frac{1}{12}$

$\therefore \mathrm{P}(A\cap B)=\mathrm{P}(A)\mathrm{P}(B|A)=\frac{1}{2}\times\frac{1}{12}=\frac{1}{24}$

(ii) 동전을 던져서 뒷면이 나올 확률은 $\mathrm{P}(A^C)=\frac{1}{2}$

서로 다른 세 개의 주사위를 던져서 나오는 눈의 수의 합이 4인 경우는 (1, 1, 2), (1, 2, 1), (2, 1, 1)의 3가지이므로

$\mathrm{P}(B|A^C)=\frac{3}{6\times6\times6}=\frac{1}{72}$

$\therefore \mathrm{P}(A^C\cap B)=\mathrm{P}(A^C)\mathrm{P}(B|A^C)$

$=\frac{1}{2}\times\frac{1}{72}=\frac{1}{144}$

(i), (ii)에서 구하는 확률은

$\mathrm{P}(B)=\mathrm{P}(A\cap B)+\mathrm{P}(A^C\cap B)$

$=\frac{1}{24}+\frac{1}{144}=\frac{7}{144}$

17 물품이 항공편으로 배송되는 사건을 A, 일주일 이내에 배송되는 사건을 B라 하면

$\mathrm{P}(A\cap B)=\mathrm{P}(A)\mathrm{P}(B|A)=0.3\times0.7=0.21$

$\mathrm{P}(A^C\cap B)=\mathrm{P}(A^C)\mathrm{P}(B|A^C)=(1-0.3)\times0.4=0.28$

$\therefore \mathrm{P}(B)=\mathrm{P}(A\cap B)+\mathrm{P}(A^C\cap B)$

$=0.21+0.28=0.49$

따라서 구하는 확률은

$\mathrm{P}(A|B)=\frac{\mathrm{P}(A\cap B)}{\mathrm{P}(B)}=\frac{0.21}{0.49}=\frac{3}{7}$

18 버스로 등교한 학생인 사건을 A, 지각한 학생인 사건을 B라 하면

$\mathrm{P}(A\cap B)=\mathrm{P}(A)\mathrm{P}(B|A)$

$=\frac{1}{3}\times\frac{1}{10}=\frac{1}{30}$

$\mathrm{P}(A^C\cap B)=\mathrm{P}(A^C)\mathrm{P}(B|A^C)$

$=\frac{2}{3}\times\frac{1}{5}=\frac{2}{15}$

$\therefore \mathrm{P}(B)=\mathrm{P}(A\cap B)+\mathrm{P}(A^C\cap B)$

$=\frac{1}{30}+\frac{2}{15}=\frac{1}{6}$

따라서 구하는 확률은

$\mathrm{P}(A|B)=\frac{\mathrm{P}(A\cap B)}{\mathrm{P}(B)}=\frac{\frac{1}{30}}{\frac{1}{6}}=\frac{1}{5}$

19 보석이 진품인 사건을 A, 감별사가 위조품으로 감별하는 사건을 B라 하면

$\mathrm{P}(A\cap B)=\mathrm{P}(A)\mathrm{P}(B|A)$

$=0.6\times0.02=0.012$

$\mathrm{P}(A^C\cap B)=\mathrm{P}(A^C)\mathrm{P}(B|A^C)$

$=0.4\times(1-0.01)=0.396$

$\therefore \mathrm{P}(B)=\mathrm{P}(A\cap B)+\mathrm{P}(A^C\cap B)$

$=0.012+0.396=0.408$

따라서 구하는 확률은

$\mathrm{P}(A|B)=\frac{\mathrm{P}(A\cap B)}{\mathrm{P}(B)}=\frac{0.012}{0.408}=\frac{1}{34}$

20 독감에 걸린 사람인 사건을 A, 독감이라 진단받은 사람인 사건을 B라 하면

$\mathrm{P}(A\cap B)=\mathrm{P}(A)\mathrm{P}(B|A)$

$=\frac{1}{10}\times\frac{96}{100}=\frac{96}{1000}$

$\mathrm{P}(A^C\cap B)=\mathrm{P}(A^C)\mathrm{P}(B|A^C)$

$=\left(1-\frac{1}{10}\right)\times\frac{x}{100}=\frac{9x}{1000}$

$\therefore \mathrm{P}(B)=\mathrm{P}(A\cap B)+\mathrm{P}(A^C\cap B)$

$=\frac{96}{1000}+\frac{9x}{1000}=\frac{9x+96}{1000}$

따라서 독감이라 진단받은 사람이 실제로 독감에 걸린 사람일 확률은

$$P(A|B)=\frac{P(A\cap B)}{P(B)}=\frac{\frac{96}{1000}}{\frac{9x+96}{1000}}=\frac{96}{9x+96}$$

즉, $\frac{96}{9x+96}=\frac{32}{47}$이므로

$9x+96=141 \qquad \therefore x=5$

21 동전을 던져서 앞면이 나오는 사건을 A, 꺼낸 공에 적힌 모든 수의 합이 4인 사건을 B라 하면

$P(A\cap B)=P(A)P(B|A)$ ◀ 숫자 1, 3이 적힌 공

$=\frac{1}{2}\times\frac{{}_3C_1\times{}_2C_1}{{}_6C_2}=\frac{1}{2}\times\frac{2}{5}=\frac{1}{5}$

$P(A^C\cap B)=P(A^C)P(B|A^C)$ ◀ 숫자 1, 1, 2가 적힌 공

$=\frac{1}{2}\times\frac{{}_3C_2\times{}_1C_1}{{}_6C_3}=\frac{1}{2}\times\frac{3}{20}=\frac{3}{40}$

$\therefore P(B)=P(A\cap B)+P(A^C\cap B)=\frac{1}{5}+\frac{3}{40}=\frac{11}{40}$

따라서 구하는 확률은

$$P(A|B)=\frac{P(A\cap B)}{P(B)}=\frac{\frac{1}{5}}{\frac{11}{40}}=\frac{8}{11}$$

22 주사위의 눈의 수가 5 이상인 사건을 A, 주머니에서 꺼낸 2개의 공이 모두 흰색인 사건을 B라 하면

$P(A\cap B)=P(A)P(B|A)$ ◀ 주머니 A

$=\frac{2}{6}\times\frac{{}_2C_2}{{}_6C_2}=\frac{2}{6}\times\frac{1}{15}=\frac{1}{45}$

$P(A^C\cap B)=P(A^C)P(B|A^C)$ ◀ 주머니 B

$=\frac{4}{6}\times\frac{{}_3C_2}{{}_6C_2}=\frac{4}{6}\times\frac{3}{15}=\frac{2}{15}$

$\therefore P(B)=P(A\cap B)+P(A^C\cap B)=\frac{1}{45}+\frac{2}{15}=\frac{7}{45}$

따라서 구하는 확률은

$$P(A|B)=\frac{P(A\cap B)}{P(B)}=\frac{\frac{1}{45}}{\frac{7}{45}}=\frac{1}{7}$$

23 동전의 앞면을 H, 뒷면을 T, 표본공간을 S라 하면

$S=\{HHH, HHT, HTH, THH, HTT, THT, TTH, TTT\}$

$A=\{HHH, HHT, HTH, HTT\}$

$B=\{HHH, HHT, HTH, THH\}$

$C=\{HHH, TTT\}$

$\therefore P(A)=\frac{1}{2}, P(B)=\frac{1}{2}, P(C)=\frac{1}{4}$

ㄱ. $A\cap B=\{HHH, HHT, HTH\}$이므로

$P(A\cap B)=\frac{3}{8}$

$\therefore P(A\cap B)\neq P(A)P(B)$

따라서 A와 B는 서로 종속이다.

ㄴ. $A\cap C=\{HHH\}$이므로 $P(A\cap C)=\frac{1}{8}$

$\therefore P(A\cap C)=P(A)P(C)$

따라서 A와 C는 서로 독립이다.

ㄷ. $B\cap C=\{HHH\}$이므로 $P(B\cap C)=\frac{1}{8}$

$\therefore P(B\cap C)=P(B)P(C)$

따라서 B와 C는 서로 독립이다.

따라서 보기에서 서로 독립인 사건은 ㄴ, ㄷ이다.

24 두 사건 A, B가 서로 독립이므로

$P(A\cap B)=P(A)P(B)$

ㄱ. $P(A^C\cap B)=P(B)-P(A\cap B)$

$=P(B)-P(A)P(B)$

$=\{1-P(A)\}P(B)$

$=P(A^C)P(B)$

따라서 두 사건 A^C, B는 서로 독립이다.

ㄴ. A, B가 서로 독립이므로 $P(A|B)=P(A)$

ㄱ에서 A^C, B도 서로 독립이므로

$P(A^C|B)=P(A^C)$

$\therefore 1-P(A^C|B)=1-P(A^C)=P(A)$

$\therefore P(A|B)=1-P(A^C|B)$

ㄷ. $1-P(A\cup B)=1-\{P(A)+P(B)-P(A\cap B)\}$

$=1-P(A)-P(B)+P(A)P(B)$

$=\{1-P(A)\}\{1-P(B)\}$

$=P(A^C)P(B^C)$

따라서 보기에서 옳은 것은 ㄱ, ㄴ, ㄷ이다.

25 $A=\{1, 2, 4\}$, $B_n=\{n-1, n\}$ (n은 $2\le n\le 6$인 자연수)이므로

$P(A)=\frac{3}{6}=\frac{1}{2}$, $P(B_n)=\frac{2}{6}=\frac{1}{3}$

두 사건 A, B_n이 서로 독립이려면

$P(A\cap B_n)=P(A)P(B_n)=\frac{1}{2}\times\frac{1}{3}=\frac{1}{6}$

$\therefore n(A\cap B_n)=1$ …… ㉠

이때 $B_2=\{1, 2\}$, $B_3=\{2, 3\}$, $B_4=\{3, 4\}$, $B_5=\{4, 5\}$, $B_6=\{5, 6\}$이므로

$A\cap B_2=\{1, 2\}$, $A\cap B_3=\{2\}$, $A\cap B_4=\{4\}$, $A\cap B_5=\{4\}$, $A\cap B_6=\varnothing$

따라서 ㉠을 만족시키는 n의 값은 3, 4, 5이므로 그 합은

$3+4+5=12$

26 두 사건 A, B가 서로 독립이므로

$\mathrm{P}(A|B)=\mathrm{P}(A)$

즉, $\mathrm{P}(A|B)=\mathrm{P}(B)$에서

$\mathrm{P}(A)=\mathrm{P}(B)$

$\mathrm{P}(A\cap B)=\mathrm{P}(A)\mathrm{P}(B)$이므로

$\mathrm{P}(A\cap B)=\frac{1}{9}$에서

$\mathrm{P}(A)\mathrm{P}(B)=\frac{1}{9}$

$\{\mathrm{P}(A)\}^2=\frac{1}{9}$

$\therefore \mathrm{P}(A)=\frac{1}{3}$ ($\because \mathrm{P}(A)>0$)

27 두 사건 A, B가 서로 독립이므로

$\mathrm{P}(A\cap B)=\mathrm{P}(A)\mathrm{P}(B)$

$\frac{1}{4}=\frac{1}{3}\mathrm{P}(B)$

$\therefore \mathrm{P}(B)=\frac{3}{4}$

두 사건 B, C가 서로 배반사건이므로

$\mathrm{P}(B\cup C)=\mathrm{P}(B)+\mathrm{P}(C)$

$\frac{11}{12}=\frac{3}{4}+\mathrm{P}(C)$

$\therefore \mathrm{P}(C)=\frac{1}{6}$

28 두 사건 A, B가 서로 독립이면 두 사건 A^C, B도 서로 독립이므로

$\mathrm{P}(A^C\cap B)=\mathrm{P}(A^C)\mathrm{P}(B)$

$=\{1-\mathrm{P}(A)\}\mathrm{P}(B)$

$=\{1-\mathrm{P}(A)\}\times\frac{1}{4}\mathrm{P}(A)$

$\{1-\mathrm{P}(A)\}\times\frac{1}{4}\mathrm{P}(A)=\frac{1}{16}$이므로 $\mathrm{P}(A)=x$라 하면

$(1-x)\times\frac{1}{4}x=\frac{1}{16}$

$4x^2-4x+1=0$

$(2x-1)^2=0$ $\quad\therefore x=\frac{1}{2}$

$\therefore \mathrm{P}(A)=\frac{1}{2}$

29 두 식물 A, B가 1년 동안 죽지 않는 사건을 각각 A, B라 하면 두 사건 A, B는 서로 독립이므로

$\mathrm{P}(A\cap B)=\mathrm{P}(A)\mathrm{P}(B)=0.8\times0.6=0.48$

따라서 구하는 확률은

$\mathrm{P}(A\cup B)=\mathrm{P}(A)+\mathrm{P}(B)-\mathrm{P}(A\cap B)$

$=0.8+0.6-0.48=0.92$

다른 풀이

적어도 한 식물이 죽지 않을 확률은

1−(두 식물 모두 죽을 확률)

식물 A가 죽을 확률은 $1-0.8=0.2$

식물 B가 죽을 확률은 $1-0.6=0.4$

따라서 구하는 확률은

$1-0.2\times0.4=0.92$

30 지율이와 재호가 이번 달에 독서록을 제출하는 사건을 각각 A, B라 하면 두 사건 A, B는 서로 독립이다.

(i) 지율이만 독서록을 제출할 확률은

$\mathrm{P}(A\cap B^C)=\mathrm{P}(A)\mathrm{P}(B^C)$

$=\frac{1}{2}\times\left(1-\frac{3}{4}\right)=\frac{1}{8}$

(ii) 재호만 독서록을 제출할 확률은

$\mathrm{P}(A^C\cap B)=\mathrm{P}(A^C)\mathrm{P}(B)$

$=\left(1-\frac{1}{2}\right)\times\frac{3}{4}=\frac{3}{8}$

(i), (ii)에서 구하는 확률은

$\frac{1}{8}+\frac{3}{8}=\frac{1}{2}$

31 민아와 현서가 영어 단어 시험에 통과하는 사건을 각각 A, B라 하면 두 사건 A, B는 서로 독립이다.

이때 두 사람 모두 시험에 통과하지 못할 확률은

$\mathrm{P}(A^C\cap B^C)=\mathrm{P}(A^C)\mathrm{P}(B^C)$

$=\left(1-\frac{3}{5}\right)(1-p)=\frac{2}{5}(1-p)$

즉, $\frac{2}{5}(1-p)=\frac{2}{15}$이므로

$1-p=\frac{1}{3}$ $\quad\therefore p=\frac{2}{3}$

따라서 구하는 확률은

$\mathrm{P}(A^C\cap B)=\mathrm{P}(A^C)\mathrm{P}(B)$

$=\frac{2}{5}\times\frac{2}{3}=\frac{4}{15}$

32 두 수의 합이 짝수이려면 두 수가 모두 짝수이거나 모두 홀수이어야 한다.

두 주머니 A, B에서 꺼낸 공에 적힌 수가 짝수인 사건을 각각 A, B라 하면 두 사건 A, B는 서로 독립이다.

(i) A, B에서 모두 짝수가 적힌 공을 꺼낼 확률은

$\mathrm{P}(A\cap B)=\mathrm{P}(A)\mathrm{P}(B)=\frac{2}{5}\times\frac{1}{3}=\frac{2}{15}$

(ii) A, B에서 모두 홀수가 적힌 공을 꺼낼 확률은

$\mathrm{P}(A^C\cap B^C)=\mathrm{P}(A^C)\mathrm{P}(B^C)=\frac{3}{5}\times\frac{2}{3}=\frac{2}{5}$

(i), (ii)에서 구하는 확률은

$\frac{2}{15}+\frac{2}{5}=\frac{8}{15}$

33 세 스위치 A, B, C가 닫히는 사건을 각각 A, B, C라 하면 전구에 불이 켜지는 사건은 $A\cap(B\cup C)$이다.

두 사건 B, C는 서로 독립이므로

$$\begin{aligned}P(B\cup C)&=P(B)+P(C)-P(B\cap C)\\&=P(B)+P(C)-P(B)P(C)\\&=\frac{1}{4}+\frac{1}{3}-\frac{1}{4}\times\frac{1}{3}=\frac{1}{2}\end{aligned}$$

또 두 사건 A, $B\cup C$는 서로 독립이므로 구하는 확률은

$$\begin{aligned}P(A\cap(B\cup C))&=P(A)P(B\cup C)\\&=\frac{1}{2}\times\frac{1}{2}=\frac{1}{4}\end{aligned}$$

34 두 동아리 A, B에서 택한 학생이 보육원에서 봉사활동을 한 사건을 각각 A, B라 하면 두 사건 A, B는 서로 독립이다.

(i) 두 학생이 보육원에서 봉사활동을 하였을 확률은

$$\begin{aligned}P(A\cap B)&=P(A)P(B)\\&=\frac{a}{100}\times\frac{100-2a}{100}\end{aligned}$$

(ii) 두 학생이 요양원에서 봉사활동을 하였을 확률은

$$\begin{aligned}P(A^C\cap B^C)&=P(A^C)P(B^C)\\&=\frac{100-a}{100}\times\frac{2a}{100}\end{aligned}$$

(i), (ii)에서 두 학생이 같은 장소에서 봉사활동을 하였을 확률은

$\frac{a}{100}\times\frac{100-2a}{100}+\frac{100-a}{100}\times\frac{2a}{100}$

즉, $\frac{a(100-2a)+2a(100-a)}{10000}=\frac{1}{2}$이므로

$a^2-75a+1250=0$

$(a-25)(a-50)=0$

$\therefore a=25$ 또는 $a=50$

그런데 $a<50$이므로 $a=25$

35 서브를 한 번 이상 성공할 확률은

1−(모두 성공하지 못할 확률)

따라서 구하는 확률은

$1-{}_3C_0\left(\frac{3}{4}\right)^0\left(\frac{1}{4}\right)^3=1-\frac{1}{64}=\frac{63}{64}$

36 한 개의 동전을 한 번 던져서 앞면이 나올 확률은 $\frac{1}{2}$

(i) 앞면이 6번, 뒷면이 0번 나올 확률은

${}_6C_6\left(\frac{1}{2}\right)^6\left(\frac{1}{2}\right)^0=\frac{1}{64}$

(ii) 앞면이 5번, 뒷면이 1번 나올 확률은

${}_6C_5\left(\frac{1}{2}\right)^5\left(\frac{1}{2}\right)^1=\frac{3}{32}$

(iii) 앞면이 4번, 뒷면이 2번 나올 확률은

${}_6C_4\left(\frac{1}{2}\right)^4\left(\frac{1}{2}\right)^2=\frac{15}{64}$

(i), (ii), (iii)에서 앞면이 나오는 횟수가 뒷면이 나오는 횟수보다 클 확률은

$\frac{1}{64}+\frac{3}{32}+\frac{15}{64}=\frac{11}{32}$

따라서 $p=32$, $q=11$이므로

$p+q=43$

37 4명의 학생 중에서 적어도 2명의 학생이 A 대학을 택하는 사건을 A라 하면 A^C은 모두 A 대학을 택하지 않거나 한 명만 A 대학을 택하는 사건이다.

(i) 모두 A 대학을 택하지 않을 확률은

${}_4C_0\left(\frac{1}{3}\right)^0\left(\frac{2}{3}\right)^4=\frac{16}{81}$

(ii) 한 명만 A 대학을 택할 확률은

${}_4C_1\left(\frac{1}{3}\right)^1\left(\frac{2}{3}\right)^3=\frac{32}{81}$

(i), (ii)에서

$P(A^C)=\frac{16}{81}+\frac{32}{81}=\frac{16}{27}$

따라서 구하는 확률은

$P(A)=1-P(A^C)=1-\frac{16}{27}=\frac{11}{27}$

38 한 개의 주사위를 네 번 던져서 나오는 네 눈의 수의 곱이 27의 배수인 경우는 3의 배수의 눈이 3번 또는 4번 나오는 경우이다.

한 개의 주사위를 한 번 던져서 3의 배수의 눈이 나올 확률은 $\frac{2}{6}=\frac{1}{3}$

(i) 3의 배수의 눈이 3번 나올 확률은

${}_4C_3\left(\frac{1}{3}\right)^3\left(\frac{2}{3}\right)^1=\frac{8}{81}$

(ii) 3의 배수의 눈이 4번 나올 확률은

${}_4C_4\left(\frac{1}{3}\right)^4\left(\frac{2}{3}\right)^0=\frac{1}{81}$

(i), (ii)에서 구하는 확률은

$\frac{8}{81}+\frac{1}{81}=\frac{1}{9}$

39 한 개의 주사위를 던져서 6의 눈이 나올 확률은 $\frac{1}{6}$

(i) 빨간 구슬이 나오고 주사위를 3번 던져서 6의 눈이 1번 나올 확률은

$\frac{1}{4}\times{}_3C_1\left(\frac{1}{6}\right)^1\left(\frac{5}{6}\right)^2=\frac{25}{288}$

유형편

(ii) 파란 구슬이 나오고 주사위를 2번 던져서 6의 눈이 1번 나올 확률은

$\frac{3}{4}\times{}_2C_1\left(\frac{1}{6}\right)^1\left(\frac{5}{6}\right)^1=\frac{5}{24}$

(i), (ii)에서 구하는 확률은

$\frac{25}{288}+\frac{5}{24}=\frac{85}{288}$

40 1이 적힌 공을 꺼내면 동전을 2번 던지므로 뒷면이 3번 나올 수 없다.

한 개의 동전을 던져서 뒷면이 나올 확률은 $\frac{1}{2}$

(i) 2가 적힌 공을 꺼내고 동전을 3번 던져서 뒷면이 3번 나올 확률은

$\frac{1}{3}\times{}_3C_3\left(\frac{1}{2}\right)^3\left(\frac{1}{2}\right)^0=\frac{1}{24}$

(ii) 3이 적힌 공을 꺼내고 동전을 4번 던져서 뒷면이 3번 나올 확률은

$\frac{4}{9}\times{}_4C_3\left(\frac{1}{2}\right)^3\left(\frac{1}{2}\right)^1=\frac{1}{9}$

(i), (ii)에서 구하는 확률은

$\frac{1}{24}+\frac{1}{9}=\frac{11}{72}$

41 서로 다른 두 개의 주사위를 동시에 던져서 나오는 눈의 수가 서로 같을 확률은 $\frac{6}{36}=\frac{1}{6}$

한 개의 동전을 한 번 던져서 앞면이 나올 확률은 $\frac{1}{2}$

(i) 주사위의 두 눈의 수가 서로 같고 동전을 4번 던져서 앞면이 2번, 뒷면이 2번 나올 확률은

$\frac{1}{6}\times{}_4C_2\left(\frac{1}{2}\right)^2\left(\frac{1}{2}\right)^2=\frac{1}{6}\times\frac{3}{8}=\frac{1}{16}$

(ii) 주사위의 두 눈의 수가 서로 다르고 동전을 2번 던져서 앞면이 1번, 뒷면이 1번 나올 확률은

$\frac{5}{6}\times{}_2C_1\left(\frac{1}{2}\right)^1\left(\frac{1}{2}\right)^1=\frac{5}{6}\times\frac{1}{2}=\frac{5}{12}$

(i), (ii)에서 동전의 앞면이 나온 횟수와 뒷면이 나온 횟수가 같을 확률은 $\frac{1}{16}+\frac{5}{12}=\frac{23}{48}$

따라서 구하는 확률은

$\dfrac{\frac{1}{16}}{\frac{23}{48}}=\frac{3}{23}$

42 한 개의 동전을 던져서 앞면이 나올 확률은 $\frac{1}{2}$

동전을 8번 던져서 앞면이 나오는 횟수를 x, 뒷면이 나오는 횟수를 y라 하면

$x+y=8$ …… ㉠

앞면이 나오면 30점, 뒷면이 나오면 20점을 얻으므로

$30x+20y=170$ …… ㉡

㉠, ㉡을 연립하여 풀면 $x=1$, $y=7$

따라서 구하는 확률은

${}_8C_1\left(\frac{1}{2}\right)^1\left(\frac{1}{2}\right)^7=\frac{1}{32}$

43 한 개의 주사위를 던져서 6의 약수의 눈이 나올 확률은 $\frac{2}{3}$

주사위를 4번 던져서 6의 약수의 눈이 나오는 횟수를 x, 6의 약수가 아닌 눈이 나오는 횟수를 y라 하면

$x+y=4$ …… ㉠

시계 반대 방향을 양의 방향으로 생각하면 점 P가 움직이는 거리는 $3x-y$이고 주사위를 4번 던지므로

$-4\le 3x-y\le 12$

이때 점 P가 꼭짓점 A로 돌아오려면 $3x-y$의 값이 0 또는 5의 배수이어야 하므로

$3x-y=0$ 또는 $3x-y=5$ 또는 $3x-y=10$

이를 각각 ㉠과 연립하여 풀면

$x=1$, $y=3$ 또는 $x=\frac{9}{4}$, $y=\frac{7}{4}$ 또는 $x=\frac{7}{2}$, $y=\frac{1}{2}$

그런데 x, y는 4 이하의 음이 아닌 정수이므로

$x=1$, $y=3$

따라서 구하는 확률은

${}_4C_1\left(\frac{2}{3}\right)^1\left(\frac{1}{3}\right)^3=\frac{8}{81}$

44 서로 다른 두 개의 동전을 동시에 던져서 모두 앞면이 나올 확률은 $\frac{1}{4}$

서로 다른 두 개의 동전을 4번 던져서 모두 앞면이 나오는 횟수를 x, 적어도 하나는 뒷면이 나오는 횟수를 y라 하면 점 P의 좌표는 $(x, 2y)$이다.

점 P가 점 (2, 4)에 도착하려면

$x=2$, $2y=4$ ∴ $x=2$, $y=2$

즉, 점 P가 점 (2, 4)에 도착할 확률은

${}_4C_2\left(\frac{1}{4}\right)^2\left(\frac{3}{4}\right)^2=\frac{27}{128}$

점 P가 점 (1, 0)을 지나려면 첫 번째로 동전을 던져서 모두 앞면이 나와야 하고, 점 (1, 0)에서 출발하여 점 (2, 4)에 도착하려면 $x=1$, $y=2$이어야 하므로 점 P가 점 (1, 0)을 지나서 점 (2, 4)에 도착할 확률은

$\frac{1}{4}\times{}_3C_1\left(\frac{1}{4}\right)^1\left(\frac{3}{4}\right)^2=\frac{27}{256}$

따라서 구하는 확률은

$\dfrac{\frac{27}{256}}{\frac{27}{128}}=\frac{1}{2}$

Ⅲ-1. 확률분포

01 이산확률변수와 이항분포 (34~39쪽)

1 $\frac{1}{10}$	2 ⑤	3 ④	4 ②	5 $\frac{11}{5}$
6 ④	7 $\frac{13}{35}$	8 $\frac{5}{16}$	9 ㄱ	10 3
11 $\frac{7}{24}$	12 $\frac{\sqrt{11}}{4}$	13 ①	14 $\frac{4}{3}$	15 $\frac{\sqrt{3}}{2}$
16 ④	17 3	18 2600원		19 ②
20 10000원		21 ④	22 3	23 52
24 ①	25 ③	26 32	27 121	28 2
29 $\frac{28}{3}$	30 $3\sqrt{3}$	31 ②	32 224	33 ①
34 $\frac{21}{2}$	35 ②	36 3	37 15	38 $\frac{6}{7}$
39 40	40 $\frac{75}{8}$	41 215	42 10	

1 확률의 총합은 1이므로

$P(X=-2)+P(X=-1)+P(X=0)+P(X=1)+P(X=2)=1$

$\left(k+\frac{2}{12}\right)+\left(k+\frac{1}{12}\right)+k+\left(k+\frac{1}{12}\right)+\left(k+\frac{2}{12}\right)=1$

$5k+\frac{1}{2}=1 \qquad \therefore k=\frac{1}{10}$

2 확률의 총합은 1이므로

$a+\left(a+\frac{1}{4}\right)+\left(a+\frac{1}{2}\right)=1$

$3a+\frac{3}{4}=1$

$3a=\frac{1}{4} \qquad \therefore a=\frac{1}{12}$

$\therefore P(X\le 2)=P(X=1)+P(X=2)$

$=\frac{1}{12}+\frac{1}{3}=\frac{5}{12}$

3 확률의 총합은 1이므로

$P(X=1)+P(X=2)+P(X=3)+P(X=4)+P(X=5)=1$

$\frac{k}{30}+\frac{2k}{30}+\frac{3k}{30}+\frac{4k}{30}+\frac{5k}{30}=1$

$\frac{15k}{30}=1 \qquad \therefore k=2$

$X^2-6X+5\ge 0$에서 $(X-1)(X-5)\ge 0$

$\therefore X\le 1$ 또는 $X\ge 5$

$\therefore P(X^2-6X+5\ge 0)=P(X\le 1$ 또는 $X\ge 5)$

$=P(X=1)+P(X=5)$

$=\frac{1}{15}+\frac{1}{3}=\frac{2}{5}$

4 확률의 총합은 1이므로 $\frac{1}{4}+a+\frac{3}{8}+b=1$

$\therefore a+b=\frac{3}{8}$ …… ㉠

$P(1\le X\le 2)=\frac{5}{8}$에서

$P(X=1)+P(X=2)=\frac{5}{8}$

$a+\frac{3}{8}=\frac{5}{8} \qquad \therefore a=\frac{1}{4}$

이를 ㉠에 대입하여 풀면 $b=\frac{1}{8}$

$\therefore P(X=3)=\frac{1}{8}$

5 확률의 총합은 1이므로

$P(X=1)+P(X=2)+P(X=3)+P(X=4)+P(X=5)=1$

$\frac{k}{1\times 3}+\frac{k}{3\times 5}+\frac{k}{5\times 7}+\frac{k}{7\times 9}+\frac{k}{9\times 11}=1$

$\frac{k}{2}\left\{\left(1-\frac{1}{3}\right)+\left(\frac{1}{3}-\frac{1}{5}\right)+\left(\frac{1}{5}-\frac{1}{7}\right)+\left(\frac{1}{7}-\frac{1}{9}\right)+\left(\frac{1}{9}-\frac{1}{11}\right)\right\}=1$

$\frac{k}{2}\left(1-\frac{1}{11}\right)=1,\ \frac{5}{11}k=1 \qquad \therefore k=\frac{11}{5}$

6 확률의 총합은 1이므로 $p_1+p_2+p_3=1$ …… ㉠

$\frac{p_1+p_2}{3}=p_3$에서 $p_1+p_2=3p_3$ …… ㉡

㉡을 ㉠에 대입하면 $3p_3+p_3=1 \qquad \therefore p_3=\frac{1}{4}$

$\therefore P(X\le 0)=P(X=-2)+P(X=0)$

$=p_1+p_2=3p_3=3\times\frac{1}{4}=\frac{3}{4}$

7 확률변수 X가 가질 수 있는 값은 0, 1, 2, 3이므로

$P(X\ge 2)=P(X=2)+P(X=3)$ …… ㉠

7개의 붕어빵 중에서 3개를 꺼내는 경우의 수는 ${}_7C_3$이고, 슈크림 붕어빵이 x개 나오는 경우의 수는 ${}_3C_x\times{}_4C_{3-x}$이므로

$P(X=2)=\frac{{}_3C_2\times{}_4C_1}{{}_7C_3}=\frac{12}{35}$

$P(X=3)=\frac{{}_3C_3\times{}_4C_0}{{}_7C_3}=\frac{1}{35}$

따라서 ㉠에서

$P(X\ge 2)=\frac{12}{35}+\frac{1}{35}=\frac{13}{35}$

8 $X^2-6X+8=0$에서 $(X-2)(X-4)=0$

$\therefore X=2$ 또는 $X=4$

$\therefore P(X^2-6X+8=0)=P(X=2)+P(X=4)$ …… ㉠

유형편

$X=2$인 경우는 $(1,\ 2)$, $(2,\ 1)$의 2가지이므로

$P(X=2)=\frac{2}{16}=\frac{1}{8}$

$X=4$인 경우는 $(1,\ 4)$, $(2,\ 2)$, $(4,\ 1)$의 3가지이므로

$P(X=4)=\frac{3}{16}$

따라서 ㉠에서

$P(X^2-6X+8=0)=\frac{1}{8}+\frac{3}{16}=\frac{5}{16}$

9 ㄱ. X는 0, 1, 2의 값을 가질 수 있으므로 이산확률변수이다.

ㄴ. 8명 중에서 2명을 뽑는 경우의 수는 ${}_8C_2$이고, 남자가 x명 뽑히는 경우의 수는 ${}_5C_x\times{}_3C_{2-x}$이므로 X의 확률질량함수는

$P(X=x)=\frac{{}_5C_x\times{}_3C_{2-x}}{{}_8C_2}$ $(x=0,\ 1,\ 2)$

ㄷ. 남자가 적어도 한 명 뽑힐 확률은

$P(X\geq 1)=1-P(X<1)=1-P(X=0)$

$=1-\frac{{}_5C_0\times{}_3C_2}{{}_8C_2}=1-\frac{3}{28}=\frac{25}{28}$

따라서 보기에서 옳은 것은 ㄱ이다.

10 확률변수 X가 가질 수 있는 값은 1, 2, 3, 4이고 각각의 확률은

$P(X=1)=\frac{{}_7C_1\times{}_3C_3}{{}_{10}C_4}=\frac{1}{30}$, $P(X=2)=\frac{{}_7C_2\times{}_3C_2}{{}_{10}C_4}=\frac{3}{10}$,

$P(X=3)=\frac{{}_7C_3\times{}_3C_1}{{}_{10}C_4}=\frac{1}{2}$, $P(X=4)=\frac{{}_7C_4\times{}_3C_0}{{}_{10}C_4}=\frac{1}{6}$

따라서 X의 확률분포를 표로 나타내면 다음과 같다.

X	1	2	3	4	합계
$P(X=x)$	$\frac{1}{30}$	$\frac{3}{10}$	$\frac{1}{2}$	$\frac{1}{6}$	1

이때 $P(X=1)+P(X=2)+P(X=3)=\frac{5}{6}$이므로

$P(X\leq 3)=\frac{5}{6}$ $\quad\therefore k=3$

11 확률의 총합은 1이므로

$\frac{1}{12}+\frac{5}{12}+a+\frac{1}{12}=1$ $\quad\therefore a=\frac{5}{12}$

확률변수 X에 대하여

$E(X)=-1\times\frac{1}{12}+0\times\frac{5}{12}+1\times\frac{5}{12}+2\times\frac{1}{12}=\frac{1}{2}$

$E(X^2)=(-1)^2\times\frac{1}{12}+0^2\times\frac{5}{12}+1^2\times\frac{5}{12}+2^2\times\frac{1}{12}$

$=\frac{5}{6}$

$\therefore V(X)=E(X^2)-\{E(X)\}^2=\frac{5}{6}-\left(\frac{1}{2}\right)^2=\frac{7}{12}$

$\therefore E(X)V(X)=\frac{1}{2}\times\frac{7}{12}=\frac{7}{24}$

12 확률의 총합은 1이므로

$\frac{a}{8}+\frac{a}{8}+\frac{a+2}{8}=1$

$\frac{3a+2}{8}=1$

$\therefore a=2$

확률변수 X의 확률분포를 표로 나타내면 다음과 같다.

X	0	1	2	합계
$P(X=x)$	$\frac{1}{4}$	$\frac{1}{4}$	$\frac{1}{2}$	1

$E(X)=0\times\frac{1}{4}+1\times\frac{1}{4}+2\times\frac{1}{2}=\frac{5}{4}$

$E(X^2)=0^2\times\frac{1}{4}+1^2\times\frac{1}{4}+2^2\times\frac{1}{2}=\frac{9}{4}$

$\therefore V(X)=E(X^2)-\{E(X)\}^2=\frac{9}{4}-\left(\frac{5}{4}\right)^2=\frac{11}{16}$

$\therefore \sigma(X)=\sqrt{V(X)}=\sqrt{\frac{11}{16}}=\frac{\sqrt{11}}{4}$

13 확률의 총합은 1이므로

$\frac{1}{4}+a+b=1$ $\quad\therefore a+b=\frac{3}{4}$ $\quad\cdots\cdots$ ㉠

$E(X)=2$에서

$1\times\frac{1}{4}+2a+3b=2$ $\quad\therefore 2a+3b=\frac{7}{4}$ $\quad\cdots\cdots$ ㉡

㉠, ㉡을 연립하여 풀면 $a=\frac{1}{2}$, $b=\frac{1}{4}$

$V(X)=E(X^2)-\{E(X)\}^2$이므로

$V(X)+\{E(X)\}^2=E(X^2)$

$=1^2\times\frac{1}{4}+2^2\times\frac{1}{2}+3^2\times\frac{1}{4}=\frac{9}{2}$

14 확률변수 X가 가질 수 있는 값은 0, 1, 2이고 각각의 확률은

$P(X=0)=\frac{{}_4C_0\times{}_2C_2}{{}_6C_2}=\frac{1}{15}$

$P(X=1)=\frac{{}_4C_1\times{}_2C_1}{{}_6C_2}=\frac{8}{15}$

$P(X=2)=\frac{{}_4C_2\times{}_2C_0}{{}_6C_2}=\frac{2}{5}$

따라서 X의 확률분포를 표로 나타내면 다음과 같다.

X	0	1	2	합계
$P(X=x)$	$\frac{1}{15}$	$\frac{8}{15}$	$\frac{2}{5}$	1

$E(X)=0\times\frac{1}{15}+1\times\frac{8}{15}+2\times\frac{2}{5}=\frac{4}{3}$

15 확률변수 X가 가질 수 있는 값은 0, 1, 2, 3이고 각각의 확률은

$P(X=0)=\frac{{}_3C_0}{2^3}=\frac{1}{8}$, $P(X=1)=\frac{{}_3C_1}{2^3}=\frac{3}{8}$,

$P(X=2)=\frac{{}_3C_2}{2^3}=\frac{3}{8}$, $P(X=3)=\frac{{}_3C_3}{2^3}=\frac{1}{8}$

따라서 X의 확률분포를 표로 나타내면 다음과 같다.

X	0	1	2	3	합계
$P(X=x)$	$\frac{1}{8}$	$\frac{3}{8}$	$\frac{3}{8}$	$\frac{1}{8}$	1

$E(X)=0\times\frac{1}{8}+1\times\frac{3}{8}+2\times\frac{3}{8}+3\times\frac{1}{8}=\frac{3}{2}$

$E(X^2)=0^2\times\frac{1}{8}+1^2\times\frac{3}{8}+2^2\times\frac{3}{8}+3^2\times\frac{1}{8}=3$

$\therefore V(X)=E(X^2)-\{E(X)\}^2=3-\left(\frac{3}{2}\right)^2=\frac{3}{4}$

$\therefore \sigma(X)=\sqrt{V(X)}=\frac{\sqrt{3}}{2}$

16 확률변수 X가 가질 수 있는 값은 2, 3, 4이다.

$X=2$인 경우는 2가 적힌 카드는 반드시 뽑고, 1이 적힌 카드를 뽑으면 되므로

$P(X=2)=\frac{1}{{}_4C_2}=\frac{1}{6}$

$X=3$인 경우는 3이 적힌 카드는 반드시 뽑고, 1, 2가 적힌 카드 중에서 1장을 뽑으면 되므로

$P(X=3)=\frac{{}_2C_1}{{}_4C_2}=\frac{1}{3}$

$X=4$인 경우는 4가 적힌 카드는 반드시 뽑고, 1, 2, 3이 적힌 카드 중에서 1장을 뽑으면 되므로

$P(X=4)=\frac{{}_3C_1}{{}_4C_2}=\frac{1}{2}$

따라서 X의 확률분포를 표로 나타내면 다음과 같다.

X	2	3	4	합계
$P(X=x)$	$\frac{1}{6}$	$\frac{1}{3}$	$\frac{1}{2}$	1

$E(X)=2\times\frac{1}{6}+3\times\frac{1}{3}+4\times\frac{1}{2}=\frac{10}{3}$

$E(X^2)=2^2\times\frac{1}{6}+3^2\times\frac{1}{3}+4^2\times\frac{1}{2}=\frac{35}{3}$

$\therefore V(X)=E(X^2)-\{E(X)\}^2=\frac{35}{3}-\left(\frac{10}{3}\right)^2=\frac{5}{9}$

17 확률변수 X가 가질 수 있는 값은 1, 2, 3, 4, 5이고 각각의 확률은

$P(X=1)=\frac{1}{5}$

$P(X=2)=\frac{4}{5}\times\frac{1}{4}=\frac{1}{5}$

$P(X=3)=\frac{4}{5}\times\frac{3}{4}\times\frac{1}{3}=\frac{1}{5}$

$P(X=4)=\frac{4}{5}\times\frac{3}{4}\times\frac{2}{3}\times\frac{1}{2}=\frac{1}{5}$

$P(X=5)=\frac{4}{5}\times\frac{3}{4}\times\frac{2}{3}\times\frac{1}{2}\times1=\frac{1}{5}$

따라서 X의 확률분포를 표로 나타내면 다음과 같다.

X	1	2	3	4	5	합계
$P(X=x)$	$\frac{1}{5}$	$\frac{1}{5}$	$\frac{1}{5}$	$\frac{1}{5}$	$\frac{1}{5}$	1

$\therefore E(X)=1\times\frac{1}{5}+2\times\frac{1}{5}+3\times\frac{1}{5}+4\times\frac{1}{5}+5\times\frac{1}{5}=3$

18 받을 수 있는 상금을 X원이라 하고 확률변수 X의 확률분포를 표로 나타내면 다음과 같다.

X	0	10000	50000	100000	300000	합계
$P(X=x)$	$\frac{9}{10}$	$\frac{2}{25}$	$\frac{3}{250}$	$\frac{3}{500}$	$\frac{1}{500}$	1

따라서 구하는 기댓값은

$$E(X)=0\times\frac{9}{10}+10000\times\frac{2}{25}+50000\times\frac{3}{250}+100000\times\frac{3}{500}+300000\times\frac{1}{500}$$

$=2600$(원)

19 동전의 앞면을 H, 뒷면을 T라 할 때, 50원짜리 동전 3개를 동시에 던져서 받을 수 있는 상금은

HHH ➡ 150원
HHT, HTH, THH ➡ 100원
HTT, THT, TTH ➡ 50원
TTT ➡ 0원

받을 수 있는 상금을 X원이라 하고 확률변수 X의 확률분포를 표로 나타내면 다음과 같다.

X	0	50	100	150	합계
$P(X=x)$	$\frac{1}{8}$	$\frac{3}{8}$	$\frac{3}{8}$	$\frac{1}{8}$	1

따라서 구하는 기댓값은

$E(X)=0\times\frac{1}{8}+50\times\frac{3}{8}+100\times\frac{3}{8}+150\times\frac{1}{8}=75$(원)

20 받을 수 있는 상금은

빨간 공 0개, 노란 공 2개 ➡ 7000원
빨간 공 1개, 노란 공 1개 ➡ 10500원
빨간 공 2개, 노란 공 0개 ➡ 14000원

즉, 받을 수 있는 상금을 X원이라 하면

$P(X=7000)=\frac{{}_3C_0\times{}_4C_2}{{}_7C_2}=\frac{2}{7}$

$P(X=10500)=\frac{{}_3C_1\times{}_4C_1}{{}_7C_2}=\frac{4}{7}$

$P(X=14000)=\frac{{}_3C_2\times{}_4C_0}{{}_7C_2}=\frac{1}{7}$

따라서 X의 확률분포를 표로 나타내면 다음과 같다.

X	7000	10500	14000	합계
$P(X=x)$	$\frac{2}{7}$	$\frac{4}{7}$	$\frac{1}{7}$	1

따라서 구하는 기댓값은

$E(X)=7000\times\frac{2}{7}+10500\times\frac{4}{7}+14000\times\frac{1}{7}$

$=10000$(원)

21 $E(X)=2$, $E(X^2)=8$에서

$V(X)=E(X^2)-\{E(X)\}^2=8-2^2=4$

$\therefore \sigma(X)=\sqrt{V(X)}=\sqrt{4}=2$

$\therefore \sigma(4X-1)=|4|\sigma(X)=4\times2=8$

22 $E(Y)=2$에서 $E(3X+1)=2$

$3E(X)+1=2 \qquad \therefore E(X)=\frac{1}{3}$

$\sigma(Y)=9$에서 $\sigma(3X+1)=9$

$|3|\sigma(X)=9 \qquad \therefore \sigma(X)=3$

$\therefore V(X)=\{\sigma(X)\}^2=3^2=9$

$\therefore E(X)V(X)=\frac{1}{3}\times9=3$

23 $E(2X-10)=4$에서

$2E(X)-10=4 \qquad \therefore E(X)=7$

$V(2X)=12$에서

$2^2V(X)=12 \qquad \therefore V(X)=3$

$\therefore E(X^2)=V(X)+\{E(X)\}^2=3+7^2=52$

24 $E(Y)=2$에서 $E(aX-2)=2$

$aE(X)-2=2$

이때 $E(X)=-2$이므로

$-2a-2=2 \qquad \therefore a=-2$

$V(Y)=b$에서 $V(-2X-2)=b$

$(-2)^2V(X)=b$

이때 $V(X)=3$이므로 $b=(-2)^2\times3=12$

$\therefore ab=-2\times12=-24$

25 확률변수 X의 확률분포를 표로 나타내면 다음과 같다.

X	1	2	3	합계
$P(X=x)$	$\frac{1}{2}$	$\frac{1}{3}$	$\frac{1}{6}$	1

확률변수 X에 대하여

$E(X)=1\times\frac{1}{2}+2\times\frac{1}{3}+3\times\frac{1}{6}=\frac{5}{3}$

$E(X^2)=1^2\times\frac{1}{2}+2^2\times\frac{1}{3}+3^2\times\frac{1}{6}=\frac{10}{3}$

$\therefore V(X)=E(X^2)-\{E(X)\}^2=\frac{10}{3}-\left(\frac{5}{3}\right)^2=\frac{5}{9}$

따라서 확률변수 $Y=-3X+7$에 대하여

$E(Y)=E(-3X+7)=-3E(X)+7$

$=-3\times\frac{5}{3}+7=2$

$V(Y)=V(-3X+7)=(-3)^2V(X)$

$=9\times\frac{5}{9}=5$

$\therefore E(Y)+V(Y)=2+5=7$

26 확률의 총합은 1이므로

$a+2a+a=1 \qquad \therefore a=\frac{1}{4}$

따라서 확률변수 X에 대하여

$E(X)=-4\times\frac{1}{4}+0\times\frac{1}{2}+4\times\frac{1}{4}=0$

$E(X^2)=(-4)^2\times\frac{1}{4}+0^2\times\frac{1}{2}+4^2\times\frac{1}{4}=8$

$\therefore V(X)=E(X^2)-\{E(X)\}^2=8-0^2=8$

$\therefore V(2X-3)=2^2V(X)=4\times8=32$

27 $Y=10X+1$이므로

$E(Y)=E(10X+1)=10E(X)+1=10\times2+1=21$

$V(X)=E(X^2)-\{E(X)\}^2=5-2^2=1$이므로

$V(Y)=V(10X+1)=10^2V(X)=100\times1=100$

$\therefore E(Y)+V(Y)=21+100=121$

28 확률변수 X가 가질 수 있는 값은 0, 1, 2이고 각각의 확률은

$P(X=0)=\frac{1}{2}\times\frac{1}{2}=\frac{1}{4}$

$P(X=1)=\frac{1}{2}\times\frac{1}{2}+\frac{1}{2}\times\frac{1}{2}=\frac{1}{2}$

$P(X=2)=\frac{1}{2}\times\frac{1}{2}=\frac{1}{4}$

따라서 X의 확률분포를 표로 나타내면 다음과 같다.

X	0	1	2	합계
$P(X=x)$	$\frac{1}{4}$	$\frac{1}{2}$	$\frac{1}{4}$	1

$E(X)=0\times\frac{1}{4}+1\times\frac{1}{2}+2\times\frac{1}{4}=1$

$E(X^2)=0^2\times\frac{1}{4}+1^2\times\frac{1}{2}+2^2\times\frac{1}{4}=\frac{3}{2}$

$\therefore V(X)=E(X^2)-\{E(X)\}^2$

$=\frac{3}{2}-1^2=\frac{1}{2}$

$\therefore V(Y)=V(2X+7)=2^2V(X)$

$=4\times\frac{1}{2}=2$

29 확률변수 X가 가질 수 있는 값은 0, 1, 2이고 각각의 확률은

$P(X=0)=\frac{{}_3C_0\times{}_7C_2}{{}_{10}C_2}=\frac{7}{15}$, $P(X=1)=\frac{{}_3C_1\times{}_7C_1}{{}_{10}C_2}=\frac{7}{15}$,

$P(X=2)=\frac{{}_3C_2\times{}_7C_0}{{}_{10}C_2}=\frac{1}{15}$

따라서 X의 확률분포를 표로 나타내면 다음과 같다.

X	0	1	2	합계
$P(X=x)$	$\frac{7}{15}$	$\frac{7}{15}$	$\frac{1}{15}$	1

$E(X)=0\times\frac{7}{15}+1\times\frac{7}{15}+2\times\frac{1}{15}=\frac{3}{5}$

$E(X^2)=0^2\times\frac{7}{15}+1^2\times\frac{7}{15}+2^2\times\frac{1}{15}=\frac{11}{15}$

$\therefore V(X)=E(X^2)-\{E(X)\}^2=\frac{11}{15}-\left(\frac{3}{5}\right)^2=\frac{28}{75}$

$\therefore V(-5X)=(-5)^2V(X)=25\times\frac{28}{75}=\frac{28}{3}$

30 주사위를 세 번 던져서 받을 수 있는 점수는

(짝, 짝, 짝) ➡ $2\times3=6$(점)

(짝, 짝, 홀), (짝, 홀, 짝), (홀, 짝, 짝)

➡ $3\times1+2\times2=7$(점)

(짝, 홀, 홀), (홀, 짝, 홀), (홀, 홀, 짝)

➡ $3\times2+2\times1=8$(점)

(홀, 홀, 홀) ➡ $3\times3=9$(점)

따라서 확률변수 X의 확률분포를 표로 나타내면 다음과 같다.

X	6	7	8	9	합계
$P(X=x)$	$\frac{1}{8}$	$\frac{3}{8}$	$\frac{3}{8}$	$\frac{1}{8}$	1

$E(X)=6\times\frac{1}{8}+7\times\frac{3}{8}+8\times\frac{3}{8}+9\times\frac{1}{8}=\frac{15}{2}$

$E(X^2)=6^2\times\frac{1}{8}+7^2\times\frac{3}{8}+8^2\times\frac{3}{8}+9^2\times\frac{1}{8}=57$

$\therefore V(X)=E(X^2)-\{E(X)\}^2=57-\left(\frac{15}{2}\right)^2=\frac{3}{4}$

따라서 $\sigma(X)=\sqrt{V(X)}=\sqrt{\frac{3}{4}}=\frac{\sqrt{3}}{2}$이므로

$\sigma(6X-3)=|6|\sigma(X)=6\times\frac{\sqrt{3}}{2}=3\sqrt{3}$

31 확률변수 X가 가질 수 있는 값은 0, 1, 2이다.

이차방정식 $x^2-2ax+6a-8=0$의 판별식을 D라 하면

$\frac{D}{4}=a^2-6a+8=(a-2)(a-4)$

(i) $X=0$인 경우 ◀ 서로 다른 두 허근

$\frac{D}{4}=(a-2)(a-4)<0$이므로

$2<a<4$ $\quad\therefore a=3$

(ii) $X=1$인 경우 ◀ 중근(실근)

$\frac{D}{4}=(a-2)(a-4)=0$이므로

$a=2$ 또는 $a=4$

(iii) $X=2$인 경우 ◀ 서로 다른 두 실근

$\frac{D}{4}=(a-2)(a-4)>0$이므로

$a<2$ 또는 $a>4$

$\therefore a=1$ 또는 $a=5$ 또는 $a=6$

따라서 X의 확률분포를 표로 나타내면 다음과 같다.

X	0	1	2	합계
$P(X=x)$	$\frac{1}{6}$	$\frac{1}{3}$	$\frac{1}{2}$	1

$E(X)=0\times\frac{1}{6}+1\times\frac{1}{3}+2\times\frac{1}{2}=\frac{4}{3}$

$\therefore E(3X-2)=3E(X)-2=3\times\frac{4}{3}-2=2$

32 주사위를 9번 던지므로 9회의 독립시행이다. 또 주사위를 한 번 던져서 5의 약수의 눈이 나올 확률은 $\frac{1}{3}$이므로 확률변수 X는 이항분포 $B\left(9, \frac{1}{3}\right)$을 따른다.

따라서 X의 확률질량함수는

$P(X=x)={}_9C_x\left(\frac{1}{3}\right)^x\left(\frac{2}{3}\right)^{9-x}$ $(x=0, 1, 2, \cdots, 9)$

즉, $P(X=6)={}_9C_6\left(\frac{1}{3}\right)^6\left(\frac{2}{3}\right)^3=\frac{224}{3^8}$이므로 $a=224$

33 제품 8개를 택하므로 8회의 독립시행이다. 또 한 개의 제품이 하자가 있을 확률은 $\frac{1}{10}$이므로 확률변수 X는 이항분포 $B\left(8, \frac{1}{10}\right)$을 따른다.

따라서 X의 확률질량함수는

$P(X=x)={}_8C_x\left(\frac{1}{10}\right)^x\left(\frac{9}{10}\right)^{8-x}$ $(x=0, 1, 2, \cdots, 8)$

$\therefore P(X\le7)=1-P(X=8)$

$=1-{}_8C_8\left(\frac{1}{10}\right)^8\left(\frac{9}{10}\right)^0=1-\frac{1}{10^8}$

34 흰 공이 1개만 나오려면 주머니 A, B에서 각각 흰 공, 빨간 공을 꺼내거나 주머니 A, B에서 각각 검은 공, 흰 공을 꺼내야 하므로 한 번의 시행에서 흰 공이 1개만 나올 확률은

$\frac{4}{8}\times\frac{2}{6}+\frac{4}{8}\times\frac{4}{6}=\frac{1}{2}$

따라서 확률변수 X는 이항분포 $B\left(20, \frac{1}{2}\right)$을 따르므로 X의 확률질량함수는

$P(X=x)={}_{20}C_x\left(\frac{1}{2}\right)^x\left(\frac{1}{2}\right)^{20-x}$ $(x=0, 1, 2, \cdots, 20)$

$\therefore\ P(X\ge 19)=P(X=19)+P(X=20)$

$={}_{20}C_{19}\left(\frac{1}{2}\right)^{19}\left(\frac{1}{2}\right)^{1}+{}_{20}C_{20}\left(\frac{1}{2}\right)^{20}\left(\frac{1}{2}\right)^{0}$

$=({}_{20}C_{19}+{}_{20}C_{20})\times\left(\frac{1}{2}\right)^{20}$

$=21\times\left(\frac{1}{2}\right)^{20}$

$\therefore\ 2^{19}\times P(X\ge 19)=2^{19}\times 21\times\left(\frac{1}{2}\right)^{20}$

$=\frac{21}{2}$

35 확률변수 X가 이항분포 $B(45,\ p)$를 따르고 $E(X)=15$이므로

$45p=15 \qquad \therefore\ p=\frac{1}{3}$

36 확률변수 X는 이항분포 $B\left(48,\ \frac{3}{4}\right)$을 따르므로

$\sigma(X)=\sqrt{48\times\frac{3}{4}\times\frac{1}{4}}=3$

37 확률변수 X가 이항분포 $B\left(n,\ \frac{1}{4}\right)$을 따르므로

$V(X)=n\times\frac{1}{4}\times\frac{3}{4}=\frac{3n}{16}$

$V(4X-5)=60$에서

$4^2V(X)=60$

$\therefore\ V(X)=\frac{15}{4}$

즉, $\frac{3n}{16}=\frac{15}{4}$이므로

$n=20$

따라서 $E(X)=20\times\frac{1}{4}=5$이므로

$E(4X-5)=4E(X)-5$

$=4\times 5-5=15$

38 $E(X)=3,\ V(X)=2$이므로

$E(X)=np=3$ …… ㉠

$V(X)=np(1-p)=2$ …… ㉡

㉠을 ㉡에 대입하면

$3(1-p)=2 \qquad \therefore\ p=\frac{1}{3}$

이를 ㉠에 대입하면

$\frac{1}{3}n=3 \qquad \therefore\ n=9$

따라서 확률변수 X는 이항분포 $B\left(9,\ \frac{1}{3}\right)$을 따르므로 X의 확률질량함수는

$P(X=x)={}_9C_x\left(\frac{1}{3}\right)^x\left(\frac{2}{3}\right)^{9-x}\ (x=0,\ 1,\ 2,\ \cdots,\ 9)$

$\therefore\ \frac{P(X=2)}{P(X=3)}=\frac{{}_9C_2\left(\frac{1}{3}\right)^2\left(\frac{2}{3}\right)^7}{{}_9C_3\left(\frac{1}{3}\right)^3\left(\frac{2}{3}\right)^6}=\frac{{}_9C_2\times 2}{{}_9C_3}=\frac{6}{7}$

39 가위바위보를 한 번 하여 A가 이길 확률은 $\frac{1}{3}$이므로 확률변수 X는 이항분포 $B\left(18,\ \frac{1}{3}\right)$을 따른다.

$\therefore\ E(X)=18\times\frac{1}{3}=6,\ V(X)=18\times\frac{1}{3}\times\frac{2}{3}=4$

$\therefore\ E(X^2)=V(X)+\{E(X)\}^2$

$=4+6^2=40$

40 한 개의 구슬을 꺼낼 때 빨간 구슬이 나올 확률은 $\frac{3}{8}$이므로 확률변수 X는 이항분포 $B\left(n,\ \frac{3}{8}\right)$을 따른다.

$E(X)=15$에서

$n\times\frac{3}{8}=15 \qquad \therefore\ n=40$

$\therefore\ V(X)=40\times\frac{3}{8}\times\frac{5}{8}=\frac{75}{8}$

다른 풀이

확률변수 X는 이항분포 $B\left(n,\ \frac{3}{8}\right)$을 따르므로

$V(X)=E(X)\times\left(1-\frac{3}{8}\right)=15\times\frac{5}{8}=\frac{75}{8}$

41 4개의 윷짝을 동시에 한 번 던져서 개가 나올 확률은 ${}_4C_2\left(\frac{3}{5}\right)^2\left(\frac{2}{5}\right)^2=\frac{216}{625}$이므로 확률변수 X는 이항분포 $B\left(125,\ \frac{216}{625}\right)$을 따른다.

$\therefore\ E(X)=125\times\frac{216}{625}=\frac{216}{5}$

$\therefore\ E(5X-1)=5E(X)-1$

$=5\times\frac{216}{5}-1=215$

42 동전을 20번 던질 때, 앞면이 나오는 횟수를 Y라 하면 뒷면이 나오는 횟수는 $20-Y$이므로

$X=2Y-(20-Y)=3Y-20$

한편 한 개의 동전을 던져서 앞면이 나올 확률은 $\frac{1}{2}$이므로 확률변수 Y는 이항분포 $B\left(20,\ \frac{1}{2}\right)$을 따른다.

따라서 $E(Y)=20\times\frac{1}{2}=10$이므로

$E(X)=E(3Y-20)$

$=3E(Y)-20$

$=3\times 10-20=10$

02 연속확률변수와 정규분포 40~46쪽

1 ③	**2** $\frac{1}{2}$	**3** ⑤	**4** $\frac{5}{6}$	**5** ③
6 ③	**7** ⑤	**8** ③	**9** 0.3446	**10** ④
11 ④	**12** ④	**13** 8	**14** ⑤	**15** 0.9544
16 ①	**17** 24	**18** ④	**19** 1.64	**20** ⑤
21 0.07	**22** 0.2119	**23** 9544	**24** 3	**25** 1697
26 72.2점	**27** 85점	**28** 112.2kg		**29** ②
30 국어, 수학, 영어		**31** C, A, B		**32** ②
33 ③	**34** 0.4772	**35** 0.0919	**36** 0.9987	**37** 0.02
38 162	**39** 90	**40** 56		

1 ① $-2\le x<0$에서 $f(x)<0$이다.

② $y=f(x)$의 그래프와 x축 및 두 직선 $x=-2$, $x=2$로 둘러싸인 부분의 넓이가 1이 아니다.

③ $-2\le x\le 2$에서 $f(x)\ge 0$이고 $y=f(x)$의 그래프와 x축으로 둘러싸인 부분의 넓이는

$\frac{1}{2}\times 4\times\frac{1}{2}=1$

④ $y=f(x)$의 그래프와 x축 및 직선 $x=2$로 둘러싸인 부분의 넓이가 1이 아니다.

⑤ $-1<x<1$에서 $f(x)<0$이다.

따라서 $f(x)$의 그래프가 될 수 있는 것은 ③이다.

2 $y=f(x)$의 그래프와 x축으로 둘러싸인 부분의 넓이가 1이어야 하므로

$\frac{1}{2}\times 4\times a=1$ $\quad\therefore a=\frac{1}{2}$

3 $y=f(x)$의 그래프와 x축, y축 및 직선 $x=2$로 둘러싸인 부분의 넓이가 1이어야 하므로

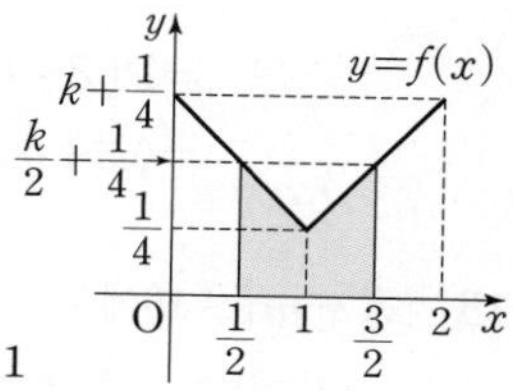

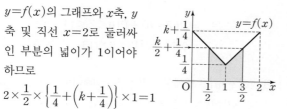

$2\times\frac{1}{2}\times\left\{\frac{1}{4}+\left(k+\frac{1}{4}\right)\right\}\times 1=1$

$\therefore k=\frac{1}{2}$

즉, $f(x)=\frac{1}{2}|x-1|+\frac{1}{4}\ (0\le x\le 2)$이므로

$f\left(\frac{1}{2}\right)=f\left(\frac{3}{2}\right)=\frac{1}{2}$

$y=f(x)$의 그래프는 직선 $x=1$에 대하여 대칭이므로

$\mathrm{P}\left(\frac{1}{2}\le X\le\frac{3}{2}\right)=2\times\left\{\frac{1}{2}\times\left(\frac{1}{4}+\frac{1}{2}\right)\times\left(1-\frac{1}{2}\right)\right\}$

$=\frac{3}{8}$

4 $f(x)\ge 0$이어야 하므로

$a\ge 0$

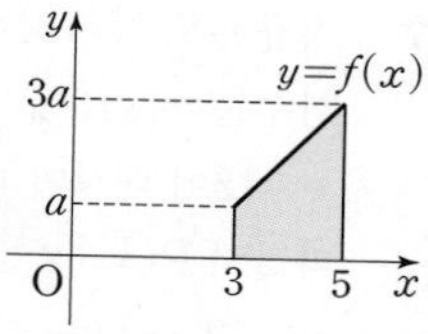

$y=f(x)$의 그래프와 x축 및 두 직선 $x=3$, $x=5$로 둘러싸인 부분의 넓이가 1이어야 하므로

$\frac{1}{2}\times(a+3a)\times 2=1$

$\therefore a=\frac{1}{4}$

즉, $f(x)=\frac{1}{4}(x-2)\ (3\le x\le 5)$이므로

$f(b)=\frac{b-2}{4}$, $f(4)=\frac{1}{2}$

$\mathrm{P}(b\le X\le 4)=\frac{5}{18}$에서

$\frac{1}{2}\times(4-b)\times\left(\frac{b-2}{4}+\frac{1}{2}\right)=\frac{5}{18}$

$\frac{b(4-b)}{8}=\frac{5}{18}$, $18b(4-b)=40$

$9b^2-36b+20=0$, $(3b-2)(3b-10)=0$

$\therefore b=\frac{10}{3}\ (\because 3\le b<4)$

$\therefore ab=\frac{1}{4}\times\frac{10}{3}=\frac{5}{6}$

5 $f(x)$의 그래프는 직선 $x=4$에 대하여 대칭이므로

$\mathrm{P}(2\le X\le 4)=a$, $\mathrm{P}(0\le X\le 2)=b$로 놓으면

$\mathrm{P}(4\le X\le 6)=a$, $\mathrm{P}(6\le X\le 8)=b$

$3\mathrm{P}(2\le X\le 4)=4\mathrm{P}(6\le X\le 8)$에서

$3a=4b$ $\quad\cdots\cdots$ ㉠

$\mathrm{P}(0\le X\le 8)=1$이므로

$\mathrm{P}(0\le X\le 2)+\mathrm{P}(2\le X\le 4)+\mathrm{P}(4\le X\le 6)$

$+\mathrm{P}(6\le X\le 8)=1$

$\therefore 2a+2b=1$ $\quad\cdots\cdots$ ㉡

㉠, ㉡을 연립하여 풀면

$a=\frac{2}{7}$, $b=\frac{3}{14}$

$\therefore \mathrm{P}(2\le X\le 6)=\mathrm{P}(2\le X\le 4)+\mathrm{P}(4\le X\le 6)$

$=2a$

$=2\times\frac{2}{7}=\frac{4}{7}$

6 $y=f(x)$의 그래프의 대칭축은 직선 $x=m$이고, $y=g(x)$, $y=h(x)$의 그래프의 대칭축은 직선 $x=10$이므로

$m<10$

표준편차가 클수록 곡선의 가운데 부분의 높이는 낮아지고 양쪽으로 넓게 퍼진 모양이므로

$\sigma>3$

유형편

7 정규분포 $\mathrm{N}(13,\ 3^2)$을 따르는 확률변수 X의 확률밀도 함수는 $x=13$에서 최댓값을 갖고, 정규분포 곡선은 직선 $x=13$에 대하여 대칭이다.

따라서 $\mathrm{P}(k-2 \le X \le k+4)$가 최대가 되려면

$\dfrac{(k-2)+(k+4)}{2}=13$

$2k+2=26 \qquad \therefore k=12$

8 $\mathrm{P}(m-2\sigma \le X \le m+2\sigma)=2a$에서

$\mathrm{P}(m-2\sigma \le X \le m)+\mathrm{P}(m \le X \le m+2\sigma)=2a$

$2\mathrm{P}(m \le X \le m+2\sigma)=2a$

$\therefore \mathrm{P}(m \le X \le m+2\sigma)=a$

같은 방법으로 $\mathrm{P}(m-4\sigma \le X \le m+4\sigma)=4b$에서

$\mathrm{P}(m \le X \le m+4\sigma)=2b$

$\therefore \mathrm{P}(m-4\sigma \le X \le m+2\sigma)$

$=\mathrm{P}(m-4\sigma \le X \le m)+\mathrm{P}(m \le X \le m+2\sigma)$

$=\mathrm{P}(m \le X \le m+4\sigma)+\mathrm{P}(m \le X \le m+2\sigma)$

$=a+2b$

9 확률변수 X의 정규분포 곡선은 직선 $x=20$에 대하여 대칭이므로

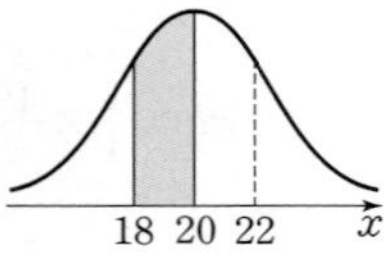

$\mathrm{P}(18 \le X \le 20)=0.1554$에서

$\mathrm{P}(20 \le X \le 22)=0.1554$

$\therefore \mathrm{P}(X \ge 22)=\mathrm{P}(X \ge 20)-\mathrm{P}(20 \le X \le 22)$

$=0.5-0.1554=0.3446$

10 확률변수 X의 정규분포 곡선은 $x=m$에 대하여 대칭이다.

$\mathrm{P}(X \le 15)=0.76$에서

$\mathrm{P}(X \ge 15)=1-0.76=0.24$이므로

$\mathrm{P}(X \ge 15)=\mathrm{P}(X \le 7)$

$m=\dfrac{15+7}{2} \qquad \therefore m=11$

$|X-m| \le 4$에서 $|X-11| \le 4$

$-4 \le X-11 \le 4 \qquad \therefore 7 \le X \le 15$

$\therefore \mathrm{P}(|X-m| \le 4)=\mathrm{P}(7 \le X \le 15)$

$=\mathrm{P}(X \le 15)-\mathrm{P}(X \le 7)$

$=0.76-0.24=0.52$

11 $Z_X=\dfrac{X-100}{5}$, $Z_Y=\dfrac{Y-30}{4}$으로 놓으면 확률변수 Z_X, Z_Y는 모두 표준정규분포 $\mathrm{N}(0,\ 1)$을 따르므로

$\mathrm{P}(X \le 90)=\mathrm{P}(Y \ge k)$에서

$\mathrm{P}\left(Z_X \le \dfrac{90-100}{5}\right)=\mathrm{P}\left(Z_Y \ge \dfrac{k-30}{4}\right)$

$\therefore \mathrm{P}(Z_X \le -2)=\mathrm{P}\left(Z_Y \le \dfrac{30-k}{4}\right)$

따라서 $-2=\dfrac{30-k}{4}$이므로 $k=38$

12 $Z_X=\dfrac{X-7}{2}$, $Z_Y=\dfrac{Y-16}{3}$으로 놓으면 확률변수 Z_X, Z_Y는 모두 표준정규분포 $\mathrm{N}(0,\ 1)$을 따르므로

$\mathrm{P}(5 \le X \le 11)=\mathrm{P}(10 \le Y \le k)$에서

$\mathrm{P}\left(\dfrac{5-7}{2} \le Z_X \le \dfrac{11-7}{2}\right)=\mathrm{P}\left(\dfrac{10-16}{3} \le Z_Y \le \dfrac{k-16}{3}\right)$

즉, $\mathrm{P}(-1 \le Z_X \le 2)=\mathrm{P}\left(-2 \le Z_Y \le \dfrac{k-16}{3}\right)$이므로

$\mathrm{P}(-1 \le Z_X \le 2)=\mathrm{P}\left(\dfrac{16-k}{3} \le Z_Y \le 2\right)$

따라서 $-1=\dfrac{16-k}{3}$이므로 $k=19$

13 $Z_X=\dfrac{X-14}{2}$, $Z_Y=\dfrac{Y-m}{3}$으로 놓으면 확률변수 Z_X, Z_Y는 모두 표준정규분포 $\mathrm{N}(0,\ 1)$을 따르므로

$2\mathrm{P}(10 \le X \le 14)=\mathrm{P}(2 \le Y \le 2m-2)$에서

$2\mathrm{P}\left(\dfrac{10-14}{2} \le Z_X \le \dfrac{14-14}{2}\right)$

$=\mathrm{P}\left(\dfrac{2-m}{3} \le Z_Y \le \dfrac{2m-2-m}{3}\right)$

즉, $2\mathrm{P}(-2 \le Z_X \le 0)=\mathrm{P}\left(-\dfrac{m-2}{3} \le Z_Y \le \dfrac{m-2}{3}\right)$에서

$2\mathrm{P}(0 \le Z_X \le 2)=2\mathrm{P}\left(0 \le Z_Y \le \dfrac{m-2}{3}\right)$

$\therefore \mathrm{P}(0 \le Z_X \le 2)=\mathrm{P}\left(0 \le Z_Y \le \dfrac{m-2}{3}\right)$

따라서 $2=\dfrac{m-2}{3}$이므로 $m=8$

14 $Z=\dfrac{X-63}{4}$으로 놓으면 확률변수 Z는 표준정규분포 $\mathrm{N}(0,\ 1)$을 따르므로

$\mathrm{P}(X \le 67)=\mathrm{P}\left(Z \le \dfrac{67-63}{4}\right)$

$=\mathrm{P}(Z \le 1)$

$=\mathrm{P}(Z \le 0)+\mathrm{P}(0 \le Z \le 1)$

$=0.5+0.3413=0.8413$

15 $|X-m| \le 10$에서 $-10 \le X-m \le 10$

$\therefore m-10 \le X \le m+10$

$Z=\dfrac{X-m}{5}$으로 놓으면 확률변수 Z는 표준정규분포 $\mathrm{N}(0,\ 1)$을 따르므로

$\mathrm{P}(|X-m| \le 10)=\mathrm{P}(m-10 \le X \le m+10)$

$=\mathrm{P}\left(\dfrac{m-10-m}{5} \le Z \le \dfrac{m+10-m}{5}\right)$

$=\mathrm{P}(-2 \le Z \le 2)$

$=2\mathrm{P}(0 \le Z \le 2)$

$=2\times 0.4772$

$=0.9544$

16 $\mathrm{E}(X)=70$, $\sigma(X)=3$이므로

$\mathrm{E}(Y)=\mathrm{E}(2X+3)=2\mathrm{E}(X)+3$

$=2\times70+3=143$

$\sigma(Y)=\sigma(2X+3)=|2|\sigma(X)$

$=2\times3=6$

즉, 확률변수 Y는 정규분포 $\mathrm{N}(143,\ 6^2)$을 따른다.

$Z=\dfrac{Y-143}{6}$으로 놓으면 확률변수 Z는 표준정규분포 $\mathrm{N}(0,\ 1)$을 따르므로

$\mathrm{P}(140\le Y\le152)$

$=\mathrm{P}\left(\dfrac{140-143}{6}\le Z\le\dfrac{152-143}{6}\right)$

$=\mathrm{P}(-0.5\le Z\le1.5)$

$=\mathrm{P}(-0.5\le Z\le0)+\mathrm{P}(0\le Z\le1.5)$

$=\mathrm{P}(0\le Z\le0.5)+\mathrm{P}(0\le Z\le1.5)$

$=0.1915+0.4332=0.6247$

다른 풀이

$Z=\dfrac{X-70}{3}$으로 놓으면 확률변수 Z는 표준정규분포 $\mathrm{N}(0,\ 1)$을 따르므로

$\mathrm{P}(140\le Y\le152)$

$=\mathrm{P}(140\le2X+3\le152)$

$=\mathrm{P}(68.5\le X\le74.5)$

$=\mathrm{P}\left(\dfrac{68.5-70}{3}\le Z\le\dfrac{74.5-70}{3}\right)$

$=\mathrm{P}(-0.5\le Z\le1.5)$

$=\mathrm{P}(-0.5\le Z\le0)+\mathrm{P}(0\le Z\le1.5)$

$=\mathrm{P}(0\le Z\le0.5)+\mathrm{P}(0\le Z\le1.5)$

$=0.1915+0.4332=0.6247$

17 $Z=\dfrac{X-21}{4}$로 놓으면 확률변수 Z는 표준정규분포 $\mathrm{N}(0,\ 1)$을 따르므로 $\mathrm{P}(20\le X\le a)=0.3721$에서

$\mathrm{P}\left(\dfrac{20-21}{4}\le Z\le\dfrac{a-21}{4}\right)=0.3721$

$\mathrm{P}\left(-0.25\le Z\le\dfrac{a-21}{4}\right)=0.3721$

$\mathrm{P}(-0.25\le Z\le0)+\mathrm{P}\left(0\le Z\le\dfrac{a-21}{4}\right)=0.3721$

$\mathrm{P}(0\le Z\le0.25)+\mathrm{P}\left(0\le Z\le\dfrac{a-21}{4}\right)=0.3721$

$0.0987+\mathrm{P}\left(0\le Z\le\dfrac{a-21}{4}\right)=0.3721$

$\therefore \mathrm{P}\left(0\le Z\le\dfrac{a-21}{4}\right)=0.2734$

이때 $\mathrm{P}(0\le Z\le0.75)=0.2734$이므로

$\dfrac{a-21}{4}=0.75$

$a-21=3 \qquad \therefore a=24$

18 $Z=\dfrac{X-m}{\frac{m}{3}}$으로 놓으면 확률변수 Z는 표준정규분포 $\mathrm{N}(0,\ 1)$을 따르므로 $\mathrm{P}\left(X\le\dfrac{9}{2}\right)=0.9987$에서

$\mathrm{P}\left(Z\le\dfrac{\frac{9}{2}-m}{\frac{m}{3}}\right)=0.9987$

$0.5+\mathrm{P}\left(0\le Z\le\dfrac{27-6m}{2m}\right)=0.9987$

$\therefore \mathrm{P}\left(0\le Z\le\dfrac{27-6m}{2m}\right)=0.4987$

이때 $\mathrm{P}(0\le Z\le3)=0.4987$이므로

$\dfrac{27-6m}{2m}=3$

$27-6m=6m \qquad \therefore m=\dfrac{9}{4}$

19 $\mathrm{P}(|X-1|\le3k)=0.899$에서

$\mathrm{P}(-3k\le X-1\le3k)=0.899$

$\therefore \mathrm{P}(-3k+1\le X\le3k+1)=0.899$ ...... ㉠

$Z=\dfrac{X-1}{3}$로 놓으면 확률변수 Z는 표준정규분포 $\mathrm{N}(0,\ 1)$을 따르므로 ㉠에서

$\mathrm{P}\left(\dfrac{-3k+1-1}{3}\le Z\le\dfrac{3k+1-1}{3}\right)=0.899$

$\mathrm{P}(-k\le Z\le k)=0.899$

$2\mathrm{P}(0\le Z\le k)=0.899$

$\therefore \mathrm{P}(0\le Z\le k)=0.4495$

이때 $\mathrm{P}(0\le Z\le1.64)=0.4495$이므로

$k=1.64$

20 파프리카 1개의 무게를 Xg이라 하면 확률변수 X는 정규분포 $\mathrm{N}(180,\ 20^2)$을 따르므로 $Z=\dfrac{X-180}{20}$으로 놓으면 확률변수 Z는 표준정규분포 $\mathrm{N}(0,\ 1)$을 따른다.

따라서 구하는 확률은

$\mathrm{P}(190\le X\le210)=\mathrm{P}\left(\dfrac{190-180}{20}\le Z\le\dfrac{210-180}{20}\right)$

$=\mathrm{P}(0.5\le Z\le1.5)$

$=\mathrm{P}(0\le Z\le1.5)-\mathrm{P}(0\le Z\le0.5)$

$=0.4332-0.1915$

$=0.2417$

21 응시자들의 점수를 X점이라 하면 확률변수 X는 정규분포 $\mathrm{N}(84,\ 4^2)$을 따르므로 $Z=\dfrac{X-84}{4}$로 놓으면 확률변수 Z는 표준정규분포 $\mathrm{N}(0,\ 1)$을 따른다.

따라서 구하는 확률은

$P(X<78)=P\left(Z<\frac{78-84}{4}\right)$

$=P(Z<-1.5)$

$=P(Z>1.5)$

$=P(Z\geq 0)-P(0\leq Z\leq 1.5)$

$=0.5-0.43$

$=0.07$

22 등교하는 데 걸리는 시간을 X분이라 하면 확률변수 X는 정규분포 $N(20,\ 5^2)$을 따르므로 $Z=\frac{X-20}{5}$으로 놓으면 확률변수 Z는 표준정규분포 $N(0,\ 1)$을 따른다.
등교하는 데 걸리는 시간이 24분을 초과하면 지각하므로 구하는 확률은

$P(X>24)=P\left(Z>\frac{24-20}{5}\right)$

$=P(Z>0.8)$

$=P(Z\geq 0)-P(0\leq Z\leq 0.8)$

$=0.5-0.2881$

$=0.2119$

23 택배 상자의 무게를 Xkg이라 하면 확률변수 X는 정규분포 $N(5,\ 0.3^2)$을 따르므로 $Z=\frac{X-5}{0.3}$로 놓으면 확률변수 Z는 표준정규분포 $N(0,\ 1)$을 따른다.
택배 상자의 무게가 4.4 kg 이상 5.6 kg 이하일 확률은

$P(4.4\leq X\leq 5.6)=P\left(\frac{4.4-5}{0.3}\leq Z\leq \frac{5.6-5}{0.3}\right)$

$=P(-2\leq Z\leq 2)$

$=2P(0\leq Z\leq 2)$

$=2\times 0.4772$

$=0.9544$

따라서 구하는 택배 상자의 개수는

$10000\times 0.9544=9544$

24 의복비 지출 금액을 X만 원이라 하면 확률변수 X는 정규분포 $N(30,\ 4^2)$을 따르므로 $Z=\frac{X-30}{4}$으로 놓으면 확률변수 Z는 표준정규분포 $N(0,\ 1)$을 따른다.
의복비를 40만 원 이상 지출하는 사원일 확률은

$P(X\geq 40)=P\left(Z\geq \frac{40-30}{4}\right)$

$=P(Z\geq 2.5)$

$=P(Z\geq 0)-P(0\leq Z\leq 2.5)$

$=0.5-0.494$

$=0.006$

따라서 구하는 사원의 수는

$500\times 0.006=3$

25 보조 배터리의 용량을 X mAh라 하면 확률변수 X는 정규분포 $N(20000,\ 100^2)$을 따르므로 $Z=\frac{X-20000}{100}$으로 놓으면 확률변수 Z는 표준정규분포 $N(0,\ 1)$을 따른다.
용량이 19897 mAh 이상인 보조 배터리는 불량품이 아니므로 그 확률은

$P(X\geq 19897)=P\left(Z\geq \frac{19897-20000}{100}\right)$

$=P(Z\geq -1.03)$

$=P(Z\leq 1.03)$

$=P(Z\leq 0)+P(0\leq Z\leq 1.03)$

$=0.5+0.3485$

$=0.8485$

따라서 구하는 보조 배터리의 개수는

$2000\times 0.8485=1697$

26 응시자들의 점수를 X점이라 하면 확률변수 X는 정규분포 $N(68,\ 5^2)$을 따르므로 $Z=\frac{X-68}{5}$로 놓으면 확률변수 Z는 표준정규분포 $N(0,\ 1)$을 따른다.
상위 20 %에 속하는 응시자의 최저 점수를 a점이라 하면
$P(X\geq a)=0.2$에서

$P\left(Z\geq \frac{a-68}{5}\right)=0.2$

$0.5-P\left(0\leq Z\leq \frac{a-68}{5}\right)=0.2$

$\therefore\ P\left(0\leq Z\leq \frac{a-68}{5}\right)=0.3$

이때 $P(0\leq Z\leq 0.84)=0.3$이므로

$\frac{a-68}{5}=0.84$

$a-68=4.2$

$\therefore\ a=72.2$

따라서 구하는 최저 점수는 72.2점이다.

27 지원자들의 점수를 X점이라 하면 확률변수 X는 정규분포 $N(72,\ 10^2)$을 따르므로 $Z=\frac{X-72}{10}$로 놓으면 확률변수 Z는 표준정규분포 $N(0,\ 1)$을 따른다.
장학생의 최저 점수를 a점이라 하면

$P(X\geq a)=\frac{50}{500}=0.1$에서

$P\left(Z\geq \frac{a-72}{10}\right)=0.1$

$0.5-P\left(0\leq Z\leq \frac{a-72}{10}\right)=0.1$

$\therefore\ P\left(0\leq Z\leq \frac{a-72}{10}\right)=0.4$

이때 $P(0\le Z\le 1.3)=0.4$이므로

$\frac{a-72}{10}=1.3$

$a-72=13$

$\therefore a=85$

따라서 구하는 최저 점수는 85점이다.

28 돼지들의 무게를 X kg이라 하면 확률변수 X는 정규분포 $N(120,\ 15^2)$을 따르므로 $Z=\frac{X-120}{15}$으로 놓으면 확률변수 Z는 표준정규분포 $N(0,\ 1)$을 따른다.

무게가 가벼운 쪽에서 60번째인 돼지의 무게를 a kg이라 하면 $P(X\le a)=\frac{60}{200}=0.3$에서

$P\left(Z\le\frac{a-120}{15}\right)=0.3$

$P\left(Z\ge\frac{120-a}{15}\right)=0.3$

$0.5-P\left(0\le Z\le\frac{120-a}{15}\right)=0.3$

$\therefore P\left(0\le Z\le\frac{120-a}{15}\right)=0.2$

이때 $P(0\le Z\le 0.52)=0.2$이므로

$\frac{120-a}{15}=0.52$

$120-a=7.8$

$\therefore a=112.2$

따라서 구하는 돼지의 무게는 112.2 kg이다.

29 $Z_W=\frac{W-45}{4}$, $Z_X=\frac{X-52}{3}$, $Z_Y=\frac{Y-48}{8}$로 놓으면 확률변수 Z_W, Z_X, Z_Y는 모두 표준정규분포 $N(0,\ 1)$을 따른다.

$p=P(W\ge 46)=P\left(Z_W\ge\frac{46-45}{4}\right)=P(Z_W\ge 0.25)$

$q=P(X\ge 46)=P\left(Z_X\ge\frac{46-52}{3}\right)=P(Z_X\ge -2)$

$r=P(Y\ge 46)=P\left(Z_Y\ge\frac{46-48}{8}\right)=P(Z_Y\ge -0.25)$

이때 $P(Z_W\ge 0.25)<P(Z_Y\ge -0.25)<P(Z_X\ge -2)$이므로 $p<r<q$

30 주영이네 학교 학생의 국어, 수학, 영어 시험 성적을 각각 X_1점, X_2점, X_3점이라 하면 확률변수 X_1, X_2, X_3은 각각 정규분포 $N(70,\ 12^2)$, $N(58,\ 14^2)$, $N(67,\ 10^2)$을 따르므로 $Z_1=\frac{X_1-70}{12}$, $Z_2=\frac{X_2-58}{14}$, $Z_3=\frac{X_3-67}{10}$로 놓으면 확률변수 Z_1, Z_2, Z_3은 모두 표준정규분포 $N(0,\ 1)$을 따른다.

주영이보다 국어, 수학, 영어 시험 성적이 낮을 확률은

$P(X_1<91)=P\left(Z_1<\frac{91-70}{12}\right)=P(Z_1<1.75)$

$P(X_2<79)=P\left(Z_2<\frac{79-58}{14}\right)=P(Z_2<1.5)$

$P(X_3<81)=P\left(Z_3<\frac{81-67}{10}\right)=P(Z_3<1.4)$

이때 $P(Z_1<1.75)>P(Z_2<1.5)>P(Z_3<1.4)$이므로

$P(X_1<91)>P(X_2<79)>P(X_3<81)$

따라서 주영이의 성적이 상대적으로 높은 과목을 순서대로 나열하면 국어, 수학, 영어이다.

31 1반, 2반, 3반 학생의 몸무게를 각각 X_1 kg, X_2 kg, X_3 kg이라 하면 확률변수 X_1, X_2, X_3은 각각 정규분포 $N(52,\ 6^2)$, $N(54,\ 5^2)$, $N(55,\ 8^2)$을 따르므로 $Z_1=\frac{X_1-52}{6}$, $Z_2=\frac{X_2-54}{5}$, $Z_3=\frac{X_3-55}{8}$로 놓으면 확률변수 Z_1, Z_2, Z_3은 모두 표준정규분포 $N(0,\ 1)$을 따른다.

A, B, C보다 각 반 학생의 몸무게가 가벼울 확률은

$P(X_1<55)=P\left(Z_1<\frac{55-52}{6}\right)=P(Z_1<0.5)$

$P(X_2<56)=P\left(Z_2<\frac{56-54}{5}\right)=P(Z_2<0.4)$

$P(X_3<60)=P\left(Z_3<\frac{60-55}{8}\right)=P(Z_3<0.625)$

이때 $P(Z_3<0.625)>P(Z_1<0.5)>P(Z_2<0.4)$이므로

$P(X_3<60)>P(X_1<55)>P(X_2<56)$

따라서 각자 자기 반에서 상대적으로 몸무게가 무거운 학생을 순서대로 나열하면 C, A, B이다.

32 확률변수 X가 이항분포 $B\left(900,\ \frac{1}{5}\right)$을 따르므로

$E(X)=900\times\frac{1}{5}=180$

$V(X)=900\times\frac{1}{5}\times\frac{4}{5}=144$

이때 시행 횟수 $n=900$은 충분히 크므로 X는 근사적으로 정규분포 $N(180,\ 12^2)$을 따른다.

따라서 $Z=\frac{X-180}{12}$으로 놓으면 확률변수 Z는 표준정규분포 $N(0,\ 1)$을 따르므로

$P(174\le X\le 198)$

$=P\left(\frac{174-180}{12}\le Z\le\frac{198-180}{12}\right)$

$=P(-0.5\le Z\le 1.5)$

$=P(-0.5\le Z\le 0)+P(0\le Z\le 1.5)$

$=P(0\le Z\le 0.5)+P(0\le Z\le 1.5)$

$=0.1915+0.4332=0.6247$

33 확률변수 X는 이항분포 $\mathrm{B}\left(450,\ \frac{2}{3}\right)$를 따르므로

$\mathrm{E}(X)=450\times\frac{2}{3}=300$

$\mathrm{V}(X)=450\times\frac{2}{3}\times\frac{1}{3}=100$

이때 시행 횟수 $n=450$은 충분히 크므로 X는 근사적으로 정규분포 $\mathrm{N}(300,\ 10^2)$을 따른다.

따라서 $Z=\frac{X-300}{10}$으로 놓으면 확률변수 Z는 표준정규분포 $\mathrm{N}(0,\ 1)$을 따르므로

$$\begin{aligned}\mathrm{P}(X\le 296)&=\mathrm{P}\left(Z\le\frac{296-300}{10}\right)\\&=\mathrm{P}(Z\le -0.4)\\&=\mathrm{P}(Z\ge 0.4)\\&=\mathrm{P}(Z\ge 0)-\mathrm{P}(0\le Z\le 0.4)\\&=0.5-0.16\\&=0.34\end{aligned}$$

34 ${}_{48}\mathrm{C}_x\left(\frac{1}{4}\right)^x\left(\frac{3}{4}\right)^{48-x}$은 한 번의 시행에서 일어날 확률이 $\frac{1}{4}$인 어떤 사건이 48번의 독립시행에서 x번 일어날 확률이다.

이 사건이 일어나는 횟수를 X라 하면 확률변수 X는 이항분포 $\mathrm{B}\left(48,\ \frac{1}{4}\right)$을 따르므로

$\mathrm{E}(X)=48\times\frac{1}{4}=12$

$\mathrm{V}(X)=48\times\frac{1}{4}\times\frac{3}{4}=9$

이때 시행 횟수 $n=48$은 충분히 크므로 X는 근사적으로 정규분포 $\mathrm{N}(12,\ 3^2)$을 따른다.

따라서 $Z=\frac{X-12}{3}$로 놓으면 확률변수 Z는 표준정규분포 $\mathrm{N}(0,\ 1)$을 따르므로

$$\begin{aligned}&{}_{48}\mathrm{C}_{12}\left(\frac{1}{4}\right)^{12}\left(\frac{3}{4}\right)^{36}+{}_{48}\mathrm{C}_{13}\left(\frac{1}{4}\right)^{13}\left(\frac{3}{4}\right)^{35}\\&\qquad+\cdots+{}_{48}\mathrm{C}_{18}\left(\frac{1}{4}\right)^{18}\left(\frac{3}{4}\right)^{30}\\&=\mathrm{P}(X=12)+\mathrm{P}(X=13)+\cdots+\mathrm{P}(X=18)\\&=\mathrm{P}(12\le X\le 18)\\&=\mathrm{P}\left(\frac{12-12}{3}\le Z\le\frac{18-12}{3}\right)\\&=\mathrm{P}(0\le Z\le 2)\\&=0.4772\end{aligned}$$

35 확률변수 X는 이항분포 $\mathrm{B}\left(1350,\ \frac{3}{5}\right)$을 따르므로

$\mathrm{E}(X)=1350\times\frac{3}{5}=810$

$\mathrm{V}(X)=1350\times\frac{3}{5}\times\frac{2}{5}=324$

이때 시행 횟수 $n=1350$은 충분히 크므로 X는 근사적으로 정규분포 $\mathrm{N}(810,\ 18^2)$을 따른다.

따라서 $Z=\frac{X-810}{18}$으로 놓으면 확률변수 Z는 표준정규분포 $\mathrm{N}(0,\ 1)$을 따르므로 구하는 확률은

$$\begin{aligned}\mathrm{P}(783\le X\le 792)&=\mathrm{P}\left(\frac{783-810}{18}\le Z\le\frac{792-810}{18}\right)\\&=\mathrm{P}(-1.5\le Z\le -1)\\&=\mathrm{P}(1\le Z\le 1.5)\\&=\mathrm{P}(0\le Z\le 1.5)-\mathrm{P}(0\le Z\le 1)\\&=0.4332-0.3413\\&=0.0919\end{aligned}$$

36 예약한 승객 400명 중에서 예약을 취소하는 승객의 수를 X라 하면 확률변수 X는 이항분포 $\mathrm{B}\left(400,\ \frac{1}{10}\right)$을 따르므로

$\mathrm{E}(X)=400\times\frac{1}{10}=40$

$\mathrm{V}(X)=400\times\frac{1}{10}\times\frac{9}{10}=36$

이때 시행 횟수 $n=400$은 충분히 크므로 X는 근사적으로 정규분포 $\mathrm{N}(40,\ 6^2)$을 따른다.

따라서 $Z=\frac{X-40}{6}$으로 놓으면 확률변수 Z는 표준정규분포 $\mathrm{N}(0,\ 1)$을 따른다.

비행기를 타러 온 승객이 모두 비행기를 타려면 예약한 승객 중 22명 이상 취소해야 하므로 구하는 확률은

$$\begin{aligned}\mathrm{P}(X\ge 22)&=\mathrm{P}\left(Z\ge\frac{22-40}{6}\right)\\&=\mathrm{P}(Z\ge -3)\\&=\mathrm{P}(Z\le 3)\\&=\mathrm{P}(Z\le 0)+\mathrm{P}(0\le Z\le 3)\\&=0.5+0.4987\\&=0.9987\end{aligned}$$

37 수확한 배 한 개의 무게를 Xg이라 하면 확률변수 X는 정규분포 $\mathrm{N}(200,\ 10^2)$을 따르므로 $Z_X=\frac{X-200}{10}$으로 놓으면 확률변수 Z_X는 표준정규분포 $\mathrm{N}(0,\ 1)$을 따른다.

이때 배의 무게가 218g 이상일 확률은

$$\begin{aligned}\mathrm{P}(X\ge 218)&=\mathrm{P}\left(Z_X\ge\frac{218-200}{10}\right)\\&=\mathrm{P}(Z_X\ge 1.8)\\&=\mathrm{P}(Z_X\ge 0)-\mathrm{P}(0\le Z_X\le 1.8)\\&=0.5-0.46\\&=0.04\end{aligned}$$

따라서 수확한 3750개의 배 중에서 선물용으로 구분되는 배의 개수를 Y라 하면 확률변수 Y는 이항분포 $\mathrm{B}(3750,\ 0.04)$를 따르므로

$\mathrm{E}(Y)=3750\times0.04=150$

$\mathrm{V}(Y)=3750\times0.04\times0.96=144$

이때 시행 횟수 $n=3750$은 충분히 크므로 Y는 근사적으로 정규분포 $\mathrm{N}(150,\ 12^2)$을 따르고, $Z_Y=\dfrac{Y-150}{12}$으로 놓으면 확률변수 Z_Y는 표준정규분포 $\mathrm{N}(0,\ 1)$을 따른다.

따라서 구하는 확률은

$$\begin{aligned}\mathrm{P}(Y\le126)&=\mathrm{P}\left(Z_Y\le\frac{126-150}{12}\right)\\&=\mathrm{P}(Z_Y\le-2)\\&=\mathrm{P}(Z_Y\ge2)\\&=\mathrm{P}(Z_Y\ge0)-\mathrm{P}(0\le Z_Y\le2)\\&=0.5-0.48=0.02\end{aligned}$$

38 확률변수 X는 이항분포 $\mathrm{B}\left(450,\ \dfrac{1}{3}\right)$을 따르므로

$\mathrm{E}(X)=450\times\dfrac{1}{3}=150$

$\mathrm{V}(X)=450\times\dfrac{1}{3}\times\dfrac{2}{3}=100$

이때 시행 횟수 $n=450$은 충분히 크므로 X는 근사적으로 정규분포 $\mathrm{N}(150,\ 10^2)$을 따른다.

따라서 $Z=\dfrac{X-150}{10}$으로 놓으면 확률변수 Z는 표준정규분포 $\mathrm{N}(0,\ 1)$을 따르므로 $\mathrm{P}(X\ge k)=0.12$에서

$\mathrm{P}\left(Z\ge\dfrac{k-150}{10}\right)=0.12$

$0.5-\mathrm{P}\left(0\le Z\le\dfrac{k-150}{10}\right)=0.12$

$\therefore\ \mathrm{P}\left(0\le Z\le\dfrac{k-150}{10}\right)=0.38$

이때 $\mathrm{P}(0\le Z\le1.2)=0.38$이므로

$\dfrac{k-150}{10}=1.2$

$k-150=12\qquad\therefore\ k=162$

39 108개의 화살 중에서 10점에 맞힌 화살의 개수를 X라 하면 확률변수 X는 이항분포 $\mathrm{B}\left(108,\ \dfrac{3}{4}\right)$을 따르므로

$\mathrm{E}(X)=108\times\dfrac{3}{4}=81$

$\mathrm{V}(X)=108\times\dfrac{3}{4}\times\dfrac{1}{4}=\dfrac{81}{4}$

이때 시행 횟수 $n=108$은 충분히 크므로 X는 근사적으로 정규분포 $\mathrm{N}\left(81,\ \left(\dfrac{9}{2}\right)^2\right)$을 따른다.

따라서 $Z=\dfrac{X-81}{\frac{9}{2}}$로 놓으면 확률변수 Z는 표준정규분포 $\mathrm{N}(0,\ 1)$을 따른다.

10점에 맞힌 화살이 k개 이상일 확률이 0.0228이므로

$\mathrm{P}(X\ge k)=0.0228$에서

$\mathrm{P}\left(Z\ge\dfrac{k-81}{\frac{9}{2}}\right)=0.0228$

$0.5-\mathrm{P}\left(0\le Z\le\dfrac{2k-162}{9}\right)=0.0228$

$\therefore\ \mathrm{P}\left(0\le Z\le\dfrac{2k-162}{9}\right)=0.4772$

이때 $\mathrm{P}(0\le Z\le2)=0.4772$이므로

$\dfrac{2k-162}{9}=2\qquad\therefore\ k=90$

40 빨간 공, 파란 공이 나오는 횟수를 각각 X, Y라 하자.

확률변수 X는 이항분포 $\mathrm{B}\left(400,\ \dfrac{1}{5}\right)$을 따르므로

$\mathrm{E}(X)=400\times\dfrac{1}{5}=80$

$\mathrm{V}(X)=400\times\dfrac{1}{5}\times\dfrac{4}{5}=64$

이때 시행 횟수 $n=400$은 충분히 크므로 X는 근사적으로 정규분포 $\mathrm{N}(80,\ 8^2)$을 따른다.

따라서 $Z_X=\dfrac{X-80}{8}$으로 놓으면 확률변수 Z_X는 표준정규분포 $\mathrm{N}(0,\ 1)$을 따르므로

$\mathrm{P}(X\ge k)=\mathrm{P}\left(Z_X\ge\dfrac{k-80}{8}\right)\qquad\cdots\cdots$ ㉠

한편 확률변수 Y는 이항분포 $\mathrm{B}\left(400,\ \dfrac{1}{2}\right)$을 따르므로

$\mathrm{E}(Y)=400\times\dfrac{1}{2}=200$

$\mathrm{V}(Y)=400\times\dfrac{1}{2}\times\dfrac{1}{2}=100$

이때 시행 횟수 $n=400$은 충분히 크므로 Y는 근사적으로 정규분포 $\mathrm{N}(200,\ 10^2)$을 따른다.

따라서 $Z_Y=\dfrac{Y-200}{10}$으로 놓으면 확률변수 Z_Y는 표준정규분포 $\mathrm{N}(0,\ 1)$을 따르므로

$$\begin{aligned}\mathrm{P}(Y\le230)&=\mathrm{P}\left(Z_Y\le\frac{230-200}{10}\right)\\&=\mathrm{P}(Z_Y\le3)\\&=\mathrm{P}(Z_Y\ge-3)\qquad\cdots\cdots\ ㉡\end{aligned}$$

$\mathrm{P}(X\ge k)=\mathrm{P}(Y\le230)$이므로 ㉠, ㉡에서

$\mathrm{P}\left(Z_X\ge\dfrac{k-80}{8}\right)=\mathrm{P}(Z_Y\ge-3)$

따라서 $\dfrac{k-80}{8}=-3$이므로 $k=56$

Ⅲ-2. 통계적 추정

01 통계적 추정 48~55쪽

1 ④	**2** 90	**3** ④	**4** 112	**5** ①
6 $\frac{55}{8}$	**7** 4	**8** ①	**9** ⑤	**10** 0.8185
11 0.9772	**12** ③	**13** 192	**14** 16	**15** ③
16 ④	**17** $\mathrm{N}(0.4,\ 0.02^2)$	**18** 180	**19** 84	
20 0.9544	**21** 0.8185	**22** ④	**23** $28.71 \le m \le 31.29$	
24 ④	**25** 21	**26** ②	**27** 20.355	**28** 64
29 1557	**30** 144	**31** ⑤	**32** ④	**33** 16
34 3	**35** ①	**36** ②	**37** ④	**38** ④
39 ②	**40** 0.07	**41** ③	**42** 196	**43** 600
44 $0.7608 \le p \le 0.8392$			**45** ②	**46** ③

1 $\mathrm{E}(\overline{X})=20,\ \sigma(\overline{X})=\frac{5}{\sqrt{16}}=\frac{5}{4}$

$\therefore \mathrm{E}(\overline{X})+\sigma(\overline{X})=\frac{85}{4}$

2 $\mathrm{E}(\overline{X})=54,\ \sigma(\overline{X})=\frac{\sqrt{9}}{\sqrt{n}}=\frac{3}{\sqrt{n}}$

즉, $\frac{3}{\sqrt{n}}=\frac{1}{2}$이므로 $\sqrt{n}=6 \qquad \therefore n=36$

$\therefore \mathrm{E}(\overline{X})+n=54+36=90$

3 $\sigma(\overline{X})=\frac{9}{\sqrt{n}}$이므로 $\frac{9}{\sqrt{n}} \le 3$

$\sqrt{n} \ge 3 \qquad \therefore n \ge 9$

따라서 n의 최솟값은 9이다.

4 $\mathrm{E}(\overline{X})=\mathrm{E}(X)=8$이므로

$\mathrm{V}(\overline{X})=\mathrm{E}(\overline{X}^2)-\{\mathrm{E}(\overline{X})\}^2=80-8^2=16$

그런데 $\mathrm{V}(\overline{X})=\frac{\mathrm{V}(X)}{n}$이므로

$16=\frac{\mathrm{V}(X)}{3} \qquad \therefore \mathrm{V}(X)=48$

$\therefore \mathrm{E}(X^2)=\mathrm{V}(X)+\{\mathrm{E}(X)\}^2=48+8^2=112$

5 확률의 총합은 1이므로

$\frac{1}{3}+\frac{1}{2}+a=1 \qquad \therefore a=\frac{1}{6}$

모평균 m과 모분산 σ^2을 구하면

$m=-2\times\frac{1}{3}+0\times\frac{1}{2}+1\times\frac{1}{6}=-\frac{1}{2}$

$\sigma^2=(-2)^2\times\frac{1}{3}+0^2\times\frac{1}{2}+1^2\times\frac{1}{6}-\left(-\frac{1}{2}\right)^2=\frac{5}{4}$

이때 표본의 크기가 16이므로

$\mathrm{V}(\overline{X})=\frac{\sigma^2}{16}=\frac{5}{64}$

6 주머니에서 한 개의 공을 꺼낼 때, 공에 적힌 숫자를 확률변수 X라 하고, X의 확률분포를 표로 나타내면 다음과 같다.

X	1	2	3	4	합계
$\mathrm{P}(X=x)$	$\frac{1}{4}$	$\frac{1}{4}$	$\frac{1}{4}$	$\frac{1}{4}$	1

$m=1\times\frac{1}{4}+2\times\frac{1}{4}+3\times\frac{1}{4}+4\times\frac{1}{4}=\frac{5}{2}$

$\sigma^2=1^2\times\frac{1}{4}+2^2\times\frac{1}{4}+3^2\times\frac{1}{4}+4^2\times\frac{1}{4}-\left(\frac{5}{2}\right)^2=\frac{5}{4}$

이때 표본의 크기가 2이므로

$\mathrm{E}(\overline{X})=\frac{5}{2},\ \mathrm{V}(\overline{X})=\frac{\frac{5}{4}}{2}=\frac{5}{8}$

$\therefore \mathrm{E}(\overline{X}^2)=\mathrm{V}(\overline{X})+\{\mathrm{E}(\overline{X})\}^2$

$=\frac{5}{8}+\left(\frac{5}{2}\right)^2=\frac{55}{8}$

7 상자에서 한 장의 카드를 꺼낼 때, 카드에 적힌 숫자를 확률변수 X라 하고, X의 확률분포를 표로 나타내면 다음과 같다.

X	3	5	7	합계
$\mathrm{P}(X=x)$	$\frac{2}{7}$	$\frac{3}{7}$	$\frac{2}{7}$	1

$m=3\times\frac{2}{7}+5\times\frac{3}{7}+7\times\frac{2}{7}=5$

$\sigma^2=3^2\times\frac{2}{7}+5^2\times\frac{3}{7}+7^2\times\frac{2}{7}-5^2=\frac{16}{7}$

표본의 크기가 n이므로 $\mathrm{V}(\overline{X})=\frac{\frac{16}{7}}{n}=\frac{16}{7n}$에서

$\frac{16}{7n}=\left(\frac{2\sqrt{7}}{7}\right)^2$

$\therefore n=4$

8 모집단이 정규분포 $\mathrm{N}(100,\ 6^2)$을 따르고 표본의 크기 $n=36$이므로 표본평균 $\overline{X}$는 정규분포 $\mathrm{N}(100,\ 1)$을 따른다.

따라서 $Z=\frac{\overline{X}-100}{1}$으로 놓으면 확률변수 Z는 표준정규분포 $\mathrm{N}(0,\ 1)$을 따르므로 구하는 확률은

$\mathrm{P}(\overline{X}\ge 101)=\mathrm{P}\left(Z\ge\frac{101-100}{1}\right)$

$=\mathrm{P}(Z\ge 1)$

$=\mathrm{P}(Z\ge 0)-\mathrm{P}(0\le Z\le 1)$

$=0.5-0.3413=0.1587$

9 모집단이 정규분포 $\mathrm{N}(201.5,\ 1.8^2)$을 따르고 표본의 크기 $n=9$이므로 9개의 화장품 내용량의 평균을 $\overline{X}$g이라 하면 표본평균 $\overline{X}$는 정규분포 $\mathrm{N}(201.5,\ 0.6^2)$을 따른다.

따라서 $Z=\frac{\overline{X}-201.5}{0.6}$로 놓으면 확률변수 Z는 표준정규분포 $N(0,\ 1)$을 따르므로 구하는 확률은

$$P(\overline{X}\ge 200)=P\left(Z\ge \frac{200-201.5}{0.6}\right)$$
$$=P(Z\ge -2.5)=P(Z\le 2.5)$$
$$=P(Z\le 0)+P(0\le Z\le 2.5)$$
$$=0.5+0.4938=0.9938$$

10 모집단이 정규분포 $N(160,\ 10^2)$을 따르고 표본의 크기 $n=4$이므로 4개의 토마토의 무게의 평균을 $\overline{X}$g이라 하면 표본평균 $\overline{X}$는 정규분포 $N(160,\ 5^2)$을 따른다.

따라서 $Z=\frac{\overline{X}-160}{5}$으로 놓으면 확률변수 Z는 표준정규분포 $N(0,\ 1)$을 따르므로 구하는 확률은

$$P(155\le \overline{X}\le 170)=P\left(\frac{155-160}{5}\le Z\le \frac{170-160}{5}\right)$$
$$=P(-1\le Z\le 2)$$
$$=P(-1\le Z\le 0)+P(0\le Z\le 2)$$
$$=P(0\le Z\le 1)+P(0\le Z\le 2)$$
$$=0.3413+0.4772=0.8185$$

11 모집단이 정규분포 $N(40,\ 10^2)$을 따르고 표본의 크기 $n=25$이므로 25회의 평균 이용 시간을 $\overline{X}$분이라 하면 표본평균 $\overline{X}$는 정규분포 $N(40,\ 2^2)$을 따른다.

따라서 $Z=\frac{\overline{X}-40}{2}$으로 놓으면 확률변수 Z는 표준정규분포 $N(0,\ 1)$을 따른다.

25회 이용 시간의 총합이 1100분 이하이려면

$25\overline{X}\le 1100$, 즉 $\overline{X}\le 44$이어야 한다.

따라서 구하는 확률은

$$P(\overline{X}\le 44)=P\left(Z\le \frac{44-40}{2}\right)$$
$$=P(Z\le 2)$$
$$=P(Z\le 0)+P(0\le Z\le 2)$$
$$=0.5+0.4772=0.9772$$

12 확률변수 X가 따르는 정규분포를 $N(m,\ \sigma^2)$이라 하면

$P(X\ge 3.4)=\frac{1}{2}$에서 $m=3.4$

따라서 확률변수 X는 정규분포 $N(3.4,\ \sigma^2)$을 따르므로

$Z_X=\frac{X-3.4}{\sigma}$로 놓으면

$P(X\le 3.9)+P(Z_X\le -1)=1$에서

$P\left(Z\le \frac{3.9-3.4}{\sigma}\right)+P(Z_X\le -1)=1$

$P\left(Z_X\le \frac{0.5}{\sigma}\right)+P(Z_X\ge 1)=1$

즉, $\frac{0.5}{\sigma}=1$이므로 $\sigma=0.5$

모집단이 정규분포 $N(3.4,\ 0.5^2)$을 따르고 표본의 크기 $n=25$이므로 표본평균 $\overline{X}$는 정규분포 $N(3.4,\ 0.1^2)$을 따른다.

따라서 $Z_{\overline{X}}=\frac{\overline{X}-3.4}{0.1}$로 놓으면 확률변수 $Z_{\overline{X}}$는 표준정규분포 $N(0,\ 1)$을 따르므로 구하는 확률은

$$P(\overline{X}\ge 3.55)=P\left(Z_{\overline{X}}\ge \frac{3.55-3.4}{0.1}\right)=P(Z_{\overline{X}}\ge 1.5)$$
$$=P(Z_{\overline{X}}\ge 0)-P(0\le Z_{\overline{X}}\le 1.5)$$
$$=0.5-0.4332=0.0668$$

13 모집단이 정규분포 $N(200,\ 32^2)$을 따르고 표본의 크기 $n=64$이므로 표본평균 $\overline{X}$는 정규분포 $N(200,\ 4^2)$을 따른다.

따라서 $Z=\frac{\overline{X}-200}{4}$으로 놓으면 확률변수 Z는 표준정규분포 $N(0,\ 1)$을 따르므로 $P(\overline{X}\le k)=0.0228$에서

$P\left(Z\le \frac{k-200}{4}\right)=0.0228$

$P\left(Z\ge \frac{200-k}{4}\right)=0.0228$

$P(Z\ge 0)-P\left(0\le Z\le \frac{200-k}{4}\right)=0.0228$

$0.5-P\left(0\le Z\le \frac{200-k}{4}\right)=0.0228$

$\therefore P\left(0\le Z\le \frac{200-k}{4}\right)=0.4772$

이때 $P(0\le Z\le 2)=0.4772$이므로

$\frac{200-k}{4}=2 \qquad \therefore k=192$

14 모집단이 정규분포 $N(183,\ 24^2)$을 따르고 표본의 크기가 n이므로 표본평균 $\overline{X}$는 정규분포 $N\left(183,\ \left(\frac{24}{\sqrt{n}}\right)^2\right)$을 따른다.

따라서 $Z=\frac{\overline{X}-183}{\frac{24}{\sqrt{n}}}$으로 놓으면 확률변수 Z는 표준정규분포 $N(0,\ 1)$을 따르므로 $P(|\overline{X}-183|\le 3)=0.383$에서

$P(-3\le \overline{X}-183\le 3)=0.383$

$P(180\le \overline{X}\le 186)=0.383$

$P\left(\frac{180-183}{\frac{24}{\sqrt{n}}}\le Z\le \frac{186-183}{\frac{24}{\sqrt{n}}}\right)=0.383$

$P\left(-\frac{\sqrt{n}}{8}\le Z\le \frac{\sqrt{n}}{8}\right)=0.383$, $2P\left(0\le Z\le \frac{\sqrt{n}}{8}\right)=0.383$

$\therefore P\left(0\le Z\le \frac{\sqrt{n}}{8}\right)=0.1915$

이때 $P(0\le Z\le 0.5)=0.1915$이므로

$\frac{\sqrt{n}}{8}=0.5$, $\sqrt{n}=4 \qquad \therefore n=16$

15 모집단이 정규분포 $N(m, 5^2)$을 따르고 표본의 크기 $n=36$이므로 36명의 일주일 근무 시간의 평균을 $\overline{X}$시간이라 하면 표본평균 $\overline{X}$는 정규분포 $N\left(m, \left(\frac{5}{6}\right)^2\right)$을 따른다.

따라서 $Z=\frac{\overline{X}-m}{\frac{5}{6}}$으로 놓으면 확률변수 Z는 표준정규분포 $N(0, 1)$을 따르므로 $P(\overline{X}\ge 38)=0.9332$에서

$P\left(Z\ge\frac{38-m}{\frac{5}{6}}\right)=0.9332$

$P\left(Z\ge\frac{6}{5}(38-m)\right)=0.9332$

$P\left(Z\le\frac{6}{5}(m-38)\right)=0.9332$

$P(Z\le 0)+P\left(0\le Z\le\frac{6}{5}(m-38)\right)=0.9332$

$0.5+P\left(0\le Z\le\frac{6}{5}(m-38)\right)=0.9332$

$\therefore P\left(0\le Z\le\frac{6}{5}(m-38)\right)=0.4332$

이때 $P(0\le Z\le 1.5)=0.4332$이므로

$\frac{6}{5}(m-38)=1.5$

$m-38=1.25$

$\therefore m=39.25$

16 모비율 $p=0.45$, 표본의 크기 $n=1100$이므로

$\sigma(\hat{p})=\sqrt{\frac{0.45\times 0.55}{1100}}=0.015$

17 모비율 $p=0.4$, 표본의 크기 $n=600$이므로

$E(\hat{p})=0.4$

$V(\hat{p})=\frac{0.4\times 0.6}{600}=0.0004$

표본의 크기 $n=600$은 충분히 크므로 표본비율 $\hat{p}$은 근사적으로 정규분포 $N(0.4, 0.0004)$, 즉 $N(0.4, 0.02^2)$을 따른다.

18 모비율 $p=\frac{1}{3}$, 표본의 크기 $n=120$이므로

$E(\hat{p})=\frac{1}{3}$

$V(\hat{p})=\frac{\frac{1}{3}\times\frac{2}{3}}{120}=\frac{1}{540}$

$\therefore \frac{E(\hat{p})}{V(\hat{p})}=\frac{\frac{1}{3}}{\frac{1}{540}}=180$

19 모비율 $p=0.3$이므로

$V(\hat{p})=\frac{0.3\times 0.7}{n}=\frac{21}{100n}$

$V(\hat{p})=\frac{1}{400}$에서

$\frac{21}{100n}=\frac{1}{400}$ $\quad\therefore n=84$

20 이 대학교 학생 100명 중 봉사 활동 경험이 있는 학생의 비율을 $\hat{p}$이라 하면 모비율 $p=0.1$, 표본의 크기 $n=100$이므로

$E(\hat{p})=0.1$

$V(\hat{p})=\frac{0.1\times 0.9}{100}=0.0009=0.03^2$

표본의 크기 $n=100$은 충분히 크므로 표본비율 $\hat{p}$은 근사적으로 정규분포 $N(0.1, 0.03^2)$을 따른다.

따라서 $Z=\frac{\hat{p}-0.1}{0.03}$로 놓으면 확률변수 Z는 근사적으로 표준정규분포 $N(0, 1)$을 따르므로 구하는 확률은

$$\begin{aligned}P\left(\frac{4}{100}\le\hat{p}\le\frac{16}{100}\right)&=P(0.04\le\hat{p}\le 0.16)\\&=P\left(\frac{0.04-0.1}{0.03}\le Z\le\frac{0.16-0.1}{0.03}\right)\\&=P(-2\le Z\le 2)\\&=2P(0\le Z\le 2)\\&=2\times 0.4772\\&=0.9544\end{aligned}$$

21 이 보건소의 방문자 400명 중 예방 접종을 받는 방문자의 비율을 $\hat{p}$이라 하면 모비율 $p=0.8$, 표본의 크기 $n=400$이므로

$E(\hat{p})=0.8$

$V(\hat{p})=\frac{0.8\times 0.2}{400}=0.0004=0.02^2$

표본의 크기 $n=400$은 충분히 크므로 표본비율 $\hat{p}$은 근사적으로 정규분포 $N(0.8, 0.02^2)$을 따른다.

따라서 $Z=\frac{\hat{p}-0.8}{0.02}$로 놓으면 확률변수 Z는 근사적으로 표준정규분포 $N(0, 1)$을 따르므로 구하는 확률은

$$\begin{aligned}P\left(\frac{312}{400}\le\hat{p}\le\frac{336}{400}\right)&=P(0.78\le\hat{p}\le 0.84)\\&=P\left(\frac{0.78-0.8}{0.02}\le Z\le\frac{0.84-0.8}{0.02}\right)\\&=P(-1\le Z\le 2)\\&=P(-1\le Z\le 0)+P(0\le Z\le 2)\\&=P(0\le Z\le 1)+P(0\le Z\le 2)\\&=0.3413+0.4772\\&=0.8185\end{aligned}$$

22 이 회사의 직원 1600명 중 자격증 A를 가진 직원의 비율을 $\hat{p}$이라 하면 모비율 $p=0.2$, 표본의 크기 $n=1600$이므로

$E(\hat{p})=0.2$

$V(\hat{p})=\frac{0.2\times0.8}{1600}=0.0001=0.01^2$

표본의 크기 $n=1600$은 충분히 크므로 표본비율 $\hat{p}$은 근사적으로 정규분포 $N(0.2,\ 0.01^2)$을 따른다.

따라서 $Z=\frac{\hat{p}-0.2}{0.01}$로 놓으면 확률변수 Z는 근사적으로 표준정규분포 $N(0,\ 1)$을 따르므로

$P\left(\hat{p}\geq\frac{a}{100}\right)=0.9772$에서

$P\left(Z\geq\frac{\frac{a}{100}-0.2}{0.01}\right)=0.9772$

$P(Z\geq a-20)=0.9772$, $P(Z\leq 20-a)=0.9772$

$P(Z\leq0)+P(0\leq Z\leq 20-a)=0.9772$

$0.5+P(0\leq Z\leq 20-a)=0.9772$

$\therefore\ P(0\leq Z\leq 20-a)=0.4772$

이때 $P(0\leq Z\leq 2)=0.4772$이므로

$20-a=2\qquad\therefore\ a=18$

23 표본평균 $\bar{x}=30$, 표본의 크기 $n=36$, 모표준편차 $\sigma=3$이므로 모평균 m에 대한 신뢰도 99 %의 신뢰구간은

$30-2.58\times\frac{3}{\sqrt{36}}\leq m\leq 30+2.58\times\frac{3}{\sqrt{36}}$

$\therefore\ 28.71\leq m\leq 31.29$

24 표본평균 $\bar{x}=55$, 표본의 크기 $n=100$이고 표본의 크기가 충분히 크므로 모표준편차 σ 대신 표본표준편차 10을 이용하면 모평균 m에 대한 신뢰도 95 %의 신뢰구간은

$55-1.96\times\frac{10}{\sqrt{100}}\leq m\leq 55+1.96\times\frac{10}{\sqrt{100}}$

$\therefore\ 53.04\leq m\leq 56.96$

25 표본평균 $\bar{x}=1000$, 표본의 크기 $n=16$, 모표준편차 $\sigma=16$이므로 모평균 m에 대한 신뢰도 99 %의 신뢰구간은

$1000-2.58\times\frac{16}{\sqrt{16}}\leq m\leq 1000+2.58\times\frac{16}{\sqrt{16}}$

$\therefore\ 989.68\leq m\leq 1010.32$

따라서 구하는 자연수는 990, 991, ⋯, 1010의 21개이다.

26 표본평균이 $\bar{x}$, 모표준편차 $\sigma=5$, 표본의 크기 $n=49$이므로 모평균 m에 대한 신뢰도 95 %의 신뢰구간은

$\bar{x}-1.96\times\frac{5}{\sqrt{49}}\leq m\leq\bar{x}+1.96\times\frac{5}{\sqrt{49}}$

$\therefore\ \bar{x}-1.4\leq m\leq\bar{x}+1.4$

이 신뢰구간이 $a\leq m\leq\frac{6}{5}a$와 일치하므로

$\bar{x}-1.4=a$ ⋯⋯ ㉠

$\bar{x}+1.4=\frac{6}{5}a$ ⋯⋯ ㉡

㉠, ㉡을 연립하여 풀면

$a=14$, $\bar{x}=15.4$

27 표본의 크기 $n=144$이므로 모평균 m에 대한 신뢰도 95 %의 신뢰구간은

$\bar{x}-1.96\times\frac{\sigma}{\sqrt{144}}\leq m\leq\bar{x}+1.96\times\frac{\sigma}{\sqrt{144}}$

이 신뢰구간이 $23.02\leq m\leq 24.98$과 일치하므로

$\bar{x}-1.96\times\frac{\sigma}{\sqrt{144}}=23.02$ ⋯⋯ ㉠

$\bar{x}+1.96\times\frac{\sigma}{\sqrt{144}}=24.98$ ⋯⋯ ㉡

㉠, ㉡을 연립하여 풀면 $\bar{x}=24$, $\sigma=6$

따라서 표본의 크기 $n=576$, 표본평균 $\bar{x}-3=21$일 때, 모표준편차 $\sigma=6$이므로 모평균 m에 대한 신뢰도 99 %의 신뢰구간은

$21-2.58\times\frac{6}{\sqrt{576}}\leq m\leq 21+2.58\times\frac{6}{\sqrt{576}}$

$20.355\leq m\leq 21.645$

$\therefore\ a=20.355$

28 표본평균 $\bar{x}=501$, 모표준편차 $\sigma=4$이므로 모평균 m에 대한 신뢰도 99 %의 신뢰구간은

$501-2.58\times\frac{4}{\sqrt{n}}\leq m\leq 501+2.58\times\frac{4}{\sqrt{n}}$

이 신뢰구간이 $499.71\leq m\leq 502.29$와 일치하므로

$2.58\times\frac{4}{\sqrt{n}}=1.29$

$\sqrt{n}=8\qquad\therefore\ n=64$

29 표본평균 $\bar{x}=1480$, 모표준편차 $\sigma=100$이므로 모평균 m에 대한 신뢰도 95 %의 신뢰구간은

$1480-1.96\times\frac{100}{\sqrt{n}}\leq m\leq 1480+1.96\times\frac{100}{\sqrt{n}}$

이 신뢰구간이 $1452\leq m\leq k$와 일치하므로

$1480-1.96\times\frac{100}{\sqrt{n}}=1452$에서

$1.96\times\frac{100}{\sqrt{n}}=28$

$\sqrt{n}=7\qquad\therefore\ n=49$

$k=1480+1.96\times\frac{100}{\sqrt{n}}=1480+28=1508$이므로

$n+k=49+1508=1557$

30 모표준편차 $\sigma=4$이므로 모평균 m에 대한 신뢰도 99 %의 신뢰구간은

$\bar{x}-2.58\times\frac{4}{\sqrt{n}}\le m\le\bar{x}+2.58\times\frac{4}{\sqrt{n}}$

$-2.58\times\frac{4}{\sqrt{n}}\le m-\bar{x}\le 2.58\times\frac{4}{\sqrt{n}}$

$\therefore |m-\bar{x}|\le 2.58\times\frac{4}{\sqrt{n}}$

이때 모평균 m과 표본평균 $\bar{x}$의 차가 0.86 이하가 되려면

$2.58\times\frac{4}{\sqrt{n}}\le 0.86$

$\sqrt{n}\ge 12 \quad \therefore n\ge 144$

따라서 n의 최솟값은 144이다.

31 표본의 크기 $n=100$, 모표준편차 $\sigma=15$이므로 신뢰도 99 %의 신뢰구간의 길이는

$2\times 2.58\times\frac{15}{\sqrt{100}}=7.74$

32 모표준편차 $\sigma=4$이므로 신뢰도 95 %의 신뢰구간의 길이가 0.98 g이 되려면

$2\times 1.96\times\frac{4}{\sqrt{n}}=0.98$

$\sqrt{n}=16 \quad \therefore n=256$

33 표본의 크기를 n이라 할 때, 모표준편차 $\sigma=2$이므로 신뢰도 99 %의 신뢰구간의 길이가 2.58 이하가 되려면

$2\times 2.58\times\frac{2}{\sqrt{n}}\le 2.58$

$\sqrt{n}\ge 4 \quad \therefore n\ge 16$

따라서 구하는 표본의 크기의 최솟값은 16이다.

34 정규분포 $\mathrm{N}(m, \sigma^2)$을 따르는 모집단에서 크기가 n인 표본을 임의추출하여 추정한 모평균에 대한 신뢰구간의 길이를 l이라 하면

$l=2k\frac{\sigma}{\sqrt{n}}$ (단, k는 상수)

표본의 크기가 $\frac{1}{9}$배, 즉 $\frac{1}{9}n$이면 신뢰구간의 길이는

$2k\frac{\sigma}{\sqrt{\frac{1}{9}n}}=3\times 2k\frac{\sigma}{\sqrt{n}}=3l$

따라서 신뢰구간의 길이는 3배가 되므로

$a=3$

35 $\mathrm{P}(-k\le Z\le k)=\frac{\alpha}{100}$라 하면 신뢰도 α %로 모평균을 추정할 때, 표본의 크기 $n=16$, 모표준편차 $\sigma=20$, 신뢰구간의 길이가 12이므로

$2\times k\times\frac{20}{\sqrt{16}}=12 \quad \therefore k=1.2$

따라서 신뢰구간의 길이가 4가 되도록 하는 표본의 크기를 n이라 하면

$2\times 1.2\times\frac{20}{\sqrt{n}}=4$

$\sqrt{n}=12 \quad \therefore n=144$

36 $\mathrm{P}(-k\le Z\le k)=\frac{\alpha}{100}$라 하면 신뢰도 α %로 모평균을 추정할 때, 표본의 크기 $n=81$, 모표준편차 $\sigma=5$, 신뢰구간의 길이가 2분이므로

$2\times k\times\frac{5}{\sqrt{81}}=2 \quad \therefore k=1.8$

이때 $\mathrm{P}(0\le Z\le 1.8)=0.46$이므로

$$\begin{aligned}\mathrm{P}(-1.8\le Z\le 1.8)&=2\mathrm{P}(0\le Z\le 1.8)\\&=2\times 0.46\\&=0.92\end{aligned}$$

따라서 $\frac{\alpha}{100}=0.92$이므로

$\alpha=92$

37 표본의 크기 $n=900$, 표본비율 $\hat{p}=0.1$이고, n은 충분히 크므로 모비율 p에 대한 신뢰도 95 %의 신뢰구간은

$0.1-1.96\sqrt{\frac{0.1\times 0.9}{900}}\le p\le 0.1+1.96\sqrt{\frac{0.1\times 0.9}{900}}$

$\therefore 0.0804\le p\le 0.1196$

38 표본의 크기 $n=3600$, 표본비율 $\hat{p}=0.36$이고, n은 충분히 크므로 모비율 p에 대한 신뢰도 99 %의 신뢰구간은

$0.36-2.58\sqrt{\frac{0.36\times 0.64}{3600}}\le p\le 0.36+2.58\sqrt{\frac{0.36\times 0.64}{3600}}$

이 신뢰구간이 $0.36-2.58k\le p\le 0.36+2.58k$와 일치하므로

$k=\sqrt{\frac{0.36\times 0.64}{3600}}=0.008$

39 표본의 크기 $n=100$, 표본비율 $\hat{p}=\frac{80}{100}=0.8$이고, n은 충분히 크므로 모비율 p에 대한 신뢰도 99 %의 신뢰구간은

$0.8-2.58\sqrt{\frac{0.8\times 0.2}{100}}\le p\le 0.8+2.58\sqrt{\frac{0.8\times 0.2}{100}}$

$\therefore 0.6968\le p\le 0.9032$

40 표본의 크기 $n=196$, 표본비율 $\hat{p}=0.5$이고, n은 충분히 크므로 모비율 p에 대한 신뢰도 95 %의 신뢰구간은

$0.5-1.96\sqrt{\frac{0.5\times0.5}{196}}\le p\le 0.5+1.96\sqrt{\frac{0.5\times0.5}{196}}$

$-1.96\sqrt{\frac{0.5\times0.5}{196}}\le p-0.5\le 1.96\sqrt{\frac{0.5\times0.5}{196}}$

$|p-0.5|\le 1.96\sqrt{\frac{0.5\times0.5}{196}}$

$\therefore |p-0.5|\le 0.07$

따라서 모비율 p와 표본비율 $\hat{p}$의 차의 최댓값은 0.07이다.

41 표본의 크기 $n=1200$, 표본비율 $\hat{p}=\frac{900}{1200}=0.75$이고, n은 충분히 크므로 $\mathrm{P}(-k\le Z\le k)=\frac{\alpha}{100}$라 하면 모비율 p에 대한 신뢰도 α %의 신뢰구간은

$0.75-k\sqrt{\frac{0.75\times0.25}{1200}}\le p\le 0.75+k\sqrt{\frac{0.75\times0.25}{1200}}$

이 신뢰구간이 $0.73\le p\le 0.77$과 일치하므로

$k\sqrt{\frac{0.75\times0.25}{1200}}=0.02 \qquad \therefore k=1.6$

이때 $\mathrm{P}(-1.6\le Z\le 1.6)=2\times0.45=0.9=\frac{90}{100}$이므로

$\alpha=90$

42 표본비율 $\hat{p}=0.5$이므로 모비율 p에 대한 신뢰도 95 %의 신뢰구간은

$0.5-1.96\sqrt{\frac{0.5\times0.5}{n}}\le p\le 0.5+1.96\sqrt{\frac{0.5\times0.5}{n}}$

$\therefore 0.5-\frac{0.98}{\sqrt{n}}\le p\le 0.5+\frac{0.98}{\sqrt{n}}$

이 신뢰구간이 $0.43\le p\le 0.57$과 일치하므로

$\frac{0.98}{\sqrt{n}}=0.07$

$\sqrt{n}=14 \qquad \therefore n=196$

43 표본비율 $\hat{p}=0.6$이므로 모비율 p에 대한 신뢰도 99 %의 신뢰구간은

$0.6-2.58\sqrt{\frac{0.6\times0.4}{n}}\le p\le 0.6+2.58\sqrt{\frac{0.6\times0.4}{n}}$

이 신뢰구간이 $0.5484\le p\le 0.6516$과 일치하므로

$2.58\sqrt{\frac{0.6\times0.4}{n}}=0.0516$

$\sqrt{\frac{0.6\times0.4}{n}}=0.02 \qquad \therefore n=600$

44 모비율 p에 대한 신뢰도 99 %의 신뢰구간은

$\hat{p}-2.58\sqrt{\frac{\hat{p}\hat{q}}{n}}\le p\le \hat{p}+2.58\sqrt{\frac{\hat{p}\hat{q}}{n}}$

이 신뢰구간이 $0.2968\le p\le 0.5032$와 일치하므로

$\hat{p}-2.58\sqrt{\frac{\hat{p}\hat{q}}{n}}=0.2968 \qquad \cdots\cdots ㉠$

$\hat{p}+2.58\sqrt{\frac{\hat{p}\hat{q}}{n}}=0.5032 \qquad \cdots\cdots ㉡$

㉠+㉡을 하면

$2\hat{p}=0.8 \qquad \therefore \hat{p}=0.4$

이를 ㉠에 대입하면

$0.4-2.58\sqrt{\frac{0.4\times0.6}{n}}=0.2968$

$\sqrt{\frac{0.4\times0.6}{n}}=0.04 \qquad \therefore n=150$

따라서 표본의 크기 $n+250=400$, 표본비율 $2\hat{p}=0.8$일 때, 모비율 p에 대한 신뢰도 95 %의 신뢰구간은

$0.8-1.96\sqrt{\frac{0.8\times0.2}{400}}\le p\le 0.8+1.96\sqrt{\frac{0.8\times0.2}{400}}$

$\therefore 0.7608\le p\le 0.8392$

45 표본의 크기 $n=100$, 표본비율 $\hat{p}=0.2$이고, n은 충분히 크므로 모비율 p에 대한 신뢰도 95 %의 신뢰구간의 길이는

$2\times1.96\sqrt{\frac{0.2\times0.8}{100}}=0.1568$

46 표본비율 $\hat{p}=\frac{4}{5}=0.8$이고, n은 충분히 크므로 신뢰도 99 %의 신뢰구간의 길이가 0.1032 이하가 되려면

$2\times2.58\sqrt{\frac{0.8\times0.2}{n}}\le 0.1032$

$\sqrt{n}\ge 20 \qquad \therefore n\ge 400$

따라서 n의 최솟값은 400이다.

MEMO

MEMO

MEMO